CORRESPONDANCE

D'HERMITE ET DE STIELTJES

PUBLIÉE PAR LES SOINS

DE

B. BAILLAUD,
Doyen honoraire de la Faculté
des Sciences,
Directeur de l'Observatoire de Toulouse.

H. BOURGET,
Maître de Conférences à l'Université,
Astronome adjoint
à l'Observatoire de Toulouse.

Avec une préface de Émile PICARD,
Membre de l'Institut.

TOME I.

(8 NOVEMBRE 1882 — 22 JUILLET 1889.)

PARIS,

GAUTHIER-VILLARS, IMPRIMEUR-LIBRAIRE

DU BUREAU DES LONGITUDES, DE L'ÉCOLE POLYTECHNIQUE,

Quai des Grands-Augustins, 55.

1905

CORRESPONDANCE
D'HERMITE ET DE STIELTJES.

28427 PARIS. — IMPRIMERIE GAUTHIER-VILLARS
Quai des Grands-Augustins, 55.

CORRESPONDANCE

D'HERMITE ET DE STIELTJES

PUBLIÉE PAR LES SOINS

DE

B. BAILLAUD,
Doyen honoraire de la Faculté
des Sciences,
Directeur de l'Observatoire de Toulouse.

H. BOURGET,
Maître de Conférences à l'Université,
Astronome adjoint
à l'Observatoire de Toulouse.

Avec une préface de Émile PICARD,
Membre de l'Institut.

TOME I.

(8 NOVEMBRE 1882 — 22 JUILLET 1889.)

PARIS,
GAUTHIER-VILLARS, IMPRIMEUR-LIBRAIRE
DU BUREAU DES LONGITUDES, DE L'ÉCOLE POLYTECHNIQUE,
Quai des Grands-Augustins, 55.

1905

INTRODUCTION.

On sait quelle place tint dans la vie scientifique d'Hermite sa correspondance avec des savants français et étrangers. C'était pour lui un délassement que de se livrer en toute confiance à de longues causeries épistolaires, heureux tout à la fois de faire profiter ses amis et ses élèves des remarques suggestives auxquelles l'avaient conduit ses réflexions, et de solliciter des éclaircissements en se faisant écolier. D'ailleurs, même pour les Mémoires publiés dans les journaux scientifiques, la forme épistolaire avait toujours eu sa prédilection. Ses travaux ont souvent paru sous forme de lettres, rappelant le nom de ses nombreux correspondants; il trouvait ainsi moyen d'associer la science et l'amitié.

Aucune correspondance d'Hermite ne fut plus suivie ni plus abondante que celle qu'il avait commencée en 1882 avec un astronome adjoint de l'Observatoire de Leyde, Thomas Stieltjes. Le souci des mêmes problèmes et une même tournure d'esprit attirèrent Hermite vers Stieltjes, et une vive sympathie s'établit vite entre le jeune débutant et le vétéran de la Science. La mort de Stieltjes, arrivée prématurément en 1894, put seule interrompre cette correspondance, unique peut-être dans l'histoire de la Science. Relisant, après ce triste événement, la longue série de lettres du géomètre éminent pour qui il avait une si affectueuse estime, Hermite pensa qu'il importait à la mémoire de Stieltjes que ce témoignage de son activité et de son génie mathématiques ne disparût point. Il était impossible de publier les lettres de Stieltjes sans publier celles d'Hermite, tant leur collaboration avait été intime; les amis de Stieltjes eurent ici à vaincre quelque résistance d'Hermite, qui finit cependant par se décider à laisser paraître l'ensemble de la Correspondance. M. Gauthier-Villars voulut bien se charger de cette publication.

M. Baillaud et M. H. Bourget, qui avaient beaucoup connu et beaucoup aimé leur collègue de la Faculté des Sciences de Toulouse, entreprirent tout d'abord la collation des lettres et firent quelques coupures nécessaires. Prenant à cœur la perfection de cette édition, ils reprirent ensuite les calculs, là où il leur parut nécessaire, et ajoutèrent des Notes et des éclaircissements. Le manuscrit était presque entièrement prêt à la mort d'Hermite, qui avait suivi le travail de revision. Tous les amis et les admirateurs d'Hermite et de Stieltjes remercieront MM. Baillaud et Bourget du soin et du dévouement qu'ils ont apportés à cette œuvre, qui comptera deux Volumes.

Il manque, hélas! une chose au Volume qui va paraître. Hermite avait promis d'écrire une Introduction, où il eût mis sans doute en pleine lumière l'originalité du talent de Stieltjes. Il n'appartient à personne de tenir aujourd'hui la plume à sa place. L'affinité mathématique était complète entre ces deux grands esprits. Une grande partie de la Correspondance a un caractère arithmétique; c'est le *vir arithmeticus,* comme aurait dit Jacobi, qu'Hermite affectionnait surtout en Stieltjes. Cet arithméticien ne reste pas seulement sur les sommets à contempler les choses de loin et de haut; il descend dans le fond des vallées et y recueille des applications numériques d'où il sait ensuite tirer des remarques générales. Quelle joie ce fut pour Hermite que de rencontrer un correspondant si perspicace s'intéressant aux questions d'approximations, auxquelles il avait lui-même consacré une grande partie de son labeur scientifique, en particulier aux quadratures approchées et aux fractions continues algébriques. On retrouve chez

Stieltjes, à l'apogée de son talent, le calculateur qu'il avait été jadis à l'Observatoire de Leyde; c'est un des côtés de son originalité.

On est émerveillé aussi de la rapidité avec laquelle il répond aux questions que lui pose Hermite et trouve des démonstrations ingénieuses et profondes aux théorèmes qui lui sont énoncés. Nous voyons en même temps le champ de ses études s'agrandir peu à peu; ses recherches sur une transcendante envisagée par Riemann le font pénétrer profondément dans la théorie des fonctions. Que de beaux travaux il eût faits encore en portant dans cette voie ses préoccupations arithmétiques et algébriques, si sa carrière n'avait pas été si prématurément brisée! C'est ce dont témoigne assez son dernier Mémoire, sur les fractions continues algébriques, qui est assurément un chef-d'œuvre.

La Correspondance d'Hermite et de Stieltjes n'intéressera pas seulement les analystes. En même temps que deux géomètres de premier ordre, on y voit deux beaux caractères. Quelle simplicité et quelle franchise entre le maître et le disciple, ou plutôt entre les deux amis! Quelle confiance affectueuse chez l'un et chez l'autre! On est réconforté par la lecture de ces pages, où ne se mêle aucune préoccupation personnelle, et où chacun va jusqu'au bout de sa pensée. Il semble aussi, et c'est une curieuse impression laissée par ces lettres, que sous cette forme plus personnelle le langage abstrait de l'Analyse perde de sa sécheresse et que la Mathématique y devienne plus humaine. On n'oubliera pas enfin que c'est à l'amitié développée par cette correspondance que nous devons de pouvoir compter Thomas Stieltjes parmi les géomètres français les plus éminents de la seconde moitié du XIXe siècle.

ÉMILE PICARD.

NOTICE SUR STIELTJES [1].

Thomas-Jean Stieltjes naquit en Hollande, dans la petite ville de Zwolle, le 29 décembre 1856.

Son père, Thomas-Jean Stieltjes, était un homme de haute valeur. D'esprit libre et indépendant, d'une volonté inflexible, il avait une remarquable grandeur de vues. A vingt-quatre ans, lieutenant du génie dans l'armée hollandaise, il publia, sous le couvert de l'anonymat, des conseils touchant la défense stratégique des Pays-bas. La maturité de ces conseils les fit attribuer à quelque chef de corps. Stieltjes ne s'en déclara l'auteur que beaucoup plus tard, dix-huit mois avant sa mort. Plus tard, ingénieur civil, il fut chargé d'organiser la canalisation de la partie orientale de la Hollande, puis d'une mission de deux ans et demi à Java, pour étudier les moyens de transport et dresser le plan du réseau des chemins de fer de l'île, plan entièrement exécuté aujourd'hui. Sa forte personnalité s'accommoda mal

---

(1) Je dois les éléments de cette Notice à l'extrême obligeance de Mme Stieltjes.

Je tiens à remercier aussi M. E. F. van de Sande Bakhuyzen, qui fut l'ami et le collègue de Stieltjes à l'Observatoire de Leyde, des renseignements précieux qu'il m'a donnés.

Dans les pages qui suivent, j'ai systématiquement laissé de côté l'analyse des travaux de Stieltjes, renvoyant le lecteur à l'excellente Notice publiée sur ce sujet par M. E. Cosserat dans les *Annales de la Faculté des Sciences de Toulouse*, t. IX, 1895.

avec sa situation de fonctionnaire. Des intrigues politiques, suscitées par son excès d'honnêteté, le firent tomber en disgrâce et rappeler en Hollande, six mois avant la fin de sa mission.

Les fonctions de député que lui confièrent successivement les villes de Zwolle et d'Amsterdam n'entravèrent en rien son activité d'ingénieur. Il fit, à cette époque, pour l'Allemagne, un plan du canal reliant actuellement la mer du Nord à la Baltique. Il s'occupa d'un projet de dessèchement d'une partie du Zuydersee et construisit, à Rotterdam, le beau port de la rive gauche de la Meuse. Cette œuvre difficile et pleine de hardiesse lui permit de donner toute la mesure de son talent d'ingénieur. Il mourut en 1878. On peut voir dans la Noordereiland, sur la Burgemeester Hoffman-Plein, au centre du quartier qu'il a créé, le monument que lui ont élevé ses amis et ses admirateurs. Il fut un type accompli de la forte race hollandaise et son fils hérita de sa hauteur d'esprit et de ses principes inflexibles de droiture.

Thomas-Jean Stieltjes, junior (comme il signait ses premiers Mémoires), passa ses années d'enfance avec ses parents dans les villes où son père, alors ingénieur, fut obligé de séjourner. Il acheva ses études au lycée de Delft et entra en 1873 à l'École Polytechnique de cette ville. Malgré sa supériorité, déjà reconnue par ses maîtres et ses condisciples, il en sortit sans son diplôme d'ingénieur. Il n'avait pu, à deux reprises (1875, 1876), surmonter l'aversion que lui inspirèrent, toute sa vie, les concours.

M. H.-G. van de Sande Bakhuyzen, directeur de l'Observatoire de Leyde, ami de son père, le fit entrer à l'Observatoire en avril 1877. Il fut attaché officiellement à cet établissement comme « aide aux calculs astronomiques » le 1er décembre de la même année. Au mois de février 1878, après le départ de M. J.-C. Kapteyn pour Groningue, il fut convenu qu'il prendrait part aux observations. Stieltjes entra donc au service méridien et collabora avec MM. E. F. van de Sande Bakhuyzen et Wilterdink aux travaux entrepris par l'Observatoire à cette époque, à savoir : un catalogue d'étoiles voisines du pôle, l'observation d'étoiles fondamentales des zones sud et l'étude des erreurs systématiques du cercle méridien. Il aidait, en même temps, à la réduction des déclinaisons des étoiles fondamentales, observées de 1864 à 1874, et prenait part, en un mot, au travail général de l'Observatoire.

Tout d'abord il se sentit dans un milieu qui convenait à son esprit, naturellement porté aux études particulières et minutieuses qu'exige l'Astronomie. L'étonnante intensité de travail dont il était capable le rendit bien vite maître des procédés de calcul et des méthodes d'observations. L'étude de la Mécanique céleste et des Mathématiques pures occupait ses moments de liberté. Mais, à mesure que ses recherches personnelles se développaient, Stieltjes prenait de plus en plus conscience de sa vocation exclusive pour les travaux théoriques. L'Astronomie, qu'il avait jusqu'alors regardée comme l'objet de sa vie scientifique, lui apparut insensiblement comme un obstacle au complet développement de ses études préférées.

La nécessité pour son esprit de prendre une décision et l'impossibilité où il était, sans doute, de la prendre conforme à ses goûts, lui fit traverser une sorte de crise de réserve extrême et d'inquiétude, hésitant sur ce qu'il devait faire, parlant même à ses collègues d'aller vivre pauvrement en Amérique, pour étudier aux côtés de Sylvester.

L'heureux événement de ses fiançailles avec Mlle Elisabeth Intveld fit cesser ses hésitations, en ouvrant pour lui une période de bonheur. Ses idées originales se développent et les travaux se succèdent rapidement. L'Académie d'Amsterdam imprime, dans ses *Mémoires*, son étude sur la formule d'interpolation de Lagrange; nos *Comptes rendus* insèrent sa démonstration, si intéressante pour nous, des propriétés des polynomes Hansen-Tisserand : Les propositions découvertes par Tisserand étaient cachées; il en a été donné depuis des démonstrations simples; aucune n'est plus ingénieuse que celle de Stieltjes montrant le lien qui rattache cette question à la théorie du potentiel dans un espace à quatre dimensions. Cette démonstration le mit en rapport avec Hermite, et la correspondance que nous publions, M. Baillaud et moi, montre mieux que je ne saurais le dire quelle affinité mathématique ces deux esprits avaient l'un pour l'autre. Ces relations furent l'origine d'une commune amitié, très chère des deux côtés.

Le 1er janvier 1883, son directeur, qui connaissait toute sa valeur, le dispensa, sur sa demande, des observations. Il s'occupa, chez lui, de la réduction des observations de la différence de longitude Leyde-Greenwich, et commença même la réduction de ses propres observations. De septembre à décembre 1883, il suppléa van den Berg à l'École Polytechnique de Delft. Enfin, le 1er décembre 1883, il donna sa démission d'astronome à l'Observatoire.

Il était désormais tout aux Mathématiques.

Les études qu'il fit pendant ce séjour de six années à

l'Observatoire semblent avoir exercé une influence prépondérante sur la formation de son esprit. Il y puisa cet attrait pour l'examen approfondi des questions particulières, cette habileté dans le maniement des formules algébriques et leur adaptation au calcul numérique et l'art même de ce calcul qui se manifestent dans tous ses travaux. Il prit l'habitude de contrôler ses inductions par de nombreux exemples, développés à fond, poussant parfois très loin et comme avec amour les calculs numériques. Cette méthode de recherche, que nous admirons chez Gauss, est d'une singulière puissance quand celui qui l'emploie est assez clairvoyant pour démêler les lois générales à travers les particularités de l'exemple. Elle semble avoir été, chez Stieltjes, le nerf de la découverte. On peut dire, sans exagération je crois, que toutes les vérités analytiques qu'il a fait connaître ont été découvertes avant d'être démontrées. Une démonstration rigoureuse de la vérité, ainsi révélée par l'expérience, est le complément nécessaire d'une telle méthode : Stieltjes ne l'a jamais oublié. Son esprit si fin et si perspicace dans l'invention ne l'était pas moins dans l'examen de la rigueur d'une démonstration. Maints passages des lettres à Hermite montrent quels étaient ses scrupules et ses exigences en ces matières. Ses conversations faisaient deviner le grand nombre des phénomènes mathématiques intéressants qu'avaient mis en lumière ses patients calculs. Ne possédant pas de démonstration rigoureuse, mais seulement la conviction morale de leur généralité, il ne les publiait pas. Il les conservait cependant, soigneusement annotés. Cette réserve laisse soupçonner les richesses contenues dans les papiers qu'il a laissés.

Cette méthode, qui implique un labeur énorme, a imprimé

aux travaux de Stieltjes le cachet qui leur est propre. On a, en les lisant, l'impression qu'on arrive, sans grand appareil de formules et comme par le seul effort de la pensée, par la voie la plus simple, à des propositions cachées.

Marié depuis le mois de mai 1883 à une femme digne de lui, stimulé par l'appui et les conseils d'Hermite, tout à ses études favorites, son activité durant les années 1883, 1884, 1885 fut considérable. Les conceptions ingénieuses et les idées neuves, germes des travaux qu'il aurait achevés sans sa mort prématurée, se multiplient. Ses belles recherches sur les résidus cubiques et biquadratiques, sur la décomposition d'un nombre en cinq carrés, sur la densité intérieure de la Terre et le commencement de ses études sur les quadratures mécaniques et les fractions continues algébriques datent de cette époque. Ces travaux lui font conférer le grade de docteur, *honoris causa*, de l'Université de Leyde. L'Académie d'Amsterdam lui ouvre ses portes.

Présenté en première ligne pour la chaire de calcul infinitésimal de Groningue, il n'est cependant pas nommé. Avec sa modestie extrême, il écrit à Hermite qu'il n'avait peut-être pas les grades nécessaires. Il sentit pourtant très vivement cet échec. La décision de son caractère lui fit prendre, non sans quelque peine sans doute, le parti de quitter la Hollande où tant de liens, cependant, le retenaient. Il vint s'installer à Paris au mois d'avril 1885.

Devons-nous déplorer cet échec, malgré ce que nous en pouvons penser ? Il nous a donné Stieltjes et contribué ainsi à l'honneur de la science française de notre époque.

A Paris, il commence, en vue d'une thèse, l'étude de la fonction $\zeta(s)$ de Riemann, puis, sans en donner les motifs, l'abandonne, malgré l'importance des résultats obtenus. Quelques points restaient-ils dans l'ombre ou sans démonstration rigoureuse? Était-ce plutôt la conséquence de l'opinion qu'il me communiqua un jour : Qu'en admettant même l'exactitude de tous les résultats énoncés par Riemann, on ne pouvait conclure de son Mémoire rien de définitif sur la distribution des nombres premiers.

Il fut reçu docteur en juin 1886 avec une thèse remarquable *sur les séries semi-convergentes* (de la nature de la série de Stirling), puis chargé de cours, la même année, à l'Université de Toulouse et nommé titulaire trois ans après.

A la Faculté des sciences, Stieltjes fut chargé du cours de Calcul différentiel et intégral, succédant dans ces fonctions à MM. Picard, Goursat et Kœnigs. Un peu gêné au début par la langue, il se montra vite professeur éminent. Ses cours possédaient les qualités de ses mémoires. Une grande clarté, reflet de sa lucidité d'esprit, lui permettait d'exposer simplement les théories difficiles. Des exemples nombreux, très instructifs, ayant toujours de la portée, faisaient pénétrer dans l'esprit de ses auditeurs, presque à leur insu, les notions les plus délicates. On sortait de ses leçons étonné de la facilité d'acquisition des méthodes générales, émerveillé de leur fécondité et avec le sentiment que l'art consistait plus à les bien appliquer qu'à les comprendre. Je n'ai jamais connu de professeur donnant, autant que lui, à ses élèves, conscience de la puissance des instruments qu'il leur mettait en mains. Ce penchant à toujours faire comprendre les théories par leurs usages, n'excluait pas chez lui la rigueur, dont il avait le plus scrupuleux souci. Mais il savait admirablement distinguer ce qu'on devait enseigner, de ce qu'on pouvait seulement signaler.

Chargé également de faire des conférences aux candidats à l'agrégation, il put y déployer plus librement sa science. Je me souviens notamment de deux de ces cours : l'un eut pour objet la théorie des fonctions de variables imaginaires. Il montra comment les deux voies suivies par M. Méray et Weierstrass d'une part, par Riemann d'autre part, aboutissent au même point. Dans l'autre, il exposa la théorie des fonctions elliptiques. Il suivit, dans ses détails, une idée ingénieuse de Riemann, consistant à étudier d'abord, et indépendamment, les intégrales elliptiques et les fonctions thêta, et à montrer ensuite qu'en remplaçant l'argument de la fonction thêta par l'intégrale on obtient une fonction algébrique. L'inversion est ainsi effectuée.

Ses devoirs de professeur n'absorbaient pas tout son temps. Les mémoires sur les fonctions sphériques et les polynomes de Legendre, la fonction gamma et l'équation d'Euler, les soins pieux qu'il apporta à l'étude extraordinairement difficile des fragments du troisième Volume du *Traité des fonctions elliptiques* d'Halphen, sont la preuve de son infatigable activité. Elle se manifeste encore mieux dans la promptitude de ses réponses aux difficultés que lui signalait Hermite, dont les questions et les réflexions suggestives provoquaient ses recherches. Mais déjà, à cette époque, le principal sujet de ses méditations fut les fractions continues. Frappé, dès 1884, en étudiant la méthode de quadrature de Gauss, de l'étrange identité d'une intégrale définie et d'un type spécial de fractions continues, il chercha pendant dix ans à mettre en pleine lumière la généralité de ce fait. Le résultat de ses efforts fut le très beau mémoire qu'il donna en 1894, peu de temps avant sa mort.

Au mois d'octobre 1890, il sentit s'aggraver les symptômes, tout d'abord anodins, du mal qui devait l'emporter. Les fatigues du travail excessif et incessant qu'il s'était imposé depuis 1883 en précipitèrent les progrès. Ni les soins affectueux dont l'entouraient les siens, ni les facilités de repos et de bien-être que lui procurèrent ses amis et ses collègues ne purent enrayer la marche de la maladie. Sur les conseils d'Hermite, il passa en Algérie les hivers de 1892 et de 1893. Pendant son dernier séjour, il trouva la solution de la difficulté qui arrêtait depuis si longtemps l'achèvement de ses recherches sur les fractions continues. Il découvrit un théorème remarquable lui permettant d'effectuer la continuation analytique de sa fraction continue dans tout le plan. La joie qu'il en ressentit lui donna pour quelques mois des forces nouvelles. La sollicitude d'Hermite durant sa maladie fut admirable. Elle le suivit jusqu'à la fin, veillant sur lui et sur son repos, pleine de délicates attentions. Stieltjes le sentait. Le prix qu'il attachait à ses lettres, le soin avec lequel il les avait conservées et classées montrent bien qu'elles étaient, à ses yeux, une partie de son bonheur et de sa vie. Il lutta quatre ans. Il se savait perdu. Il attendit sa fin avec la liberté d'esprit et de pensées, avec la fermeté de cœur qu'il avait montrées dans les circonstances difficiles de sa vie. Par un effort de volonté que peuvent seuls comprendre ceux qui l'ont vu à cette époque, il trouva la force de rédiger, quelques mois avant sa mort, son mémoire sur les fractions continues, avec une hâte désolante pour ses amis, qui en voyaient, hélas! bien la cause. Il mourut le 31 décembre 1894.

Les honneurs que lui réservait l'avenir étaient déjà venus le trouver. L'Académie des Sciences, en 1892, le porta sur la liste des candidats au fauteuil d'Ossian Bonnet; en 1893, elle lui décerna le prix Petit d'Ormoy. Le rapport élogieux de M. Poincaré sur son dernier mémoire présenté pour le prix Lecomte montre bien l'admiration que le monde savant avait pour ses travaux. L'Académie de Saint-Pétersbourg l'avait nommé son correspondant.

Ses élèves et ses amis connaissaient son empressement à rendre service et sa libéralité à les faire profiter de sa science si vaste et de son érudition si sûre. Très exigeant pour lui-même, il jugeait librement les travaux des autres, aussi joyeux de leurs découvertes que modeste vis-à-vis des siennes. Ses jugements, sévères quelquefois, n'ont jamais blessé, sa bonté s'efforçant toujours de trouver quelque excuse aux faiblesses et aux erreurs. Il exécutait avec une volonté inflexible les décisions que lui dictait sa droiture. A la fois très ferme et très doux, personne ne sut, au même degré que lui, conformer sa conduite à ses principes.

Ceux qui l'ont connu et aimé, devinant sous sa réserve naturelle cette réunion, chose rare! des qualités du cœur, du caractère et de l'esprit, ne l'oublieront jamais!

C'est sur le désir même d'Hermite que nous publions cette correspondance. Elle montre l'affectueuse bonté d'Hermite et son amour profond de la science, en même temps que toute la dignité de la vie et le rare talent de Stieltjes. Puissent ses amis y retrouver un peu la douceur et le charme de cette nature d'élite que la mort a si prématurément anéantie!

Henry BOURGET.

ERRATA.

Nous avons oublié d'indiquer par une ligne de points quelques-unes des coupures que nous avons dû faire. Le lecteur est prié de rétablir cette indication aux passages suivants :

Page	208	entre les lignes	11 et 12.
»	214	»	4 » 5.
»	216	»	2 » 3 en bas.
»	217	»	9 » 10.
»	219	»	15 » 16.
»	221	»	3 » 4.
»	221	»	2 » 3 en bas.
»	226	»	3 avant les mots « Vous lui ferez, etc. ».
»	248	»	3 » 4.
»	253	»	16 avant les mots « Je dois aussi, etc. ».
»	260	»	9 » 4 en bas.
»	261	»	10 » 11.
»	261	»	lettre 137, au début, après « Mon cher ami ».
»	266	»	10 et 11 en bas.
»	268	»	10 » 11 »
»	270	»	13 » 14 »
»	278	»	10 » 11.
»	281	»	4 entre les mots « sur vos intérêts » et « et dans l'espérance, etc. ».

Par contre il faut, page 220, ligne 7, supprimer les points au début de la phrase.

CORRESPONDANCE

D'HERMITE ET DE STIELTJES.

1. — *HERMITE A STIELTJES.*

Paris, 8 novembre 1882.

Monsieur,

Je m'empresse de vous accuser réception de la lettre que vous m'avez fait l'honneur de m'adresser [1] et de vous témoigner tout le plaisir que j'ai eu en prenant connaissance des beaux résultats auxquels vous êtes parvenu. Mes études ne m'ont point conduit jusqu'à présent aux questions d'analyse concernant les fonctions de Legendre d'ordre supérieur, mais j'ai été lié avec l'illustre géomètre [2] dont vous avez suivi la trace, et je sais avec quelle admiration il a accueilli la belle découverte de M. Tisserand dont vous vous êtes inspiré. Je ne puis douter, Monsieur, qu'au retour du voyage qu'il fait pour l'observation aux Antilles du passage de Vénus, M. Tisserand ne lise avec le plus grand intérêt, dans les *Comptes rendus,* votre lettre dont je donnerai communication à l'Académie dans sa prochaine séance [3]. En attendant que son opinion sur votre travail, à laquelle vous devez surtout tenir, vous parvienne, permettez-moi, Monsieur, de vous offrir en témoignage de mes sentiments de haute estime quelques opuscules qui vous parviendront avec cette lettre, et d'y joindre l'expression de toute ma sympathie et de ma considération la plus distinguée.

---

[1] La première lettre de Stieltjes à Hermite manque.

[2] M. Heine, probablement.

[3] Cette lettre a été communiquée à l'Académie le 13 novembre 1882. Elle se trouve dans les *Comptes rendus,* t. XCV, p. 901-903, sous le titre : *Sur un théorème de M. Tisserand.* Stieltjes y donne la démonstration d'une propriété trouvée par Tisserand et relative à la forme analytique des coefficients du développement de la fonction perturbatrice lorsque l'inclinaison mutuelle des orbites est considérable.

2. — *STIELTJES A HERMITE.*

Leyde, 10 novembre 1882.

MONSIEUR,

Je vous suis très reconnaissant pour la manière trop bienveillante avec laquelle vous avez bien voulu prendre connaissance de ma lettre précédente, et de l'envoi de vos opuscules, qui sont pour moi d'un prix inestimable. Je ne peux que vous exprimer mon chagrin que, pour le moment, mon peu de loisir ne me permettra pas de les étudier comme je voudrais les étudier, car je suis très convaincu de l'importance fondamentale de ces belles recherches qui pénètrent si profondément dans la théorie générale des fonctions.

J'aurais certainement fait communication de mes résultats à M. Tisserand, mais je savais qu'il est allé observer le passage de Vénus.

Je hasarde encore à vous envoyer avec cette lettre une petite Note (¹) sur un sujet bien élémentaire qui aura besoin de toute votre indulgence. Étant écrite en hollandais, je veux en exposer l'esprit en quelques lignes.

Vous avez fait connaître, dans le Tome 84 du *Journal de Borchardt* (²), l'expression analytique du reste de la formule d'interpolation de Lagrange. J'avais pensé qu'il serait possible d'arriver d'une manière élémentaire à une expression de ce reste, analogue à celle de la formule de Taylor, donnée par Lagrange. Voici comme j'y arrive :

Si la fonction $\mathcal{G}(z)$ s'annule pour $z = x$ et $z = x_1$ $(x < x_1)$, on aura

$$\mathcal{G}'(\xi) = 0, \qquad x < \xi < x_1.$$

Si maintenant $\mathcal{G}(z)$ s'annule encore pour $z = x_2 > x_1$, on aura de même

$$\mathcal{G}'(\xi_1) = 0, \qquad x_1 < \xi_1 < x_2.$$

(¹) Le Mémoire de Stieltjes a pour titre : *Over Lagrange's interpolatie-formule* (*Verslagen en Mededeelingen der Koninklijke Akademie van Wetenschappen te Amsterdam*, 2ᵉ série, t. XVII, p. 239-254; 1882).

(²) Le Mémoire d'Hermite est intitulé : *Sur la formule d'interpolation de Lagrange* (Extrait d'une lettre de M. Ch. Hermite à M. Borchardt).

Donc

$$\mathcal{G}''(\eta) = 0, \qquad x < \eta < x_2.$$

En général, si $\mathcal{G}(z)$ s'annule pour $z = x, x_1, x_2, \ldots, x_n$ $(x < x_1 < x_2 \ldots < x_n)$,

$$\mathcal{G}^{(n)}(\eta) = 0, \qquad x < \eta < x_n,$$

à la condition que, pour toutes les valeurs de z entre x et x_n, les fonctions $\mathcal{G}'(z)$, $\mathcal{G}''(z)$, $\ldots$, $\mathcal{G}^{(n-1)}(z)$ soient finies et continues, et que, pour les mêmes valeurs de z, $\mathcal{G}^{(n-1)}(z)$ admette une dérivée $\mathcal{G}^{(n)}(z)$.

Soit maintenant $\mathfrak{F}(x)$ le polynome de Lagrange, qui pour $x = x_1, x_2, \ldots, x_n$ prend des valeurs $f(x_1), f(x_2), \ldots, f(x_n)$, et posons

$$f(x) = \mathfrak{F}(x) + (x - x_1)(x - x_2)\ldots(x - x_n)\,\mathrm{R};$$

comme il s'agit d'obtenir une expression simple de $f(x) - \mathfrak{F}(x)$, nous pouvons supposer x différent de $x_1, x_2, \ldots, x_n$, et alors la valeur de R est parfaitement déterminée par l'expression précédente.

Si l'on envisage maintenant la fonction

$$\mathcal{G}(z) = -f(z) + \mathfrak{F}(z) + (z - x_1)(z - x_2)\ldots(z - x_n)\,\mathrm{R},$$

il est évident qu'on a

$$\mathcal{G}(x) = 0, \qquad \mathcal{G}(x_1) = 0, \qquad \ldots, \qquad \mathcal{G}(x_n) = 0,$$

donc

$$\mathcal{G}^{(n)}(\eta) = 0,$$

où η a une valeur entre la plus grande et la plus petite des quantités $x, x_1, \ldots, x_n$. Mais $\mathfrak{F}(z)$ étant au plus du degré $n - 1$, on a

$$\mathrm{G}^{(n)}(z) = -f^{(n)}(z) + 1.2.3\ldots n\,\mathrm{R},$$

donc

$$\mathrm{R} = \frac{f^{n}(\eta)}{1.2.3\ldots n}.$$

Il est facile d'étendre ce raisonnement au cas que plusieurs des quantités $x_1, \ldots, x_n$ sont égales. La forme du reste, ainsi obtenue, est aussi une conséquence immédiate de la belle formule que vous avez fait connaître.

C'est avec le plus profond respect, Monsieur, que je signe votre très reconnaissant.

3. — *HERMITE A STIELTJES.*

Paris, 13 novembre 1882.

MONSIEUR,

Recevez tous mes remercîments pour la bonté que vous avez eue de m'exposer le point principal de votre travail sur la formule d'interpolation de Lagrange. L'extrême simplicité et l'élégance de votre méthode m'ayant fait penser qu'elle devait trouver place dans l'enseignement des Mathématiques spéciales de nos lycées, je l'ai communiquée dans cette intention à l'un de mes élèves, directeur des études à l'école préparatoire du collège Stanislas. J'ai eu, Monsieur, la surprise et le regret d'apprendre que vous avez été devancé, et que dans son *Traité élémentaire d'Algèbre*, destiné aux candidats à l'École Polytechnique, M. Laurent propose comme exercice de démontrer la proposition à laquelle vous êtes parvenu : une fonction $\mathcal{G}(z)$ s'annulant pour $z = x, x_1, \ldots, x_n$, l'équation $D_z^n \mathcal{G}(z) = 0$ admet une racine $z = \eta$ comprise entre x et x_n. Je n'ai point le traité de M. Laurent, et me trouvant comme vous, Monsieur, surchargé de travail, je n'ai pu encore vérifier ce dont j'ai été informé, mais qui ne me laisse pas de doute.

Aujourd'hui même je donnerai communication à l'Académie de votre beau travail, et je ne pense pas avoir été contre vos intentions en lui donnant pour titre *Sur une formule de M. Tisserand.*

Veuillez agréer, Monsieur, la nouvelle assurance de ma haute estime et de mes sentiments dévoués.

4. — *STIELTJES A HERMITE.*

13 novembre 1882.

MONSIEUR,

En lisant votre dernière lettre, je n'ai pu m'empêcher de m'imaginer que, peut-être, vous n'avez pas lu dans ma dernière lettre l'*application* de ce théorème (A) :

$$\mathcal{G}^{(n)}(\eta) = 0,$$

si

$$\mathcal{G}(x) = 0, \qquad \mathcal{G}(x_1) = 0, \qquad \ldots, \qquad \mathcal{G}(x_n) = 0,$$

à la détermination du reste de la formule de Lagrange, que j'obtiens sous la forme

$$\psi(x) = (x - x_1)(x - x_2)\ldots(x - x_n),$$

$$f(x) = \sum_{p=1}^{p=n} \frac{\psi(x)}{(x - x_p)\psi'(x_p)} f(x_p) + \frac{(x - x_1)(x - x_2)\ldots(x - x_n)}{1.2\ldots n} f^{(n)}(\eta).$$

Je n'écris ceci que pour m'excuser, car il ne me serait jamais venu dans l'esprit d'abuser de votre temps pour vous annoncer seulement ce théorème (A).

Mais aussi, si cette supposition est erronée, la chose est de trop peu d'importance pour en parler plus.

Veuillez accepter l'assurance de mon profond respect et de toute ma reconnaissance.

5. — *HERMITE A STIELTJES.*

Paris, 17 novembre 1882.

MONSIEUR,

Je n'avais pas été renseigné d'une manière suffisamment complète lorsque j'ai eu l'honneur de vous écrire au sujet du point de l'*Algèbre* de M. Laurent, qui se rapporte aux recherches dont vous avez eu la bonté de me donner communication. Ayant maintenant cette *Algèbre* sous les yeux, j'extrais des Exercices et Notes qui font suite au Chapitre VII, à la page 222, ces énoncés que je transcris textuellement.

16. Démontrer que, si $f(x)$ s'annule pour $x = a, b, \ldots, l$, les quantités $a, b, \ldots, l$ étant au nombre de n, on a

$$f(x) = (x - a)(x - b)\ldots(x - l)\frac{f^{(n)}(X)}{1.2\ldots n},$$

X désignant une quantité comprise entre la plus grande et la plus petite des quantités $a, b, \ldots, l$.

17. Si l'on pose

$$\frac{f(x) - f(a_1)}{x - a_1} = f(a_1, x),$$

$$\frac{f(a_1, x) - f(a_1, a_2)}{x - a_2} = f(a_1, a_2, x),$$

$$\frac{f(a_1, a_2, x) - f(a_1, a_2, a_3)}{x - a_3} = f(a_1, a_2, a_3, x)\ldots,$$

on a

$$f(x) = f(a_1) + (x - a_1) f(a_1, a_2) + (x - a_1)(x - a_2) f(a_1, a_2, a_3) + \ldots$$
$$+ (x - a_1)(x - a_2) \ldots (x - a_n) f^n(X),$$

X étant compris entre la plus grande et la plus petite des quantités x, a_1, a_2, ..., a_n (Ampère). (On s'appuiera sur l'exercice précédent.)

J'ignorais absolument le résultat qui est attribué à Ampère, et je regrette que M. Laurent n'ait point indiqué dans quel Mémoire on pourrait en lire la démonstration (¹). Autant que je puis le présumer, c'est sans doute dans le *Journal de l'École Polytechnique* qu'on aurait chance de le trouver.

Je ne sais, Monsieur, si, sous différentes latitudes, à Leyde comme à Paris, ce sont les mêmes devoirs universitaires qui surchargent les pauvres géomètres et entravent leurs recherches. A la Sorbonne, nous avons maintenant une session d'examens de baccalauréat, et j'ai le regret de passer bien du temps à lire des compositions et à interroger sur l'Arithmétique, la Géométrie élémentaire, etc. Je revois cependant les épreuves d'un second tirage lithographié de mon cours de cette année, dont la rédaction a été faite par un de mes élèves, et qui a pour objet les intégrales prises entre les limites imaginaires, puis quelques points de l'étude des fonctions en général, et des fonctions elliptiques. Je me permets, Monsieur, de vous annoncer l'envoi d'un exemplaire de ces Leçons aussitôt qu'elles seront parues, et je saisis cette occasion pour vous renouveler l'expression de ma haute estime et de mes sentiments dévoués.

(¹) Le Mémoire d'Ampère où se trouve la proposition citée par M. Laurent est dans le Tome XVI des *Annales de Gergonne*, p. 329; 1826, et a pour titre : *Essai sur un nouveau mode d'exposition des principes du calcul différentiel, du calcul aux différences et de l'interpolation des suites, considérées comme dérivant d'une source commune.*

6. — *STIELTJES A HERMITE.*

Leyde, 24 novembre 1882.

MONSIEUR,

Je vous prie encore de vouloir bien faire insérer la Note ci-jointe dans les *Comptes rendus* (¹).

Dès que j'avais trouvé la formule que je vous ai communiquée dans ma première lettre, je soupçonnais qu'il devait exister une généralisation, que je suis heureux d'avoir obtenue maintenant, après bien d'inutiles efforts.

Vous savez que M. Tisserand avait originairement à développer $\cos n\gamma$, et c'est seulement plus tard qu'il a reconnu qu'il fallait chercher le développement de $\frac{\sin(n+1)\gamma}{\sin\gamma}$. Ma formule générale montre qu'on peut, en effet, développer $\cos n\gamma$ d'une manière analogue, mais la série procède alors suivant les $P^{(i)}(0, x)$ qui se réduisent aux fonctions $(1-x^2)\frac{d}{dx}(X_{i-1})$.

Je suis bien aise d'en être quitte, maintenant, avec cette formule de M. Tisserand, et je veux laisser reposer quelque temps d'autres recherches qui se rattachent encore à cette question.

Je vous remercie d'avance beaucoup du précieux présent que vous m'avez annoncé, et je me promets beaucoup de fruit de l'étude de votre Cours, à laquelle je veux consacrer les instants que mes autres devoirs me laissent. Je suis astronome adjoint à l'Observatoire ici : jusqu'ici je pris part aux observations, mais l'année suivante je ne m'occuperai qu'aux calculs de réductions qui sont beaucoup en arrière. Outre cela j'ai encore à calculer des observations astronomiques et météorologiques qu'un voyageur hollandais, M. Ryckevorsel, a faites et fait encore dans le Brésil. Maintenant vous pourrez vous bien imaginer que je n'ai pas beaucoup de loisir pour mes études favorites.

J'ai beaucoup de regret, Monsieur, de n'avoir pas eu à ma disposition l'*Algèbre* de M. Laurent, ce qui vous aurait épargné la

(¹) *Sur un théorème de M. Tisserand* (*Comptes rendus* du 27 novembre). Note de M. Stieltjes présentée par M. Hermite.

peine de copier pour moi le passage dans votre dernière lettre. Je n'ai pas encore cherché dans le *Journal de l'École Polytechnique* pour la pièce d'Ampère.

Veuillez bien accepter, Monsieur, l'expression de la reconnaissance que vos bontés m'inspirent, et de mon plus profond respect.

7. — *HERMITE A STIELTJES.*

Paris, 28 novembre 1882.

MONSIEUR,

En venant vous informer que votre seconde Note sur le théorème de M. Tisserand a été présentée hier à l'Académie, et qu'elle paraîtra, par suite, dans le Compte rendu de la séance, j'ai une occasion dont je m'empresse de profiter pour vous remercier de m'avoir appris que vous êtes astronome adjoint à l'Observatoire de Leyde. Je comprends bien, ainsi, que les découvertes de M. Tisserand, dans lesquelles je n'ai vu que de l'analyse, aient attiré votre attention comme s'appliquant en outre à d'importantes questions de Mécanique céleste. Pour moi, Monsieur, je ne suis qu'algébriste et jamais je n'ai quitté la sphère des Mathématiques subjectives. Je suis, toutefois, bien convaincu qu'aux spéculations les plus abstraites de l'Analyse correspondent des réalités qui existent en dehors de nous et parviendront quelque jour à notre connaissance. Je crois même que les efforts des géomètres purs reçoivent, à leur insu, une direction qui les fait tendre vers un tel but, et l'histoire de la Science me paraît prouver qu'une découverte analytique survient au moment nécessaire pour rendre possible chaque nouveau progrès dans l'étude des phénomènes du monde réel qui sont accessibles au calcul. Un de mes élèves, qui est aussi l'élève de M. Weierstrass, M. Mittag-Leffler, a ainsi communiqué à M. Gylden des vues profondes du grand géomètre qui semblent annoncer une prochaine transformation de la Mécanique céleste, en établissant que les bases mêmes de l'édifice de Laplace sont bien chancelantes. Mais je ne sais si nous verrons se réaliser cette transformation à laquelle auront part, sans doute, les découvertes analytiques de notre époque. Vous trouverez, Monsieur, exposées à ma manière, quelques-unes de ces découvertes, celles précisément auxquelles M. Weierstrass a attaché son nom, dans les leçons de mon Cours de la Sorbonne, dont je revois en ce moment le texte, et qui s'adressent aux candidats à la licence ès Sciences mathématiques. J'ai tenté, et vous jugerez dans quelle mesure j'aurai réussi à introduire dans l'enseignement quelques-unes des notions les plus essentielles qui sont dues à Cauchy, à Riemann, à M. Weierstrass lui-même.

Veuillez agréer, Monsieur, la nouvelle assurance de ma plus haute estime et de mes sentiments dévoués.

8. — *STIELTJES A HERMITE.*

Leyde, 6 janvier 1883.

MONSIEUR,

En vous donnant dans ma dernière lettre (¹) la nouvelle propriété de cette fonction B(n), j'aurais dû mentionner la propriété correspondante de la fonction F(n) de M. Kronecker. Soit p un nombre premier impair, n non divisible par p^2; alors

$$F(np^{2k}) = \left[p^k + p^{k-1} + p^{k-2} + \ldots + p + 1 - \left(\frac{-n}{p}\right)(p^{k-1} + p^{k-2} + \ldots + r + 1)\right] F(n),$$

lorsque n est divisible par p,

$$\left(\frac{-n}{p}\right) = 0.$$

De plus, comme on sait,

$$F(4n) = 2F(n).$$

Ces deux formules correspondent aux propriétés de B(n).

9. — *HERMITE A STIELTJES.*

Paris, 9 mars 1883.

MONSIEUR,

Votre lettre me donne une occasion que je suis heureux de mettre à profit pour vous faire savoir que mon cher confrère M. Tisserand

(¹) Entre la lettre (7) de Hermite et la lettre (8) de Stieltjes, il y a évidemment une lacune. Il manque au moins une lettre de Stieltjes donnant une propriété de la fonction B(n).

m'a entretenu de la Communication que vous avez faite à l'Académie en m'en faisant le plus grand éloge. Je vois aussi, Monsieur, que vous êtes un ami de l'Arithmétique, et que vous partagez mon admiration pour Gauss et Eisenstein; permettez-moi, si vous ne me faites point parvenir un avis contraire, de donner à M. Darboux, pour qu'il la publie dans le prochain numéro de son Bulletin, votre méthode élégante ([1]) pour obtenir la valeur de $\left(\left(\frac{1+i}{M}\right)\right)$. Elle me rappelle d'anciens souvenirs qui remontent à plus de trente ans, et des tentatives que j'ai faites alors pour obtenir le caractère de 2, dans la théorie des résidus de cinquième puissance.

Veuillez agréer, Monsieur, la nouvelle assurance de ma haute estime et de mes sentiments dévoués.

10. — *STIELTJES A HERMITE.*

Leyde, 16 mars 1883.

MONSIEUR,

Je me suis aperçu qu'il s'est glissé une faute dans ma lettre d'hier ([2]). On a, pour $n = \infty$:

$$\sum_{1}^{n-E\left(\frac{n}{2}\right)} \frac{r_p}{n(n-p+1)} = \int_0^{\frac{1}{2}} \frac{x\,dx}{1-x} = \log 2 - \frac{1}{2},$$

$$\sum_{n-E\left(\frac{n}{2}\right)+1}^{n-E\left(\frac{n}{3}\right)} \frac{r_p}{n(n-p+1)} = \int_0^{\frac{1}{3}} \frac{x\,dx}{1-x} = \log \frac{3}{2} - \frac{1}{3},$$

$$\sum_{n-E\left(\frac{n}{3}\right)+1}^{n-E\left(\frac{n}{4}\right)} \frac{r_p}{n(n-p+1)} = \int_0^{\frac{1}{4}} \frac{x\,dx}{1-x} = \log \frac{4}{3} - \frac{1}{4},$$

. . . .

([1]) *Bulletin des Sc. mathématiques et astronomiques*, 2e série, t. VII, 1883, p. 139-141; *Sur la théorie des résidus biquadratiques*, par M. T.-J. Stieltjes (Extrait d'une lettre adressée à M. Hermite).

([2]) La lettre du 15 mars manque. Un extrait est inséré aux *Comptes rendus* du 19 mars : *Sur le nombre des diviseurs d'un nombre entier*.

Je dois avoir indiqué fautivement les limites dans ces sommations partielles, et je vous prie de vouloir bien corriger cette erreur, due à cette circonstance, sans doute, que j'avais auparavant nommé r_k, ce que je désigne maintenant par r_{n-k+1}.

Si l'on prend seulement k de ces séries partielles, la somme des termes négligés

$$\sum_{n-\mathrm{E}\left(\frac{n}{k+1}\right)+1}^{n} \frac{r_p}{n(n-p+1)}$$

reste inférieure à $\frac{1}{k+1}$. A l'aide de cette remarque, il serait très facile de donner à ma démonstration une forme tout à fait rigoureuse en laissant d'abord k constant, mais arbitraire. — Les valeurs de $f(1)+f(2)+\ldots+f(n)$ ont été calculées dans le temps (en 1876); ainsi :

Soit p un nombre arbitraire $\leqq n$ et posons

$$\mathrm{E}\left(\frac{n}{p+1}\right) = q.$$

Alors

$$f(1)+f(2)+\ldots+f(n) = \mathrm{E}\left(\frac{n}{1}\right)+\mathrm{E}\left(\frac{n}{2}\right)+\ldots+\mathrm{E}\left(\frac{n}{p}\right)$$
$$+\mathrm{E}\left(\frac{n}{1}\right)+\mathrm{E}\left(\frac{n}{2}\right)+\ldots+\mathrm{E}\left(\frac{n}{q}\right)-pq.$$

Pour $n = 100\,000$, par exemple, j'ai pris

$$p = 316, \qquad q = 315,$$

et la somme devient

$$2\left[\mathrm{E}\left(\frac{n}{1}\right)+\mathrm{E}\left(\frac{n}{2}\right)+\ldots+\mathrm{E}\left(\frac{n}{315}\right)\right]+\mathrm{E}\left(\frac{n}{316}\right)-pq.$$

J'avais calculé la somme $f(1)+\ldots+f(n)$ pour $n = 1000$, 100000 pour avoir une idée de la rapidité avec laquelle le rapport

$$[f(1)+\ldots+f(n)] : n \log n$$

s'approche de l'unité; les valeurs numériques obtenues m'avaient fait soupçonner que $\frac{f(1)+\ldots+f(n)}{n} - \log n$ s'approche d'une limite fixe, ce qui se confirmait, comme vous l'avez vu.

J'espère, Monsieur, que, s'il arrivait qu'il vous serait nécessaire quelque calcul numérique, vous voudrez bien m'en honorer. A présent, je ne peux point faire une chose plus utile et je serai toujours heureux si je pourrai vous rendre quelque service.

Veuillez accepter, de nouveau, l'assurance de mes sentiments dévoués.

11. — *HERMITE A STIELTJES.*

Paris, 19 mars 1883.

Monsieur,

Recevez mon compliment pour votre Note sur le nombre des diviseurs d'un nombre entier que j'ai lue avec grand plaisir et qui sera présentée à la séance d'aujourd'hui. avec les corrections indiquées dans votre seconde lettre. J'accepte bien volontiers votre offre de me venir en aide lorsque je serai amené à des calculs numériques qui sont toujours pour moi une grande difficulté ; permettez-moi, en retour, de me mettre à votre entière disposition dans le cas où vous désireriez entrer en relation avec les astronomes de l'Observatoire de Paris. M. Tisserand, que j'ai eu pour élève, est un de mes amis et j'ai avec tous de bons et excellents rapports. Je serais heureux, Monsieur, que vous me donniez ainsi l'occasion de vous être utile, et dans cette espérance je vous renouvelle l'expression de ma haute estime et de mes sentiments bien dévoués.

12. — *HERMITE A STIELTJES.*

Paris, 27 mai 1883.

Monsieur,

Je serai extrêmement heureux de profiter de votre présence à Paris pour faire votre connaissance personnelle, et je viens vous prier, ne pouvant point disposer de ma journée pour me présenter chez vous, de nous faire l'honneur de venir dîner chez moi, avec mon gendre Émile Picard, mardi, à $6^h 30^m$.

Je suis, Monsieur, avec les sentiments de la plus haute estime, votre bien sincèrement dévoué.

13. — *STIELTJES A HERMITE.*

Leyde, 4 aug. 1883.

MONSIEUR,

Je hasarde à vous présenter le développement plus complet de la remarque que je vous ai déjà communiquée (¹). J'ai étendu ma démonstration au cas que la fonction $\mathcal{G}(x)$ dans l'intégrale

$$\int_a^b f(x)\,\mathcal{G}(x)\,dx$$

n'est assujettie qu'à la restriction d'être continue et de ne présenter qu'un nombre fini de maxima et minima.

Ensuite j'ai ajouté quelques conséquences concernant le développement en fraction continue :

$$\int_a^b \frac{f(z)}{x-z}\,dz = \cfrac{\lambda_0}{x-\alpha_0-\cfrac{\lambda_1}{x-\alpha_1-\cfrac{\lambda_2}{x-\alpha_2-\ldots}}}$$

On peut affirmer que λ_0, λ_1, λ_2, ... sont tous positifs et que α_0, α_1, α_2, ... sont tous compris entre a et b.

Je ne sais si cela était connu, mais je ne le trouve pas dans le Mémoire de M. Heine (*Monatsber. der Berl. Akad.*, 1866). M. Heine, dans son *Traité des fonctions sphériques* (t. I, p. 206, 2ᵉ édition), cite encore des travaux de MM. Christoffel et Tchebychef sans donner une indication précise où on peut les trouver. Je n'ai pu consulter que le Mémoire de Christoffel sur les quadratures mécaniques (*Borchardt*, 55), que vous citez aussi dans votre Cours de l'École Polytechnique, et le Mémoire de M. Tchebychef dans le *Journal de Liouville*, 2ᵉ série, t. III.

Je suis, Monsieur, avec le plus profond respect, votre bien dévoué.

(¹) Nous n'avons pas la trace de cette précédente Communication. La présente lettre accompagnait évidemment l'envoi d'une Note insérée aux *Comptes rendus* des 1ᵉʳ et 8 octobre sous le titre : *Sur l'évaluation approchée des intégrales*. (Note de M. Stieltjes, présentée par M. Hermite.)

14. — *HERMITE A STIELTJES.*

Fouras (Charente-Inférieure), 7 août 1883.

Monsieur,

Je serai absent de Paris et en voyage pendant la durée des vacances, c'est-à-dire jusque dans le courant du mois d'octobre, de sorte qu'il ne me sera point possible de présenter à l'Académie, avant cette époque, le travail extrêmement remarquable que vous m'avez fait l'honneur de m'adresser. Les propriétés que vous avez découvertes des polynomes $P_n(x)$ et $Q_n(x)$ m'ont vivement intéressé, et les conséquences que vous en avez déduites, sur les quantités λ et α, ajoutent des résultats tout nouveaux à la belle théorie de développement en fraction continue de l'intégrale

$$\int_a^b \frac{f(z)}{x-z}\,dz = \Omega.$$

Je vous félicite, Monsieur, bien vivement du succès de vos efforts, et je me promets de mettre votre beau travail à profit l'année prochaine pour mes leçons de la Sorbonne. Il me rappelle une remarque que j'ai faite autrefois et que je prends la liberté de vous communiquer, en y joignant une question à laquelle vous serez, mieux que moi, en mesure de répondre. Soit

$$D_x^n[(x-a)^{n+\alpha}(x-b)^{n+\beta}] = (x-a)^\alpha(x-b)^\beta\,\Pi(x),$$

de sorte que $\Pi(x)$ soit un polynome entier de degré n, et supposons que $\alpha+\beta$ soit un nombre entier k. On pourra écrire, en désignant par $\varphi(x)$ la partie entière,

$$(x-a)^{n+\alpha}(x-b)^{n+\beta} = \varphi(x) + \frac{\varepsilon}{x} + \frac{\varepsilon'}{x^2} + \ldots$$

puis

$$D_x^n[(x-a)^{n+\alpha}(x-b)^{n+\beta}] = \Phi(x) + \frac{\eta}{x^{n+1}} + \frac{\eta'}{x^{n+2}} + \ldots$$

où $\Phi(x)$ est un polynome de degré $n+k$. Nous avons donc ainsi :

$$(x-a)^\alpha(x-b)^\beta\,\Pi(x) = \Phi(x) + \frac{\eta}{x^{n+1}} + \frac{\eta'}{x^{n+2}} + \ldots$$

de sorte que la fraction $\dfrac{\Pi(x)}{\Phi(x)}$ est la $n^{\text{ième}}$ réduite du développement en fraction continue de la quantité $(x-a)^\alpha(x-b)^\beta$. Cela étant, je demande si, en supposant a et b réels, l'équation $\Pi(x)=0$ a ses racines réelles. Pour $\alpha=-\frac{1}{2}$, $\beta=-\frac{1}{2}$, on se trouve dans le cas de vos théorèmes, mais pour d'autres valeurs, en supposant par exemple $k=-1$, le polynome $\Pi(x)$ aurait-il encore les propriétés de la dérivée du dénominateur $\Phi(x)$?

Permettez-moi, puisque vous êtes un ami de l'Arithmétique, de vous dire un mot d'une recherche qui m'occupe en ce moment. En supposant $n\equiv 5 \bmod 8$, et désignant par $f(n)$ le nombre des décompositions de n en cinq carrés impairs dont les racines sont positives, j'obtiens la relation suivante où $E(x)$ désigne l'entier contenu dans x :

$$f(5)+f(13)+\ldots+f(n)=\sum a\,\mathrm{E}\left(\frac{\sqrt{n-4aa'}+1}{2}\right),$$

le signe Σ s'appliquant à tous les entiers impairs a et a', tels qu'on ait $n>4aa'$. Soit ensuite $E_1(x)$ une nouvelle fonction égale à zéro ou à l'unité,

$$\mathrm{E}_1(x)=\mathrm{E}\left(x+\frac{1}{2}\right)-\mathrm{E}(x) \qquad \text{ou bien} \qquad \mathrm{E}(2x)-2\,\mathrm{E}(x).$$

En désignant par $F(n)$ le nombre total des décompositions de n en cinq carrés, on a

$$\begin{aligned}F(1)+F(2)+\ldots+F(n)=2\,\mathrm{E}(\sqrt{n})&+8\sum\left[a\,\mathrm{E}\left(\frac{n}{a}\right)+2c\,\mathrm{E}_1\left(\frac{n}{4c}\right)\right]\\ &+16\sum\left[a\,\mathrm{E}(\sqrt{n-aa'})-2(-1)^c\,c\,\mathrm{E}(\sqrt{n-4cc'})\right].\end{aligned}$$

Dans cette formule a et a' sont tous les entiers impairs, c, c' les entiers quelconques tels que $n>aa'$, $n>4cc'$.

Les formules analogues pour trois carrés sont plus simples; j'ai vérifié le premier théorème pour $n=21$, mais je me trompe si facilement dans les calculs numériques qu'à mon grand regret je ne me suis pas risqué à aller plus loin.

En vous renouvelant, Monsieur, mes félicitations et mes remerciments pour votre Communication, veuillez recevoir l'assurance de mon meilleur souvenir et de mes sentiments tout dévoués.

15. — *STIELTJES A HERMITE.*

Leyde, 9 août 1883.

Monsieur,

Je n'ai pu résister au plaisir de vérifier les belles formules arithmétiques que vous avez bien voulu me communiquer et qui me semblaient d'autant plus mystérieuses, parce qu'il n'y entre point le nombre des résidus quadratiques au-dessus d'une certaine limite, mais je dois vous avouer qu'en ce moment je suis à peu près étranger à cette belle et profonde matière. Pour le calcul numérique j'ai mis votre formule

$$f(5)+f(13)+\ldots+f(n)=\sum a\,\mathrm{E}\left(\frac{\sqrt{n-4aa'}+1}{2}\right)$$

sous la forme

$$f(5)+f(13)+\ldots+f(n)=\sum g(p)\,\mathrm{E}\left(\frac{\sqrt{n-4p}+1}{2}\right)$$

où

$$p<\frac{n}{4}\qquad p=1,3,5,7,\ldots$$

et

$$g(p)=\text{somme des diviseurs de } p.$$

C'est ainsi que j'ai poussé les calculs jusqu'à $n=101$.

J'ai encore calculé le second membre de votre formule pour $n=157$, 165; la différence des nombres obtenus, 1698 et 1918, 220, est bien égale à $f(165)$. En effet on a

$165 = 81+49+25+9+1$	(120)[1]	220
$= 81+81+1+1+1$	(10)	
$= 81+25+25+25+9$	(20)	
$= 49+49+49+9+9$	(10)	
$= 121+25+9+9+1$	(60)	

---

(1) Cette colonne indique le nombre des décompositions en cinq carrés ne différant que par l'ordre des carrés de ceux écrits sur la même ligne.

(1)	p.	x. $n-4p$.	y. $E(\sqrt{x})$.	z. $E\left(\frac{y+1}{2}\right)$.	$g(p)$.	$zg(p)$.
$n=5\ldots$	1	1	1	1	1	1
$n=13\ldots$	1	9	3	2	1	2
	3	1	1	1	4	4
					Somme...	6
$n=21\ldots$	1	17	4	2	1	2
	3	9	3	2	4	8
	5	1	1	1	6	6
					Somme...	16
$n=29\ldots$	1	25	5	3	1	3
	3	17	4	2	4	8
	5	9	3	2	6	12
	7	1	1	1	8	8
					Somme...	31
$n=37\ldots$	1	33	5	3	1	3
	3	25	5	3	4	12
	5	17	4	2	6	12
	7	9	3	2	8	16
	9	1	1	1	13	13
					Somme...	56
$n=45\ldots$	1	41	6	3	1	3
	3	33	5	3	4	12
	5	25	5	3	6	18
	7	17	4	2	8	16
	9	9	3	2	13	26
	11	1	1	1	12	12
					Somme...	87
$n=53\ldots$	1	49	7	4	1	4
	3	41	6	3	4	12
	5	33	5	3	6	18
	7	25	5	3	8	24
	9	17	4	2	13	26
	11	9	3	2	12	24
	13	1	1	1	14	14
					Somme...	122

(1) Nous reproduisons les Tableaux tels que les a formés Stieltjes pour le calcul du second membre de la formule à vérifier. Les valeurs des premiers membres sont données ensuite.

	p.	x. $n-4p$.	y. $\mathrm{E}(\sqrt{x})$.	z. $\mathrm{E}\left(\frac{y+1}{2}\right)$.	$g(p)$.	$zg(p)$.
$n=61\ldots$	1	57	7	4	1	4
	3	49	7	4	4	16
	5	etc.	etc.	3	6	18
	7	comme pour $n=53$.		3	8	24
	9			3	13	39
	11			2	12	24
	13			2	14	28
	15			1	24	24
					Somme...	177
$n=69\ldots$	1	65	8	4	1	4
	3	57	7	4	4	16
	5	etc.	etc.	4	6	24
	7			3	8	24
	9			3	13	39
	11			3	12	36
	13			2	14	28
	15			2	24	48
	17			1	18	18
					Somme...	237
$n=77\ldots$	1	73	8	4	1	4
	3	65	8	4	4	16
	5	etc.	etc.	4	6	24
	7			4	8	32
	9			3	13	39
	11			3	12	36
	13			3	14	42
	15			2	24	48
	17			2	18	36
	19			1	20	20
					Somme...	297
$n=85\ldots$	1	81	9	5	1	5
	3	etc.	etc.	4	4	16
	5			4	6	24
	7			4	8	32
	9			4	13	52
	11			3	12	36
	13			3	14	42
	15			3	24	72
	17			2	18	36
				2	20	40
				1	32	32
					Somme...	387

		x.	y.	z.		
	p.	$n-4p$.	$E(\sqrt{x})$.	$E\left(\frac{y+1}{2}\right)$.	$g(p)$.	$zg(p)$.
$n = 93$...	1	89	9	5	1	5
	3	etc.	etc.	5	4	20
	5			4	6	24
	7			4	8	32
	9			4	13	52
	11			4	12	48
	13			3	14	42
	15			3	24	72
	17			3	18	54
	19			2	20	40
	21			2	32	64
	23			1	24	24
					Somme...	477
$n = 101$..	1	97	9	5	1	5
	3	etc.	etc.	5	4	20
	5			5	6	30
	7			4	8	32
	9			4	13	52
	11			4	12	48
	13			4	14	56
	15			3	24	72
	17			3	18	54
	19			3	20	60
	21			2	32	64
	23			2	24	48
	25			1	31	31
					Somme...	572
$n = 157$..	1	153	12	6	1	6
	3	145	12	6	4	24
	5	137	11	6	6	36
	7	129	11	6	8	48
	9	121	11	6	13	78
	11	113	10	5	12	60
	13	105	10	5	14	70
	15	97	9	5	24	120
	17	89	9	5	18	90
	19	81	9	5	20	100
	21	73	8	4	32	128
	23	65	8	4	24	96
	25	57	7	4	31	124

	p.	x. $n-4p$.	y. $E(\sqrt{x})$.	z. $E\left(\frac{y+1}{2}\right)$.	$g(p)$.	$zg(p)$.
$n = 157$..	27	49	7	4	40	160
	29	41	6	3	30	90
	31	33	5	3	32	96
	33	25	5	3	48	144
	35	17	4	2	48	96
	37	9	3	2	38	76
	39	1	1	1	56	56
					Somme...	1698
$n = 165$..	1	161	12	6	1	6
	3			6	4	24
	5			6	6	36
	7			6	8	48
	9			6	13	78
	11			6	12	72
	13			5	14	70
	15			5	24	120
	17			5	18	90
	19			5	20	100
	21			5	32	160
	23			4	24	96
	25			4	31	124
	27			4	40	160
	29			4	30	120
	31			3	32	96
	33			3	48	144
	35			3	48	144
	37			2	38	76
	39			2	56	112
	41			1	42	42
					Somme...	1918
						1698
					$f(165)$	220

						Nombre des décompositions.	
$n = 5$...	1	1	1	1	1	1	
$n = 13$..	9	1	1	1	1	5	
$n = 21$..	9	9	1	1	1	10	
$n = 29$..	9	9	9	1	1	10	15
	25	1	1	1	1	5	
$n = 37$..	9	9	9	9	1	5	25
	25	9	1	1	1	20	
$n = 45$..	9	9	9	9	9	1	31
	25	9	9	1	1	30	
$n = 53$..	49	1	1	1	1	5	35
	25	25	1	1	1	10	
	25	9	9	9	1	20	
$n = 61$..	49	9	1	1	1	20	55
	25	9	9	9	9	5	
	25	25	9	1	1	30	
$n = 69$..	49	9	9	1	1	30	60
	25	25	9	9	1	30	
$n = 77$..	49	9	9	9	1	20	60
	25	25	9	9	9	10	
	49	25	1	1	1	20	
	25	25	25	1	1	10	
$n = 85$..	81	1	1	1	1	5	90
	49	9	9	9	9	5	
	49	25	9	1	1	60	
	25	25	25	9	1	20	
$n = 93$..	81	9	1	1	1	20	90
	49	25	9	9	1	60	
	25	25	25	9	9	10	
$n = 101$.	81	9	9	1	1	30	95
	49	49	1	1	1	10	
	49	25	25	1	1	30	
	49	25	9	9	9	20	
	25	25	25	25	1	5	

n.	$f(n)$.	$\Sigma f(n)$.
5	1	1
13	5	6
21	10	16
29	15	31
37	25	56
45	31	87
53	35	122
61	55	177
69	60	237
77	60	297
85	90	387
93	90	477
101	95	572

Quant à votre seconde formule, dans votre seconde lettre, elle se trouve ainsi :

F(n) le *nombre total* des décompositions en cinq carrés

$$E_1(x) = E\left(x + \frac{1}{2}\right) - E(x) = E(2x) - 2E(x),$$

$$\begin{aligned} &F(1) + F(2) + \ldots + F(n) \\ &= 2E(\sqrt{n}) + 8\sum\left[aE\left(\frac{n}{a}\right) + 2cE_1\left(\frac{n}{4c}\right)\right] \\ &\quad + 16\sum\left[aE(\sqrt{n - aa'}) - 2(-1)^{c'}cE(\sqrt{n - 4cc'})\right], \end{aligned}$$

a et a' sont tous les nombres entiers impairs, $n > aa'$, c et c' les entiers quelconques tels que $n > 4cc'$.

J'ai supposé que dans

$$\sum\left[aE\left(\frac{n}{a}\right) + 2cE_1\left(\frac{n}{4c}\right)\right]$$

il fallait poser

$$a = 1, 3, 5, \ldots, a \leqq n$$

et

$$c = 1, 2, 3, \ldots, 4c < n,$$

On aura, par une transformation analogue à celle déjà employée,

$$\Sigma aE(\sqrt{n - aa'}) = \Sigma g(p)E(\sqrt{n - p}) \qquad (p = 1, 3, 5, \ldots, \leqq n)$$

$$-\Sigma(-1)^{c'}cE(\sqrt{n - 4cc'}) = \Sigma g'(q)E(\sqrt{n - 4q}) \quad \left(q = 1, 2, 3, \ldots, < \frac{n}{4}\right);$$

en posant

$$g'(q) = -\Sigma(-1)^{c'}c, \qquad cc' = q,$$

on voit facilement que pour

$$q \text{ impair } g'(q) = g(q),$$
$$q = 2^{\lambda}r,\ r \text{ impair } g'(q) = g(r).$$

Mais en faisant les calculs pour $n = 5, 13, \ldots,$ je trouve la formule fautive ; je ne puis donc que conclure que je ne l'ai pas bien comprise ou qu'elle est gâtée par quelque erreur que je n'ai pu deviner. Voici cependant les valeurs de F(1) + ... + F(n) que j'ai trouvées :

$n=1$....	10	$n=6$....	572	$n=11$...	2462
$n=2$....	50	$n=7$....	892	$n=12$...	2862
$n=3$....	130	$n=8$....	1092	$n=13$...	3422
$n=4$....	220	$n=9$....	1342		
$n=5$....	332	$n=10$...	1902		

Je crois que ces valeurs sont exactes ; je les vérifierai par un calcul indépendant et contrôlerai votre formule avec plaisir, si cela vous paraît intéressant, dès que je connaîtrai la forme exacte. J'espère pouvoir revenir plus tard sur une autre question que vous avez posée dans votre lettre.

Veuillez bien me croire, Monsieur, votre très dévoué.

P.-S. — En adressant cette lettre à Paris, j'espère qu'elle vous parviendra en bon ordre. J'ai une copie de tous les calculs.

16. — *STIELTJES A HERMITE.*

Leyde, 12 août 1883.

MONSIEUR,

Lorsque, hier soir, j'apercevais la transformation dont votre formule est susceptible (¹), j'ai voulu vous en donner connaissance le plus tôt que possible et le temps m'a manqué à indiquer comment j'y suis arrivé.

Prenons $n = 37$; en jetant les yeux sur le calcul

	x.	y.	z.		
p.	$n-4p$.	$E(\sqrt{n-4p})$.	$E\left(\frac{y+1}{2}\right)$.	$g(p)$.	$zg(p)$.
1	33	5	3	1	3
3	25	5	3	4	12
5	17	4	2	6	12
7	9	3	2	8	16
9	1	1	1	13	13
					56

j'observe que dans la colonne $z = E\left(\frac{\sqrt{n-4p}+1}{2}\right)$ on trouve les

(¹) Le début de la lettre semble indiquer qu'il existe une lettre du 11 août. Elle manque.

nombres (en renversant l'ordre) 1, 2, 2, 3, 3. On s'assure aisément que, dans le cas général, ces nombres sont

$$1 \quad \underbrace{2 \quad 2}_{\text{deux fois } 2} \quad \underbrace{3 \quad 3 \quad 3}_{\text{trois fois } 3} \quad \underbrace{4 \quad 4 \quad 4 \quad 4}_{\text{quatre fois } 4} \quad \text{etc.}$$

en sorte que le second membre de votre formule peut s'écrire

$$\begin{aligned} g(p) &+ 2[g(p-2)+g(p-4)] \\ &+ 3[g(p-6)+g(p-8)+g(p-10)] \\ &+ 4[g(p-12)+g(p-14)+g(p-16)+g(p-18)] \\ &+ \ldots\ldots \end{aligned}$$

En remplaçant n par $n-8$, p par $p-2$ on a de même

$$\begin{aligned} g(p-2) &+ 2[g(p-4)+g(p-6)] \\ &+ 3[g(p-8)+g(p-10)+g(p-12)] \\ &+ 4[g(p-14)+g(p-16)+g(p-18)+g(p-20)] \\ &+ \ldots\ldots; \end{aligned}$$

la différence est

$$\begin{aligned} & g(p) - g(p-2) \\ &+ 2[g(p-2)-g(p-6)] \\ &+ 3[g(p-6)-g(p-12)] \\ &+ 4[g(p-12)-g(p-20)] \\ &+ \ldots\ldots \end{aligned}$$

ou

$$g(p)+g(p-2)+g(p-6)+g(p-12)+\ldots,$$

c'est-à-dire

$$f(n) = g\left(\frac{n-1}{4}\right) + g\left(\frac{n-9}{4}\right) + g\left(\frac{n-25}{4}\right) + g\left(\frac{n-49}{4}\right) + \ldots.$$

A-t-on jamais vu une formule plus belle! Je n'aurais jamais pensé qu'une expression aussi simple pourrait exister. Et que cette formule est différente de celles qu'a données Eisenstein! Je ne puis exprimer, Monsieur, que mon admiration pour des recherches qui vous ont mené à une vérité aussi belle. J'espère être assez heureux pour connaître un jour les principes que vous avez suivis dans cette investigation.

Votre très dévoué.

17. — *STIELTJES A HERMITE.*

Leyde, 13 août 1883.

Monsieur,

En réfléchissant de nouveau sur votre première formule, je me suis aperçu qu'on peut l'obtenir très simplement comme il suit :

Attribuons à x, y, z, t, u seulement des valeurs positives impaires, $n = 8k + 5$ et considérons le nombre des solutions de l'inégalité

$$x^2 + y^2 + z^2 + t^2 + u^2 \leqq n :$$

ce nombre sera évidemment égal à

$$f(5) + f(13) + \ldots + f(n).$$

Mais le nombre des solutions pour lesquelles $x = 1$ est, d'après le théorème de Jacobi (*Crelle*, t. 3, p. 191), égal à : [$g(r)$ somme des diviseurs de r],

$$g\left(\frac{n-1}{4}\right) + g\left(\frac{n-9}{4}\right) + g\left(\frac{n-17}{4}\right) + g\left(\frac{n-25}{4}\right) + \ldots.$$

Le nombre des solutions pour lesquelles $x = 3, 5, \ldots$ est respectivement

$$g\left(\frac{n-9}{4}\right) + g\left(\frac{n-17}{4}\right) + g\left(\frac{n-25}{4}\right) + g\left(\frac{n-33}{4}\right) + \ldots,$$

$$g\left(\frac{n-25}{4}\right) + g\left(\frac{n-33}{4}\right) + \ldots,$$

. . . . ;

En sommant, on obtient pour le nombre total

$$g\left(\frac{n-1}{4}\right) + 2\left[g\left(\frac{n-9}{4}\right) + g\left(\frac{n-17}{4}\right)\right]$$
$$+ 3\left[g\left(\frac{n-25}{4}\right) + g\left(\frac{n-33}{4}\right) + g\left(\frac{n-41}{4}\right)\right]$$
$$+ 4\left[g\left(\frac{n-49}{4}\right) + \ldots + g\left(\frac{n-73}{4}\right)\right]$$
$$+ \ldots\ldots\ldots\ldots\ldots\ldots\ldots\ldots\ldots\ldots ;$$

c'est bien là votre formule.

Il est difficile à croire qu'on puisse avoir une démonstration plus simple. Du reste, il va sans dire que je n'aurais jamais fait le raisonnement plus haut sans votre Communication. Veuillez bien me croire toujours votre très dévoué.

18. — *HERMITE A STIELTJES.*

Fouras (Charente-Inférieure), 24 août 1883.

MONSIEUR,

Vos Communications sur la propriété arithmétique dont je vous avais donné bien succinctement l'énoncé m'ont extrêmement intéressé, en ajoutant encore à l'estime que m'avait inspirée votre pénétration et votre beau talent en Analyse. Je n'ai point suivi tout à fait la voie que vous avez découverte, et, tout en arrivant au même résultat, j'y ai été conduit par une autre méthode. Je m'étais proposé, Monsieur, d'entrer avec vous dans des développements étendus sur ce sujet, et c'est dans cette espérance que j'ai ajourné ma réponse à votre dernière lettre; mais un état d'indisposition m'a contraint de mettre les vacances à profit, non pour travailler comme je l'aurais voulu, mais pour prendre le repos dont j'avais besoin. En attendant que je me remette à l'ouvrage, permettez-moi cependant de vous dire, en peu de mots, comment j'ai été amené aux décompositions d'un entier en cinq carrés. Dans le principe, je n'avais en vue que les formes quadratiques de déterminant négatif et, en désignant par $F(D)$ le nombre des classes de déterminant $-D$, j'avais voulu tenter la recherche de la valeur, pour D très grand, de $\frac{F(1)+F(2)+\ldots+F(D)}{D}$. Mais mes efforts n'ont pas eu de succès, et je n'en retiens que la formule suivante dont j'ai donné communication à M. Kronecker, il y a quelque temps. Soit $D=4n-1$, et désignant par $F(D)$ le nombre des classes *proprement primitives* de déterminant $-D$, on a

$$\begin{aligned} &F(3)+F(7)+\ldots+F(4n-1)\\ &\quad=\sum E\left(\frac{n-\nu^2}{2\nu+1}\right)+2\sum E\left(\frac{n-\nu^2-2\nu}{2\nu+3}\right)+2\sum E\left(\frac{n-\nu^2-4\nu}{2\nu+5}\right)\\ &\qquad+\ldots\ldots\ldots\ldots\ldots\ldots+2\sum E\left(\frac{n-\nu^2-2k\nu}{2\nu+2k+1}\right), \end{aligned}$$

les diverses sommes étant prises en supposant $\nu=0,1,2,\ldots,$ jusqu'à ce que les quantités sous le signe E, assujetties à la condition d'être positives, deviennent moindres que l'unité.

Cette expression de la fonction sommatoire de F(D) ne m'ayant point servi pour l'objet que j'avais en vue, j'ai cherché dans le voisinage. J'ai supposé n impair et considéré les décompositions d'un entier en trois carrés impairs, puis en trois carrés quelconques, puis en cinq. C'est alors que j'ai entrevu, comme consolation de mon insuccès, quelques remarques qui ne m'ont point paru sans intérêt, et, en ce qui concerne la décomposition en cinq carrés impairs, l'introduction d'une fonction numérique qui s'offre tout naturellement et d'elle-même. Cette fonction est la somme des diviseurs δ d'un nombre impair, tels qu'en faisant $n = \delta\delta'$, on ait $\delta \equiv \delta' \bmod 4$ et $\delta < 3\delta'$. La fonction correspondante au cas de la décomposition en trois carrés impairs est la somme des diviseurs tels que l'on ait $\delta < 2\delta'$. Mais ces recherches demandent plus d'efforts que je ne puis en faire en ce moment, et je dois, en me proposant de vous communiquer mes résultats, attendre que j'aie repris courage à l'ouvrage, afin de ne point m'exposer à vous envoyer encore des formules inexactes.

Je pense aussi, Monsieur, à vos belles recherches sur le développement en fraction continue de l'intégrale de Tchebicheff et de Heine, et, comme l'Algèbre est chose plus facile que l'Arithmétique, j'ai vu, sans avoir à travailler pour cela, ce que sans doute vous avez remarqué vous-même : qu'on a sous la même forme le numérateur et le dénominateur des réduites de $(x-a)^\alpha(x-b)^\beta$ où $\alpha+\beta =$ un entier k. Supposons k positif; dans une réduite de rang quelconque $\frac{B}{A}$, A se détermine en posant

$$D_x^n[(x-a)^{n+\alpha}(x-b)^{n+\beta}] = (x-a)^\alpha(x-b)^\beta A,$$

et B par la relation semblable

$$D_x^{n+k}[(x-a)^{n+k-\alpha}(x-b)^{n+k-\beta}] = (x-a)^{-\alpha}(x-b)^{-\beta}B;$$

et, en écrivant ceci, il me semble voir que le résultat subsiste, que k soit positif ou négatif.

Je dois, dans quelques jours, partir pour la Bretagne, d'où j'espère pouvoir vous écrire en traitant les questions plus à fond qu'aujourd'hui; veuillez en attendant, Monsieur, recevoir l'expression de mes sentiments de bien sincère sympathie et l'assurance de ma plus haute estime.

19. — *HERMITE A STIELTJES.*

Paris, 6 octobre 1883.

MONSIEUR,

Vos recherches sur l'évaluation approchée des intégrales ([1]) ont été présentées à la dernière séance de l'Académie et paraîtront dans les *Comptes rendus* de cette séance. Mais, votre rédaction dépassant en étendue la limite réglementaire de trois pages d'impression, j'ai dû la diviser en deux parties, de sorte que la fin de votre Note paraîtra seulement dans les *Comptes rendus* de la prochaine semaine.

Permettez-moi, Monsieur, de profiter de cette occasion pour rectifier l'erreur ([2]) que vous avez reconnue et signalée dans l'énoncé de ma formule, concernant le nombre des solutions de l'équation $x^2+y^2+z^2+t^2+u^2=n$. Si l'on désigne ce nombre par $f(n)$, la somme $f(1)+f(2)+\ldots+f(n)=\mathrm{F}(n)$ s'obtient comme il suit :

Désignons par a les entiers impairs 1, 3, 5, ..., et par c et c' les entiers quelconques 1, 2, 3, ... : on a

$$\mathrm{F}(n)=2\mathrm{E}(\sqrt{n})+8\sum\left[a\mathrm{E}\left(\frac{n}{a}\right)+2c\mathrm{E}_1\left(\frac{n}{4c}\right)\right]$$
$$+16\sum\left[a\mathrm{E}(\sqrt{n-ac})-2(-1)^{c'}c\mathrm{E}(\sqrt{n-2cc'})\right].$$

Dans cette expression, $\mathrm{E}(x)$ est l'entier contenu dans x,

$$\mathrm{E}_1(x)=\mathrm{E}\left(x+\frac{1}{2}\right)-\mathrm{E}(x)=\mathrm{E}(2x)-2\mathrm{E}(x),$$

de sorte qu'on a toujours $\mathrm{E}_1(x)=0$ ou $=1$, suivant que la différence entre x et le plus grand entier qui y est contenu est inférieure à $\frac{1}{2}$, ou bien égale ou supérieure à $\frac{1}{2}$.

Voici, dans cet ordre de recherches, les formules que je viens d'obtenir, pour le nombre des solutions de l'équation $x^2+y^2=n$. En

([1]) Les recherches présentées à l'Académie et mentionnées au début de cette lettre sont celles dont il est question dans la lettre 13.

([2]) La formule rectifiée est la seconde formule de la lettre 14.

désignant ce nombre par $f(n)$, vous savez qu'Eisenstein a donné, le premier, pour la somme $f(1)+f(2)+\ldots+f(n)=\mathrm{F}(n)$, cette expression bien remarquable :

$$4\left[\mathrm{E}\left(\frac{n}{1}\right)-\mathrm{E}\left(\frac{n}{3}\right)+\mathrm{E}\left(\frac{n}{5}\right)-\ldots\right].$$

J'ai remarqué qu'en posant

$$\lambda=\mathrm{E}\left(\frac{1+\sqrt{8n+1}}{4}\right),$$

puis

$$\mathrm{S}=\mathrm{E}\left(\frac{n}{1}\right)-\mathrm{E}\left(\frac{n}{3}\right)+\ldots\pm\mathrm{E}\left(\frac{n}{2\lambda-1}\right),$$

$$\mathrm{S}_1=\mathrm{E}_1\left(\frac{n+1}{4}\right)+\mathrm{E}_1\left(\frac{n+2}{8}\right)+\ldots+\mathrm{E}_1\left(\frac{n+\lambda}{4\lambda}\right),$$

on a aussi

$$\mathrm{F}(n)=4\left(\mathrm{S}+\mathrm{S}_1-\lambda\sin^2\frac{\lambda\pi}{2}\right).$$

J'obtiens encore pour la somme suivante,

$$f(2)+f(2.5)+f(2.9)+\ldots+f(2n),$$

où $n\equiv 1$, mod 4, l'expression que voici :

$$8\left[\mathrm{E}\left(\frac{n-1}{4}\right)-\mathrm{E}\left(\frac{n-3^2}{4.3}\right)+\mathrm{E}\left(\frac{n-5^2}{4.5}\right)\ldots\right]+4\cos^2\frac{(\mu-1)\pi}{4},$$

en désignant par μ l'entier impair immédiatement au-dessous de $\sqrt{n}$ ou égal à $\sqrt{n}$.

Je me ferai, Monsieur, un plaisir, quand je publierai ces résultats, de donner la méthode si élégante que vous m'avez communiquée au sujet de la décomposition en cinq carrés impairs des nombres $\equiv 5$ mod 8, en insérant dans mon travail la lettre que vous m'avez adressée sur cette question. Veuillez, en attendant, recevoir la nouvelle assurance de ma plus haute estime et de mes sentiments bien dévoués.

20. — *STIELTJES A HERMITE.*

Leyde, 10 octobre 1883.

MONSIEUR,

Vous m'avez fait un très grand plaisir en m'écrivant votre dernière lettre, et encore une fois vous m'avez fait votre débiteur en présentant mon travail à l'Académie. Vous ne dites rien de votre santé : j'espère bien sincèrement qu'elle soit complètement rétablie.

Maintenant que j'ai sous mes yeux votre formule pour

$$F(n) = f(1) + f(2) + \ldots + f(n),$$

je vois bien que seulement quelques légères erreurs d'écriture dans votre premier énoncé m'avaient empêché de la bien comprendre. Mes efforts pour découvrir ces erreurs moi-même ont été inutiles. Voici comment j'avais tâché de retrouver votre formule :

Le nombre des représentations de n par $x^2 + y^2 + z^2 + t^2$ est

$$8[2 + (-1)^n]g'(n),$$

où je désigne par $g'(n)$ la somme des diviseurs impairs de n. C'est ce qu'on peut déduire de la dernière formule des *Fundamenta nova* (*Œuvres de Jacobi*, t. I, p. 239)

$$\left(\frac{2K}{\pi}\right)^2 = \left(\sum_{-\infty}^{+\infty} q^{\nu^2}\right)^4 = 1 + 8\left(\frac{q}{1-q} + \frac{2q^2}{1+q^2} + \frac{3q^3}{1-q^3} + \frac{4q^4}{1+q^4} + \ldots\right).$$

A l'aide de ce résultat, on trouve facilement

$$\begin{aligned} f(n) = {} & 16[g'(n) + 2g'(n-1^2) + 2g'(n-2^2) + 2g'(n-3^2) + \ldots] \\ & + (-1)^n 8[g'(n) - 2g'(n-1^2) + 2g'(n-2^2) + 2g'(n-3^2) + \ldots], \end{aligned}$$

où il faut continuer les séries jusqu'à ce que les arguments deviennent négatifs. Si n est un carré, il faut prendre $g'(0) = \frac{1}{24}$.

Partant de cette expression, on trouve, pour

$$F(n) = f(n) + f(n-1) + \ldots,$$

$$F(n) = 16P + (-1)^n 8Q - 1,$$

$$\left.\begin{matrix} P \\ Q \end{matrix}\right\} = \begin{aligned} & g'(n) \pm 3g'(n-1) + 5g'(n-4) \pm 7g'(n-9) + \ldots \\ & \quad + 3g'(n-2) \pm 5g'(n-5) + \ldots \\ & \quad \pm 3g'(n-3) + 5g'(n-6) \\ & \qquad\qquad \pm 5g'(n-7) \\ & \qquad\qquad + 5g'(n-8). \end{aligned}$$

(Pour avoir P, prendre le signe supérieur; pour Q, le signe inférieur).

J'avais pensé, par analogie à ce qui se passait dans le cas de la décomposition d'un nombre $8k + 5$ en 5 carrés impairs, que cette formule résulterait aussi, par une transformation facile, de celle que vous avez donnée. Mais en tâchant de transformer votre formule je n'ai point vu se confirmer cette prévision, de sorte que je n'ai point trouvé une méthode pour arriver à votre formule. Cependant je n'ai pas encore pu faire le calcul avec le soin nécessaire et je me propose d'y revenir.

Comme je trouve toujours un plaisir à accompagner des recherches abstraites par des calculs numériques, j'ai été vivement frappé par la transformation que vous m'avez indiquée de cette expression

$$\mathrm{E}\left(\frac{n}{1}\right)-\mathrm{E}\left(\frac{n}{3}\right)+\mathrm{E}\left(\frac{n}{5}\right)-\mathrm{E}\left(\frac{n}{7}\right)+\ldots.$$

Votre transformation, en effet, permet de calculer cette somme pour des valeurs de n pour lesquelles le calcul direct serait rebutant, quoique je vois bien qu'on ne doit point envisager cette transformation seulement sous ce point de vue. En effet, je me rappelle d'avoir vu dans le second Volume des Œuvres de Gauss (¹) d'autres formules encore plus faciles pour ce calcul, déduites de cette considération que

$$1+4\left[\mathrm{E}\left(\frac{n}{1}\right)-\mathrm{E}\left(\frac{n}{3}\right)+\mathrm{E}\left(\frac{n}{5}\right)-\ldots\right]$$

est le nombre des points dont les deux coordonnées rectangulaires x, y sont des nombres entiers, situés à l'intérieur d'un cercle décrit de l'origine avec le rayon $\sqrt{n}$.

Quoi qu'il en soit, j'ai voulu appliquer votre transformation à d'autres cas pour en bien comprendre le sens. J'ai considéré à cet effet le nombre $f(n)$ des représentations de n par x^2+2y^2 ; on a

$$f(n)=2(d_1+d_3-d_5-d_7),$$

où d_1, d_3, d_5, d_7 signifient les nombres des diviseurs de n qui sont compris dans les formes $8k+1$, $8k+3$, $8k+5$, $8k+7$. C'est ce que j'ai trouvé par la considération du développement de

$$\sum_{-\infty}^{+\infty}\sum_{-\infty}^{+\infty} q^{k^2+2h^2};$$

(¹) *Cf.* Gauss, *Werke*, t. II, p. 270, 279, 292.

on en conclut

$$f(1)+f(2)+f(3)+\ldots+f(n)$$
$$=2\left[\mathrm{E}\left(\frac{n}{1}\right)+\mathrm{E}\left(\frac{n}{3}\right)-\mathrm{E}\left(\frac{n}{5}\right)-\mathrm{E}\left(\frac{n}{7}\right)+\mathrm{E}\left(\frac{n}{9}\right)+\mathrm{E}\left(\frac{n}{11}\right)-\ldots\right].$$

En faisant usage d'une transformation analogue à celle que vous avez donnée, j'obtiens les formules suivantes :

Soit $\varphi(x)$ une fonction numérique définie pour des valeurs entières de x par

$$\begin{aligned}\varphi(4k+1)&=1,\\ \varphi(4k+2)&=2,\\ \varphi(4k+3)&=1,\\ \varphi(4k)\quad&=0,\end{aligned}\qquad \varphi(x)=2\sin^2\frac{\pi x}{4}\ \text{(1)},$$

c'est-à-dire $\varphi(x)$ est égale à la somme des x premiers termes de la série

$$1+1-1-1+1+1\quad 1-1+1+1-1-1+1+1-\ldots.$$

Posons maintenant

$$\lambda=\mathrm{E}\left(\frac{1+\sqrt{8n+1}}{4}\right),$$

$$\mathrm{S}\ =\mathrm{E}\left(\frac{n}{1}\right)+\mathrm{E}\left(\frac{n}{3}\right)-\mathrm{E}\left(\frac{n}{5}\right)-\mathrm{E}\left(\frac{n}{7}\right)+\ldots\pm\mathrm{E}\left(\frac{n}{2\lambda-1}\right),$$

$$\mathrm{S}_1=\varphi\left[\mathrm{E}\left(\frac{n+1}{2}\right)\right]+\varphi\left[\mathrm{E}\left(\frac{n+2}{4}\right)\right]$$
$$+\varphi\left[\mathrm{E}\left(\frac{n+3}{6}\right)\right]+\ldots+\varphi\left[\mathrm{E}\left(\frac{n+\lambda}{2\lambda}\right)\right];$$

alors

$$f(1)+\ldots+f(n)=2[\mathrm{S}+\mathrm{S}_1-\lambda\varphi(\lambda)].$$

Il est évident que $1+f(1)+f(2)+\ldots+f(n)$ est égal au nombre des points à coordonnées rectangulaires entières situés à l'intérieur d'une ellipse dont les demi-axes sont égaux à $\sqrt{n}$ et $\sqrt{\frac{n}{2}}$. L'aire de cette ellipse étant $\frac{n\pi}{\sqrt{2}}$, ce sera l'expression approchée

(1) La formule $\varphi(x)=2\sin^2\frac{\pi x}{4}$ a été ajoutée par Hermite.

de $f(1)+f(2)+\ldots+f(n)$ pour n très grand. On en déduit

$$\frac{\pi}{\sqrt{2}} = 2\left(\frac{1}{1}+\frac{1}{3}-\frac{1}{5}-\frac{1}{7}+\frac{1}{9}+\frac{1}{11}-\ldots\right).$$

Je ne vois pas encore la raison de cette autre formule que vous m'avez communiquée, mais je veux y penser.

Ces derniers mois ne m'ont point été favorables pour les études... je vais quitter l'observatoire vers la fin de ce mois et je suis maintenant chargé provisoirement, pendant la maladie d'un des professeurs (1), de leçons de Géométrie analytique et descriptive à l'École Polytechnique de Delft.... J'aurais cependant à dire quelque chose sur les intégrales définies, mais je dois finir cette lettre déjà trop longue.

Croyez-moi toujours votre très reconnaissant.

21. *STIELTJES A HERMITE.*

Leyde, 15 octobre 1883.

MONSIEUR,

En reprenant le calcul, j'ai, en effet, trouvé que ces deux formules

$$\text{(A)}\quad \begin{aligned} F(n) = 2E(\sqrt{n}) &+ 8\sum\left[aE\left(\frac{n}{a}\right)+2cE_1\left(\frac{4c}{n}\right)\right] \\ &+16\sum\left[aE(\sqrt{n-ac})-2(-1)^{c'}cE(\sqrt{n-cc'})\right], \end{aligned}$$

$$\text{(B)}\quad \left\{\begin{aligned} F(n) &= 16P+(-1)^n 8Q-1, \\ P &= \sum_0^n\left[1+2E(\sqrt{p})\right]g'(n-p), \\ Q &= \sum_0^n(-1)^p\left[1+2E(\sqrt{p})\right]g'(n-p) \end{aligned}\right.$$

peuvent aisément se réduire l'une à l'autre.

---

(1) M. le professeur Van den Berg.

Comme on a $g'(0) = \frac{1}{24}$, la formule (B) peut se mettre aussi sous la forme

$$(\text{B}') \quad \text{F}(n) = 2\,\text{E}(\sqrt{n}) + 16\sum_{0}^{n-1}[1 - 2\,\text{E}(\sqrt{p})]\,g'(n-p)$$
$$+(-1)^n 8\sum_{0}^{n-1}(-1)^p[1 + 2\,\text{E}(\sqrt{p})]\,g'(n-p)$$

D'un autre côté, on trouve facilement

$$\sum a\,\text{E}\left(\frac{n}{a}\right) = g'(1) + g'(2) + \ldots + g'(n)$$
$$\sum c\,\text{E}_1\left(\frac{n}{4c}\right) = g'(2) + g'(4) + \ldots + g'(r) \quad (^1),$$

r étant égal à n ou à $n-1$, selon que n est pair ou impair.

Et puis,

$$\sum a\,\text{E}(\sqrt{n-ac}) = \sum g'(p)\,\text{E}(\sqrt{n-p})$$
$$= \sum \text{E}(\sqrt{p})\,g'(n-p) \qquad (p = 1, 2, \ldots, n-1),$$

$$\sum -(-1)^{c'} c\,\text{E}(\sqrt{n-2cc'}) = \sum g'(p)\,\text{E}(\sqrt{n-2p}) \qquad (p = 1, 2, 3, \ldots),$$
$$= \sum g'(q)\,\text{E}(\sqrt{n-2q}) \qquad (q = 2, 4, 6, \ldots),$$
$$= \sum \text{E}(\sqrt{q})\,g'(n-q) \qquad (q = n-2, n-4, n-6, \ldots).$$

---

(1) En effet

$$\text{E}_1(x) = \text{E}(2x) - 2\,\text{E}(x).$$

Donc

$$\sum c\,\text{E}_1\left(\frac{n}{4c}\right) = \sum c\,\text{E}\left(\frac{n}{2c}\right) - \sum 2c\,\text{E}\left(\frac{n}{4c}\right) = 1\,\text{E}\left(\frac{n}{2}\right) + 3\,\text{E}\left(\frac{n}{6}\right) + 5\,\text{E}\left(\frac{n}{10}\right) + \ldots$$

Cette somme est égale à

$$g'(1) + g'(2) + \ldots + g'\left(\text{E}\,\frac{n}{2}\right)$$

ou bien à

$$g'(2) + g'(4) + \ldots + g'(r); \qquad r = 2\,\text{E}\left(\frac{n}{2}\right).$$

A l'aide de ces transformations, la formule (A) se met sous la forme suivante :

$$(A') \quad \begin{aligned} F(n) = 2E(\sqrt{n}) &+ 8[g'(1) + g'(2) + \ldots + g'(n)] \\ &+ 16[g'(2) + g'(4) + \ldots + g'(r)] \\ &+ 16 \sum E(\sqrt{p})\, g'(n-p) \\ &+ 32 \sum E(\sqrt{q})\, g'(n-q) \end{aligned}$$

$$(p = 1, 2, 3, \ldots, n-1),$$
$$\begin{cases} (n \text{ pair} \quad q = 2, 4, 6, \ldots, n-2), \\ (n \text{ impair } q = 1, 3, 5, \ldots, n-1). \end{cases}$$

En distinguant les deux cas : n pair, n impair, on reconnaît de suite l'identité des formules A′ et B′.

En vous communiquant ce calcul, j'espère ne vous point importuner. Du reste, les remarques que j'ai faites à l'occasion des formules que vous avez bien voulu me communiquer ne méritent point de figurer dans un Mémoire que vous vous proposez de faire paraître.

Le peu de temps que je peux consacrer à l'étude ne me permet point de faire quelque chose qui vaut la peine et parfois je crois que ce serait plus sage d'y renoncer tout à fait.

Cependant j'éprouverai toujours un vif sentiment de reconnaissance en me rappelant l'accueil si bienveillant que vous avez bien voulu faire à votre très dévoué.

22. — *HERMITE A STIELTJES.*

Paris, 15 octobre 1883.

Monsieur,

En vous informant que la suite et la fin de votre Note sur l'évaluation approchée des intégrales sont dans le numéro des *Comptes rendus* que je viens de recevoir, je prends la liberté de vous demander une nouvelle Communication pour l'Académie. C'est à mon tour de ne pas réussir à deviner certaines combinaisons analytiques; il ne m'a pas été possible de voir comment vous êtes parvenu à l'expression de la somme $f(1) + f(2) + \ldots + f(n)$ où $f(n)$ désigne le nombre des représentations de n par la forme

$x^2 + 2y^2$. Mais votre résultat m'intéresse extrêmement et me semble si remarquable que, dans l'intention d'être agréable aux amis de l'Arithmétique, je viens vous prier de publier dans les *Comptes rendus* la Note extraite de votre dernière lettre, que j'ai transcrite sur une feuille détachée afin que vous puissiez y faire les changements qui vous conviendront. Et, puisque les mêmes questions nous plaisent également, je prends la liberté de vous communiquer sur la fonction que vous appelez $g'(x)$, et qui est désignée par $\varphi(n)$ dans les *Fundamenta*, une transformation semblable à celle qui concerne $E\left(\frac{x}{1}\right) - E\left(\frac{x}{3}\right) + E\left(\frac{x}{5}\right) - \ldots$ et permettant de calculer rapidement la somme

$$\Phi(n) = \varphi(1) + \varphi(2) + \ldots + \varphi(n),$$

c'est-à-dire

$$\Phi(n) = E\left(\frac{n+1}{2}\right) + 3E\left(\frac{n+3}{6}\right) + 5E\left(\frac{n+5}{10}\right) + \ldots.$$

J'introduis, dans ce but, en outre des fonctions $E(x)$ et $E_1(x) = E(2x) - 2E(x)$, la fonction suivante, à savoir :

$$E_2(x) = \tfrac{1}{2}[E^2(x) + E(x)].$$

Elle donne d'abord, en effet, cette expression :

$$\begin{aligned}\Phi(n) = \quad & E_2\left(\frac{n+1}{2}\right) + E_2\left(\frac{n+3}{6}\right) + E_2\left(\frac{n+5}{10}\right) + \ldots \\ & + E_2\left(\frac{n-1}{2}\right) + E_2\left(\frac{n-3}{6}\right) + E_2\left(\frac{n-5}{10}\right) + \ldots,\end{aligned}$$

où vous voyez que, dans la première ligne, le nombre des termes est $\frac{n+1}{2}$ et, dans la seconde, l'entier compris dans $\frac{n+3}{6}$. Je le réduis à l'entier contenu dans $\sqrt{n}$ en distinguant deux cas, suivant qu'il s'agit de la somme

$$\varphi(3) + \varphi(7) + \varphi(11) + \ldots + \varphi(4n-1)$$

ou bien

$$\varphi(1) + \varphi(5) + \varphi(n) + \ldots + \varphi(4n+1).$$

C'est la première qui donne la formule la plus simple; j'obtiens, en effet, pour cette somme, la quantité suivante :

$$4\left[E\left(\frac{n-1^2}{3}\right)+2E\left(\frac{n-2^2}{5}\right)+3E\left(\frac{n-3^2}{7}\right)+\ldots\right]$$
$$+4\left[E_2(n)+E_2\left(\frac{n-1^2}{3}\right)+E_2\left(\frac{n-2^2}{5}\right)+E_2\left(\frac{n-3^2}{7}\right)+\ldots\right].$$

Vous avez, Monsieur, très heureusement exprimé par la formule

$$8[2+(-1)^n]\varphi(n),$$

dont l'idée ne m'était jamais venue, le nombre des représentations de n par une somme de quatre carrés, et je mettrai à profit votre expression dans mes recherches. La fonction sommatoire m'a conduit à introduire la quantité ainsi définie ([1]) :

$$E_3(x)=E(x)E_1\left(\frac{x}{2}\right),$$

et je trouve en faisant pour abréger $\psi(n)=[3+(-1)^n]\varphi(n)$, les équations suivantes :

$$\begin{aligned}
&\psi(1)+\psi(2)+\ldots+\psi(n)\\
&=E(n)+3E\left(\frac{n}{3}\right)+5E\left(\frac{n}{5}\right)+\ldots\\
&\quad+2E_1\left(\frac{n}{4}\right)+4E_1\left(\frac{n}{8}\right)+6E_1\left(\frac{n}{12}\right)+\ldots\\
&=E_2\left(\frac{n}{1}\right)+E_2\left(\frac{n}{3}\right)+E_2\left(\frac{n}{5}\right)+\ldots\\
&\quad+E_3\left(\frac{n}{4}\right)+E_3\left(\frac{n}{8}\right)+E_3\left(\frac{n}{12}\right)+\ldots,
\end{aligned}$$

mais bien des calculs me restent encore à faire pour arriver à transformer la somme $\psi(1)+\psi(2)+\ldots+\psi(n)$ de la même manière que $\varphi(3)+\varphi(7)+\ldots+\varphi(4n-1)$.

Je ne puis douter que vous n'arriviez à démontrer mes formules pour la somme $f(1)+f(2)+\ldots+f(n)$ en suivant la voie que vous m'avez indiquée. Beaucoup d'autres doivent s'y ajouter, et je m'occupe de les réunir, mais, chemin faisant, je suis revenu à la fonction $F(n)$ exprimant le nombre des représentations de n par une somme de trois carrés. On a alors

$$F(1)+F(2)+\ldots+F(n)=2E(\sqrt{n})+\Sigma\,\varphi(c)[1+E(\sqrt{n-c})],$$

([1]) Voir la note de la page 44.

en supposant que $\varphi(c)$ soit le nombre des représentations de c par une somme de deux carrés et qu'on prenne $c = 1, 2, 3, \ldots, n$. C'est sous une forme toute pareille que peut se mettre la fonction sommatoire du nombre des décompositions en cinq carrés.

Je souhaite vivement, Monsieur, que les devoirs d'enseignement auquel vous êtes appelé vous laissent assez de loisirs pour songer à l'Arithmétique. Permettez-moi de vous demander, lorsque vous me retournerez votre Note ci-jointe, si l'École Polytechnique de Delft est à la fois civile et militaire, comme notre École Polytechnique, quelle est la durée des études et quelles sont les matières de l'enseignement. En vous remerciant de votre intérêt pour ma santé qui, sans être parfaite, ne met cependant pas obstacle à mon travail, je vous prie, Monsieur, de recevoir la nouvelle assurance de ma haute estime et de mes sentiments bien sincèrement dévoués.

23. — *STIELTJES A HERMITE.*

La Haye, 17 octobre 1883.

Monsieur,

Il semble bien que la manière que j'ai suivie pour arriver à votre transformation de

$$\mathfrak{L} = \mathrm{E}\left(\frac{n}{1}\right) - \mathrm{E}\left(\frac{n}{3}\right) + \mathrm{E}\left(\frac{n}{5}\right) - \mathrm{E}\left(\frac{n}{7}\right) + \ldots$$

diffère de celle que vous avez employée. Je forme le Tableau

$$(\mathrm{A})\quad \left\{\begin{array}{l}
1,\ 2,\ 3,\ 4,\ 5,\ 6,\ 7,\ \ldots\ldots\ldots\ldots\ldots\ldots\ldots,\ \mathrm{E}\left(\frac{n}{1}\right),\\
1,\ 2,\ 3,\ 4,\ 5,\ 6,\ 7,\ \ldots\ldots\ldots\ldots,\ \mathrm{E}\left(\frac{n}{3}\right),\\
1,\ 2,\ 3,\ \ldots\ldots\ldots\ldots\ldots\ldots\ldots,\ \mathrm{E}\left(\frac{n}{5}\right),\\
1,\ 2,\ 3,\ \ldots\ldots\ldots\ldots,\ \mathrm{E}\left(\frac{n}{2}\right),\\
\ldots\ldots\ldots\ldots\ldots\ldots\ldots\ldots\ldots,\\
\ldots\ldots\ldots\ldots\ldots\ldots\ldots\ldots,\\
1,\ 2,\ \ldots,\ \mathrm{E}\left(\frac{n}{2p-1}\right);\\
1,\ 2,\ \ldots\ldots\ldots\ldots,\\
\ldots\ldots\ldots\ldots,\\
1.
\end{array}\right.$$

La somme de tous les nombres de ce Tableau sera égale à $\mathcal{L}$ si l'on a eu soin de changer les nombres de la première, troisième et cinquième ligne horizontale en $+1$, ceux de la deuxième, quatrième et sixième ligne horizontale en -1. De plus, si l'on désigne par $\varepsilon(t) = \mathrm{E}\left(\frac{t+1}{2}\right)$ le nombre des nombres impairs $1, 3, 5, 7, \ldots$ qui ne surpassent pas t (t étant entier ou non), on voit facilement que la première ligne *verticale* contient $\varepsilon\left(\frac{n}{1}\right) = \mathrm{E}\left(\frac{n+1}{2}\right)$ nombres, la seconde ligne verticale en contient $\varepsilon\left(\frac{n}{2}\right) = \mathrm{E}\left(\frac{n+2}{4}\right)$, la troisième $\varepsilon\left(\frac{n}{3}\right) = \mathrm{E}\left(\frac{n+3}{6}\right)$, etc. Soit encore $\varphi(x)$ la somme des x premiers termes de cette série

$$1-1+1-1+1-1+1-1+\ldots,$$

en sorte que la somme des nombres de la $p^{\text{ième}}$ ligne verticale est $\varphi\left[\mathrm{E}\left(\frac{n+p}{2p}\right)\right]$.

Considérons maintenant votre nombre λ :

$$\lambda+\varepsilon = \frac{\sqrt{8n+1}+1}{4}, \qquad 0 \leqq \varepsilon < 1,$$

$$2\lambda+2\varepsilon-1 = \frac{\sqrt{8n+1}-1}{2} = \frac{n}{\lambda+\varepsilon},$$

$$\frac{n}{2\lambda+2\varepsilon-1} = \lambda+\varepsilon,$$

d'où

$$\varepsilon = 0, \qquad \frac{n}{2\lambda-1} \geqq \lambda+\varepsilon \geqq \lambda,$$

$$\varepsilon = 1, \qquad \frac{n}{2\lambda+1} < \lambda+\varepsilon < \lambda+1,$$

donc

$$\mathrm{E}\left(\frac{n}{2\lambda-1}\right) \geqq \lambda,$$

$$\mathrm{E}\left(\frac{n}{2\lambda+1}\right) \leqq \lambda,$$

c'est-à-dire la $\lambda^{\text{ième}}$ ligne *horizontale* contient λ nombres au moins, la $\lambda+1^{\text{ième}}$ en contient λ au plus. Maintenant on pourra obtenir la somme de tous les nombres de (A) (après le changement indiqué en ± 1) en prenant d'abord les λ premières lignes *horizontales*; cela donne

$$\mathrm{S} = \mathrm{E}\left(\frac{n}{1}\right) - \mathrm{E}\left(\frac{n}{3}\right) + \ldots \pm \mathrm{E}\left(\frac{n}{2\lambda-1}\right);$$

puis on prendra les λ premières lignes verticales : cela donne

$$S_1 = \varphi\left[E\left(\frac{n+1}{2}\right)\right] + \ldots + \varphi\left[E\left(\frac{n+\lambda}{2\lambda}\right)\right].$$

On aura maintenant compté deux fois les nombres qui sont écrits dans un carré avec le côté λ; il faut encore retrancher leur somme qui est égale à $\lambda\varphi(\lambda)$; donc

$$\mathcal{L} = S + S_1 - \lambda\varphi(\lambda).$$

Cela ne diffère pas essentiellement de la formule que vous avez obtenue.

Le même raisonnement s'applique pour transformer l'expression

$$E\left(\frac{n}{1}\right) + E\left(\frac{n}{3}\right) - E\left(\frac{n}{5}\right) - E\left(\frac{n}{7}\right) \ldots,$$

avec cette seule différence que $\varphi(x)$ sera maintenant la somme des x premiers termes de la série

$$1 + 1 - 1 - 1 + 1 + 1 - 1 - 1 + \ldots$$

Vous voyez donc bien, Monsieur, combien fut simple l'application de votre transformation à ce nouvel exemple

$$E\left(\frac{n}{1}\right) - E\left(\frac{n}{3}\right) + E\left(\frac{n}{5}\right) - E\left(\frac{n}{7}\right) + \ldots$$

dès que j'avais trouvé la démonstration que vous venez de lire de votre formule.

Je suis trop pressé, en ce moment, pour ajouter encore d'autres développements. L'École Polytechnique de Delft est une école civile; tous nos ingénieurs civils, des mines, etc., sortent de cette école. Dans les deux premières années, les élèves ont à suivre des cours d'Analyse, de Géométrie analytique et descriptive. La Mécanique fait partie du cours des deux dernières années, le cours complet comprenant quatre années. En arrivant, les élèves possèdent les éléments de la Géométrie descriptive, mais ils n'ont point de notion encore de la Géométrie analytique et de l'Analyse.

Je ne trouve rien à changer à la Note que vous avez bien voulu transcrire, et qui pourra paraître dans les *Comptes rendus* si cela vous paraît utile. Veuillez, encore cette fois, recevoir les remercîments de votre très dévoué.

P. S. — Veuillez bien adresser mes lettres encore à Leyde; ordinairement elles me parviendront ainsi plus tôt. Vous aurez bien remarqué que je n'avais point encore reçu votre dernière lettre quand je vous adressais ma lettre du 15 octobre.

24. — *HERMITE A STIELTJES.*

Paris, 19 octobre 1883.

Monsieur,

La démonstration que vous venez de me communiquer de ma transformation de la somme

$$\mathfrak{L} = \mathrm{E}\left(\frac{n}{1}\right) - \mathrm{E}\left(\frac{n}{3}\right) + \dots$$

m'a fait le plus grand plaisir, et mon intention, qui, j'espère, ne vous contrariera pas, sera d'insérer votre lettre du 17 octobre dans mon travail, en disant que vous me l'avez adressée en réponse à la communication de l'énoncé de ma proposition. Les méthodes en Arithmétique sont loin de se présenter aussi variées et aussi nombreuses qu'en Analyse, et je ne puis m'empêcher de croire qu'il sera utile de donner pour parvenir aux mêmes conclusions, deux procédés très différents, surtout lorsque le vôtre s'applique à des questions que, par le mien, je ne puis aborder. En effet, Monsieur, je suis moins que vous, *vir arithmeticus,* comme dit Jacobi : je ne fais que recueillir chemin faisant, dans le champ des fonctions elliptiques, quelques résultats faisant suite au n° 40, p. 103 des *Fondamenta,* et mon travail s'intitulera par conséquent : *Sur quelques nouvelles applications à l'Arithmétique de la théorie des fonctions elliptiques.* Je compléterai, si vous voulez bien, en ce qui concerne les nombres $4n+1$, ce que je vous ai précédemment dit sur la somme des valeurs de la fonction $\varphi(x)$ où $\varphi(x)$ est la somme des diviseurs impairs de x, en considérant les nombres $4n+3$.

Soit

$$\lambda = \mathrm{E}\left(\frac{\sqrt{4n+1}+1}{2}\right);$$

je distinguerai deux cas suivant que $4n+5$ est différent d'un carré, ou bien égal à un carré. On a dans le premier, la formule

$$\varphi(1) + \varphi(5) + \ldots + \varphi(4n+1) = 2\sum \mathrm{E}^2\left(\frac{n + c^2}{2c-1}\right) - \frac{2\lambda^3 - 6\lambda^2 + \lambda}{3}$$

$$(c = 1,\ 2,\ 3,\ \ldots,\ \lambda - 1);$$

dans le second cas, le terme algébrique se modifie, et j'obtiens alors

$$\varphi(1) + \varphi(5) + \ldots + \varphi(4n-1) = 2\sum \mathrm{E}^2\left(\frac{n + c^2}{2c-1}\right) - \frac{2\lambda^3 + \lambda}{3}.$$

Mais vos devoirs à l'École Polytechnique vont réclamer tout votre temps et, comme je le fais moi-même, vous allez, Monsieur, renoncer aux recherches pour ne songer qu'à vos leçons. Je vois que l'École de Delft ressemble bien plus à notre École Centrale qu'à l'École Polytechnique, pour son objet, comme pour l'enseignement qui y est donné, et c'est en vous remerciant des détails que vous avez eu la bonté de me donner pour satisfaire à ma curiosité que je vous renouvelle l'expression de ma plus haute estime et de mes sentiments bien dévoués.

25. — *HERMITE A STIELTJES.*

Paris, 24 octobre 1883.

MONSIEUR,

Les théorèmes que vous venez de me communiquer sur la somme des valeurs de la fonction $f(n)$ pour les valeurs de n qui sont $\equiv 1$ ou $\equiv 5 \bmod 8$, m'ont paru si intéressants que je n'ai pu m'empêcher de donner à l'Académie les résultats auxquels vous êtes parvenu, ainsi que ceux qui concernent la fonction $\varphi(n)$. Vous ne serez point mécontent, je l'espère, de trouver dans le prochain numéro des *Comptes rendus* les énoncés de vos théorèmes contenus dans votre lettre du 20 octobre, en même temps que votre proposition sur la somme des nombres de représentation de n par la forme $x^2 + 2y^2$. Il me paraît hors de doute que vos méthodes, qui permettent de démontrer les résultats tirés des formules de la théorie des fonctions elliptiques, vont plus loin et donnent des résultats entièrement nouveaux. Les deux points de vue auront donc, à la fois, un domaine commun et des domaines distincts, par exemple, en ce qui concerne la théorie des formes quadratiques de déterminants négatifs. En particulier, pour les déterminants $-D$, lorsque $D \equiv 3 \bmod 8$, la théorie des fonctions elliptiques conduit à introduire la fonction numérique qui, à l'égard d'un nombre $n \equiv 3 \bmod 4$, représente l'excès du nombre de ses diviseurs $\equiv 1$ sur le nombre des diviseurs $\equiv 3 \bmod 4$ sous la condition que ces diviseurs, d'une espèce et de l'autre, soient inférieurs à $\sqrt{n}$. Posant donc

$$\psi(n) = \Sigma(-1)^{\frac{d-1}{2}}$$

où d représente tous les diviseurs de n moindres que sa racine carrée, et désignant par $F(N)$ le nombre des classes proprement primitives de déterminant $-N$, on a pour la somme

$$F(3) + F(11) + \ldots + F(n)$$

où $n \equiv 3 \bmod 8$, la valeur

$$\psi(3) + \psi(11) + \ldots + \psi(n)$$
$$+ 2\sum \psi(k)\, E\left(\tfrac{1}{4}\sqrt{n-k}\right) - 2\sum \psi(l)\, E\left(\tfrac{1}{4}\sqrt{n-l} + \tfrac{1}{2}\right).$$

Il faut prendre, dans les sommes, pour k et l, les valeurs : $k = 3, 11, \ldots, n$; $l = 7, 15, \ldots, n-4$ et, relativement à la fonction $\psi(n)$ je trouve ces formules

$$\psi(3) + \psi(7) + \ldots + \psi(4N+3) = \sum (-1)^{c-1} E\left(\frac{N + 2c - c^2}{2c - 1}\right),$$

$$\psi(3) - \psi(7) + \ldots \pm \psi(4N+3) = \sum E_1\left(\frac{N + 2c - c^2}{4c - 2}\right).$$

Pour ce qui concerne la somme des diviseurs d'un entier impair, j'entrevois dès à présent que les formules elliptiques donnent les théorèmes que vous avez découverts, où l'on distingue entre les diverses formes de n, par rapport au module 8. Mais déjà surviennent des devoirs qui m'obligent d'aller à la Sorbonne, faire des examens de baccalauréat, et il faut m'arracher à mes réflexions et à mes calculs.

. . . .

Recevez, Monsieur, la nouvelle assurance de ma vive sympathie et de mes sentiments de haute estime.

Je crains de vous avoir inexactement donné la définition d'une des fonctions que je nomme $E_2(x)$ et $E_3(x)$; permettez-moi de vous indiquer les expressions exactes qui sont

$$E_2(x) = \tfrac{1}{2}[E^2(x) + E(x)] = \tfrac{1}{2}E(x)E(x+1),$$
$$E_3(x) = E(x+1)[1 - 2E_1(x)].$$

Ces expressions me servent dans l'étude de la fonction $\varphi(n)$ (1).

26. — *STIELTJES A HERMITE.*

Leyde, 28 octobre 1883.

Monsieur,

Certainement je ne suis point mécontent de ce que vous avez communiqué à l'Académie quelques formules que j'ai rencontrées en méditant sur les résultats que vous avez bien voulu me communiquer. Mais, comme je l'ai déjà dit, tout cela est facile; toutefois, cela met sur la voie de déduire d'autres formules plus difficiles.

J'ai consulté de nouveau vos beaux Mémoires dans les Tomes VII et IX (2e série) du *Journal de Mathématiques,* et je crois maintenant être sûr de pouvoir démontrer à ma manière arithmétique les formules de M. Kronecker et d'autres qui résultent de la théorie des fonctions elliptiques. Toutefois, dans mes recherches, je fais usage de votre manière d'introduire la notion *de classe,* c'est-à-dire, elle est remplacée par celle du nombre des formes d'un système complet de formes réduites. Pour moi, je n'ai point de doute que ma méthode n'ait pas une grande analogie (ou peut-être ne diffère pas essentiellement) de celle que M. Liouville a suivie dans ses recherches. Mais, pour le moment, je n'ai pu consulter encore que les deux volumes précités du *Journal de Mathématiques,* et je ne sais pas encore si M. Liouville n'a pas exposé sa méthode dans un autre endroit. Vous m'obligerez infiniment en

(1) La Note aux *Comptes rendus* mentionnée au début de cette lettre est insérée dans le numéro du 22 octobre et intitulée : *Sur quelques théorèmes arithmétiques* (extrait d'une lettre adressée à Hermite). Cette Note a trois pages dont la troisième contient, avec de légers changements de rédaction, la seconde moitié de la lettre 20 du 10 octobre. Les deux premières pages devaient se trouver dans la lettre du 20 octobre, qui manque.

L'expression de $E_3(x)$ donnée à la fin du post-scriptum diffère de celle donnée dans la lettre 22.

me renseignant sur ce point. En ce moment, j'ai en effet reconnu la source de plusieurs des théorèmes de M. Liouville. Mais, en tout cas, pour pouvoir dire quelque chose de plus certain sur cet objet, je devrai faire une étude sérieuse des résultats de M. Liouville dans leur ensemble, ce que je n'ai pu faire encore et ce que je ne pourrai faire dans les premiers mois.

Je veux ajouter quelques remarques sur vos dernières formules. En premier lieu, $n \equiv 3 \bmod 8$. Alors

$$\begin{aligned} & F(3) + F(11) + \ldots + F(n) \\ & = \psi(3) + \psi(11) + \ldots + \psi(n) \\ & - 2\sum \psi(k)\,E\left(\tfrac{1}{4}\sqrt{n-k}\right) \qquad (k = 3, 11, \ldots, n) \\ & + 2\sum \psi(l)\,E\left(\tfrac{1}{4}\sqrt{n-l} + \tfrac{1}{2}\right) \qquad (l = 7, 15, \ldots, n-4): \end{aligned}$$

dans votre lettre, vous avez écrit, par une inadvertance

$$-2\sum \psi(l)\,E\left(\tfrac{1}{4}\sqrt{n-k} + \tfrac{1}{2}\right).$$

Cette formule est équivalente à celle-ci :

$$F(n) = \psi(n) + 2\psi(n - 4.1^2) + 2\psi(n - 4.2^2) + 2\psi(n - 4.3^2) + \ldots$$

en ce sens que l'on déduit immédiatement l'une de ces formules de l'autre. Mais cette dernière formule se trouve, sous une forme un peu différente, dans la lettre que M. Liouville vous a adressée (t. VII du *Journal*, p. 43, 44). Il dit : « Or, je trouve que ce nombre (des solutions $m = i^2 + i'^2 + i''^2$ où i, i', i'' sont impairs et positifs) s'exprime aussi au moyen de $\rho'(n)[=\psi(n)]$, par

$$\rho'(m) + 2\rho'(m - 4.1^2) + 2\rho'(m - 4.2^2) + \ldots. \text{ »}$$

M. Liouville dit lui-même, du reste, que cette formule se tire aussi de vos formules.

Quant à vos formules pour les sommes

$$\psi(3) \pm \psi(7) + \psi(11) \pm \ldots \pm \psi(4N+3),$$

j'ai reconnu qu'on peut les déduire directement de la définition même de la fonction ψ. Il y a encore d'autres formules du même genre, par exemple,

$$\psi(3) + \psi(5) + \psi(7) + \ldots + \psi(n) = E\,\frac{n-1}{2} - E\,\frac{n-3^2}{2.3} + E\,\frac{n-5^2}{2.5} - \ldots$$

On doit avoir des formules analogues pour la fonction

$$= \Sigma(-1)^{\frac{d-1}{2}} d,$$

tandis que

$$\psi(n) = \Sigma(-1)^{\frac{d-1}{2}},$$

par exemple,

$$\begin{aligned}&\varphi(3)+\varphi(7)+\ldots+\varphi(4N+3)\\&=\sum(-1)^{c-1}(2c-1)\,\mathrm{E}\left(\frac{N+2c-c^2}{2c-1}\right)\qquad(c=1,2,3,\ldots),\end{aligned}$$

mais tout cela est très facile.

Vous êtes tellement au courant dans cet ordre de recherches que j'ose vous prier (sans que cela doive vous coûter de la peine) de vouloir bien m'indiquer si les formules de M. Kronecker ont été l'objet d'autres recherches, que je ne connais pas encore. Mais il n'y a pas de hâte : dans ces premiers mois je ne puis songer à des études sérieuses.

Je vous prie, Monsieur, d'agréer l'expression de mon respect et de mon entier dévouement.

27. — *HERMITE A STIELTJES.*

Paris, 5 novembre 1883.

Monsieur,

Recevez tous mes compliments pour le beau théorème concernant la décomposition en cinq carrés des nombres $N \equiv 5 \bmod 8$, que vous m'avez communiqué et que je présenterai aujourd'hui à l'Académie pour qu'il soit publié dans le prochain numéro des *Comptes rendus* (1). A votre lettre j'ajoute une courte Note dans laquelle je donne, pour le même objet que vous avez eu en vue, la propriété suivante, qui se tire des formules de la théorie des fonctions elliptiques. Décomposons de toutes les manières un

(1) Entre la lettre 26 et la lettre 27, il existe une lettre de Stieltjes à Hermite contenant la Note : *Sur la décomposition d'un nombre en cinq carrés*, publiée aux *Comptes rendus* du 5 novembre. Cette lettre manque.

entier $n \equiv 1 \bmod 4$ en deux facteurs d et d' assujettis à la condition suivante : $d' > 3d$, et posons

$$\chi(n) = \sum \tfrac{1}{4}(3d + d').$$

Le nombre des décompositions de N (en cinq carrés impairs, à racines positives) sera

$$\tfrac{1}{2}\chi(N) + \chi(N - 2^2) + \chi(N - 4^2) + \chi(N - 6^2) + \ldots$$

Je saisis cette occasion pour vous donner l'assurance que M. Liouville n'a rien publié sur l'Arithmétique en dehors des nombreuses Notices contenues dans les derniers Volumes de son *Journal de Mathématiques*. J'aurais bien préféré, au lieu de fragments *disjecti membra poëtæ*, un seul et unique Mémoire bien condensé, où le lecteur aurait à la fois le principe et les diverses applications de la méthode. Mais M. Liouville, à qui j'ai exprimé ce désir, n'a point voulu le satisfaire, sans doute pour se réserver à lui seul la récolte plus complète de toutes les conséquences de sa découverte première. Sur ce même sujet, vous trouverez dans les *Comptes rendus* une ou deux Notes du P. Joubert, entre 1860 et 1870; mais c'est un géomètre allemand extrêmement distingué, M. J. Gierster, dont les recherches vous intéresseront par leur importance. M. Gierster a suivi la voie ouverte par M. Kronecker, et ce m'est un regret de n'avoir pu, à cause de l'allemand, lire et étudier ses travaux qui me semblent extrêmement remarquables. Cette difficulté n'existant pas pour vous, permettez-moi, Monsieur, de vous adresser un exemplaire, que l'auteur a eu la bonté de m'envoyer, de l'un de ses Mémoires, et que vous pourrez conserver aussi longtemps qu'il vous sera utile. Vous trouverez, en consultant la table des matières des *Mathematische Annalen*, ses autres publications sur ce sujet; mais j'ai lieu de penser que c'est celle que je joins à ma lettre qui est la plus étendue et la plus importante.

En vous souhaitant, avec la continuation de vos succès, un bon courage pour mener de front le travail de recherches avec les leçons et les devoirs d'enseignement, je vous prie, Monsieur, de recevoir la nouvelle assurance de ma plus haute estime et de mes sentiments bien sincèrement dévoués.

28. — *STIELTJES A HERMITE.*

Leyde, 6 novembre 1883.

MONSIEUR,

Vous m'avez fait un très grand plaisir par la communication de votre formule pour la décomposition d'un nombre $8k+5$ en cinq carrés, formule beaucoup plus cachée que celle que j'ai donnée. En effet, le raisonnement qui m'avait donné ma formule était assez compliqué et curieux, ce qui m'avait empêché de reconnaître le véritable caractère de ma formule. Maintenant, j'ai reconnu que cette formule peut se démontrer d'une manière assez simple, et l'on peut établir un grand nombre de formules analogues pour la décomposition en 3, 5, 7 carrés impairs; mais dans toutes ces formules entrent seulement les fonctions

$$\varphi_0(m)=\sum\left(\frac{-1}{d}\right),\qquad \psi_0(m)=\sum\left(\frac{-2}{d}\right),$$
$$\varphi_1(m)=\sum d,\qquad \psi_1(m)=\sum\left(\frac{-2}{d}\right)d,$$
$$\varphi_2(m)=\sum\left(\frac{-1}{d}\right)d^2,\qquad \psi_2(m)=\sum\left(\frac{-2}{d}\right)d^2,$$

m impair, d parcourant les diviseurs de m.

Ces fonctions jouissent toutes de la propriété exprimée par

$$F(m)F(n)=F(mn),$$

m et n étant premiers entre eux. Mais elles ne sont point de la nature singulière de votre fonction ψ et de cette fonction nouvelle χ,

$$\chi(n)=\sum\tfrac{1}{4}(3d+d'),\qquad d'>3d,\qquad n=dd'$$

que vous avez introduite.

Parmi les résultats auxquels je suis parvenu il y a quelque temps il en reste cependant un qui me paraît avoir plus d'intérêt. Le voici :

Soit $n=8k\pm3$, $F(n)$ le nombre des classes pour le déterminant $-n$, excluant les formes avec les coefficients extrêmes pairs tous les deux. Alors

$$\sum F(n-8r^2)=-\tfrac{1}{2}\Phi'(n)\qquad (r=0,\pm1,\pm2,\ldots),$$

$\Phi'(n)$ est la fonction de M. Kronecker

$$\Phi'(n) = \sum \left(\frac{2}{d}\right) d,$$

d parcourant les diviseurs de n.

Cette formule, en effet, ne semble point rentrer dans les formules données par M. Kronecker, tandis que la sommation s'effectue encore par cette fonction simple $\Phi'(n)$. Dans les *Monatsberichte* de 1875, p. 223-236, M. Kronecker a donné de nouvelles relations; mais, comme il le remarque, dans ces nouvelles formules il entre des fonctions arithmétiques plus compliquées, en sorte qu'il reste toujours encore *possible* que ses anciennes formules soient les *seules* où entrent seulement ces simples fonctions arithmétiques, qui ne dépendent que de la totalité des diviseurs d'un nombre.

J'ai communiqué cette formule, il y a quelques jours, à M. Kronecker, mais je ne sais pas encore son opinion là-dessus.

Je vous suis extrêmement reconnaissant pour l'envoi du Mémoire de M. Gierster qui ne m'était point connu. Mais je ne pourrai l'étudier, comme il le mérite, dans le premier temps, en sorte que je devrai faire usage de votre permission de le conserver assez longtemps.

Veuillez bien agréer, Monsieur, l'expression de mon profond respect et de mon entier dévouement.

29. — *HERMITE A STIELTJES.*

Paris, 9 novembre 1883.

MONSIEUR,

Un deuil de famille m'oblige de quitter Paris; permettez-moi, avant de partir, de vous demander si vous voudriez bien rédiger, pour les *Comptes rendus,* une Note contenant les résultats que vous venez de découvrir, pour la décomposition en 3, 5 et 7 carrés impairs. Je ne puis, par mes moyens, d'aucune façon aborder le cas de 7 carrés, et ma méthode ne me conduit aucunement à vos fonctions ψ_0, ψ_1, ψ_2; vous rendrez donc service à ceux qui aiment l'Arithmétique, en annonçant des théorèmes entièrement nouveaux et d'un grand intérêt. Joignez-y, Monsieur, cette proposition

$\Sigma F(n - 8r^2) = -\frac{1}{2}\Phi'(n)$ qui tient aussi à des principes différents de ceux que j'ai employés, et qui doivent avoir une grande puissance. A mon retour, j'ajouterai quelques remarques à ce que je vous ai déjà dit de la fonction $\chi(n)$; en l'employant pour toutes les valeurs impaires, et les valeurs paires divisibles par 4, de n, elle donne le nombre des décompositions d'un entier quelconque en 5 carrés.

Croyez, Monsieur, à mes meilleurs sentiments d'affection et de haute estime.

30. — *STIELTJES A HERMITE.*

Leyde, 12 novembre 1883.

MONSIEUR,

En réponse à votre dernière lettre, je vous adresse ci-joint une Note contenant un théorème que je crois nouveau. Ce théorème s'est offert à moi, il y a quelques jours, sans que cela m'ait coûté la moindre peine. En effet, c'est une conséquence si facile des résultats que j'ai obtenus auparavant, que je m'étonne de ne l'avoir point vu immédiatement.

Je n'ai pas encore eu le loisir nécessaire pour voir par quelle formule ce théorème s'exprime dans la théorie des fonctions elliptiques. Il serait intéressant de déduire encore ce théorème de cette théorie.

Vous trouverez plus bas les formules que j'ai obtenues concernant les décompositions en cinq et sept carrés; mais peut-être il en existe encore d'autres, et je crois qu'il sera sage d'ajourner la publication jusqu'à ce que j'aurai eu l'occasion de revenir à cette recherche. Dans ce moment, d'autres devoirs ne me laissent pas le loisir nécessaire.

J'attends avec impatience, Monsieur, les observations que vous m'avez promises concernant votre fonction $\chi(n)$.

J'espère bien retrouver vos résultats à l'aide de considérations arithmétiques; cela sera le premier travail que je me propose d'entamer.

Croyez-moi, Monsieur, toujours votre très reconnaissant et dévoué.

m impair, $m = dd'$:

$$\varphi_1(m) = \sum d, \qquad \psi_1(m) = \sum\left(\frac{2}{d'}\right)d,$$

$$\varphi_2(m) = \sum\left(\frac{-1}{d'}\right)d^2, \qquad \psi_2(m) = \sum\left(\frac{-2}{d'}\right)d^2,$$

$F_1(n)$......... $n = 8k+5$, nombre des solutions de
$n = x^2+y^2+z^2+t^2+u^2$;

$F_2(n)$......... $n = 8k+7$, nombre des solutions de
$n = x^2+y^2+z^2+t^2+u^2+v^2+w^2$.

x, y, z, t, u, v, w positifs impairs :

$$F_1(n) = \varphi_1\left(\frac{n-1^2}{4}\right) + \varphi_1\left(\frac{n-3^2}{4}\right) + \varphi_1\left(\frac{n-5^2}{4}\right) + \ldots,$$

$$8F_2(n) = \varphi_2\left(\frac{n-1^2}{2}\right) + \varphi_2\left(\frac{n-3^2}{2}\right) + \varphi_2\left(\frac{n-5^2}{2}\right) + \ldots,$$

$$8F_1(n) = \varphi_1(n) + 2\varphi_1(n-2^2) + 2\varphi_1(n-4^2) + \ldots,$$

$$64F_2(n) = \varphi_2(n) + 2\varphi_2(n-2^2) + 2\varphi_2(n-4^2) + \ldots,$$

$$4F_1(n) = \psi_1(n) + 2\psi_1(n-8.1^2) + 2\psi_1(n-8.2^2) + \ldots,$$

$$48F_2(n) = \psi_2(n) + 2\psi_2(n-8.1^2) + 2\psi_2(n-8.2^2) + \ldots,$$

$$2F_1(n) = \psi_1(n-2.1^2) + \psi_1(n-2.3^2) + \psi_1(n-2.5^2) + \ldots,$$

$$24F_2(n) = \psi_2(n-2.1^2) + \psi_2(n-2.3^2) + \psi_2(n-2.5^2) + \ldots.$$

Sur un nouveau théorème d'arithmétique.

On connaît le beau théorème, trouvé par Legendre et démontré par Gauss, qui établit une relation si simple entre le nombre des décompositions d'un nombre entier $n = 8k+3$ en trois carrés impairs et le nombre des classes de formes quadratiques de déterminant $-n$.

J'ai trouvé qu'il existe un théorème analogue pour tout nombre entier de la forme $8k+5$.

Désignons généralement par $F(n)$ le nombre des classes de formes quadratiques de déterminant $-n$, les coefficients extrêmes étant positifs, et excluant dans le cas $n = 8k+3$ les formes qui ont ces coefficients pairs tous les deux. Alors, n étant $\equiv 5 \pmod 8$

le nombre des solutions de l'équation

$$n = x^2 + 2y^2 + 2z^2,$$

en admettant pour x, y, z seulement des valeurs positives et impaires, est égal à $\frac{1}{2}F(n)$.

Voici encore deux vérités qui sont intimement liées à ce théorème.

Posons pour un nombre impair quelconque n

$$\varphi(n) = \sum \left(\frac{2}{d'}\right) d,$$

d parcourant tous les diviseurs de n, d' étant le diviseur complémentaire, en sorte que $dd' = n$.

Alors on a

$$F(n) - 2F(n - 8.1^2) + 2F(n - 8.2^2) + 2F(n - 8.3^2) + \ldots = \tfrac{1}{2}\varphi(n),$$

pour $n = 8k + 3$ ou $n = 8k + 5$; et puis

$$F(n - 2.1^2) + F(n - 2.3^2) + F(n - 2.5^2) + \ldots = \tfrac{1}{4}\varphi(n),$$

pour $n = 8k + 5$ ou $n = 8k + 7$.

31. — *STIELTJES A HERMITE.*

Leyde, 15 novembre 1883.

Monsieur,

Depuis que je vous ai adressé ma dernière lettre, j'ai pu consulter les *Disqu. Arithm.* J'ai vu alors que le théorème auquel j'ai été conduit par des considérations d'une autre nature est encore un simple corollaire de ce que Legendre a trouvé par induction et de ce que Gauss a prouvé dans son Art. 292 (je n'ai à ma disposition que la traduction par Pouillet-Delisle, p. 349-350). J'aurais donc dû mentionner cette circonstance. Pour le moment, je ne puis que vous prier de retirer ma Note et de ne la point présenter à l'Académie. En effet, Monsieur, je sens bien qu'il faudra attendre jusqu'à ce que j'aurai la tête libre et pourrai approfondir plus à mon aise toutes ces choses, avant que de publier mes études. Voici encore quelques formules (si vous voulez bien en prendre connaissance) qui pourront se déduire, sans doute, toutes de la même source, c'est-à-dire de la relation découverte par Legendre entre $F(n)$ et la représentation de n par trois carrés.

Soit $\varphi(n) = \Sigma(-1)^{\frac{d-1}{2}}$, d parcourant tous les diviseurs *impairs* de n (n pair ou impair) et prenons $F(n)$ toujours dans le sens de M. Kronecker. Convenons encore que, dans les sommations, il faudra prendre $s = 1, 3, 5, \ldots$ et $r = 0, \pm 1, \pm 2, \pm 3, \ldots$.

Alors on aura

$$n \equiv 1 \pmod 8 \quad F(n) = 2\sum \varphi\left(\frac{n - s^2}{8}\right),$$

si n est un carré, il faudra continuer jusqu'à $\varphi(0) = \frac{1}{2}$;

$$n \equiv 3 \pmod 8 \quad F(n) = \sum \varphi\left(\frac{n - s^2}{2}\right),$$

$$n \equiv 5 \pmod 8 \quad F(n) = 2\sum \varphi\left(\frac{n - s^2}{4}\right).$$

Encore, n étant le double d'un nombre impair

$$n \equiv 2 \pmod 4 \quad F(n) = \sum \varphi(n - s^2) = \sum \varphi\left(\frac{n - 4r^2}{2}\right).$$

En distinguant, dans cette dernière formule, les cas $n = 8k + 2$, $8k + 6$ et faisant attention que $\varphi(4k + 3) = 0$, on pourra écrire

$$n \equiv 2 \pmod 8 \quad F(n) = \sum \varphi\left(\frac{n - 16r^2}{2}\right),$$

$$n \equiv 6 \pmod 8 \quad F(n) = 2\sum \varphi\left(\frac{n - 4s^2}{2}\right).$$

Comme on a généralement

$$F(2^{2k} m) = 2^k F(m),$$

les formules précédentes donnent toujours une expression de $F(n)$ excepté seulement dans le cas $n = 4^k(8r + 7)$. Ces nombres $4^k(8r + 7)$ étant précisément ceux qu'on ne peut représenter par $x^2 + y^2 + z^2$.

A l'égard de ces déterminants $8k + 7$, j'ai encore trouvé la relation

$$\Sigma F(n - 16r^2) = \tfrac{1}{4}\Phi(n) - \Phi'(n),$$

$\Phi(n)$ désignant la somme des diviseurs de n, $\Phi'(n)$ la somme des diviseurs inférieurs à $\sqrt{n}$.

La formule VII de M. Kronecker fait connaître la somme

$$\Sigma(-1)^r F(n-16r^2), \qquad n = 8k+7.$$

Cette somme est une fonction arithmétique de n un peu moins simple que celle plus haut.

Les théorèmes de Legendre doivent donner facilement les expressions asymptotiques de

$$\begin{aligned}
&F(1)+F(9)+F(17)+\ldots+F(n),\\
&F(2)+F(10)+F(18)+\ldots+F(n),\\
&F(3)+F(11)+F(19)+\ldots+F(n),\\
&F(5)+F(13)+F(21)+\ldots+F(n),\\
&F(6)+F(14)+F(22)+\ldots+F(n).
\end{aligned}$$

Ces expressions sont égales à $\frac{\pi}{48}n^{\frac{3}{2}}$, tandis que la valeur approchée de

$$F(1)+F(2)+\ldots+F(n)$$

est huit fois plus grande et égale à $\frac{1}{6}\pi n^{\frac{3}{2}}$.

Mais il ne semble pas qu'on puisse obtenir cette dernière valeur aussi facilement.

Je suis, Monsieur, avec le plus profond respect, votre très dévoué.

32. — *STIELTJES A HERMITE.*

Leyde, 24 novembre 1883.

MONSIEUR,

Permettez-moi de compléter les formules que je vous ai déjà communiquées, et d'indiquer, en même temps, comment j'ai pu vérifier partiellement ces formules à l'aide de la théorie des fonctions elliptiques.

Soit, d parcourant les diviseurs impairs de n.

$$\Phi(n) = \sum\left(\frac{2}{d'}\right)d, \qquad dd' = n,$$

$$\Psi(n) = \sum\left(\frac{-2}{d}\right),$$

en sorte que $2\Psi(n)$ est le nombre total des représentations de n

par x^2+2y^2. On a alors [F(n) toujours dans le sens de M. Kronecker]

$$\text{(A)}\qquad n\equiv 1 \pmod 8 \qquad \Sigma F(n-8r^2)=\tfrac{1}{2}\Phi(n)+\tfrac{1}{2}\Psi(n)$$
$$(r=0,\ \pm 1,\ \pm 2,\ \pm 3,\ \ldots),$$

$$\text{(B)}\qquad n\equiv 3,\ 5 \pmod 8 \qquad \Sigma F(n-8r^2)=\tfrac{1}{2}\Phi(n)$$
$$(r=0,\ \pm 1,\ \pm 2,\ \pm 3,\ \ldots),$$

$$\text{(C)}\qquad n\equiv 3,\ 5,\ 7 \pmod 8 \qquad \Sigma F(n-2s^2)=\tfrac{1}{4}\Phi(n)+\tfrac{1}{4}\Psi(n)$$
$$(s=1,\ 3,\ 5,\ 7,\ \ldots).$$

D'ailleurs $\Psi(n)=0$ lorsque $n\equiv 5,\ 7 \pmod 8$.

Partons maintenant du développement

$$\frac{2kK}{\pi}\operatorname{sn} z = 4\sum\frac{q^{\frac{s}{2}}}{1-q^s}\sin sx \qquad \left(z=\frac{2Kx}{\pi}\right), \quad (s=1,\ 3,\ 5,\ 7,\ \ldots),$$

en différentiant et posant après $x=\frac{\pi}{4}$, on trouvera, à cause de

$$\operatorname{cn}\frac{K}{2}=\sqrt{\frac{k'}{1+k'}}, \qquad \operatorname{dn}\frac{K}{2}=\sqrt{k'},$$

$$\text{(1)}\qquad \frac{k'K^2}{\pi^2}\sqrt{2(1-k')}=\sum\frac{(-1)^{\frac{s^2-1}{8}}sq^{\frac{s}{2}}}{1-q^s} \qquad (s=1,\ 3,\ 5,\ 7,\ \ldots).$$

Soit, comme à l'ordinaire

$$\theta(q)=1-2q+2q^4-2q^9+\ldots,$$
$$\theta_2(q)=2q^{\frac{1}{4}}+2q^{\frac{9}{4}}+2q^{\frac{25}{4}}+\ldots$$
$$\theta_3(q)=1+2q+2q^4+2q^9+\ldots.$$

on a

$$\sqrt{\frac{2kK}{\pi}}=\theta_2(q)$$

et, changeant q en q^2,

$$\sqrt{\frac{(1-k')K}{\pi}}=\theta_2(q^2),$$

de plus,

$$\sqrt{\frac{2K}{\pi}}=\theta_3(q),$$
$$\sqrt{\frac{2k'K}{\pi}}=\theta(q),$$

en sorte que le premier membre de l'équation (1) devient

$$\tfrac{1}{2}\theta^2(q)\,\theta_2(q^2)\,\theta_3(q),$$

ou bien, à cause de

$$\theta^2(q) = \theta_3^2(q^2) - \theta_2^2(q^2),$$

$$(2)\qquad [\theta_3^2(q^2) - \theta_2^2(q^2)]\,\theta_2(q^2)\,\theta_3(q) = 2\sum \frac{(-1)^{\frac{s^2-1}{8}} s q^{\frac{s}{2}}}{1-q^s}$$

$$(s = 1, 3, 5, 7, \ldots).$$

J'emprunte maintenant les formules suivantes à M. Kronecker (*Monatsberichte der Berliner Akademie*, 1875, p. 229)

$$(3)\qquad 4\sum_0^\infty F(4n+1)\,q^{n+\frac{1}{4}} = \theta_2(q)\,\theta_3^2(q),$$

$$(4)\qquad 8\sum_0^\infty F(8n+3)\,q^{2n+\frac{3}{4}} = \theta_2^3(q).$$

La formule (4) est du reste la même que celle que vous avez donnée dans le *Journal de Liouville*, 2e série, t. VII, 1862, p. 38. Dans ces formules, on a généralement

$$\mathrm{F}(n) = F(n);$$

seulement si n est un carré impair

$$\mathrm{F}(n) = F(n) - \tfrac{1}{2} \qquad (n = 1, 9, 25, 49, \ldots).$$

Comme on a

$$\theta_3^2(q) = \theta_3^2(q^2) + \theta_2^2(q^2),$$

on voit facilement que la formule (3) se décompose d'elle-même dans les deux suivantes :

$$4\sum_0^\infty F(8n+1)\,q^{2n+\frac{1}{4}} = \theta_2(q)\,\theta_3^2(q^2),$$

$$4\sum_0^\infty F(8n+5)\,q^{2n+\frac{5}{4}} = \theta_2(q)\,\theta_2^2(q^2).$$

A l'aide des formules (3), (4), nous trouverons

$$(5)\qquad 2\theta_3(q)\left[\sum_0^\infty F(4n+1)\,q^{\frac{4n+1}{2}} - 2\sum_0^\infty F(8n+3)\,q^{\frac{8n+3}{2}}\right]$$

$$= \sum \frac{(-1)^{\frac{s^2-1}{8}} s q^{\frac{s}{2}}}{1-q^s} \qquad (s = 1, 3, 5, \ldots).$$

En posant maintenant, avec M. Kronecker,

$$\Phi'(n) = \Sigma(-1)^{\frac{d^2-1}{8}} d \qquad (d \text{ diviseur de } n),$$

le développement du second membre de (5) donnera

$$\Sigma\, \Phi'(s) q^{\frac{s}{2}} \qquad (s = 1, 3, 5, 7, \ldots).$$

La comparaison avec le développement du premier membre donne

$$\begin{aligned}
n &\equiv 1 \pmod 8 & \Phi'(n) &= 2\Sigma \mathrm{F}(n - 8r^2),\\
n &\equiv 3 \pmod 8 & \Phi'(n) &= -4\Sigma \mathrm{F}(n - 8r^2) + 4\Sigma \mathrm{F}(n - 2s^2),\\
n &\equiv 5 \pmod 8 & \Phi'(n) &= 2\Sigma \mathrm{F}(n - 8r^2) - 8\Sigma \mathrm{F}(n - 2s^2),\\
n &\equiv 7 \pmod 8 & \Phi'(n) &= 4\Sigma \mathrm{F}(n - 2s^2)
\end{aligned}$$

$$(r = 0, \pm 1, \pm 2, \pm 3, \ldots;\ s = 1, 3, 5, 7, \ldots).$$

Il est facile, maintenant d'introduire la fonction $F(n)$ au lieu de $\mathrm{F}(n)$; on trouve

$$\begin{aligned}
n &\equiv 1 \pmod 8 & \Phi'(n) + \Psi'(n) &= 2\Sigma F(n - 8r^2),\\
n &\equiv 3 \pmod 8 & \Phi'(n) + \Psi'(n) &= -4\Sigma F(n - 8r^2) + 4\Sigma F(n - 2s^2),\\
n &\equiv 5 \pmod 8 & \Phi'(n) &= 2\Sigma F(n - 8r^2) - 8\Sigma F(n - 2s^2),\\
n &\equiv 7 \pmod 8 & \Phi'(n) &= 4\Sigma F(n - 2s^2).
\end{aligned}$$

Ces relations résultent aussi directement des formules (A), (B), (C) en remarquant que

$$\begin{aligned}
\Phi(n) &= \Phi'(n) && \text{lorsque} \quad n \equiv \pm 1 \pmod 8,\\
\Phi(n) &= -\Phi'(n) && \text{lorsque} \quad n \equiv \pm 3 \pmod 8.
\end{aligned}$$

Mais pour retrouver les formules (A), (B), (C) elles-mêmes, il serait nécessaire de recourir à d'autres formules de la théorie des fonctions elliptiques, formules que je n'ai pas encore cherchées. Toutefois, cela ne sera pas difficile, probablement.

J'ai encore retrouvé quelques relations dans lesquelles les déterminants sont compris dans la suite $3k^2 - n$; voici les plus simples

$$\left.\begin{aligned}
n &\equiv 5 \pmod{12} & \Sigma \mathrm{F}(n - 3r^2) &= \eta(n)\\
n &\equiv 7 \pmod{12} & \Sigma \mathrm{F}(n - 3r^2) &= \tfrac{1}{2}\eta(n)
\end{aligned}\right\} \quad (r = 0, \pm 1, \pm 2, \pm 3, \ldots),$$

$\eta(n)$ signifiant la somme des diviseurs de n de la forme $12k \pm 5$, diminuée de la somme des diviseurs compris dans la forme

$12k \pm 1$. Peut-être on pourra obtenir ces formules encore au moyen de la théorie des fonctions elliptiques, en faisant usage de la transformation du troisième ordre des fonctions θ; c'est ce que je me propose d'étudier.... Dans une de ses nombreuses Notices, M. Liouville a donné la relation

$$\begin{matrix} m \equiv 7 \\ m \equiv 11 \end{matrix} \pmod{12} \qquad \Sigma F(2m - 3s^2) = \frac{1}{8}\left[3 - \left(\frac{m}{3}\right)\right] \sum \left(\frac{3}{d'}\right) d, \quad dd' = m$$

$$(s = 1, 3, 5, 7, \ldots).$$

C'est une formule qui appartient évidemment à la même catégorie, et qu'il faudra retrouver.

Voici une question, Monsieur, qui s'est présentée à moi, à l'occasion de ces études. En posant

$$\theta_1(x, q) = 2q^{\frac{1}{4}} \sin x - 2q^{\frac{9}{4}} \sin 3x + 2q^{\frac{25}{4}} \sin 5x - \ldots$$

on sait que

$$\theta'_1(0, q) = 2\left(q^{\frac{1}{4}} - 3q^{\frac{9}{4}} + 5q^{\frac{25}{4}} - \ldots\right) = \theta(0)\,\theta_2(0)\,\theta_3(0).$$

Maintenant, je crois voir qu'il serait utile de connaître de même une expression de

$$\Sigma n^2 q^{n^2}$$

en fonction des θ. Quelques formules que j'ai obtenues d'une manière arithmétique me font soupçonner qu'il existe une telle expression de $\Sigma n^2 q^{n^2}$ par les fonctions θ. Mais je n'ai pas encore tâché d'étudier cette question. Peut-être une telle expression est-elle déjà donnée sans que j'en aie connaissance. Dans ce cas, si une telle formule vous serait connue, vous m'obligeriez beaucoup de m'en avertir quand cela vous conviendra.

Croyez-moi toujours, avec le plus grand respect, votre très dévoué.

P. S. — En parcourant, dans ces derniers jours, le beau Rapport de M. Smith sur les progrès de la théorie des nombres, spécialement dans le Rapport de 1865, ce qui a rapport aux formules de M. Kronecker, j'y ai rencontré cette expression $8[2 + (-1)^n]X(n)$ pour le nombre des représentations de n par $x^2 + y^2 + z^2 + t^2$. De même, la relation

$$n \equiv 7 \pmod 8 \quad \Sigma F(n - 16r^2) = \tfrac{1}{4}\mathcal{G}(n) - \mathcal{G}''(n)$$

que je vous ai communiquée [$\mathcal{G}(n)$ somme des diviseurs, $\mathcal{G}'(n)$ somme des diviseurs $< \sqrt{n}$] est une conséquence directe de deux formules données par M. Smith. Mais probablement cette formule rentre dans celles I-VIII de M. Kronecker.

33. — *STIELTJES A HERMITE.*

Leyde, 25 novembre 1883.

MONSIEUR,

Permettez-moi encore d'ajouter à ma lettre d'hier quelques remarques sur ces séries $\Sigma n^2 q^{n^2}$.

En posant

$$K = \int_0^{\frac{\pi}{2}} \frac{d\varphi}{\sqrt{1 - k^2 \sin^2\varphi}}, \qquad E = \int_0^{\frac{\pi}{2}} \sqrt{1 - k^2 \sin^2\varphi}\, d\varphi,$$

les formules de Jacobi ayant rapport aux fonctions de seconde espèce donnent d'abord

$$(1) \qquad \frac{4K}{\pi^2}(K - E) = 8\frac{q - 4q^4 + 9q^9 - 16q^{16} + \ldots}{1 - 2q + 2q^4 - 2q^9 - \ldots},$$

$$(2) \qquad \frac{4KE}{\pi^2} = \frac{q^{\frac{1}{4}} + 9q^{\frac{9}{4}} + 25q^{\frac{25}{4}}}{q^{\frac{1}{4}} + q^{\frac{9}{4}} + q^{\frac{25}{4}} + \ldots}.$$

Par le changement de q en q^4, la formule (2) donne

$$(3) \qquad q + 9q^9 + 25q^{25} + 49q^{49} + \ldots$$
$$= \frac{K}{\pi^2}\sqrt{\frac{K}{2\pi}}\left[\frac{1 - \sqrt{k'}}{2}E + \frac{\sqrt{k'}(1 - k'\sqrt{k'})}{2}K\right] = P = \Sigma s^2 q^{s^2},$$

et, ensuite, à l'aide de (1)

$$(4) \qquad 2(4q^4 + 16q^{16} + 36q^{36} + \ldots)$$
$$= \frac{K}{\pi^2}\sqrt{\frac{K}{2\pi}}[(1 + \sqrt{k'})E - \sqrt{k'}(1 + k'\sqrt{k'})K] = Q = \Sigma t^2 q^{t^2}.$$

Ici, et dans la suite, dans les sommations il faudra prendre

$$s = 1, \quad 3, \quad 5, \quad 7, \quad \ldots.$$
$$t = 0, \quad \pm 2, \quad \pm 4. \quad \pm 6, \quad \ldots$$

Maintenant, on a encore

$$(5)\qquad P_1 = \Sigma q^{s^2} = \frac{1-\sqrt{k'}}{2}\sqrt{\frac{K}{2\pi}},$$

$$(6)\qquad Q_1 = \Sigma q^{t^2} = (1+\sqrt{k'})\sqrt{\frac{K}{2\pi}}.$$

Comme vous voyez, la fonction de seconde espèce E est éliminée dans cette combinaison

$$PQ_1 - QP_1 = \frac{K^3}{2\pi^3}k^2\sqrt{k'}$$

que l'on peut écrire aussi

$$(7)\qquad 16\Sigma\Sigma(s^2-t^2)q^{s^2+t^2} = \frac{8K^3}{\pi^3}k^2\sqrt{k'} = \theta\theta_2^4\theta_3,$$

en posant

$$\theta = 1 - 2q + 2q^4 - 2q^9 + \ldots = \sqrt{\frac{2k'K}{\pi}},$$

$$\theta_2 = 2q^{\frac{1}{4}} + 2q^{\frac{9}{4}} + 2q^{\frac{25}{4}} + \ldots = \sqrt{\frac{2kK}{\pi}},$$

$$\theta_3 = 1 + 2q + 2q^4 + 2q^9 + \ldots = \sqrt{\frac{2K}{\pi}}.$$

Mais on a

$$\theta\theta_2\theta_3 = 2\left(q^{\frac{1}{4}} - 3q^{\frac{9}{4}} + 5q^{\frac{25}{4}} - \ldots\right) = 2\Sigma(-1)^{\frac{s-1}{2}}sq^{\frac{s^2}{4}}$$

et

$$\theta_2^3 = 8\sum_0^\infty F(8n+3)q^{\frac{8n+3}{4}}$$

en sorte qu'on obtient

$$(8)\qquad \sum(-1)^{\frac{s-1}{2}}sq^{\frac{s^2}{4}}\sum_0^\infty F(8n+3)q^{\frac{8n+3}{4}} = \sum\sum(s^2-t^2)q^{s^2+t^2}.$$

La comparaison du développement des deux membres suivant les puissances de q donne cette relation singulière que l'on doit encore à M. Liouville et dans laquelle N signifie un nombre impair

$$(9)\qquad \sum(-1)^{\frac{s-1}{2}}sF(4N-s^2) = \sum(s^2-t^2).$$

Dans le second membre, la sommation s'étend à toutes les représentations de N par s^2+t^2, ce second membre s'évanouissant si N ne peut pas être représenté par la somme de deux carrés.

Prenons par exemple $N = 25$, on a

$$N = 3^2 + (\pm 4)^2 = 5^2 + 0^2,$$

donc

$$\Sigma(s^2 - t^2) = 2(9 - 16) + 25 = 11.$$

En effet, on trouve

$$\begin{aligned} &1\,F(99) - 3\,F(91) + 5\,F(75) - 7\,F(51) + 9\,F(19), \\ &= 1.9 - 3.6 + 5.7 - 7.6 + 9.3 = 11. \end{aligned}$$

Pour $N = 27$, on trouve

$$\begin{aligned} &1\,F(107) - 3\,F(99) + 5\,F(83) - 7\,F(59) + 9\,F(27), \\ &= 1.9 - 3.9 + 5.9 - 7.9 + 9.4 = 0. \end{aligned}$$

En effet, 27 n'est pas la somme de deux carrés.

Comme vous voyez, le théorème arithmétique exprimé par la formule (9) est équivalent à la formule (8); cette dernière formule revenant à (7) comme on le voit à l'aide de votre relation

$$8\sum_{0}^{\infty} F(8n+3)q^{\frac{8n+3}{4}} = \theta_2^3.$$

Veuillez m'excuser si j'ai demandé trop de votre attention, mais je craignais ne pas m'être exprimé assez clairement sur ce que je me proposais en parlant des séries $\Sigma n^2 q^{n^2}$. La formule (7) est une de celles dont j'avais pressenti l'existence. Croyez-moi toujours, avec le plus profond respect votre très dévoué.

34. — *HERMITE A STIELTJES.*

Paris, 27 novembre 1883.

MONSIEUR,

Je m'empresse, en revenant à Paris, de vous accuser réception de vos communications du 24 et du 25 novembre, dont j'ai fait l'étude avec le plus grand soin et avec le plus grand plaisir. Les théorèmes contenus dans les relations (A), (B), (C) sont extrêmement intéressants et l'analyse par laquelle vous établissez en partie ces relations au moyen des développements de la théorie des fonctions elliptiques me prouve que les méthodes dont j'ai fait usage dans mes recherches sur ces questions vous sont bien familières. Vous allez même bien au delà, car il ne m'est jamais arrivé de rencontrer des déterminants de la forme $3k^2 - n$, ni la fonction numérique $\chi(n)$ auxquels vous avez été amené. Mais les déterminants compris dans la formule $n - 8r^2$ que vous considérez si souvent s'offrent continuellement aussi, sous mon point de vue. Je viens, par exemple, de remarquer qu'en désignant par $F(n)$ le nombre des solutions de l'équation $x^2 + y^2 + z^2 = n$, lorsqu'on suppose x impair, y divisible par deux, et z par quatre, si l'on continue de représenter par $\varphi(n)$ la somme $\Sigma(-1)^{\frac{d-1}{2}}$, où d parcourt tous les diviseurs de n, qui actuellement est impair et $\equiv 1 \pmod 4$, on a la formule suivante

$$F(n) = (-1)^{\frac{(n-1)(n-5)}{32}} 2\Sigma(-1)^r \varphi(n - 8r^2) \qquad (r = 0, \pm 1, \pm 2, \ldots).$$

Votre méthode pour parvenir à la relation

$$PQ_1 - QP_1 = \frac{K^3}{2\pi^3} k^2 \sqrt{k'},$$

d'où vous concluez

$$16\Sigma\Sigma(s^2 - t^2) q^{s^2+t^2} = \theta\theta_2^4 \theta_3,$$

est fort belle, et c'est également un excellent résultat que d'avoir rattaché à la théorie des fonctions elliptiques le théorème si remarquable découvert par M. Liouville. Mais je ne puis en rien satisfaire à votre demande relativement aux quantités $\Sigma n^2 q^{n^2}$; j'ai remarqué seulement que l'on a

$$\Sigma n^2 q^{n^2} = \theta_3(q) \sum \frac{q^a}{(1 + q^a)^2} \qquad (a = 1, 3, 5, \ldots),$$

$$\Sigma 2a^2 q^{\frac{a^2}{4}} = \theta_2(q) \left[1 + 8 \sum \frac{q^b}{(1 + q^b)^2} \right] \qquad (b = 2, 4, 6, \ldots).$$

Veuillez, Monsieur, m'excuser de ne vous rien dire sur la fonction $\chi(n)$, mon travail arithmétique ayant été interrompu par les circonstances qui m'ont appelé dans ma famille de Lorraine, mais vous ne perdrez rien, j'espère, pour attendre un peu. En vous priant de vouloir bien me faire savoir s'il vous convient que la partie essentielle de vos deux lettres soit publiée dans les *Comptes rendus*, comme les précédentes, je vous renouvelle,

Monsieur, avec l'expression de ma plus haute estime pour votre beau talent, l'assurance de mes sentiments bien dévoués.

35. — *STIELTJES A HERMITE.*

Leyde, 27 novembre 1883.

MONSIEUR,

Comme les remarques suivantes concernent encore l'application de la théorie des fonctions elliptiques à la théorie des nombres, j'espère que vous voudrez bien les considérer avec indulgence.

En premier lieu, je trouve, par un calcul qui n'offre point de difficulté,

$$(1)\qquad \sum\sum(-1)^y(x^2-2y^2)\,q^{x^2+2y^2}=\frac{k^2\sqrt[4]{k'}\,K^3}{\pi^3}$$
$$(x, y = 0, \pm 1, \pm 2, \pm 3, \pm 4, \ldots)$$

ou bien

$$\sum\sum(-1)^y(x^2-2y^2)\,q^{x^2+2y^2}=\frac{1}{4}\,\theta(q^2)\,\theta_2(q^2)\,\theta_3(q^2)\,\theta_2^2(q)\,\theta_3(q).$$

Mais on a :

$$\theta(q^2)\,\theta_2(q^2)\,\theta_3(q^2)=2\sum(-1)^{\frac{s-1}{2}}s\,q^{\frac{s^2}{2}}\qquad(s=1, 3, 5, 7, 9, \ldots),$$

$$4\sum_0^\infty F(4n+2)\,q^{n+\frac{1}{2}}=\theta_2^2(q)\,(\theta_3)\,q;$$

donc

$$(2)\qquad 2\sum(-1)^{\frac{s-1}{2}}s\,q^{\frac{s^2}{2}}\sum_0^\infty F(4n+2)\,q^{n+\frac{1}{2}}$$
$$=\sum\sum(-1)^y(x^2-2y^2)\,q^{x^2+2y^2}.$$

On en tire ce théorème, dans lequel N désigne un nombre entier (positif) quelconque :

$$(3)\qquad 2\sum(-1)^{\frac{s-1}{2}}s\,F(4N-2s^2)=(-1)^{\frac{N(N-1)}{2}}\sum(x^2-2y^2)$$
$$(s=1, 3, 5, 7, \ldots),$$

la sommation, dans le second membre, ayant rapport à toutes les solutions de

$$N=x^2+2y^2,\qquad x, y=0, \pm 1, \pm 2, \pm 3, \ldots;$$

le second membre étant égal à zéro s'il n'existe point de représentation de N par x^2+2y^2. Par exemple,

$$N=25,\qquad 25=(\pm 5)^2+2.0^2;\qquad (-1)^{\frac{N(N-1)}{2}}\Sigma(x^2-2y^2)=2.25,$$
$$2[F(98)-3F(82)+5F(50)-7F(2)]=2(9-3.4+5.7-7.1)=2.25.$$

$$N=26,\qquad \text{pas de représentation par } x^2+2y^2,$$
$$F(102)-3F(86)+5F(54)-7F(6)=4-3.10+5.8-7.2=0.$$

$$N=27,\qquad 27=(\pm 3)^2+2(\pm 3)^2=(\pm 5)^2+2(\pm 1)^2;$$
$$(-1)^{\frac{N(N-1)}{2}}\Sigma(x^2-2y^2)=-4[9-18+25-2]=-56,$$
$$2[F(106)-3F(90)+5F(58)-7F(10)]$$
$$=2(6-3.10+5.2-7.2)=2(-28)=-56.$$

J'avais d'abord obtenu la relation (3) par des considérations arithmétiques; c'est en réfléchissant sur cette formule que j'ai eu l'idée d'introduire ces séries $\Sigma n^2 q^{n^2}$. Voici encore une autre formule du même genre :

$$N\equiv 3\ (\text{mod}\,8),\quad 2\sum(-1)^{\frac{s-1}{2}+\frac{s^2-1}{8}}s\,F\left(\frac{N-s^2}{2}\right)=(-1)^{\frac{N+5}{8}}\sum(x^2-2y^2)$$
$$(s=1,3,5,7,\ldots),$$

la sommation, dans le second membre, ayant rapport à toutes les solutions de $N=x^2+2y^2$, x et y étant *positifs* et *impairs*.

Par exemple,

$$N=99,\qquad 99=1^2+2.7^2=7^2+2.5^2=9^2+2.3^2;$$

donc

$$(-1)^{\frac{N+5}{8}}\Sigma(x^2-2y^2)=-(1-98+49-50+81-18)=+35,$$
$$2F(49)+6F(45)-10F(37)-14F(25)+18F(9)$$
$$=2\frac{9}{2}+6.6-10.2-14.\frac{5}{2}+18.\frac{5}{2}=9+36-20-35+45=+35.$$

Le second membre devient 0 quand il n'y a point de solution de $N=x^2+2y^2$. Par exemple, $N=35$, pas de solution

$$F(17)+3F(13)-5F(5)=4+3.2-5.2=0.$$

Ce théorème est une conséquence du développement en série que voici :

$$\theta^2(\sqrt{q})\,\theta_3^2(\sqrt{q})\,\theta_2(\sqrt{q})\,\theta_2(q)=\frac{8\sqrt{2}}{\pi^3}k^{\frac{3}{4}}k'^2K^3=-\sum\sum 4(x^2-2y^2)\,q^{\frac{x^2+2y^2}{8}},$$

où il faut attribuer à x et y seulement les valeurs 1, 3, 5, 7, ...
En effet, on a

$$\theta(\sqrt{q})\,\theta_2(\sqrt{q})\,\theta_3(\sqrt{q}) = 2\Sigma(-1)^{\frac{s-1}{2}} s q^{\frac{s^2}{8}}$$

et

$$\theta(\sqrt{q})\,\theta_3(\sqrt{q})\,\theta_2(q) = \theta^2(q)\,\theta_2(q).$$

Maintenant, j'observe que la formule de M. Kronecker,

$$4\sum_0^\infty F(4n+1)\,q^{n+\frac{1}{4}} = \theta_2(q)\,\theta_3^2(q),$$

donne, à cause de

$$\theta_3^2(q) = \theta_3^2(q^2) + \theta_2^2(q^2),$$

$$4\sum_0^\infty F(8n+1)\,q^{2n+\frac{1}{4}} = \theta_2(q)\,\theta_3^2(q^2),$$

$$4\sum_0^\infty F(8n+5)\,q^{2n+\frac{5}{4}} = \theta_2(q)\,\theta_2^2(q^2);$$

donc

$$4\left[\sum_0^\infty F(8n+1)\,q^{2n+\frac{1}{4}} - \sum_0^\infty F(8n+5)\,q^{2n+\frac{5}{4}}\right] = \theta_2(q)\,\theta^2(q).$$

A l'aide de ces formules, nous aurons

$$2\left[\sum(-1)^{\frac{s-1}{2}} s q^{\frac{s^2}{8}}\right]\left[\sum_0^\infty F(8n+1)\,q^{2n+\frac{1}{4}} - \sum_0^\infty F(8n+5)\,q^{2n+\frac{5}{4}}\right]$$
$$= -\sum\sum(x^2-2y^2)\,q^{\frac{x^2+2y^2}{8}}.$$

La comparaison des développements des deux nombres donne notre formule

(4) $$N \equiv 3 \pmod 8,$$

$$2\sum(-1)^{\frac{s-1}{2}+\frac{s^2-1}{8}} s\,F\left(\frac{N-s^2}{2}\right) = (-1)^{\frac{N+5}{8}}\sum(x^2-2y^2)\,.$$

$$(s = 1, 3, 5, 7, \ldots, \quad N = x^2 + 2y^2, \quad x, y = 1, 3, 5, 7, \ldots).$$

Comme vous le voyez, ces deux formules se mettent à côté de celle donnée par M. Liouville (*Journal de Mathém.*, 2e série, t. XIV, année 1869; p. 1),

$$(5)\qquad N \equiv 1 \pmod 2,\qquad \sum (-1)^{\frac{s-1}{2}} s\,F(4N - s^2) = \sum (x^2 - y^2)$$

$$(s = 1, 3, 5, 7,\qquad N = x^2 + y^2,\qquad x = 1, 3, 5, 7, \ldots,\quad y = 0, \pm 2, \pm 4, \pm 6, \ldots).$$

Dans la formule (3) les arguments des fonctions F sont de la forme $4k+2$; dans la formule (4) ces arguments sont de la forme $4k+1$; enfin, dans (5) ils sont de la forme $8k+3$. Dans tout ce qui précède, $F(n)$ désigne le nombre des classes du déterminant $-n$ pour lesquelles un au moins des coefficients extrêmes est pair. Seulement si n est un carré impair [ce qui peut seulement arriver dans la formule (4)] il faut retrancher $\frac{1}{2}$ du nombre de ces classes.

Dans la démonstration à l'aide de la théorie des fonctions elliptiques de la formule donnée par M. Liouville, j'ai fait usage de cette formule :

$$\begin{aligned}\frac{8K^3}{\pi^3} k^2\sqrt{k'} &= \theta(q)\,\theta_2^{\frac{1}{2}}(q)\,\theta_3(q) = 4[\theta(q^2)\,\theta_2(q^2)\,\theta_3(q^2)]^2\\ &= 16\left[\sum (-1)^{\frac{s-1}{2}} s q^{\frac{s^2}{2}}\right]^2 = 16\,q[(1-q^4)(1-q^8)(1-q^{12})\ldots]^6\\ &= 16\,q\left[\sum_{-\infty}^{+\infty} (-1)^n q^{6n^2-2n}\right]^6 = 16\sum\sum (s^2-t^2) q^{s^2+t^2} = 16\sum f(n)\,q^n\end{aligned}$$

n impair,

$$f(n) = \Sigma(s^2 - t^2),\qquad n = s^2 + t^2$$

$$(s = 1, 3, 5, \ldots;\quad t = 0, \pm 2, \pm 4, \ldots),$$

$$\begin{aligned}\frac{8K^3}{\pi^3} k^2\sqrt{k'} = 16(&q - 6q^5 + 9q^9 + 10q^{13} - 30q^{17} + 11q^{25}\\ &+ 42q^{29} - 70q^{37} + 18q^{41} - 54q^{45} + 49q^{49} + 90q^{53}\ldots)\end{aligned}$$

ou bien, par le changement de q en $q^{\frac{1}{2}}$,

$$\frac{8K^3}{\pi^3} kk' = 4\sum f(s)\,q^{\frac{s}{2}}\qquad s = 1, 3, 5, \ldots.$$

J'ai observé que cette fonction arithmétique $f(s)$ jouit de cette propriété

$$f(m)f(n) = f(mn).$$

Par exemple,

$$f(5)f(9) = -6.9 = -54 = f(45).$$

m et n étant premiers entre eux. Soit maintenant q un nombre premier de la forme $4k+3$, on aura

$$f(q^{2n+1})=0, \qquad f(q^{2n})=q^{2n}.$$

En désignant par p un nombre premier de la forme $4k+1$, on pourra calculer les valeurs successives de

$$f(p^n), \qquad n=0,1,2,3,\ldots, \qquad f(1)=1,$$

à l'aide de la relation

$$f(p^{n+1})=f(p)f(p^n)-p^2f(p^{n-1});$$

mais il faut déjà connaître $f(p)=2(a^2-b^2)$, $p=a^2+b^2$, a impair.

Mais la valeur générale de $f(p^n)$ se met sous une forme élégante en introduisant les facteurs complexes de p. Soit

$$\varpi=a+bi, \qquad \varpi'=a-bi, \qquad p=\varpi\varpi',$$

on a

$$\begin{aligned}
f(p)\ &=\varpi^2+\varpi'^2 &&=(\varpi^4-\varpi'^4):(\varpi^2-\varpi'^2),\\
f(p^2)&=\varpi^4+\varpi^2\varpi'^2+\varpi'^4 &&=(\varpi^6-\varpi'^6):(\varpi^2-\varpi'^2),\\
f(p^3)&=\varpi^6+\varpi^4\varpi'^2+\varpi^2\varpi'^4+\varpi'^6 &&=(\varpi^8-\varpi'^8):(\varpi^2-\varpi'^2),\\
&\ldots\ldots\ldots\ldots\ldots\ldots\ldots\ldots
\end{aligned}$$

$$\varpi=r(\cos\alpha+i\sin\alpha), \qquad f(p^k)=\frac{\sin(2k+2)\alpha}{\sin2\alpha}r^{2k}=\frac{\sin(2k+2)\alpha}{\sin2\alpha}p^k.$$

Cette fonction arithmétique présente donc une certaine analogie avec la fonction $\Omega(n)$ que M. Kronecker a introduite dans son Mémoire dans les *Comptes rendus de l'Académie de Berlin* (avril 1875) où l'on trouve ces formules :

$$\sum_0^\infty \Omega(4n+1)\,q^n=2\sqrt{\frac{kk'}{\sqrt{q}}}\,\frac{K^2}{\pi^2}, \qquad \sum_0^\infty \Omega(4n+2)\,q^n=2\sqrt{\frac{k'}{q}}\,\frac{kK^2}{\pi^2}.$$

En posant de toutes les manières

$$n=x^2+y^2, \qquad y=1,3,5,7,\ldots, \qquad x=0,\pm1,\pm2,\pm3,\ldots,$$

on a

$$\Omega(n)=\Sigma(-1)^{\frac{y-1}{2}}y \qquad [\text{on suppose } n\equiv1 \text{ ou } n\equiv2 \pmod 4].$$

Veuillez bien excuser la longueur de cette lettre; mais je croyais devoir vous indiquer comment on peut arriver à ces relations (3), (4), (5).

Croyez-moi toujours votre entièrement dévoué.

36. — *STIELTJES A HERMITE.*

Leyde, 30 novembre 1883.

MONSIEUR,

Vous poussez votre bonté trop loin en m'offrant de faire paraître dans les *Comptes rendus* la partie essentielle de mes lettres du 24 et du 25 novembre. En effet, il ne m'est jamais venu dans l'esprit que ma correspondance vous causerait de la peine de cette façon et j'espère vous pouvoir donner bientôt une Note contenant la démonstration du théorème de M. Liouville, à laquelle je crois pouvoir joindre les deux théorèmes que j'ai obtenus. — Je dois vous avouer que je ne suis pas bien content des calculs à l'aide desquels j'ai démontré en partie ces théorèmes (A), (B), (C) de ma lettre du 24 novembre et que j'espère trouver un autre chemin qui mènera d'une manière plus complète au but. Si je ne joins pas ici la Note sur le théorème de M. Liouville, c'est qu'une indisposition m'oblige de m'abstenir de tout travail; — vous voudrez bien m'excuser aussi, dans ces circonstances, de vous écrire une lettre où il n'entre pas d'arithmétique et de vous remercier simplement pour la communication des formules contenues dans votre dernière lettre.

Croyez-moi toujours, avec le plus profond respect, votre très dévoué.

37. — *STIELTJES A HERMITE.*

Leyde, 8 décembre 1883.

MONSIEUR,

Je vous prie de vouloir bien présenter à l'Académie la Note ci-jointe ([1]). L'espace m'a manqué pour indiquer comment la théorie des fonctions elliptiques conduit à ces formules; mais il n'y aura pas d'inconvenance, je l'espère, si je donne la démonstration du

([1]) *Sur un théorème de Liouville.* Note de M. Stieltjes, présentée par M. Hermite (*Comptes rendus,* 10 décembre 1883).

théorème de M. Liouville dans une autre Note. Je pourrai alors encore indiquer les formules qui donnent les trois autres théorèmes.

J'ai été, d'abord, un peu effrayé des calculs que demandait la vérification du théorème IV. Posons

$$\mathfrak{L} = \sum (-1)^{\frac{s-1}{2}} s q^{\frac{3s^2}{8}} \times \sum_0^\infty F(8n+5) q^{\frac{8n+5}{8}} \qquad (s = 1, 3, 5, 7, \ldots).$$

Le théorème IV fait voir que dans le développement

$$\mathfrak{L} = a_1 q + a_2 q^2 + a_3 q^3 + a_4 q^4 + \ldots$$

la partie paire

$$a_2 q^2 + a_4 q^4 + a_6 q^6 + \ldots$$

est égale à

$$\sum\sum (x^2 - 3y^2) q^{2(x^2+3y^2)} \quad (x, y = 0, \pm 1, \pm 2, \pm 3, \ldots) \quad (x+y \text{ impair})$$

ou bien qu'on a

$$\sum\sum (x^2 - 3y^2) q^{2(x^2+3y^2)} = \frac{\mathfrak{L} + \mathfrak{L}'}{2},$$

$\mathfrak{L}'$ étant ce que devient $\mathfrak{L}$ par le changement de q en $-q$.

Or, je trouve

$$\mathfrak{L} = \frac{2K^3}{3\sqrt{3}\pi^3} k^2 k'^3 \frac{\sin \alpha_2^3}{\sin \alpha_1^2 \, \Delta \alpha_2^4} \qquad \left(\alpha_1 = am \frac{K}{3}, \ \alpha_2 = am \frac{2K}{3}\right)$$

d'où

$$\mathfrak{L}' = -\frac{2K^3}{3\sqrt{3}\pi^3} k^2 k' \frac{\sin \alpha_2^3}{\sin \alpha_1^2 \, \Delta \alpha_2}.$$

Après quelques réductions on obtient

$$\frac{\mathfrak{L} + \mathfrak{L}'}{2} = \frac{K^3 k^4}{3\sqrt{3}\pi^3} \sin \alpha_1 \cos \alpha_1 \sin \alpha_2^2.$$

C'est la même valeur que je trouve pour

$$\sum\sum (x^2 - 3y^2) q^{2(x^2+3y^2)}.$$

J'ai calculé d'abord la somme

$$\sum\sum (x^2 - 3y^2) q^{x^2+3y^2} \qquad (\text{toujours } x+y \text{ impair})$$

qui s'exprime par

$$\frac{4K^3k^2}{3\sqrt{3}\pi^3}\,\frac{\sin\alpha_2\cos\alpha_1^2}{\sin\alpha_1}.$$

Le changement de q en q^2 donne la valeur déjà écrite de

$$\sum\sum(x^2-3y^2)\,q^{2(x^2+3y^2)}=\frac{\mathfrak{L}+\mathfrak{L}'}{2}.$$

Pour avoir la somme

$$\sum\sum(x^2-3y^2)\,q^{x^2+3y^2},$$

j'ai pris comme point de départ les sommations des séries

$$\sum s^2q^{s^2},\quad \sum t^2q^{t^2}$$

où j'ai remplacé q par q^3, etc. Les fonctions de seconde espèce sont éliminées dans le résultat, mais elles entraînent bien des longueurs dans le calcul qui, par là, a seulement le caractère d'une vérification. Mais, d'autre part, les démonstrations arithmétiques demandent aussi quelques développements. Le théorème III a été obtenu seulement en suivant la voie que je vous ai indiquée; je n'en ai pas encore une démonstration arithmétique comme des autres théorèmes.

Agréez, Monsieur, l'assurance des sentiments respectueux de votre serviteur dévoué.

38. — *STIELTJES A HERMITE.*

Leyde, 14 décembre 1883.

MONSIEUR,

Je prends la liberté de vous adresser en même temps la suite de ma Note sur le théorème de M. Liouville ([1]). J'y ai ajouté encore trois théorèmes du même genre. Vous avez bien remarqué que dans

---

([1]) *Sur un théorème de M. Liouville.* Note de M. Stieltjes, présentée par M. Hermite (*Comptes rendus*, 17 décembre 1883).

toutes les relations de ce genre que j'ai rencontrées il n'entre point des valeurs de $F(8k+7)$. Je me propose de tâcher de combler cette lacune et j'ai quelque espérance de réussir, mais je dois encore ajourner un peu cette recherche parce que ma santé ne me permet pas encore de m'appliquer trop à ces études. Certainement, si elle réussit, la démonstration analytique sera un peu plus difficile parce que la fonction génératrice

$$\sum F(8n+7)q^{8k+7}$$

ou bien

$$\sum F(4n+3)q^{4n+3}$$

que vous avez donnée, est d'une nature plus compliquée que dans les autres cas.

Agréez, Monsieur, l'assurance des sentiments respectueux de votre serviteur dévoué.

39. — *HERMITE A STIELTJES.*

Paris, 15 décembre 1883.

MONSIEUR,

Votre Note sur un théorème de Liouville a été présentée à la séance de l'Académie de lundi dernier et paraîtra dans les *Comptes rendus* de cette séance. Je me rends compte, par les indications contenues dans votre dernière lettre, des difficultés qu'il vous a fallu surmonter, et aussi de la joie que vous avez dû éprouver en voyant les fonctions de seconde espèce disparaître dans le calcul de la somme $\Sigma\Sigma(x^2-3y^2)q^{x^2+3y^2}$. Vous aurez certainement donné le premier exemple de l'emploi, pour l'arithmétique, de la transformation du troisième ordre, et je suis bien sûr que M. Kronecker et d'autres s'intéresseront vivement à vos résultats. En tout cas, vous travaillez avec une telle activité que je ne puis vous suivre que de loin. J'en suis encore aux formules (A), (B), (C) de M. Kronecker qui ont été mentionnées dans votre lettre du 24 novembre et qui m'ont rappelé, en réveillant d'anciens souvenirs, une recherche à laquelle je suis revenu. M. Lipschitz, avec qui je suis depuis longtemps lié, m'y a encouragé, et, en me bornant à la première (p. 229 des *Monatsberichte*) voici mon procédé de démonstration :

Je remarque d'abord que, pour un déterminant

$$AC - B^2 \equiv 2 \pmod{4},$$

toutes les formes, et en particulier les formes réduites, peuvent se répartir en trois catégories, représentées de cette manière :

$$(a, a', a''), \quad (a, b, 2a'), \quad (2a, b, a'),$$

où a, a', a'' sont des nombres impairs et b un nombre pair. Ceci posé, excluons les formes ambiguës, qui, dans le cas actuel, sont toutes données en supposant $b = 0$; supposons de plus le coefficient moyen positif; il est clair qu'il suffira de changer b en $-b$ pour obtenir la totalité des formes réduites non ambiguës. Maintenant, je ramène ces formes à un seul type, le premier, représenté par (a, a', a'') ; mais, au lieu de limiter le coefficient moyen par la condition $2a' < a$, j'admettrai qu'il reçoive la série des valeurs

$$a' = 1, 3, 5, \ldots, a - 2.$$

Considérez, en effet, les réduites $(a, b, 2a')$; elles deviennent par la substitution $x = X + Y$, $y = -Y$, au déterminant -1 : $(a, a - b, a + 2a' - 2b)$ et rentrent par conséquent dans le premier type, le coefficient $a - b$ ayant pour limite supérieure $a - 2$, et le coefficient $a + 2a' - 2b$ étant supérieur à a d'après la condition $2b < 2a'$.

Envisagez, en second lieu, les réduites représentées par $(2a, b, a')$; elles sont improprement équivalentes à $(a', b, 2a)$ et ces dernières formes sont elles-mêmes, comme nous venons de voir, improprement équivalentes à $(a', a' - b, a' + 2a - 2b)$. Or, on retrouve encore par le coefficient $a' - b$ la limite supérieure $a' - 2$ et la condition $a' + 2a - 2b > a'$. De là je conclus que les formes réduites de ces deux types $(a, b, 2a')$, $(2a, b, a')$ sont équivalentes, les premières improprement, et les secondes proprement, aux formes (a, a', a'') dans lesquelles nous supposons $a' = 1, 3, 5, \ldots, a - 2$ et $a'' > a'$. Ces dernières formes peuvent donc être employées à représenter la totalité des classes non ambiguës, en leur joignant celles qui n'en diffèrent que par le signe du coefficient moyen : $(a, -a', a'')$.

Ce point établi, je fais le produit des séries suivantes :

$$\eta\theta_1 \frac{\mathrm{H}\left(\frac{2\mathrm{K}x}{\pi}\right)}{\Theta\left(\frac{2\mathrm{K}x}{\pi}\right)} = \sum \frac{4q^{\frac{a}{2}}\sin ax}{1-q^a} \qquad (a = 1, 3, 5, \ldots),$$

$$\eta \frac{\Theta\left(\frac{2\mathrm{K}x}{\pi}\right)\Theta_1\left(\frac{2\mathrm{K}x}{\pi}\right)}{\mathrm{H}\left(\frac{2\mathrm{K}x}{\pi}\right)}$$

$$= \frac{1}{\sin x} + \sum 4\sin a'x,\ q^{\frac{a'^2}{4}}\left[q^{-\frac{1}{4}} + q^{-\frac{9}{4}} + \ldots + q^{-\frac{(a'-2)^2}{4}}\right]$$
$$(a' = 3, 5, 7, \ldots).$$

J'intègre ensuite entre les limites zéro et $\frac{\pi}{2}$. Si l'on remarque que l'on a

$$\int_0^{\frac{\pi}{2}} \frac{\sin ax}{\sin x}\,dx = \frac{\pi}{2},$$

on trouve ainsi

$$\eta^2\theta_1 = \sum \frac{4q^{\frac{a}{2}}}{1-q^a} + \sum \frac{8q^{\frac{a^2}{4}+\frac{a}{2}-\frac{a''^2}{4}}}{1-q^a}$$

où a'' passe par la suite des valeurs

$$a'' = 1, 3, 5, \ldots, a-2.$$

Développons maintenant le second membre suivant les puissances croissantes de q et il viendra immédiatement

$$\eta^2\theta_1 = \sum 4q^{\frac{aa'}{2}} + \sum 8q^{\frac{a^2}{4}+\frac{aa'}{2}-\frac{a''^2}{4}},$$

a'' prenant, comme a, les valeurs impaires 1, 3, 5, ...

Des deux séries auxquelles nous sommes ainsi amenés la première est évidemment

$$\sum 4\varphi(\mathrm{N})q^{\frac{1}{2}\mathrm{N}} \qquad (\mathrm{N} = 1, 3, 5, \ldots).$$

Soit ensuite

$$a^2 + 2aa' - a''^2 = 2\mathrm{N},$$

il est clair que $2\mathrm{N}$ est le déterminant changé de signe de la forme $(a, a'', a+2a')$. Sous la condition relative à a'', cette expression, comme nous l'avons vu, fournit la moitié du nombre des classes non ambiguës; d'ailleurs, le nombre des classes ambiguës est précisément $\varphi(N)$, comme Gauss l'a établi; désignant donc par $F(2N)$ le nombre total des classes de formes quadratiques de déterminant $-2N$, on trouve le beau résultat de M. Kronecker

$$\chi\theta_1^2 = 4\sum F(2N)q^{\frac{1}{2}N},$$

et l'on obtient pareillement les équations (B) et (C) de l'illustre géomètre. Ma dernière lettre ([1]) contient une erreur qui tient à ce que j'ai écrit θ_3 au lieu de θ, et ma formule obtient par là une autre signification que celle que j'ai indiquée; une autre fois j'y reviendrai. Tous mes vœux, Monsieur, pour le succès de votre travail et la nouvelle assurance de ma plus haute estime et de mes sentiments bien dévoués.

40. — *HERMITE A STIELTJES.*

Paris, 30 décembre 1883.

MONSIEUR,

Vos propositions concernant les fonctions que vous nommez $A(n)$ et $B(n)$ me semblent extrêmement belles, et j'étais bien loin de m'attendre que ma relation (a) pût avoir d'aussi importantes conséquences. Je ne puis pas garder pour moi seul les beaux théorèmes contenus dans les équations (5) et j'en donnerai communication à l'Académie, pour qu'ils paraissent dans les *Comptes rendus* ([2]), étant bien certain qu'ils seront accueillis avec l'intérêt qu'ils m'ont inspiré. Je supprimerai toutefois la fin de votre lettre, non parce qu'elle ne serait pas assez intéressante, mais uniquement pour ne point dépasser l'étendue réglementaire des Communications insérées dans les *Comptes rendus* par les auteurs qui

---

([1]) Il s'agit probablement de la lettre 34, mais nous ne voyons pas à quelle erreur M. Hermite fait allusion, ni quelle est la signification qui a été indiquée.

([2]) Les *Comptes rendus* du 31 décembre 1883 contiennent une Note de Stieltjes, extrait d'une lettre adressée à M. Hermite : *Sur le nombre de décompositions d'un entier en cinq carrés.* La lettre dont il est question ici nous manque. Il y a lieu de signaler que la table du Volume des *Comptes rendus,* par noms d'auteurs, ne mentionne pas cette Note.

n'appartiennent pas à l'Académie. Un jour viendra j'espère, et mon confrère M. Tisserand a eu la même pensée que moi, où vous aurez droit à un nombre de pages moins restreint, et alors je me féliciterai pleinement de vous avoir engagé plus complètement que vous ne l'étiez dans la voie arithmétique. Mais ménagez, Monsieur, votre santé; je n'étais point sans un peu d'inquiétude en apprenant de vous, précédemment, que le travail vous avait été défendu; je me rappelle ce qui m'est arrivé à moi-même lorsque je me suis occupé de l'invariant du 18e ordre des formes binaires du 5e degré qui était alors le premier exemple d'un invariant gauche, et je m'autoriserai de mon expérience pour vous mettre en garde contre l'excès du travail. Votre intention doit être de réunir et de coordonner les nombreux résultats auxquels vous êtes parvenu et ceux que vous découvrirez encore. Je me permettrai, s'il en est ainsi, de vous recommander, pour les publier, le journal de Stockholm, *Acta mathematica*. L'éditeur, M. Mittag-Leffler, fera à vos recherches un bon et cordial accueil : c'est dans son journal que paraîtra une seconde fois, à cause de sa publicité plus étendue, un article que j'ai adressé au *Bulletin de l'Académie des Sciences de Saint-Pétersbourg*, à la demande de M. Bouniakowsky et qui contiendra les démonstrations des équations (A), (B), (C) avec quelques remarques (1). Je compte faire suivre cet article de plusieurs autres sur les points que je vous ai communiqués, suivant la possibilité que j'aurai de travailler, et ce me sera extrêmement agréable d'être réuni dans ce Recueil avec vous et M. Lipschitz.

Veuillez, Monsieur, pour la nouvelle année, recevoir mes vœux bien sincères pour le succès de vos travaux et pour votre bonheur, et croire à tous mes sentiments de sympathie et de haute estime.

---

(1) Le Mémoire dont parle M. Hermite est, en effet, inséré au Tome V des *Acta mathematica*, p. 297-330, sous le titre : *Sur quelques conséquences arithmétiques des formules de la théorie des fonctions elliptiques*.

41. — *STIELTJES A HERMITE.*

Leyde, 4 janvier 1884.

Monsieur,

J'avais bien remarqué que la première de vos deux formules

$$(a)\quad \begin{aligned} &q+4q^4+9q^9+16q^{16}+\ldots \\ &\quad=(1+2q+2q^4+2q^9+\ldots)\left[\frac{q}{(1+q)^2}+\frac{q^3}{(1+q^3)^2}+\frac{q^5}{(1+q^5)^2}+\ldots\right], \end{aligned}$$

$$(b)\quad \begin{aligned} &q^{\frac{1}{4}}+9q^{\frac{9}{4}}+25q^{\frac{25}{4}}+\ldots \\ &\quad=(q^{\frac{1}{4}}+q^{\frac{9}{4}}+q^{\frac{25}{4}}+\ldots)\left[1+\frac{8q^2}{(1+q^2)^2}+\frac{8q^4}{(1+q^4)^2}+\frac{8q^6}{(1+q^6)^2}+\ldots\right] \end{aligned}$$

suffit pour établir la plupart des relations entre $A(n)$ et $B(n)$ que j'ai rencontrées; mais il n'est pas possible de les établir *toutes* de cette façon. En réfléchissant sur cet objet, j'ai éprouvé une vive satisfaction en voyant que les *deux* formules (a) et (b) ensemble contiennent en effet, en germe, *toutes* ces relations. L'intérêt que vous avez bien voulu montrer pour ces relations me fait espérer qu'il me sera permis d'entrer là-dessus dans quelques détails. En désignant par $f(n)$ la somme de ces diviseurs de n qui sont divisibles par la même (plus haute) puissance de 2 que n, par $g(n)$ la somme des diviseurs impairs diminuée de la somme des diviseurs pairs, on a :

$$\begin{aligned} \frac{q}{(1+q)^2}+\frac{q^3}{(1+q^3)^2}+\frac{q^5}{(1+q^5)^2}+\ldots &= f(1)\,q-f(2)\,q^2+f(3)\,q^3-\ldots \\ &=\sum_1^{\infty}(-1)^{n-1}f(n)\,q^n, \end{aligned}$$

$$\begin{aligned} 1+\frac{8q^2}{(1+q^2)^2}+\frac{8q^4}{(1+q^4)^2}+\ldots &= 1+8[g(1)\,q^2+g(2)\,q^4+g(3)\,q^6+\ldots] \\ &=1+8\sum_1^{\infty}g(n)\,q^{2n}. \end{aligned}$$

Pour plus grande conformité, faisons

$$f(0)=0,$$

$$g(0)=\frac{1}{8};$$

alors les deux séries seront

$$\sum_0^\infty (-1)^{n-1} f(n)\, q^n \qquad \text{et} \qquad 8 \sum_0^\infty g(n)\, q^{2n},$$

et vos deux formules donnent ces relations

$$(\mathcal{A}) \quad f(n) - 2f(n-1^2) + 2f(n-2^2) - 2f(n-3^3) + \ldots = 0 \quad \text{ou} \quad = (-1)^{n-1} n,$$

$$(\mathcal{B})' \quad 8\left[g\left(\frac{n-1^2}{8}\right) + g\left(\frac{n-3^2}{8}\right) + g\left(\frac{n-5^2}{8}\right) + \ldots\right] = 0, \text{ ou } = n;$$

$$n \equiv 1 \pmod 8,$$

la seconde valeur a lieu seulement quand n est un carré.

Ces deux relations donnent, en effet, toutes les formules de ma lettre précédente. Soit, comme autrefois, $\varphi(n)$ la somme des diviseurs impairs de n et supposons $n = 2^k m$, m étant impair. On a évidemment

$$f(n) = f(2^k m) = 2^k \varphi(m) = 2^k f(m),$$
$$g(n) = g(2^k m) = (1 - 2 - 2^2 - \ldots - 2^k)\varphi(m) = (3 - 2^{k+1})\varphi(m),$$
$$\varphi(n) = \varphi(2^k m) = \varphi(m),$$

d'où

$$(1) \qquad 2f(n) + g(n) = 3\varphi(n),$$

et si nous prenons, comme autrefois, $\varphi(0) = \frac{1}{24}$, cette relation reste encore vraie pour $n = 0$.

Rappelons maintenant les définitions de $A(n)$, $B(n)$:

$$A(n) = \varphi(n) + 2\varphi(n-2^2) + 2\varphi(n-4^2) - \ldots$$
$$B(n) = \varphi(n-1^2) + \varphi(n-3^2) + \ldots$$

et posons, de plus,

$$A'(n) = f(n) + 2f(n-2^2) + 2f(n-4^2) + \ldots$$
$$B'(n) = f(n-1^2) + f(n-3^2) + \ldots$$

$$n \equiv 1 \pmod 8 \qquad B''(n) = 8\left[g\left(\frac{n-1^2}{8}\right) + g\left(\frac{n-3^2}{8}\right) + \ldots\right]$$

$$[B''(n) = 0 \text{ ou } n],$$

on a évidemment

$$(2) \qquad \left\{\begin{array}{l} A(4n) = A(n) + 2B(n), \\ A'(4n) = 4A'(n) + 8B'(n). \end{array}\right.$$

Je vais maintenant déduire les formules relatives au cas où l'argument n est de la forme $4^k m$, $m \equiv 1 \pmod{8}$.

Posons d'abord $n = m$ dans ($\mathcal{A}$) et ($\mathcal{B}$). La première qui s'écrit

$$A'(n) - 2B'(n) = 0 \quad \text{ou} \quad (-1)^{n-1} n$$

donne, n étant impair et par conséquent $A'(n) = A(n)$,

$$(3) \qquad A(m) - 2B'(m) = 0 \quad \text{ou} \quad + m.$$

Mais on a évidemment

$$2B'(m) = 16\left[f\left(\frac{m-1^2}{8}\right) + f\left(\frac{m-3^2}{8}\right) + \dots\right],$$

et la formule ($\mathcal{B}$) donne

$$B''(m) = 8\left[g\left(\frac{m-1^2}{8}\right) + g\left(\frac{m-3^2}{8}\right) + \dots\right] = 0 \quad \text{ou} \quad m.$$

Donc, à cause de (1),

$$2B'(m) + B''(m) = 24B(m).$$

En retranchant donc $B''(m)$ des deux membres de (3), le second membre devient toujours égal à zéro, et nous trouvons :

$$A(m) = 24B(m), \qquad m \equiv 1 \pmod{8}.$$

Une application réitérée de

$$A'(4n) = 4A'(n) + 8B'(n)$$

donne

$$A'(4^k m) = 4^k A'(m) + 2[4^k B'(m) + 4^{k-1}B'(4m) + \dots + 4B'(4^{k-1}m)] \quad (k \geq 1).$$

D'après ($\mathcal{A}$) et ($\mathcal{B}$), le premier membre est égal à

$$2B'(4^k m) - 4^k B''(m).$$

En ajoutant donc des deux côtés $4^k B''(m)$ et observant que

$$2B'(m) + B''(m) = 24B(m),$$
$$A'(m) = A(m) = 24B(m),$$

on obtient :

$$B'(4^k m) = 4^k.24\,B(m) + [4^{k-1}B'(4m) + \dots + 4B'(4^{k-1}m)]$$

ou bien, parce que pour n pair $B'(n) = B(n)$,

$$\begin{aligned}
B(4m) &= 4.24\,B(m),\\
B(4^2m) &= 4^2.24\,B(m) + 4B(4m),\\
B(4^3m) &= 4^3.24\,B(m) + 4^2B(4m) + 4B(4^2m),\\
B(4^4m) &= 4^4.24\,B(m) + 4^3B(4m) + 4^2B(4^2m) + 4B(4^3m),\\
&\ldots\ldots\ldots\ldots
\end{aligned}$$

Donc

$$\begin{aligned}
B(4m) &= 96B(m),\\
B(4^2m) &= 8B(4m),\\
B(4^3m) &= 8B(4^2m),\\
B(4^4m) &= 8B(4^3m),\\
&\ldots\ldots\ldots,
\end{aligned}$$

et ces relations jointes à $A(4n) = A(n) + 2B(n)$ donnent immédiatement les formules que j'ai données pour le cas d'un argument de la forme 4^km, $m \equiv 1 \pmod 8$. Les autres cas peuvent être traités d'une manière analogue; mais alors la relation $(\mathcal{A})$ suffit et il n'est pas nécessaire de connaître cette seconde relation $(\mathcal{B})$.

Mais voici, Monsieur, une nouvelle propriété de cette fonction $B(n)$ qui entraîne immédiatement une propriété semblable de la fonction $\mathfrak{F}(n)$.

Soit p un nombre premier impair, n un nombre quelconque non divisible par p^2. Alors :

$$B(np^{2k}) = \left[p^{3k} - \left(\frac{n}{p}\right)p^{3k-2} + p^{3k-3} - \left(\frac{n}{p}\right)p^{3k-5} + p^{3k-6} + \ldots + 1\right]B(n)$$

où $\left(\frac{n}{p}\right)$ est le symbole de Legendre et où il faut prendre $\left(\frac{n}{p}\right) = 0$, lorsque n est divisible par p. Le facteur de $B(n)$ est

$$\begin{aligned}
&p^{3k} + p^{3k-3} + p^{3k-6} + \ldots + 1 - \left(\frac{n}{p}\right)p(p^{3k-3} + p^{3k-6} + \ldots + 1)\\
&\quad = \frac{p^{3k+3} - 1}{p^3 - 1} - \left(\frac{n}{p}\right)\frac{p^{3k} - 1}{p^3 - 1}.
\end{aligned}$$

Mais je n'ai pu établir cette formule que très péniblement pour le cas de $k = 1$ seulement, et il faudra trouver une autre méthode pour traiter le cas général. Vous trouverez donc, peut-être, que je suis trop hardi à donner déjà la formule générale; mais quelques analogies m'ont guidé et, ayant confirmé cette relation dans plusieurs cas, k étant égal à 2, 3, 4, ..., j'ai une entière confiance dans l'exactitude de cette relation.

Comme une conséquence, voici, par exemple, la valeur explicite de $\mathfrak{F}(n)$, n étant un carré,

$$\mathfrak{F}(2^{2k}p^{2\alpha}q^{2\beta}r^{2\gamma}\ldots) = 10\,\frac{8^{k+1}-1}{7}\,\mathrm{PQR}\ldots,$$
$$\mathrm{P} = p^{3\alpha} - p^{3\alpha-2} + p^{3\alpha-3} - p^{3\alpha-5} + \ldots + 1,$$
$$\mathrm{Q} = q^{3\beta} - q^{3\beta-2} + q^{3\beta-3} - q^{3\beta-5} + \ldots + 1,$$
$$\ldots\ldots\ldots\ldots\ldots\ldots\ldots\ldots\ldots\ldots\ldots\ldots;$$

n étant un carré très grand, on a donc sensiblement

$$\frac{\mathfrak{F}(n)}{n^{\frac{3}{2}}} = \frac{80}{7} = \underset{(n\ \text{pair})}{11,43\ldots} \quad \text{ou} \quad \underset{(n\ \text{impair})}{10.}$$

C'est un peu moindre que la valeur moyenne

$$\frac{\mathfrak{F}(n)}{n^{\frac{3}{2}}} = \frac{4}{3}\pi^2 = 13,16,\ \ldots.$$

Mais, Monsieur, permettez-moi cette demande : la réduction de $\mathfrak{F}(np^2)$ à $\mathfrak{F}(n)$ ne se trouve-t-elle pas dans les Mémoires couronnés par l'Académie l'année passée : *Sur la décomposition d'un nombre en cinq carrés?* En effet, dans le Mémoire de Dirichlet qui servira pour toujours comme exemple dans ces recherches, les relations analogues ont été déduites des séries infinies qui servent à exprimer le nombre des classes.

Soyez bien remercié, Monsieur, pour les bons vœux que vous avez exprimés à mon égard; certainement je vous souhaite le même bonheur.

Votre très dévoué.

P. S. — J'ai remarqué une erreur dans le théorème V de ma Note sur un théorème de M. Liouville : l'expression exacte est

$$8\sum(-1)^{\frac{s-1}{2}}s\mathrm{F}(\mathrm{N}-2s^2) = \sum(x^2-y^2) \quad (^1)$$
$$\left[\mathrm{N}\equiv 5 \pmod 8,\qquad 2\mathrm{N} = x^2+y^2,\qquad \begin{matrix} x^2\equiv 1 \\ y^2\equiv 9 \end{matrix} \pmod{16}\right].$$

(1) L'expression donnée dans les *Comptes rendus*, t. XCVII, p. 1415, était

$$8\sum(-1)^{\frac{s-1}{2}}s\mathrm{F}(4\mathrm{N}-2s^2) = \sum(x^2-y^2)$$
$$\left[\mathrm{N}\equiv 5 \pmod 8,\qquad 2\mathrm{N} = x^2+y^2,\qquad \begin{matrix} x^2\equiv 9 \pmod{16} \\ y^2\equiv 1 \pmod{8} \end{matrix}\right].$$

42. — *HERMITE A STIELTJES.*

Paris, 14 janvier 1884.

Monsieur,

J'étais tout occupé de votre lettre du 4 janvier et des beaux résultats qu'elle contient, lorsque j'ai été frappé d'un nouveau malheur de famille. Ma belle-mère, après une courte maladie, nous a été enlevée à l'âge de 85 ans et j'ai dû quitter Paris pour me rendre à Bain-de-Bretagne assister à ses obsèques. Je m'empresse, Monsieur, dès mon retour, de vous exprimer mon intérêt le plus vif pour votre analyse extrêmement ingénieuse concernant les fonctions $A(n)$ et $B(n)$ et aussi pour vous dire que je me proposais d'appeler votre attention sur la fonction $F(n)$ de M. Kronecker lorsque m'est parvenue votre carte postale du 6 janvier (¹) et le beau théorème contenu dans l'équation

$$F(np^2) = \left[(p^k + p^{k-1} + \ldots) - \left(\frac{-n}{p}\right)(p^{k-1} + p^{k-2} + \ldots)\right] F(n).$$

L'introduction du symbole de Legendre a la plus grande importance à mes yeux; c'est un point qui vous appartient absolument, et je ne vois aucunement de quelle manière vous y parvenez. En attendant de connaître la méthode qui vous y a conduit, je réponds autant que possible à votre demande relative aux Mémoires couronnés par l'Académie, sur la décomposition d'un nombre en cinq carrés, en vous indiquant deux articles de M. Smith publiés dans les Volumes XIII et XVI des *Proceedings of the Royal Society* intitulés : *On the orders and genera of quadratics forms, containing more than three indeterminates,* qui sont le fondement du Mémoire adressé à l'Académie. La comparaison entre les nombres de décomposition en cinq carrés, pour les entiers n et $k^2 n$, nous y a paru *implicitement* contenue. Son travail et celui de M. Minkowski sont livrés à l'impression et par conséquent ne tarderont pas à paraître (²).

(¹) Cette carte postale manque dans le Recueil des lettres.

(²) Les deux Mémoires de M. S. Smith et de M. Minkowski ont paru dans le Tome XXIX de la 2ᵉ série des *Mémoires des Savants étrangers* (1887).

Veuillez, Monsieur, recevoir la nouvelle assurance de ma plus haute estime et de mes sentiments dévoués.

43. — *STIELTJES A HERMITE.*

Leyde, 15 janvier 1884.

Monsieur,

Je vous ai communiqué, il y a quelque temps, les sommes de ces séries

$$\sum F(n-8r^2) \qquad (r=0, \pm 1, \pm 2, \ldots)$$

$$\sum F(n-2s^2) \qquad (s=1, 3, 5, \ldots)$$

en supposant, dans la première, $n \equiv 1, 3, 5$, dans la seconde, $n \equiv 3, 5, 7 \pmod 8$. J'ai enfin réussi à combler la lacune qui se montre ici, et à sommer la première série encore dans le cas $n \equiv 7$, la seconde, dans le cas $n \equiv 1 \pmod 8$.

Je vais rapporter les formules générales qui supposent seulement que n est impair. Prenons toujours $F(n)$ dans le sens de M. Kronecker [en sorte qu'on a *sans exception* $F(4n) = 2F(n)$] et posons de plus

$$\psi(n) = \sum (-1)^{\frac{d_1^2-1}{8}} d \qquad (dd_1 = n),$$

$$\chi(n) = \sum x,$$

la sommation ayant rapport à toutes les solutions de

$$n = x^2 - 2y^2,$$

x étant positif, y positif, nul ou négatif, mais inférieur en valeur absolue à $\frac{1}{2}x$ (ou, ce qui revient au même, $2y^2 < n$, ou encore $x^2 < 2n$). S'il n'y a pas de relation de cette (façon) sorte, il faut prendre $\chi(n) = 0$; c'est ce qui a lieu toujours quand n est $\equiv 3$ ou $\equiv 5 \pmod 8$, mais encore en d'autres cas. Cela posé, on a les relations suivantes :

$$(\mathcal{A}) \quad 2\sum (-1)^r F(n-2r^2) = (-1)^{\frac{n-1}{2}} \chi(n) \qquad (r=0, \pm 1, \pm 2, \ldots)$$

$$(\mathcal{B}) \qquad 2\sum F(n-2r^2) = 2\psi(n) - \chi(n).$$

Considérons encore les solutions de $n = x^2 - 2y^2$; mais, cette fois, prenons y positif, x positif ou négatif et d'ailleurs, comme précédemment, en valeur absolue, $y < \frac{x}{2}$ et posons

$$\chi_1(n) = \sum y.$$

Alors on a les deux formules suivantes dans lesquelles n est toujours impair,

$$(\mathfrak{C}) \qquad \sum (-1)^r F(2n - 2r^2) = \chi(n) - \chi_1(n),$$

$$(\mathfrak{D}) \qquad \sum F(2n - r^2) = 2\psi(n) - \chi(n) + \chi_1(n).$$

L'intérêt principal de ces nouvelles relations me paraît consister dans l'introduction de ces fonctions $\chi(n)$, $\chi_1(n)$ qui dépendent de la représentation de n par la forme d'un déterminant *positif* $x^2 - 2y^2$ avec cette limitation 2 val. abs. $y <$ val. abs. x. Il me semble en effet que cette circonstance sera la source de très grandes difficultés si l'on (voudra) veut entreprendre de retrouver ces formules par l'analyse des fonctions elliptiques ou, du moins, par des développements analogues. Je ne crois pas qu'on ait jamais vu s'introduire, dans ces calculs, des formes d'un déterminant positif tel que $x^2 - 2y^2$.

Comme un exemple plus simple, j'ai, maintes fois, tâché, mais toujours sans succès, de démontrer par l'analyse seule cette formule

$$\sum\sum q^{x^2-2y^2} = \frac{q}{1-q^2} - \frac{q^3}{1-q^6} - \frac{q^5}{1-q^{10}} + \frac{q^7}{1-q^{14}} + \frac{q^9}{1-q^{18}} - \ldots - \ldots + \ldots,$$

$$x \text{ impair}, \quad 2x > 3y \geqq 0$$

qui exprime ce théorème connu que le nombre k des solutions de

$$n = x^2 - 2y^2, \quad n \text{ impair}, \quad x \text{ impair}, \quad 2x > 3y \geqq 0$$

est égal au nombre des diviseurs de n compris dans la forme $8r \pm 1$ moins (minus) le nombre des autres diviseurs $8r \pm 3$. Et, avant moi, M. Heine n'a pas été plus heureux, comme il le dit dans son *Traité des fonctions sphériques* (2e édition, t. I, p. 112).

En prenant successivement $x = 1, 3, 5, \ldots$, on a

$$\sum_{2x > 3y \geqq 0}\sum q^{x^2-2y^2} = \begin{aligned}[t] & q^1 \\ & + q^9 (1 + q^{-2.1}) \\ & + q^{25}(1 + q^{-2.1} + q^{-2.4} + q^{-2.9}) \\ & + q^{49}(1 + q^{-2.1} + q^{-2.4} + q^{-2.9} + q^{-2.16}) \\ & + q^{81}(1 + q^{-2.1} + q^{-2.4} + q^{-2.9} + q^{-2.16} + q^{-2.25}) \\ & + \ldots\ldots\ldots\ldots\ldots\ldots\ldots\ldots \end{aligned}$$

Mais la condition $2x > 3y \geqq 0$ donne dans le second membre une loi un peu compliquée. J'ai remarqué, toutefois, que cette expression est susceptible d'une transformation élégante. En effet, je trouve que le nombre des solutions de $n = x^2 - 2y^2$, $x > 2y \geqq 0$ est égal à $\frac{k}{2}$ ou à $\frac{k+1}{2}$ selon que k est pair ou impair. On aura donc

$$2\sum_{x > 2y \geqq 0}\sum q^{x^2-2y^2} - \sum_{2x > 3y \geqq 0}\sum q^{x^2-2y^2} = q^1 + q^9 + q^{25} + \ldots$$

parce que k est seulement impair quand n est un carré. Or on a

$$\sum_{x > 2y \geqq 0}\sum q^{x^2-2y^2} = \begin{aligned}[t] & q^1 \\ & + q^3 (1 + q^{-2.1}) \\ & + q^{25}(1 + q^{-2.1} + q^{-2.4}) \\ & + q^{49}(1 + q^{-2.1} + q^{-2.4} + q^{-2.9}) \\ & + \ldots\ldots\ldots\ldots\ldots\ldots\ldots\ldots, \end{aligned}$$

donc

$$\sum_{2x > 3y \geqq 0}\sum q^{x^2-2y^2} = \begin{aligned}[t] & q^{1^2} \\ & + q^{3^2}(1 + 2q^{-2.1^2}) \\ & + q^{5^2}(1 + 2q^{-2.1^2} + 2q^{-2.2^2}) \\ & + \ldots\ldots\ldots\ldots\ldots\ldots \\ & + q^{(2n+1)^2}(1 + 2q^{-2.1^2} + 2q^{-2.2^2} + \ldots - 2q^{-2n^2}). \end{aligned}$$

Le second membre rappelle bien, de loin, les développements que vous avez rencontrés dans vos recherches sur les théorèmes de M. Kronecker; mais je n'ai pu prouver par l'analyse l'égalité de ce second membre à $\frac{q}{1-q^2} + \frac{q^3}{1-q^6} + \ldots$. Or il me semble que la démonstration analytique des relations ($\mathcal{A}$), ..., ($\mathcal{D}$) sera difficile à plus forte raison et je ne (me) hasarderai pas à l'entreprendre après mon insuccès dans la question plus simple dont je viens de parler. La formule ($\mathcal{A}$) par exemple revient à cette identité

$$\begin{aligned} &2\sum_{-\infty}^{+\infty}(-1)^n q^{2n^2} \times \sum_{0}^{\infty} F(2n+1)\, q^{2n+1} \\ &= \quad q^1 \\ &\quad + 3q^9(1-2q^{-2.1}) \\ &\quad + 5q^{25}(1-2q^{-2.1}+2q^{-2.4}) \\ &\quad + \ldots\ldots\ldots\ldots\ldots\ldots \\ &\quad + (2n+1)\,q^{(2n+1)^2}(1-2q^{-2.1}+2q^{-2.4}+\ldots+2(-1)^n q^{-2n^2} \\ &\quad + \ldots\ldots\ldots\ldots\ldots\ldots\ldots\ldots\ldots\ldots\ldots\ldots \end{aligned}$$

Je prévois déjà que les formules données par M. Liouville, dans lesquelles la série des déterminants est — ($n - 3r^2$), ne forment que les cas les plus simples; pour avoir des formules plus générales il faudra des fonctions analogues à χ et qui dépendront des solutions de $n = x^2 - 3y^2$ et $n = x^2 + 3y^2$. J'espère aussi que je pourrai maintenant compléter le système des relations données dans ma Note sur le théorème de M. Liouville, et je me propose de présenter alors ces formules à l'Académie.

On m'a offert, il y a quelques jours, un professorat d'Analyse (*Calcul différentiel et intégral*) à l'Université de Groningue. J'ai accepté cette offre et je crois que cette position me permettra d'être plus utile. Je dois beaucoup, dans cette circonstance, à l'extrême bienveillance de mon ancien chef M. Bakhuyzen, le directeur de l'observatoire. Un de ces jours, ma nomination définitive arrivera. Mais vous comprendrez bien que ce changement entraîne pour moi des distractions qui m'éloigneront de l'étude dans les premiers mois à venir.

Agréez, je vous prie, Monsieur, l'assurance des sentiments respectueux de votre serviteur dévoué.

P. S. — Je viens de recevoir votre lettre qui me fait une impression pénible en me portant la nouvelle du deuil de famille qui vient de nouveau vous frapper.

Acceptez mes remercîments pour vos renseignements précieux sur les Mémoires de M. Smith. Je me propose, dès que j'aurai le loisir, et ce sera, j'espère, dans les vacances de l'été prochain, de faire une étude sérieuse de ces théories. Peut-être aussi, alors, les Mémoires couronnés par l'Académie auront paru. Je ne doute point que la relation entre $F(np^{2k})$ et $F(n)$, comme celles entre $F(n.4^k)$ et $F(n)$ ne soient (seront) contenues dans les résultats de M. Smith et je me promets beaucoup de satisfaction à voir comme cela découle de ses théories si belles et si importantes. Quant à la formule

$$F(np^{2k}) = \left\{p^k + \left[1-\left(\frac{-n}{p}\right)\right](p^{k-1}+\ldots+1)\right\}F(n),$$

elle est une conséquence facile des résultats de Gauss (*Disq. Arith.*, art. 253-256) retrouvés et complétés plus tard par Dirichlet. La recherche de Gauss est une application de sa théorie de la composition des formes quadratiques; ses résultats ont été démontrés aussi d'une manière très belle et très simple par M. Lipschitz (*Journ. de Borch.*, t. LIII, p. 238-259) qui se fonde sur l'étude des substitutions linéaires de déterminant p qui transforment directement une forme quadratique d'un déterminant n en une autre de déterminant np^2.

Nommons H (n) le nombre des classes *proprement primitives* de déterminant $-n$; alors

$$(\alpha) \qquad H(np^{2k}) = \left[p^k - \left(\frac{-n}{p}\right)p^{k-1}\right]H(n);$$

seulement, lorsque $n=1$, il faut prendre la moitié du second membre. Et, de plus,

$$(\beta) \qquad F(n) = \sum H\left(\frac{n}{d}\right)$$

si l'on prend pour d tous les diviseurs de n qui sont des carrés impairs. Seulement, lorsque n est un carré impair, il faudra retrancher $\frac{1}{2}$ du second membre. Mais, comme, dans ce cas, il y aura un diviseur $d=n$, on voit que les deux formules (α) et (β) sont vraies sans exception, si l'on convient seulement de prendre $H(1)=\frac{1}{2}$ au lieu de $H(1)=1$. En supposant maintenant que n n'est pas divisible par p^2, vous trouverez sans difficulté que les équations (α) et (β) donnent ce théorème : $F(np^{2k}) = \ldots$ etc. L'équation (α), du reste, ne suppose point cette restriction que n doit être divisible par p^2. En effet, l'équation (α) donne

$$\sum \mathrm{H}\left(\frac{np^{2k}}{d}\right)=\left[p^k-\left(\frac{-n}{p}\right)p^{k-1}\right]\sum \mathrm{H}\left(\frac{n}{d}\right)=\left[p^k-\left(\frac{-n}{p}\right)p^{k-1}\right]\mathrm{F}(n),$$

de même

$$\sum \mathrm{H}\left(\frac{np^{2k-2}}{d}\right)=\left[p^{k-1}-\left(\frac{-n}{p}\right)p^{k-2}\right]\mathrm{F}(n),$$

. . . .

$$\sum \mathrm{H}\left(\frac{np^2}{d}\right)=\left[p-\left(\frac{-n}{p}\right)\right]\mathrm{F}(n),$$

$$\sum \mathrm{H}\left(\frac{n}{d}\right)=\mathrm{F}(n)$$

et l'addition donne la formule voulue par une nouvelle application de (β).

44. — *HERMITE A STIELTJES.*

Paris, 28 février 1884.

MONSIEUR,

Une élection qui doit se faire lundi prochain à l'Académie pour remplacer M. Puiseux que nous avons eu le malheur de perdre l'année dernière, au mois d'octobre, m'a imposé une lourde tâche dont je viens seulement d'être délivré. En me consacrant aux travaux des autres, il m'a bien fallu renoncer aux miens, et j'ai quelque peine maintenant, après une interruption de plusieurs semaines, à ressaisir mes idées et à reprendre la trame de mes calculs. Je reviens à l'Arithmétique en vous remerciant, Monsieur, de votre dernière lettre et vous exprimant tous mes vœux pour que vous trouviez à l'Université de Groningue une situation entièrement favorable et qui vous permette de donner à la Science ce qu'elle attend de votre beau talent. Vos recherches publiées dans les *Comptes rendus* ont attiré l'attention, et je viens vous apprendre que vous avez un émule digne de vous dans M. Hurwitz, privat-docent à l'Université de Gottingue. Son nom ne doit point vous être inconnu si vous lisez les *Mathematische Annalen* où il a publié récemment une extension à de nouvelles transcendantes de la méthode exposée à ses élèves par M. Weierstrass pour établir plus simplement que ne l'a fait Lindemann que le rapport de la circonférence au diamètre n'est pas un nombre algébrique. En ce moment, ce sont vos résultats sur la décomposition d'un nombre en cinq carrés et les formules extrêmement remarquables que vous annoncez avoir obtenues par induction :

$$F(p^2) = 10(p^3 - p + 1), \qquad F(p^4) = 10[p(p^2 - 1)(p^3 + 1) + 1]$$

que M. Hurwitz démontre en confirmant votre prévision, et il les généralise de la manière suivante :

Le nombre des décompositions du carré d'un entier quelconque m en cinq carrés s'exprime par

$$F(m^2) = 10\,\frac{2^{3k+3}-1}{2^3-1}\,\frac{p^{3\alpha+3}-p^{3\alpha+1}+p-1}{p^3-1}\,\frac{q^{3\beta+3}-q^{3\beta+1}+q-1}{q^3-1}\cdots;$$

on suppose

$$m = 2^k p^\alpha q^\beta \ldots,$$

2, p, q, étant des nombres premiers différents.

La démonstration que vous verrez dans le prochain numéro des *Comptes rendus* et qui se déduit de cette formule

$$F(m^2) = 10\,\frac{2^{3k+3}-1}{2^3-1}\,[\varphi(n^2) + 2\varphi(n^2-2^2) + 2\varphi(n^2-4^2) + \ldots]$$

est aussi simple et élégante que profonde; je suis sûr qu'elle vous intéressera vivement.

En attendant que je puisse revenir sur ce sujet, en le prenant sous le point de vue que je vous ai indiqué, je rédige pour le *Bulletin de l'Académie de Saint-Pétersbourg*, afin de répondre à une bienveillante demande de M. Bouniakowsky, la démonstration des théorèmes (A), (B), (C) de M. Kronecker, avec quelques remarques auxquelles ils donnent lieu. Ainsi le théorème (A) contenu dans l'égalité

$$4\sum F(4n+2)\,q^{n+\frac{1}{2}} = \mathfrak{S}_2^2(q)\,\mathfrak{S}_3(q)$$

conduit à exprimer la somme

$$F(2) + F(6) + F(10) + \ldots + F(4n+2)$$

par la formule suivante.

Considérez tous les entiers positifs impairs, a et a', qui satisfont à la condition

$$a^2 + a'^2 \leqq 4n + 2$$

et soit

$$S = \sum (-1)^{\frac{a-1}{2}};$$

puis

$$S_1 = \sum (-1)^{\frac{a-1}{2}} E\left(\frac{4n + 2 - a^2 - a'^2}{4a}\right),$$

on a

$$F(2) + F(6) + \ldots + F(4n + 2) = S + 2S_1.$$

Que de choses j'aurais à vous dire, Monsieur, sur cette question; mais il me tarde que cette lettre parte et vous porte le motif du retard que j'ai mis à vous répondre, en même temps que mon vif désir de recevoir bientôt de vos nouvelles. La liste des candidats à la place vacante, dans la Section de Géométrie, a été arrêtée comme il suit : 1° M. Darboux; 2° M. Laguerre; 3° M. Halphen; 4° *ex-æquo* et par ordre alphabétique : MM. Appell, Picard, Poincaré; l'âge et l'ancienneté des services rendus à la Science ont été pris en considération, comme le mérite scientifique; mais, sans doute, à une autre occasion et quand je céderai, à mon tour la place que j'occupe, cette liste pourra être bien changée. Je suis toujours, avec les sentiments de la plus haute estime, votre bien sincèrement dévoué.

45. — *STIELTJES A HERMITE.*

Leyde, 1er mars 1884.

MONSIEUR,

En rentrant en ville hier soir, j'ai trouvé votre lettre qui m'est bien précieuse.

J'avais réussi, de mon côté, à démontrer les formules trouvées par induction, mais ma démonstration arithmétique ne pouvait se résumer en peu de mots. Votre lettre m'a fait penser de nouveau sur ce sujet; voici comment je crois que l'on peut arriver à mes résultats assez simplement en partant de

$$F(m^2) = 10\,\frac{8^{k+1} - 1}{7}\,[\varphi(n^2) + 2\varphi(n^2 - 2^2) + 2\varphi(n^2 - 4^2) + \ldots].$$

Soit d'abord $n = p$ un nombre premier : il s'agit d'évaluer

$$\mathfrak{L} = \varphi(p^2) + 2\varphi(p^2 - 2^2) + \ldots$$

ou bien, à cause de

$$\varphi(p^2) = p^2 + p + 1,$$
$$\varphi(p) = p + 1,$$

$$\mathfrak{L} + p = \varphi(p)\varphi(p) + 2\varphi(p^2 - 2^2) + 2\varphi(p^2 - 4^2) + \ldots$$

ou encore

$$\mathfrak{L} + p = \varphi(p)\varphi(p) + 2\varphi(p-2)\varphi(p+2) + 2\varphi(p-4)\varphi(p+4) + \ldots$$

Ce sont deux formules elliptiques qui mènent au but; en effet, on a (*Œuvres de Jacobi,* nouvelle édition, t. I, p. 162, 167)

$$(1) \qquad k\left(\frac{2K}{\pi}\right)^2 = 4\sum \varphi(n) q^{\frac{n}{2}} \qquad (n = 1, 3, 5, 7, \ldots),$$

$$(2) \qquad k^2\left(\frac{2K}{\pi}\right)^4 = 16\left(\frac{q}{1-q^2} + \frac{2^3 q^2}{1-q^4} + \frac{4^3 q^3}{1-q^6} + \ldots\right)$$
$$= 16[\chi(1)q + \chi(2)q^2 + \chi(3)q^3 + \ldots],$$

$\chi(n)$ représentant la somme des cubes de ceux des diviseurs de n dont les diviseurs sont impairs.

Or, en élevant au carré la formule (1), on voit aussitôt que le coefficient de q^p devient

$$\varphi(1)\varphi(2p-1) + \varphi(3)\varphi(2p-3) + \ldots + \varphi(p)\varphi(p) + \ldots + \varphi(2p-1)\varphi(1)$$
$$= \varphi(p)\varphi(p) + 2\varphi(p-2)\varphi(p+2) + \ldots = \mathfrak{L} + p;$$

donc

$$\mathfrak{L} + p = \chi(p) = p^3 + 1 \qquad \text{C. Q. F. D.}$$

On peut traiter d'une manière analogue le cas où n est composé. Cela nécessite encore quelques considérations supplémentaires qui, toutefois, n'offrent point de difficulté.

Voici comment j'avais auparavant traité le cas de la décomposition d'un carré en trois carrés.

Soit

$$\psi(n) = \sum (-1)^{\frac{d-1}{2}}$$

pour un nombre quelconque n, d parcourant les diviseurs impairs de n et $\psi(0) = \frac{1}{4}$; alors :

$$(a) \qquad F(n) = 2[\psi(n - 1^2) + \psi(n - 3^2) + \psi(n - 5^2) + \ldots],$$

n étant un nombre de la forme $8k+1$, et $F(n)$ la fonction de M. Kronecker. Si l'on considère $12F(n)$ comme représentant le nombre des représentations de n par $x^2+y^2+z^2$, on peut obtenir cette expression à l'aide des considérations les plus élémentaires. Maintenant on a

$$\theta(\sqrt{q})\,\theta_3(\sqrt{q}) = \theta(q)^2.$$

Donc

$$\theta(q)^2 = \frac{\theta(\sqrt{q})\,\theta_2(\sqrt{q})\,\theta_3(\sqrt{q})}{\theta_2(\sqrt{q})} = \frac{\sum(-1)^{\frac{s-1}{2}} s q^{\frac{s^2}{8}}}{\sum q^{\frac{s^2}{8}}} \qquad (s = 1, 3, 5, \ldots),$$

ou bien, en changeant q en $-q$,

$$\theta_3(q)^2 = \frac{\sum(-1)^{\frac{s-1}{2}+\frac{s^2-1}{8}} s q^{\frac{s^2}{8}}}{\sum(-1)^{\frac{s^2-1}{8}} q^{\frac{s^2}{8}}} = 4\sum_0^\infty \psi(n) q^n.$$

En posant donc, pour un nombre $\equiv 1 \pmod 8$,

$$(b)\quad G(n) = 4\left[\psi\left(\frac{n-1^2}{8}\right) - \psi\left(\frac{n-3^2}{8}\right) - \psi\left(\frac{n-5^2}{8}\right) + \psi\left(\frac{n-7^2}{8}\right) + \ldots\right]$$
$$= 4\sum(-1)^{\frac{s^2-1}{8}} \psi\left(\frac{n-s^2}{8}\right) = 4\sum(-1)^{\frac{s^2-1}{8}} \psi(n-s^2),$$

on aura, lorsque n n'est pas un carré,

$$(c)\qquad G(n) = 0$$

et lorsque n est un carré

$$G(kk) = (-1)^{\frac{k-1}{2}+\frac{k^2-1}{8}} k.$$

Les formules (a) et (b) donnent maintenant

$$(d)\quad \begin{cases} F(n) + \frac{1}{2}G(n) = 4\sum \psi(n-t^2) & (t = 1, 7, 9, 15, \ldots), \\ F(n) - \frac{1}{2}G(n) = 4\sum \psi(n-u^2) & (u = 3, 5, 11, 13, \ldots). \end{cases}$$

Ce sont ces formules (d) qui donnent, par une discussion facile, la valeur de $F(n)$ lorsque n est un carré impair quelconque.

Soit, pour considérer seulement le cas le plus simple, $n = p^{2k}$, p étant un nombre premier $\equiv 1 \pmod 8$. Alors la seconde des équations (d) donne, en faisant attention aux valeurs (c),

$$F(p^{2k}) - \frac{1}{2}p^k = 4\sum \psi(p^{2k} - u^2) \qquad (u = 3, 5, 11, \ldots).$$

Considérons un terme quelconque

$$\psi(p^{2k} - u^2)$$

et supposons

$$u = p^r u', \qquad 0 \leqq r < k,$$

u' n'étant point divisible par p; alors

$$\begin{aligned}\psi(p^{2k} - u') &= \psi(p^{2k} - p^{2r}u'^2) = \psi(p^{2r})\,\psi(p^{2k-2r} - u'^2)\\ &= \psi(p^{2r})\,\psi(p^{k-r} + u')\,\psi(p^{k-r} - u').\end{aligned}$$

Or, p^{k-r} est $\equiv 1$ et u' est $\equiv \pm 3 \pmod 8$; donc un des nombres $p^{k-r} \pm u'$ est $\equiv 6 \pmod 8$, et par conséquent

$$\psi(p^{2k} - u^2) = 0 \qquad \text{et} \qquad F(p^{2k}) = \tfrac{1}{2}p^k.$$

En supposant

$$n = 2^k p_1^{l_1} p_2^{l_2} \ldots p_r^{l_r} q_1^{m_1} q_2^{m_2} \ldots q_s^{m_s},$$

$p_1, p_2, \ldots$ étant des nombres premiers $\equiv 1 \pmod 4$, $q_1, q_2, \ldots$ étant des nombres premiers $\equiv 3 \pmod 4$, on trouve que le nombre des représentations de n^2 par $x^2 + y^2 + z^2$ est égal à

$$6p_1p_2\ldots p_r \times \frac{q_1^{m_1+1} + q_1^{m_1} - 2}{q_1 - 1} \times \frac{q_2^{m_2+1} + q_2^{m_2} - 2}{q_2 - 1} \times \ldots \times \frac{q_s^{m_s+1} + q_s^{m_s} - 2}{q_s - 1}.$$

Probablement on pourra aussi arriver à ce résultat en suivant un chemin analogue à celui (celle) qui m'a conduit plus haut au nombre des décompositions en cinq carrés; mais le temps me manque en ce moment pour vérifier cela. Je suis très intéressé à voir la démonstration de M. Hurwitz, qui certainement ne m'est point (connu) inconnu, parce que, en voulant étudier les Mémoires de M. Gierster, j'ai dû recourir à un beau Mémoire de M. Hurwitz intitulé : *Fondements d'une théorie indépendante de la théorie des fonctions modulaires*.

Lorsque j'étais engagé dans ces recherches, j'ai aussi considéré la décomposition en sept carrés. On a, dans ce cas encore, des formules entièrement analogues; l'analogie est plus grande avec la décomposition en trois carrés qu'avec la décomposition en cinq carrés. Mais je n'ai point mené à fin ces recherches, et aussi je n'avais point encore trouvé une méthode pour déduire mes formules de la théorie des fonctions elliptiques.

Peut-être vous trouverez intéressante cette remarque, que j'ai faite à l'occasion de cette relation

$$F(np^{2k}) = \left[p^k + p^{k-1} + \ldots + 1 - \left(\frac{-n}{p}\right)(p^{k-1} + \ldots + 1)\right] F(n),$$

qu'on a des relations analogues pour la décomposition en 2, 4, 6, ... carrés. En effet, vous verrez aisément que l'on a, pour $r = 2, 4, 6, \ldots$,

$$\mathfrak{F}_r(np^{2k}) = \left\{ A + \left(\frac{(-1)^{\frac{r}{2}} n^2}{p}\right) B \right\} \mathfrak{F}_r(n),$$

$$A = p^{(r-2)k} + p^{(r-2)(k-1)} + p^{(r-2)(k-2)} + \ldots + p^{r-2} + 1,$$

$$B = p^{(r-2)\left(k-\frac{1}{2}\right)} + p^{(r-2)\left(k-\frac{3}{2}\right)} + \ldots + p^{(r-2)\frac{1}{2}},$$

la valeur du symbole de Legendre $\left(\frac{(-1)^{\frac{r}{2}} n^2}{p}\right)$ étant ± 1 ou o lorsque n est divisible par p (mais non par p^2).

$\mathfrak{F}_r(n)$ est le nombre des solutions de $n = x_1^2 + x_2^2 + \ldots + x_r^2$.

De même, on a pour $r = 3, 5, 7, \ldots$

$$\mathfrak{F}_r(np^{2k}) = \left\{ A - \left(\frac{(-1)^{\frac{r-1}{2}} n}{p}\right) B \right\} \mathfrak{F}_r(n),$$

$$A = p^{(r-2)k} + \ldots + p^{r-2} + 1,$$

$$B = p^{(r-2)\left(k-\frac{1}{2}\right)-\frac{1}{2}} + \ldots + p^{(r-2)\frac{1}{2}-\frac{1}{2}},$$

mais je n'ai démontré cela, dans les cas $r = 3, 5, 7$, que dans quelques cas particuliers.

L'expression de $\mathfrak{F}(n)$ fournie par les fonctions elliptiques est

$$\mathfrak{F}_6(n) = \mathfrak{F}_6(2^k m) = (-1)^{\frac{m-1}{2}} 4 \left[4^{k+1} - (-1)^{\frac{m-1}{2}}\right] \sum (-1)^{\frac{d-1}{2}} d^2,$$

d parcourant les diviseurs impairs de n; il est facile, d'après cela, de vérifier la relation donnée plus haut.

Mais, dans ces derniers temps, j'ai abandonné ces recherches parce que je veux étudier d'abord les théories de M. Smith; or, les Mémoires que vous avez bien voulu m'indiquer manquent dans la bibliothèque de l'Université, en sorte que je dois attendre la publication de votre Académie.

J'aurais encore à vous dire bien des choses concernant votre lettre; mais le temps me manque et je dois finir cette lettre déjà longue.

Croyez-moi toujours, avec le plus profond respect, votre très dévoué.

46. — *HERMITE A STIELTJES.*

Paris, 12 mars 1884.

Monsieur,

Vos théorèmes sur la décomposition des nombres en sept carrés, contenus dans les équations

$$F_7(4^k m) = f(k)\, F_7(m), \qquad \ldots,$$

sont entièrement nouveaux et extrêmement beaux et je viens vous demander l'autorisation de les communiquer à l'Académie en publiant votre lettre du 8 dans les *Comptes rendus* [1]. Peut-être en prendrai-je occasion pour y ajouter quelques remarques concernant votre expression de la fonction $F(n)$ de M. Kronecker par la formule

$$F(n) = \sum \psi(n - 8r^2)$$

que vous tirez sans doute du développement

$$\frac{2kK}{\pi}\,\mathrm{sn}\,\frac{2Kx}{\pi} = \frac{4\sqrt{q}\,\sin x}{1-q} + \frac{4\sqrt{q^3}\,\sin 3x}{1-q^3} + \ldots,$$

en supposant $x = \frac{K}{4}$. Le premier nombre devient, en effet, $\frac{1}{\sqrt{2}}\,\frac{\eta^2\theta_1}{\theta_1(q^2)}$, et le développement de la quantité $\eta^2\theta_1$ conduit précisément à $F(4n+2)$. Il ne me semble pas inutile de remarquer que votre résultat est d'une autre nature que ceux qu'on tire immédia-

---

(1) La lettre du 8 mars manque. Elle constitue, sans doute, la Communication insérée aux *Comptes rendus* : *Sur quelques applications arithmétiques de la théorie des fonctions elliptiques* (*Comptes rendus*, t. XCVIII, p. 663; 17 mars 1884).

tement des théorèmes A, B, C de M. Kronecker et qui dépendent de la fonction plus élémentaire $f(n)$ donnant le nombre des solutions de l'équation $x^2+y^2=m$.

On trouve aisément

$$\eta^2\theta_1 = \sum f(8n+4-2a^2)\, q^{n+\frac{1}{2}},$$

$$2\eta\,\theta_1^2 = \sum f(8n+2-2b^2)\, q^{n+\frac{1}{4}},$$

$$\eta^3 = \sum f(8n+3-a^2)\, q^{2n+\frac{3}{4}},$$

$$n = 0, 1, 2, 3, \ldots,$$
$$a = \pm 1, \pm 3, \pm 5, \ldots,$$
$$b = 0, \pm 1, \pm 2, \ldots;$$

puis encore

$$\theta_1^3 = \sum f(n-c^2)\, q^n,$$
$$c = 0, \pm 1, \pm 2, \pm 3, \ldots,$$

mais ces formules ne sont point les seules à s'offrir.

Désignez par $g(n)$ la fonction ainsi définie :

$$g(n) = \sum (-1)^{\frac{d-1}{2}},$$

en désignant par d tous les diviseurs de n, moindres que $\sqrt{n}$ et supposant $n \equiv 3 \pmod 4$; vous aurez

$$\eta^3 = 8\sum g(8n+3-b^2)\, q^{2n+\frac{3}{4}},$$
$$b = 0, \pm 2, \pm 4, \pm 6, \ldots,$$

Soit ensuite $g_1(n)$ une fonction relative à un nombre pair, à savoir :

$$g_1(n) = (-1)^{\frac{1}{2}n}\left[\sum (-1)^{\frac{d'-1}{2}} - \sum (-1)^{\frac{d-1}{2}}\right],$$

où d représente tous les diviseurs impairs de n, moindres que $\sqrt{n}$ et d' tous les diviseurs impairs, plus grands que $\sqrt{n}$, on a :

$$\theta_1^3 = \theta + 4\sum g(4n-a^2)\, q^n + 4\sum g_1(n-c^2)(-q)^n$$

avec la condition de prendre $c \equiv n \pmod 2$.

La difficulté est de reconnaître de quelle manière se ramènent les unes aux autres des expressions si diverses ; n'ayant aucun espoir de la surmonter, je me résigne, Monsieur, à interroger les formules elliptiques de diverses catégories, en demandant à chacune son secret arithmétique, et à recueillir les réponses utiles ou inutiles avec patience et persévérance ; *plus laboris quam artis*. Mais voici mes leçons qui arrivent, avec les examens de la Sorbonne, et, comme vous, il me faut faire la part aux devoirs et aux obligations de l'enseignement. Non sans regret, je m'arracherai aux formules suivantes qui m'ont coûté bien des efforts et dont je ne désespère point d'obtenir quelques résultats. Soit toujours $a = 1, 3, 5, \ldots$; on a

$$\left(\frac{kK}{\pi}\right)^2 = \sum \frac{2q^{a^2+2a}}{(1-q^{2a})^2} + \sum \frac{aq^{a^2}(1+q^{2a})}{1-q^{2a}},$$

puis, en faisant $c = 1, 2, 3, \ldots$,

$$\left(\frac{2k'K}{\pi}\right)^2 = 1 + 8\sum \frac{q^{c^2+c}}{(1+q^c)^2} - 8\sum \frac{cq^{c^2}(1-q^c)}{1+q^c}.$$

Permettez-moi, Monsieur, de vous demander s'il vous conviendrait d'appartenir à la *Société mathématique de France ;* le règlement de la Société, qui impose aux membres étrangers la même cotisation annuelle de 20^{fr} qu'aux Membres nationaux, et un droit de 10^{fr} pour délivrance du diplôme, ne me permet point, sans avoir obtenu votre consentement, de vous proposer au choix de mes confrères qui, j'en suis assuré, vous accueilleront avec la plus grande sympathie.

Recevez, Monsieur, la nouvelle assurance de ma plus haute estime et de mes sentiments bien dévoués.

47. — *STIELTJES A HERMITE.*

Leyde, 13 mars 1884.

MONSIEUR,

Je verrai avec le plus grand plaisir que vous fassiez (ferez) imprimer dans les *Comptes rendus* ma dernière lettre ; seulement je ne sais pas si ce que je dis sur cette relation

$$F(np^{2k}) = \left[p^k + p^{k-1} + \ldots + 1 - \left(\frac{-n}{p}\right)(p^{k-1} + \ldots p + 1)\right] F(n)$$

sera intelligible. Aussi, j'espère avoir (que j'ai) exprimé assez clairement ma satisfaction sur la méthode de M. Hurwitz, qui est beaucoup préférable à celle que j'avais suivie auparavant dans le cas de la décomposition en trois carrés.

Enfin, il faut supprimer cette relation

$$(q^{1^2} + q^{3^2} + \ldots)(1 - 2q^{8.1^2} + \ldots) = q^{1^2} - q^{3^2} + q^{5^2}(1 - 2q^{8.1^2}) - \ldots$$

parce que je me suis aperçu que le théorème arithmétique qu'elle exprime a été donné par M. Smith sous une autre forme, et il serait nécessaire d'y ajouter plusieurs remarques. Cette découverte m'a intéressé beaucoup parce que la démonstration indiquée par M. Smith est tout à fait différente de la mienne. Ces relations appartiennent à une classe dont on a vu le premier exemple dans le premier Mémoire de Gauss sur la théorie des résidus biquadratiques : p étant un nombre premier $\equiv 1 \pmod 8$ et

$$p = x^2 + 8y^2 = t^2 + 16u^2,$$

alors si

$$x \equiv \pm 1 \pmod 8), \qquad u \text{ est pair}$$

et si

$$x \equiv \pm 3 \pmod 8), \qquad u \text{ est impair},$$

(*Œuvres de Jacobi*, nouv. édit., t. II, p. 218).

M. Smith, en parlant de ces théorèmes, remarque qu'il existe des théorèmes analogues pour la représentation d'un nombre par deux formes quadratiques, l'un des déterminants étant positif, l'autre négatif. Et, comme un exemple, il donne un théorème qui ne diffère pas essentiellement de celui donné plus haut.

Je sens bien, Monsieur, qu'il vaudrait mieux que je publie (si je publiais) *in extenso* les recherches auxquelles je me suis (m'ai) livré d'après vos indications et encouragements; mais je n'en vois pas encore la possibilité prochaine.

La Faculté de Groningue m'avait bien présenté en première ligne pour la place vacante, mais M. le Ministre a nommé un des autres. Probablement la raison aura été que n'ayant point eu l'occasion de suivre le chemin ordinaire, je n'ai point obtenu un grade à l'Université. Je suis très sensible à votre proposition honorable à la fin de votre lettre; mais dans mes circonstances un peu précaires, je dois vous demander d'en ajourner quelque temps l'exécution.

Dans le commencement de la semaine suivante je serai à Paris pour quelques jours; peut-être aurai-je alors le bonheur de vous voir. Je suis toujours votre serviteur bien dévoué.

48. — *STIELTJES A HERMITE.*

Leyde, 25 avril 1884.

MONSIEUR,

Permettez-moi de vous communiquer le résultat d'une recherche que j'avais projetée depuis longtemps, mais que je n'ai exécutée que dans ces derniers jours. Le résultat simple auquel j'arrive, c'est que la quadrature de Gauss

$$\int_{-1}^{+1} f(x)\,dx = A_1 f(x_1) + A_2 f(x_2) + \ldots + A_n f(x_n)$$

s'applique avec une approximation indéfinie (en augmentant n) à toute fonction intégrable.

Supposons $x_1 < x_2 < \ldots < x_n$; on sait que

$$A_1 + A_2 + \ldots + A_n = 2$$

et mon résultat est une conséquence immédiate de la définition d'une intégrale définie et des inégalités suivantes dont j'ai vérifié la justesse :

$$\begin{aligned} -1 &< x_1 < -1 + A_1, \\ -1 + A_1 &< x_2 < -1 + A_1 + A_2, \\ -1 + A_1 + A_2 &< x_3 < -1 + A_1 + A_2 + A_3, \\ &\ldots\ldots\ldots\ldots\ldots \end{aligned}$$

J'ai supposé n assez grand : alors on peut vérifier ces inégalités pour celles (ceux) des racines x_k qui ne sont pas proches des limites ± 1, à l'aide des valeurs approchées des x_k, A_k qu'on obtient sans difficulté. Toutefois il est un peu pénible d'obtenir les A_k avec une approximation suffisante.

Ensuite, j'ai considéré les racines extrêmes qui diffèrent peu de ± 1 et j'arrive aux formules suivantes.

Soient $y_1, y_2, y_3, \ldots$, les racines de

$$F(y) = 1 - y + \frac{y^2}{1^2 . 2^2} - \frac{y^3}{1^2 . 2^2 . 3^2} + \ldots$$

rangées dans leur ordre naturel de grandeur (on a à peu près $y_k = \frac{(4k-1)^2\pi^2}{64}$ lorsque k est grand; cela donne $y_1 = 1,3879\ldots$ au lieu de $1,4458\ldots$.

Alors on obtient les plus grandes racines de $X_n = 0$, $x_1 > x_2 > x_3 \ldots$ en substituant $y_1, y_2, y_3, \ldots$ au lieu de y dans l'expression

$$1 - \frac{8y}{(2n+1)^2} + \frac{8u}{(2n+1)^4} - \frac{8v}{(2n+1)^6} + \ldots,$$

$$u = \frac{1}{3}y + \frac{4}{3}y^2,$$

$$v = \frac{13}{45}y + \frac{8}{15}y^2 + \frac{32}{45}y^3,$$

$$\ldots\ldots\ldots\ldots\ldots\ldots\ldots\ldots$$

Par exemple, on trouvera x_1 par

$$1 - \frac{11,566386\ldots}{(2n+1)^2} + \frac{26,15234\ldots}{(2n+1)^4} - \frac{29,453\ldots}{(2n+1)^6} + \ldots.$$

Pour $n = 2$, l'erreur restante est $0,000046$.

Pour $n = 3$, elle est $0,000004$; pour de plus grandes valeurs de n elle devient insensible sur les six premiers chiffres.

Je développe une expression analogue pour obtenir les coefficients correspondants $A_1 A_2 A_3 \ldots$ dont je n'écris ici que le premier terme

$$\frac{8}{y[F'(y)]^2}\,\frac{1}{(2n+1)]^2} + \ldots.$$

La vérification des inégalités données plus haut conduit alors à celles-ci qui ont effectivement lieu :

$$y_1 < \frac{1}{y_1[F'(y_1)]^2} < y_2,$$

$$y_2 < \frac{1}{y_1[F'(y_1)]^2} + \frac{1}{y_2[F'(y_2)]^2} < y_3,$$

$$y_3 < \frac{1}{y_1[F'(y_1)]^2} + \frac{1}{y_2[F'(y_2)]^2} + \frac{1}{y_3[F'(y_3)]^3} < y_4.$$

Une légère indisposition m'a obligé d'abandonner l'Arithmétique pour quelque temps; mais maintenant j'éprouve de nouveau l'attrait de ces études; toutefois je ne pourrai faire beaucoup faute de loisir.

En vous souhaitant un sort plus heureux, Monsieur, je (me) signe votre très dévoué.

49. — *HERMITE A STIELTJES.*

Paris, 2 mai 1884.

Monsieur,

Votre lettre m'a vivement intéressé par les beaux résultats qu'elle contient; elle ajoute encore, s'il est possible, à mes sentiments de haute estime et de sympathie pour votre beau talent. J'ai eu dernièrement l'occasion, que j'ai mise à profit, d'exprimer ces sentiments à votre compatriote M. Bierens de Haan, venu, comme moi, à Édimbourg pour assister aux fêtes du cinquième centenaire de l'Université, et M. Picard qui m'accompagnait a fait de même de son propre mouvement. Ce me serait une vive satisfaction si le témoignage de mon opinion sur votre mérite scientifique pouvait vous servir en quelque chose et contribuer à vous faire obtenir une situation digne de vous et qui vous permît de vous livrer en entier aux recherches que vous avez entreprises. Permettez-moi, Monsieur, de vous prier de disposer de moi, si vous en avez l'occasion : je ne puis douter que mon confrère et ami M. Tisserand ne s'empresse, à ma demande, de joindre son témoignage d'astronome et de géomètre au mien. La publication, dans les *Comptes rendus*, des résultats de vos travaux, pouvant ne pas être inutile pour appeler sur vous l'attention, je viens vous demander s'il vous convient que je présente à l'Académie votre Communication du 28 avril et, en attendant votre décision, je me permets une remarque au sujet de l'équation

$$F(y) = 1 - \frac{y}{1} + \frac{y^2}{(1.2)^2} - \frac{y^3}{(1.2.3)^2} + \ldots = 0.$$

Si vous faites $y = \left(\frac{x}{2}\right)^2$ vous avez la fonction de Bessel qui joue un si grand rôle dans la théorie de la chaleur et autres applications physiques. Or, l'équation dont vous obtenez les racines par la formule approchée

$$y_k = \frac{(4k-1)^2\pi^2}{64}$$

a été l'objet des recherches d'un géomètre extrêmement distingué

M. Boussinesq, qui obtient l'expression

$$x_k = \left(\frac{k}{2} \mp \frac{1}{8}\right)\pi + \sqrt{\left(\frac{k}{2} \mp \frac{1}{8}\right)^2 \pi^2 - \left(\frac{1}{8} \mp \frac{1}{4}\right)}.$$

C'est dans les *Comptes rendus*, t. LXXII, p. 480, que vous trouverez l'exposé de ses recherches sur ce sujet, qui a longuement occupé M. de Saint-Venant; ne jugeriez-vous pas à propos d'en prendre connaissance et de le citer en le rapprochant des vôtres?

La liaison que vous avez découverte, liaison cachée et qui m'échappe entièrement entre les racines de l'équation de Bessel et l'équation $X_n = 0$, me semble on ne peut plus intéressante, ainsi que votre expression des coefficients A par la formule

$$\frac{8}{y[F'(y)]^2} \, \frac{1}{(2n+1)^2}.$$

Vous avez indiqué trop succinctement *votre point fondamental,* que l'extension à une fonction intégrable de la formule d'approximation de Gauss est une conséquence immédiate des inégalités

$$-1 < x_1 < -1 + A_1,$$
$$-1 + A_1 < x_2 < -1 + A_1 + A_2, \qquad \ldots.$$

Plus de détails ne me sembleraient point superflus si vous devez publier la lettre que vous m'avez adressée, et il vous serait facile, dans ce cas, d'y joindre une addition qui serait mise à la place convenable.

En remettant l'Arithmétique à une prochaine lettre et attendant votre réponse, je vous renouvelle, Monsieur, avec tous mes vœux pour vous, l'assurance de ma plus haute estime et de mes sentiments bien dévoués.

50. — *STIELTJES A HERMITE.*

Leyde, 3 mai 1884.

MONSIEUR,

Je viens répondre à votre lettre pleine de bonté par quelques développements sur la question que j'avais agitée. Ces développements sont probablement trop étendus pour permettre de les publier dans les *Comptes rendus*. Je composerais cependant avec plaisir une rédaction pour quelque Journal et je demande votre conseil sur un choix.

Comme vous verrez, la manière dont je traite maintenant la question n'a rien de commun avec celle que j'ai décrite succinctement dans ma lettre précédente. Elle est infiniment plus simple.

J'ai toujours été frappé par cette circonstance que, tandis que la définition même d'une intégrale définie

$$(A) \qquad \int_a^b G(x)\,dx = \lim[\delta_1 G(\xi_1) + \delta_2 G(\xi_2) + \ldots + \delta_n G(\xi_n)]$$

permet toujours de calculer sa valeur avec une approximation indéfinie, cela n'était point du tout démontré si, en appliquant une quadrature mécanique, on calcule

$$(B) \qquad A_1 G(x_1) + A_2 G(x_2) + \ldots + A_n G(x_n).$$

Si l'on prend, avec Newton et Cotes, les $x_1, x_2, \ldots, x_n$ en progression arithmétique, les A_n ne sont pas toujours positifs (comme on le voit par les valeurs calculées par Cotes et reproduites dans le Mémoire de Gauss), et cette circonstance m'a fait croire qu'il y a bien peu d'espérance d'arriver, dans ce cas, à un résultat simple. [Toutefois je n'ai pas cherché si, peut-être aussi dans ce cas, les A_r ne finissent pas par (de) devenir tous positifs, n augmentant.]

Mais, dans la quadrature de Gauss, les A_r sont tous positifs, en sorte qu'on est porté naturellement à chercher si l'expression (B) ne rentre pas dans celle qui figure au second membre de (A) en prenant, comme il est permis de le faire (en effet $A_1 + A_2 + \ldots + A_n = b - a$) $\delta_1 = A_1$, $\delta_2 = A_2$, ..., $\delta_n = A_n$. Mais, pour que cette identification soit possible, on devra avoir

$$a < x_1 < a + A_1 < x_2 < a + A_1 + A_2 < \ldots$$

inégalités qui expriment que $x, x_2, \ldots, x_n$ sont compris dans les intervalles choisis.

C'est ce qui a lieu, en effet, et ce que j'avais vérifié d'abord d'une manière fort pénible en me servant d'expressions approchées des x_r et des A_r, en supposant n très grand.

Je vais établir maintenant une proposition plus générale :

Soit $f(x)$ une fonction qui reste constamment positive dans l'intervalle $a - b$.

On sait qu'on peut déterminer n constantes $x_1, x_2, \ldots, x_n$

$$a < x_1 < x_2 < \ldots < x_n < b$$

et n autres constantes $A_1, A_2, \ldots, A_n$ de manière que l'on ait

$$(1) \qquad \int_a^b f(x)\, G(x)\, dx = A_1 f(x_1) + A_2 f(x_2) + \ldots + A_n f(x_n)$$

toutes les fois que $G(x)$ est un polynome en x du degré $2n - 1$ au plus.

Les A_k *sont tous positifs :* c'est ce que l'on voit en prenant

$$G(x) = \frac{(x - x_1)^2 \ldots (x - x_n)^2}{(x - x_k)^2};$$

cela donne

$$\int_a^b f(x)\, G(x)\, dx = A_k\, G(x_k).$$

Les A_k étant positifs et

$$A_1 + A_2 + \ldots + A_n = \int_a^b f(x)\, dx,$$

on pourra déterminer $n - 1$ constantes $y_1, y_2, \ldots, y_{n-1}$ de manière que

$$a < y_1 < y_2 < \ldots < y_{n-1} < b$$

et

$$A_1 = \int_a^{y_1} f(x)\, dx, \qquad A_2 = \int_{y_1}^{y_2} f(x)\, dx,$$

$$A_3 = \int_{y_2}^{y_3} f(x)\, dx, \qquad \ldots, \qquad A_{n-1} = \int_{y_{n-2}}^{y_{n-1}} f(x)\, dx.$$

On aura alors aussi

$$A_n = \int_{y_{n-1}}^{b} f(x)\, dx.$$

Je dis maintenant, et c'est ma proposition fondamentale : que ces constantes $y_1, y_2, \ldots, y_{n-1}$ séparent $x_1, x_2, \ldots, x_n$. Donc

$$a < x_1 < y_1 < x_2 < y_2 < x_3 < \ldots < y_{n-1} < x_n < b.$$

Il faut remarquer que la démonstration que les A_k sont positifs se fonde seulement sur l'exactitude de (1), $G(x)$ étant un polynome du degré $2n - 2$ au plus (et non $2n - 1$). Aussi, dans la démonstration suivante de la proposition fondamentale nous ferons usage de (1) seulement dans le cas que $G(x)$ est du degré $2n - 2$.

Je détermine un polynome du degré $2n-2$, $T(x)$ par les conditions suivantes :

$$\begin{aligned}
T(x_1) &= 1, & T'(x_1) &= 0,\\
T(x_2) &= 1, & T'(x_2) &= 0,\\
\ldots\ldots&\ldots, & \ldots\ldots&\ldots,\\
T(x_{k-1}) &= 1, & T'(x_{k-1}) &= 0,\\
T(x_k) &= 1, & &\\
T(x_{k+1}) &= 0, & T'(x_{k+1}) &= 0,\\
T(x_{k+2}) &= 0, & T'(x_{k+2}) &= 0,\\
\ldots\ldots&\ldots, & \ldots\ldots&\ldots;\\
T(x_n) &= 0, & T'(x_n) &= 0.
\end{aligned}$$

Ces conditions étant au nombre de $2n-1$, le polynome $T(x)$ est parfaitement défini par cela, et l'on aura

$$\int_a^b f(x)\,T(x)\,dx = A_1 + A_2 + \ldots + A_k.$$

Les racines de l'équation

$$T'(x) = 0$$

sont (d'après le théorème de Rolle).

			Nombre.
(a)	$x_1,\quad x_2,\quad \ldots,\ x_{k-1}$		$k-1$
(b)	$\xi_1,\quad \xi_2,\quad \ldots,\ \xi_{k-1}$	$x_1 < \xi_1 < x_2 < \xi_2 < x_3 < \ldots < \xi_{k-1} < x_k$	$k-1$
(c)	$x_{k+1},\ x_{k+2},\ \ldots,\ x_n,$		$n-k$
(d)	$\eta_{k+2},\ \eta_{k+3},\ \ldots,\ \eta_n$	$x_{k+1} < \eta_{k+2} < x_{k+2} < \ldots < \eta_n < x_n$	$n-k-1$

Le nombre total de ces racines est $2n-3$; $T'(x)$ étant du degré $2n-3$, l'équation ne saurait en avoir *davantage*, et toutes ces racines sont simples.

Il est facile d'après cela de se représenter la marche de la fonction $T(x)$ ou de la ligne $y = T(x)$. Dans la figure ci-dessous, c'est

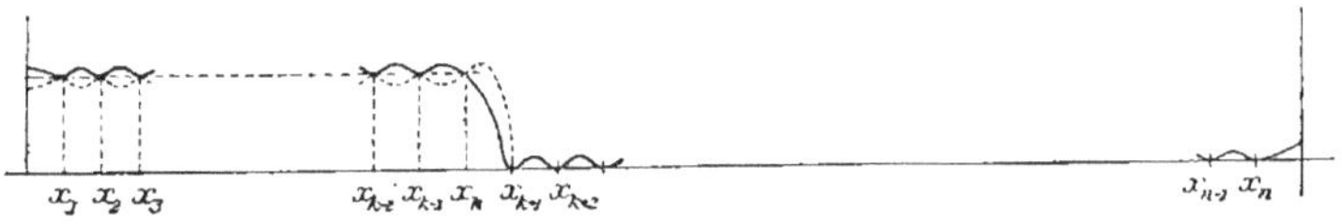

la ligne en trait plein; en effet, la ligne pointillée ne saurait convenir parce qu'il en résulterait au moins une racine de $T'(x) = 0$ entre x_k et x_{k+1}, *qui n'existe pas*.

On voit :

1° Que $T(x)$ est toujours positif dans l'intervalle a, b;

2° Que 1 est la valeur *minimum* de $T(x)$ dans l'intervalle $a - x_k$.

De l'équation

$$A_1 + A_2 + \ldots + A_k = \int_a^b f(x)\,T(x)\,dx$$

nous pouvons donc conclure

$$A_1 + A_2 + \ldots + A_k > \int_a^{x_k} f(x)\,T(x)\,dx,$$

et enfin

$$(\alpha) \qquad A_1 + A_2 + \ldots + A_k > \int_a^{x_k} f(x)\,dx.$$

On démontrera d'une manière parfaitement analogue, en considérant l'autre limite b de l'intégrale

$$A_{k+1} + A_{k+2} + \ldots + A_n > \int_{x_{k+1}}^b f(x)\,dx;$$

mais,

$$A_1 + A_2 + \ldots + A_n = \int_a^b f(x)\,dx,$$

donc

$$(\beta) \qquad A_1 + A_2 + \ldots + A_k < \int_a^{x_{k+1}} f(x)\,dx.$$

Ces deux inégalités (α) et (β) font bien voir que la quantité y_k définie par

$$A_1 + A_2 + \ldots + A_k = \int_a^{y_k} f(x)\,dx$$

reste comprise entre x_k et x_{k+1}. C'est la proposition qu'il fallait démontrer.

Avant que j'eusse trouvé cette démonstration, j'avais constaté l'exactitude dans les cas suivants :

$$\int_{-1}^{+1} \frac{\mathcal{G}(x)}{\sqrt{1-x^2}}\,dx = \frac{\pi}{n}\sum_1^n \mathcal{G}\left[\cos\frac{(2k-1)\pi}{2n}\right],$$

$$\int_{-1}^{+1} \sqrt{1-x^2}\,\mathcal{G}(x)\,dx = \frac{\pi}{n+1}\sum_1^n \sin^2\left(\frac{k\pi}{n+1}\right)\mathcal{G}\left(\cos\frac{k\pi}{n+1}\right),$$

$$\int_{-1}^{+1} \sqrt{\frac{1-x}{1+x}}\,\mathcal{G}(x)\,dx = \frac{4\pi}{2n+1}\sum_1^n \sin^2\frac{k\pi}{2n+1}\,\mathcal{G}\left(\cos\frac{2k\pi}{2n+1}\right),$$

$\mathcal{G}(x)$ du degré $2n-1$ au plus.

Quand j'étais, dernièrement, à Paris [1], j'ai été votre auditeur à la première leçon de votre cours du second semestre, et c'est même de ce temps que datent mes nouvelles réflexions sur la question que je viens de résoudre enfin.

Si mon séjour eût été un peu plus long, j'aurais certainement tâché d'avoir le plaisir de vous parler. Mais alors, l'heure du dîner me semblait trop proche et je suis parti le lendemain matin.

Votre très dévoué.

51. — *HERMITE A STIELTJES.*

Paris, 5 mai 1884.

MONSIEUR,

Ne soyez pas fâché si, après avoir lu, avec toute l'attention dont je suis capable, votre dernière lettre, je viens de nouveau vous faire part de difficultés qui n'en sont certainement pas, dans le fond, et que quelques développements feront évanouir. On sait, dites-vous, qu'en désignant par $G(x)$ un polynome en x du degré $2n-1$ au plus, on peut poser :

$$\int_a^b f(x)\,G(x)\,dx = A_1 f(x_1) + A_2 f(x_2) + \ldots - A_n f(x_n),$$

les quantités $x_1, x_2, \ldots, x_n$ étant comprises entre a et b. Je dois vous avouer que cette propriété m'est complètement inconnue, si inconnue que je ne vois aucun moyen d'y parvenir et de l'établir. Je ne vois pas non plus pourquoi ayant trouvé, en supposant

$$G(x) = \frac{(x-x_1)^2\ldots(x-x_n)^2}{(x-x_k)^2},$$

une valeur positive pour A_k, vous concluez immédiatement que pour tout autre polynome cette constante sera la même, et, par cela seul, sûrement positive. En attendant que, par quelques mots d'explications, vous dissipiez les ténèbres de mon esprit, permettez-moi de vous demander s'il vous conviendrait de donner aux *Annales*

---

[1] Pendant le voyage annoncé à la fin de la Lettre 47.

de l'École normale supérieure, dont M. Tisserand est le rédacteur en chef, un Mémoire étendu et bien complet, sur cette question des quadratures qui a été le sujet de vos dernières lettres (¹). Aussitôt que je connaîtrai vos intentions, j'en ferai part à M. Tisserand qui sera, j'en suis certain d'avance, extrêmement satisfait d'offrir un Mémoire de vous à ses lecteurs. Mais, pour nombre d'entre eux, il est d'une absolue nécessité de ne supprimer, dans les développements, aucun intermédiaire; je me range, tout le premier, dans cette catégorie; la peine à prendre et l'effort à faire pour combler les solutions de continuité que je trouve dans un travail, sont un motif suffisant pour me détourner d'en faire l'étude. La question de l'intégration par approximation est de la plus haute importance, et le point de vue auquel vous vous êtes placé en envisageant les fonctions intégrables d'après Riemann est entièrement neuf et intéressera vivement les géomètres. C'est donc une occasion, Monsieur, d'attacher votre nom à un sujet élémentaire et fondamental en Analyse; je n'ai pas besoin de vous dire combien je serais heureux de le faire connaître en exposant vos recherches à mes élèves de la Sorbonne.

En vous renouvelant, Monsieur, l'expression de ma plus haute estime et de mes sentiments bien dévoués.

52. — *STIELTJES A HERMITE.*

Leyde, 7 mai 1884.

MONSIEUR,

Je suis bien fâché que mon travail vous ait causé tant d'ennui et je me hâte de vous donner les développements demandés.

Soit $f(x)$ une fonction donnée, qui ne devienne pas négative entre a et b. Il n'est pas exclus qu'elle devienne infinie; seulement $\int_a^b f(x)\,dx$ doit avoir un sens.

(¹) Ce travail a effectivement paru dans les *Annales de l'École Normale supérieure* : « Quelques recherches sur les quadratures dites *mécaniques* », 3ᵉ série, t. I, p. 409-426; 1884.

Problème. — Déterminer un polynome

$$N(x) = x^n + a_1 x^{n-1} + a_2 x^{n-2} + \ldots + a_n$$

d'un degré donné n, tel que

$$\int_a^b f(x)\, N(x)\, x^k\, dx = 0 \tag{1}$$

pour $k = 0, 1, 2, \ldots, n-1$.

Ces conditions donnent, pour déterminer les inconnues a_1, a_2, ..., a_n, les équations linéaires suivantes :

$$(2)\quad \left\{\begin{aligned}
&\int_a^b x^n\, f(x)\, dx + a_1 \int_a^b x^{n-1} f(x)\, dx \\
&\qquad + a_2 \int_a^b x^{n-2} f(x)\, dx + \ldots + a_n \int_a^b f(x)\, dx = 0, \\
&\int_a^b x^{n+1} f(x)\, dx + a_1 \int_a^b x^n\, f(x)\, dx \\
&\qquad + a_2 \int_a^b x^{n-1} f(x)\, dx + \ldots + a_n \int_a^b x f(x)\, dx = 0, \\
&\int_a^b x^{n+2} f(x)\, dx + a_1 \int_a^b x^{n+1} f(x)\, dx \\
&\qquad + a_2 \int_a^b x^n\, f(x)\, dx + \ldots + a_n \int_a^b x^2 f(x)\, dx = 0, \\
&\ldots\ldots\ldots\ldots\ldots\ldots\ldots\ldots\ldots\ldots\ldots\ldots, \\
&\int_a^b x^{2n-1} f(x)\, dx + a_1 \int_a^b x^{2n-2} f(x)\, dx \\
&\qquad + a_2 \int_a^b x^{2n-3} f(x)\, dx + \ldots + a_n \int_a^b x^{n-1} f(x)\, dx = 0.
\end{aligned}\right.$$

Le problème est donc déterminé en général et $a_1, a_2, \ldots, a_n$ deviennent des fonctions rationnelles des $2n$ constantes

$$\int_a^b x^k f(x)\, dx \qquad (k = 0, 1, 2, \ldots, 2n-1).$$

Mais, si, comme nous le supposons, la fonction $f(x)$ ne change point de signe, on peut démontrer qu'aucune contradiction ou indétermination ne peut se présenter dans la solution du système (2), le déterminant Δ étant, alors, certainement différent de zéro.

En effet, écrivons, dans les intégrales de la première ligne, x_1 au lieu de x, dans celles de la seconde ligne, x_2, etc., enfin dans celles de la dernière ligne, x_n au lieu de x; le déterminant Δ peut alors se mettre sous la forme d'une intégrale *n-uple,* ainsi :

$$\Delta = \int_a^b \int_a^b \cdots \int_a^b f(x_1) f(x_2) \ldots f(x_n) \begin{vmatrix} 1 & x_1 & x_1^2 & \ldots & x_1^{n-1} \\ x_2 & x_2^2 & x_2^3 & \ldots & x_2^n \\ x_3^2 & x_3^3 & x_3^4 & \ldots & x_3^{n+1} \\ \ldots & \ldots & \ldots & \ldots & \ldots \\ x_n^{n-1} & x_n^n & & \ldots & x_n^{2n-2} \end{vmatrix} dx_1 \, dx_2 \ldots dx_n$$

ou bien

$$(3) \quad \Delta = \int_a^b \int_a^b \ldots \int_a^b f(x_1) f(x_2) \ldots f(x_n) x_2 x_3^2 x_4^3 \ldots x_n^{n-1} \Pi \, dx_1 \, dx_2 \ldots dx_n,$$

$$\Pi = \begin{vmatrix} 1 & x_1 & x_1^2 & \ldots & x_1^{n-1} \\ 1 & x_2 & x_2^2 & \ldots & x_2^{n-2} \\ \ldots & \ldots & \ldots & \ldots & \ldots \\ 1 & x_n & x_n^2 & \ldots & x_n^{n-1} \end{vmatrix}.$$

La notation des variables étant indifférente, on peut, dans l'expression (3), permuter de toutes les manières (en nombre $1.2.3\ldots n$) les indices $1, 2, \ldots, n$. Par ces permutations, Π ne change point, ou change seulement de signe et, faisant la somme de toutes les équations que l'on obtient par ces permutations, on aura

$$\sum \pm x_2 x_3^2 \ldots x_n^{n-1} = \Pi,$$

donc

$$(4) \quad 1.2.3\ldots n\Delta = \int_a^b \int_a^b \ldots \int_a^b f(x_1) f(x_2) \ldots f(x_n) (\Pi)^2 \, dx_1 \, dx_2 \ldots dx_n,$$

ce qui fait bien voir que, dans notre supposition concernant la fonction $f(x)$, Δ est positif et différent de zéro.

Conclusion. — Le problème posé conduit à un polynome $N(x)$ parfaitement déterminé pour toute valeur de n. Désignons ces polynomes pour $n = 1, 2, 3, \ldots$ par $N_1(x)$, $N_2(x)$, $N_3(x)$, ... Les conditions (1) qui ont servi à déterminer $N(x)$ font voir que

$$(5) \qquad \int_a^b f(x) \, N(x) \, T_{n-1}(x) \, dx = 0,$$

$T_{n-1}(x)$ étant un polynome de degré $n - 1$ au plus, d'ailleurs tout à fait arbitraire. On a donc aussi

$$(6) \qquad \int_a^b f(x)\,N_k(x)\,N_l(x)\,dx = 0$$

lorsque les indices k et l sont inégaux.

Proposition. — Les racines de l'équation

$$N(x) = 0$$

sont *réelles, inégales, comprises entre a et b.*

En effet, désignons par $x_1, x_2, \ldots, x_k$ toutes les racines réelles de cette équation qui sont comprises entre a et b. [Nécessairement k est au moins égal à 1, parce que $N(x)$ doit changer de signe entre a et b à cause de

$$\int_a^b f(x)\,N(x)\,dx = 0 \Big].$$

Posons

$$N(x) = (x - x_1)(x - x_2)\ldots(x - x_k)\,P(x);$$

$P(x)$ ne change point de signe entre a et b. Or, si $P(x)$ n'était pas simplement égal à l'unité, $(x - x_1)(x - x_2)\ldots(x - x_k)$ serait au plus du degré $n - 1$ et, d'après (5), on aurait

$$\int_a^b f(x)\,N(x)(x - x_1)(x - x_2)\ldots(x - x_k)\,dx = 0,$$

ce qui est impossible, parce que la fonction sous le signe $\int$ ne change point de signe.

Toutes les racines sont donc comprises entre a et b. Mais aussi, il ne saurait y en avoir d'égales. En effet, supposons

$$N(x) = (x - x_1)^2\,P(x),$$

$P(x)$ sera du degré $n - 2$; par conséquent

$$\int_a^b f(x)\,N(x)\,P(x)\,dx = 0,$$

ce qui est aussi impossible (de nouveau).

Application des résultats précédents à la quadrature mécanique. — Désignons par $x_1, x_2, \ldots, x_n$ les racines de $N(x) = 0$.

Soit $G(x)$ un polynome de degré $2n-1$ au plus, d'ailleurs parfaitement arbitraire. En divisant $G(x)$ par $N(x)$ on aura

$$G(x) = Q(x)\,N(x) + R(x), \tag{7}$$

le quotient $Q(x)$ et le reste $R(x)$ étant tous les deux de degré $n-1$ au plus.

Nous aurons donc, d'après (5),

$$\int_a^b f(x)\,G(x)\,dx = \int_a^b f(x)\,R(x)\,dx. \tag{8}$$

Maintenant, $R(x)$ étant du degré $n-1$, on a *identiquement*, d'après la formule d'interpolation

$$R(x) = \frac{N(x)}{(x-x_1)\,N'(x_1)}\,R(x_1) + \frac{N(x)}{(x-x_2)\,N'(x_2)}\,R(x_2) + \ldots + \frac{N(x)}{(x-x_n)\,N'(x_n)}\,R(x_n).$$

En posant donc

$$A_k = \frac{1}{N'(x_k)}\int_a^b f(x)\,\frac{N(x)}{x-x_k}\,dx, \tag{9}$$

A_k ne dépendant donc en aucune façon du polynome $G(x)$, l'équation (8) devient

$$\int_a^b f(x)\,G(x)\,dx = A_1 R(x_1) + A_2 R(x_2) + \ldots + A_n R(x_n),$$

mais, d'après (7),

$$R(x_1) = G(x_1), \qquad \ldots;$$

donc

$$\int_a^b f(x)\,G(x)\,dx = A_1 G(x_1) + A_2 G(x_2) + \ldots + A_n G(x_n). \tag{10}$$

Je crois qu'après ces développements tirés du *Traité des fonctions sphériques* de M. Heine, ma lettre précédente ne présentera plus d'obscurité. M. Heine ne nomme pas l'auteur de cette démonstration que $N(x)=0$ a toutes ses racines réelles, inégales, comprises entre a et b. Je crois me rappeler (un peu confusément) que Legendre est l'auteur de cette démonstration extrêmement ingénieuse dans le cas $f(x)=1$, $N(x)=X_n$. Mais j'aurai soin de m'en assurer (de m'assurer de cela).

J'ajoute encore la remarque suivante qui, certainement, n'est pas nouvelle pour vous, seulement pour indiquer la liaison de ces recherches avec la Note que vous avez bien voulu présenter à l'Académie en octobre 1883.

Comme on a

$$\int_a^b \frac{f(x)}{z-x}\,dx = \frac{1}{x}\int_a^b f(x)\,dx + \frac{1}{z^2}\int_a^b x f(x)\,dx + \frac{1}{z^3}\int_a^b x^2 f(x)\,dx + \ldots,$$

les équations (2) expriment aussi que, dans le développement de

$$N(z)\int_a^b \frac{f(x)}{z-x}\,dx$$

suivant les puissances descendantes de z, les termes en $\frac{1}{z}$, $\frac{1}{z^2}$, $\ldots$, $\frac{1}{z^n}$ manquent (1). $N(z)$ est donc le dénominateur de la réduite d'ordre n de la fraction continue

$$\int_a^b \frac{f(x)}{z-x}\,dx = \cfrac{\lambda_0}{z-\alpha_0-\cfrac{\lambda_1}{z-\alpha_1-\cfrac{\lambda_2}{z-\alpha_2-\cfrac{\lambda_3}{z-\alpha_3-\ldots}}}}$$

et l'on a

$$\begin{aligned}
N_0 &= 1,\\
N_1 &= z-\alpha_0,\\
N_2 &= (z-\alpha_1)N_1-\lambda_1 N_0,\\
N_3 &= (z-\alpha_2)N_2-\lambda_2 N_1, \qquad \ldots.
\end{aligned}$$

L'équation

$$(\alpha) \qquad N_{k+1} = (z-\alpha_k)N_k - \lambda_k N_{k-1}$$

donne, en multipliant par $N_k(z)f(z)\,dz$ et intégrant de a à b, à cause de (6),

$$(11) \qquad \alpha_k = \frac{\displaystyle\int_a^b z\,N_k(z)\,N_k(z)\,f(z)\,dz}{\displaystyle\int_a^b N_k(z)\,N_k(z)\,f(z)\,dz},$$

(1) *Note de l'auteur.* — C'est ainsi que M. Heine a posé le problème, Tome I, page 286, et qu'il arriva à ces équations (2).

d'où l'on voit immédiatement que α_k est compris entre a et b.

De même, en multipliant (α) par $N_{k-1}(z)f(z)\,dz$ et intégrant de a à b, on trouvera, à cause de (6) et de

$$zN_{k-1}(z) = N_k(z) + \text{polynome du degré } k-1,$$

$$(12) \qquad \lambda_k = \frac{\int_a^b N_k(z)\,N_k(z)\,f(z)\,dz}{\int_a^b N_{k-1}(z)\,N_{k-1}(z)\,f(z)\,dz}.$$

Donc λ_k est positif. J'avais démontré ces résultats d'une autre manière dans ma Note d'octobre 1883. Du reste, la fonction $f(z)$ étant donnée, ces équations (11) et (12) donnent un moyen régulier pour déterminer de proche en proche toutes les constantes α, λ de la fraction continue

$$\cfrac{\lambda_0}{x-\alpha_0-\cfrac{\lambda_1}{x-\alpha_1-\dots}}$$

on a d'abord

$$\lambda_0 = \int_a^b f(z)\,dz, \qquad \alpha_0 = \int_a^b z f(z)\,dz = \int_a^b f(z)\,dz.$$

Ayant trouvé α_0, $N_1(z)$ est connu, et les équations (11), (12 donnent α_1, λ_1 qui font connaître $N_2(z)$, ...

La théorie de M. Heine n'étant peut-être pas connue généralement en France, il sera bon probablement d'en donner un aperçu comme celui plus haut, dans mon Travail, quoique ce qui me reste propre devienne (devient) de cette manière peu signifiant, en regard de ce que j'emprunte à M. Heine.

J'avais démontré, dans ma Note d'octobre 1883, que la quadrature mécanique

$$A_1 G_1(x_1) + A_2 G_2(x_2) + \ldots + A_n G_n(x_n)$$

donne avec une approximation indéfinie

$$\int_a^b f(x)\,G(x)\,dx,$$

$G(x)$ étant continue et présentant un nombre fini de maxima et de minima. Et il est même facile de voir que cette dernière restriction est superflue et qu'il est suffisant que $G(x)$ soit continue.

Pour cela, il suffit de remarquer que $G(x)$ étant continue, et ε une quantité donnée aussi petite que l'on veut, il existe toujours une fonction continue $F(x)$ qui ne présente qu'un *nombre fini* de maxima et minima, et tel que $G(x) - F(x)$ reste inférieure à ε. [Ce nombre fini de maxima ou minima de $F(x)$ croît au delà de toute limite avec $\frac{1}{\varepsilon}$ lorsque $G(x)$ présente une infinité de maxima ou minima, mais cela est indifférent pour la question.]

Ce résultat d'octobre 1883, que la quadrature est applicable à toute fonction continue, a été pour moi la raison principale qui m'a fait croire [avant que j'eusse (j'avais) trouvé une démonstration] à la vérité de la proposition fondamentale de ma lettre précédente, et qui m'a fait chercher avec un peu d'obstination à (d'en) en obtenir une démonstration.

Cette lettre, Monsieur, est devenue trop longue pour parler encore de mon premier Travail et des (sur les) racines de l'équation $F(y) = 0$ et des transcendantes de Bessel....

Croyez-moi, avec les sentiments de profonde reconnaissance, votre très dévoué.

53. — *HERMITE A STIELTJES.*

Paris, 15 mai 1884.

MONSIEUR,

Votre lettre est parfaitement claire et explicite; elle m'a rappelé bien des choses dont le souvenir, s'il n'avait pas été en grande partie effacé, aurait arrêté les demandes d'explications que je vous ai faites. Vous trouverez, dans les Exercices de Calcul intégral de Legendre et j'ai, moi-même, donné autrefois, dans le cours de seconde année de l'École Polytechnique, la méthode si élégante et ingénieuse par laquelle vous démontrez que l'équation $N(x) = 0$ a ses racines toutes réelles et inégales. J'ai aussi donné dans mes leçons la théorie de Heine et de M. Tchevicheff du développement en fraction continue de l'intégrale $\int_a^b \frac{f(x)}{z-x}\,dx$ et, si je ne me trompe, ces choses sont assez généralement connues pour que vous puissiez vous borner à rappeler les résultats en renvoyant le lecteur au *Handbuch* de M. Heine. Je vous renouvelle l'expression de mon vif intérêt pour la question que vous avez heureusement et habilement traitée de la quadrature mécanique, avec une approximation indéfinie de l'intégrale $\int_a^b f(x)\,G(x)\,dx$, lorsque $G(x)$ est continue, même en admettant un nombre infini de maxima et de minima. Mais permettez-moi de vous demander de ne point laisser de côté les résultats si intéressants que vous avez découverts sur la valeur approchée des racines et des multiplicateurs dans la formule de Gauss. Je ne vois absolument pas par quelle voie vous êtes parvenu à établir une dépendance entre les racines de l'équation $X_n = 0$ et celles de la transcendante de Bessel, ni surtout comment vous obtenez la valeur approchée des racines de cette transcendante qui ont été l'objet des recherches de M. Boussinesq.

Toutes ces découvertes portent témoignage de la rare pénétration et de l'activité de votre esprit, et ce que vous voudrez bien en donner pour être publié dans les *Annales de l'École Normale* sera accueilli avec empressement. En attendant que vous reveniez à l'Arithmétique à laquelle, moi aussi, je ne puis consacrer le temps que je voudrais, à cause de mes devoirs, je prends la liberté de vous énoncer un petit résultat recueilli comme d'aventure. Il concerne le nombre m des points dont les coordonnées sont des entiers et qui sont contenus à l'intérieur ou sur la circonférence de l'ellipse $Ax^2 + By^2 = M$. En posant

$$p = E\left(\sqrt{\frac{M}{2A}}\right), \qquad P = E\left(\sqrt{\frac{M}{A}}\right),$$

$$q = E\left(\sqrt{\frac{M}{2B}}\right), \qquad Q = E\left(\sqrt{\frac{M}{B}}\right),$$

j'obtiens la formule

$$m = 1 + 4pq + 4S + 4S_1,$$

et l'on a :

$$S = \sum E\left(\sqrt{\frac{M - Ax^2}{B}}\right),$$
$$x = p+1,\ p+2,\ \ldots,\ P.$$

puis

$$S_1 = \sum E\left(\sqrt{\frac{M - By^2}{A}}\right).$$
$$y = q+1,\ q+2,\ \ldots,\ Q.$$

On est ramené, dans le cas de $A = B$, à un théorème de Gauss dont j'ai trouvé l'énoncé dans le Tome II de ses œuvres complètes.

Avec la plus haute assurance de ma plus haute estime et de mes sentiments bien dévoués.

54. — *STIELTJES A HERMITE.*

Leyde, 16 mai 1884.

Monsieur,

Je suis complètement enfoncé, en ce moment, dans des calculs numériques : déterminations du temps, azimuts du soleil, réductions d'observations pour déterminer la déclinaison magnétique... et, pour quelques mois, il m'est défendu de m'arracher à (de) ces calculs, et je vais répondre seulement à un point nommé dans votre lettre. J'ai déjà envoyé à M. Tisserand un Mémoire sur les quadratures mécaniques; mais il m'aurait été bien difficile de donner là mes premières recherches sur les valeurs approchées des A_k etc, dans la quadrature de Gauss.

Voici le chemin bien simple que j'avais suivi pour obtenir les racines des transcendantes de Bessel,

$$J_0(z) = 1 - \frac{z^2}{2^2} + \frac{z^4}{2^2.4^2} - \frac{z^6}{2^2.4^2.6^2} + \ldots,$$

$$J_1(z) = \frac{z}{2} - \frac{z^3}{2^2.4} + \frac{z^5}{2^2.4^2.6} - \frac{z^7}{2^2.4^2.6^2.8} + \ldots = -\frac{dJ_0(z)}{dz};$$

Hansen a donné les séries semi-convergentes

$$\begin{aligned} J_0(z) = {} & \sqrt{\frac{2}{\pi z}} \cos\left(z - \frac{\pi}{4}\right) \left(1 - \frac{1^2.3^2}{8.16} z^{-2} + \frac{1^2.3^2.5^2.7^2}{8.16.24.32} z^{-4} - \ldots\right) \\ & + \sqrt{\frac{2}{\pi z}} \sin\left(z - \frac{\pi}{4}\right) \left(\frac{1}{8} z^{-1} - \frac{1^2.3^2.5^2}{8.16.24} z^{-3} + \frac{1^2.3^2.5^2.7^2.9^2}{8.16.24.32.40} z^{-5} - \ldots\right), \end{aligned}$$

$$\begin{aligned} J_1(z) = {} & \sqrt{\frac{2}{\pi z}} \sin\left(z - \frac{\pi}{4}\right) \left(1 + \frac{3.5.1}{8.16} z^{-2} - \frac{3.5.7.9.1.3.5}{8.16.24.32} z^{-4} + \ldots\right) \\ & + \sqrt{\frac{2}{\pi z}} \cos\left(z - \frac{\pi}{4}\right) \left(\frac{3}{8} z^{-1} - \frac{3.5.7.1.3}{8.16.24} z^{-3} + \frac{3.5.7.9.11.1.3.5.7}{8.16.24.32.40} z^{-5} - \ldots\right), \end{aligned}$$

Soit $t = \left(k - \frac{1}{4}\right)\pi$ une valeur approchée d'une racine de

$J_0(z) = 0$; alors j'ai supposé cette racine développée ainsi :

$$t + \frac{\lambda_1}{t} + \frac{\lambda_3}{t^3} + \frac{\lambda_5}{t^5} + \ldots$$

La substitution de cette expression dans celle de $J_0(z)$ écrite plus haut donnera, en développant suivant les puissances de t^{-1}, le moyen de déterminer $\lambda_1, \lambda_3, \ldots$; je trouve

$$\lambda_1 = \frac{1}{8}, \qquad \lambda_3 = -\frac{31}{384}, \qquad \lambda_5 = \frac{152917}{3.5.2^{17}},$$

donc

(1) $$z_k = t + \frac{1}{8}t^{-1} - \frac{31}{384}t^{-3} + \frac{152917}{3.5.2^{17}}t^{-5}\ldots$$

L'expression de M. Boussinesq

$$8z_k = (4k-1)\pi + \sqrt{(4k-1)^2\pi^2 + 8}$$

devient, par l'introduction de

$$t = \left(k - \frac{1}{4}\right)\pi, \qquad z_k = \frac{1}{2}t + \sqrt{\frac{1}{4}t^2 + \frac{1}{8}}$$

ou bien

$$t + \frac{1}{8}t^{-1} - \frac{1}{64}t^{-3},$$

elle donne donc des valeurs trop fortes, comme l'a remarqué aussi M. Boussinesq.

On peut suivre la même méthode pour les racines de $J_1(z) = 0$ (calculées par M. de Saint-Venant) en posant $t = \left(k + \frac{1}{4}\right)\pi$; je trouve

(2) $$z_k = t - \frac{3}{8}t^{-1} + \frac{3}{128}t^{-3}\ldots$$

je n'ai pas calculé le terme en (avec) t^{-5}.

L'expression de M. Boussinesq

$$8z_k = (4k+1)\pi + \sqrt{(4k+1)^2\pi^2 - 24}$$

devient, par l'introduction de t,

$$\frac{1}{2}t + \sqrt{\frac{1}{4}t^2 - \frac{3}{8}}$$

ou bien

$$t - \frac{3}{8}t^{-1} - \frac{9}{64}t^{-3},$$

elle donne donc des valeurs trop faibles.

Mais voici qu'un ami, qui s'intéresse beaucoup (de) à la Physique mathématique, vient de m'informer, un de ces derniers jours, que ma méthode n'est pas nouvelle.

Et, en effet, dans les *Comptes rendus de l'Académie de Berlin* du 26 avril 1883 (p. 522), M. Kirchhoff fait usage de l'expression suivante (dans ma notation) :

$$(2') \qquad z_k : \pi = k + \frac{1}{4} - \frac{0,151982}{4k+1} + \frac{0,015399}{(4k+1)^3} - \frac{0,245835}{(4k+1)^5} + \ldots,$$

ce qui n'est autre chose que la formule (2) mise en nombres et complétée par le terme en t^{-5}. M. Kirchhoff dit que c'est une formule due à M. Stokes, qu'il a empruntée au *Theory of sound* de M. Rayleigh, vol. I, p. 273. Peut-être M. Stokes ne l'a pas publiée ailleurs...; je n'ai point vu le livre de M. Rayleigh.

Je vous remercie beaucoup, Monsieur, pour votre jolie formule arithmétique; mais, pour le moment, il m'est interdit de faire de l'Arithmétique.

C'est avec une profonde reconnaissance que je suis toujours votre bien dévoué.

P. S. — Dans le Tome LVI du *Journal de Borchardt*, M. Lipschitz a donné une démonstration rigoureuse des développements semi-convergents de Hansen.

55. — *HERMITE A STIELTJES.*

Paris, 9 juin 1884.

MONSIEUR,

Je viens d'apprendre que vous avez été honoré, par le Sénat académique, du titre de Docteur en Mathématiques et en Astronomie. J'espère que cette distinction est d'un bon augure et présage que, bientôt, vous obtiendrez une situation digne de votre beau talent et de vos travaux. A mes félicitations je joins des excuses de vous avoir fait attendre ma réponse à votre dernière lettre, et je vous les dois d'autant plus que vos renseignements au sujet de la fonction $J(x)$ de Bessel m'ont rendu un grand service. Le Mémoire de M. Lipschitz, que vous avez eu la bonté de m'indiquer dans le Tome 56 du *Journal de Crelle,* est très important et très beau. Il ressemble à ce que Cauchy a fait, avec tant de succès, pour le développement de $\log\Gamma(x)$ en série semi-convergente, et, ayant eu l'occasion d'écrire, à propos d'Arithmétique, à l'auteur, je me suis donné le plaisir de lui en faire mes compliments. Laissant l'Arithmétique, à laquelle une autre fois je reviendrai, quand je serai délivré de leçons et d'examens à la Sorbonne, je viens vous demander si votre méthode, qui m'a extrêmement plu, pour développer en série les racines de $J(x) = 0$, s'appliquerait encore à l'équation $X_n = 0$ en partant de l'expression de Laplace

$$X_n = \sqrt{\frac{2}{n\pi\sin\theta}}\cos\left(n\theta + \frac{\theta}{2} - \frac{\pi}{4}\right),$$

où $x = \cos\theta$. Je suppose que non, mais avec doute; en tout cas, je prends la liberté de vous conseiller de faire un article où vous développeriez ce que vous m'avez écrit sur la détermination approchée des racines de cette équation.

Avec mes félicitations pour votre nouveau titre, je vous renouvelle, Monsieur, l'expression de ma plus haute estime et celle de mes sentiments bien dévoués.

56. — *STIELTJES A HERMITE.*

Leyde, 27 juin 1884.

Monsieur,

Veuillez bien me pardonner d'avoir ajourné trop longtemps de vous remercier pour votre dernière lettre, ce que j'aurais dû faire d'autant plus que je ne doute point que c'est surtout à l'intérêt que vous avez bien voulu montrer pour moi que je dois la distinction que le Sénat académique m'a accordée.

Je ne suis point en état de vous donner une réponse satisfaisante, concernant les racines de $X_n = 0$ en partant de

$$X_n = \sqrt{\frac{2}{n\pi \sin\theta}} \cos\left[\left(n + \frac{1}{2}\right)\theta - \frac{\pi}{4}\right].$$

J'avais seulement remarqué que, dans la valeur approchée de la racine qu'elle donne

$$x_k = \cos\frac{(4k-1)\pi}{4n+1} + \varepsilon \qquad (k = 1, 2, \ldots, n),$$

ε est de l'ordre (de) $\frac{1}{n^2}$. En tenant compte des termes en $\frac{1}{n^2}$, on obtient la valeur plus approchée

$$x_k = \left[1 - \frac{1}{2(2n+1)^2}\right] \cos\frac{(4k-1)\pi}{4n+2} + \varepsilon'.$$

Dans cette expression, on a $n^2\varepsilon' = 0$ pour $n = \infty$, *en supposant toutefois que le rapport* $\frac{k}{n}$ *reste fini et différent de zéro ou de l'unité*. Mais je n'ai pas poussé plus loin les approximations; il semble que les termes suivants deviennent assez compliqués; ils doivent contenir $\sin\frac{(4k-1)\pi}{4n+2}$, $\cos\frac{(4k-1)\pi}{4n+2}$. Je crois entrevoir que tous ces termes deviennent de l'ordre (de) $\frac{1}{n^2}$ en posant $k = 1, 2, \ldots$, en sorte que la formule générale serait

$$F : (2n+1)^k \left[\sin\frac{(4k-1)\pi}{4n+2}\right]^{k-2},$$

F étant une fonction rationnelle et entière en $\begin{matrix}\sin\\ \cos\end{matrix}\frac{(4k-1)\pi}{4n+2}$.

Peut-être je reviendrai encore sur ce sujet et, s'il m'arrive (à) d'obtenir quelque résultat net, j'en ferai un petit article.

En étudiant, autrefois, le Mémoire de Lagrange : *Sur l'usage des fractions continues dans le Calcul intégral* (*Œuvres*, t. IV, p. 301), j'avais remarqué qu'en appliquant la méthode de Lagrange à l'équation non linéaire

$$x(1-x)\frac{dy}{dx} + \gamma y + (\beta - \alpha)xy + \frac{\beta(\alpha-\gamma)}{\gamma}xy^2 - \gamma = 0,$$

c'est-à-dire en développant une solution particulière en fraction continue, on est amené à la fraction continue que Gauss a donnée pour

$$\frac{\mathfrak{F}(\alpha, \beta+1, \gamma+1, x)}{\mathfrak{F}(\alpha, \beta, \gamma, x)}.$$

En posant $y = \frac{1}{z}$,

$$z_1 = \frac{\mathfrak{F}(\alpha, \beta, \gamma, x)}{\mathfrak{F}(\alpha, \beta+1, \gamma+1, x)}$$

est donc une solution particulière de

$$(1) \qquad x(1-x)\frac{dz}{dx} - \gamma z(1-z) + (\alpha-\beta)xz - \frac{\beta(\alpha-\gamma)}{\gamma}x = 0,$$

et l'on trouve encore facilement cette autre solution

$$z_2 = \frac{\beta(\alpha-\gamma)}{\gamma(1-\gamma)}x\frac{\mathfrak{F}(1-\alpha, 1-\beta, 2-\gamma, x)}{\mathfrak{F}(1-\alpha, -\beta, 1-\gamma, x)}.$$

En me rappelant cette remarque, j'ai obtenu maintenant l'intégrale générale.

Guidé par les résultats obtenus par Lagrange, j'ai supposé que l'intégrale générale serait

$$\frac{A\mathfrak{F}(\alpha, \beta, \gamma, x) + B\beta(\alpha-\gamma)xu\mathfrak{F}(1-\alpha, 1-\beta, 2-\gamma, x)}{A\mathfrak{F}(\alpha, \beta+1, \gamma+1, x) + B\gamma(1-\gamma)u\mathfrak{F}(1-\alpha, -\beta, 1-\gamma, x)}$$

avec la constante arbitraire A:B, en sorte qu'on obtient z_1 et z_2 en posant $B = 0$ ou $A = 0$, u étant une fonction de x qu'il faut encore déterminer.

Or, en posant

$$p = A\mathfrak{F}(\alpha, \beta, \gamma, x) + B\beta(\alpha-\gamma)xu\mathfrak{F}(1-\alpha, 1-\beta, 2-\gamma, x),$$
$$q = A\mathfrak{F}(\alpha, \beta+1, \gamma+1, x) + B\gamma(1-\gamma)u\mathfrak{F}(1-\alpha, -\beta, 1-\gamma, x),$$

j'ai trouvé (¹) qu'en déterminant u par

$$x(1-x)\frac{1}{u}\frac{du}{dx} = (\alpha+\beta)x - \gamma,$$

c'est-à-dire en prenant

$$u = x^{-\gamma}(1-x)^{\gamma-\alpha-\beta},$$

(¹) A l'aide des relations entre les formules contiguës de Gauss. (*Note de l'auteur.*)

on a

$$\frac{dp}{dx} = \frac{\beta}{1-x}\,p - \frac{\beta(\gamma-\alpha)}{\gamma}\,\frac{q}{1-x},$$
$$\frac{dq}{dx} = \frac{\gamma}{x(1-x)}\,p - \frac{\gamma-\alpha x}{x(1-x)}\,q,$$

d'où l'on tire

$$\frac{1}{q^2}\left(q\frac{dp}{dx} - p\frac{dq}{dx}\right) = \frac{1}{x(1-x)}\left[\gamma\frac{p}{q}\left(1-\frac{p}{q}\right) - (\alpha-\beta)\,x\,\frac{p}{q} + \frac{\beta(\alpha-\gamma)}{\gamma}\,x\right],$$

en sorte qu'on trouve, pour $\frac{p}{q} = z$, l'équation (1) dont l'intégrale générale est par conséquent

$$(1')\qquad \frac{A\,\mathfrak{F}(\alpha,\,\beta,\,\gamma,\,x) + B\,\beta(\alpha-\gamma)\,x^{1-\gamma}(1-x)^{\gamma-\alpha-\beta}\,\mathfrak{F}(1-\alpha,\,1-\beta,\,2-\gamma,\,x)}{A\,\mathfrak{F}(\alpha,\,\beta+1,\,\gamma+1,\,x) + B\,\gamma(1-\gamma)\,x^{-\gamma}(1-x)^{\gamma-\alpha-\beta}\,\mathfrak{F}(1-\alpha,\,-\beta,\,1-\gamma,\,x)}.$$

En remplaçant x par $\frac{x}{\alpha}$ et prenant $\alpha = \infty$, on trouve

$$(2)\qquad x\frac{dz}{dx} - \gamma z(1-z) + xz - \frac{\beta}{\gamma}\,x = 0$$

avec

$$(2')\quad z = \frac{A\,\mathfrak{F}\left(\alpha,\beta,\gamma,\frac{x}{\alpha}\right)_{\alpha=\infty} + B\,\beta\,x^{1-\gamma}e^{x}\,\mathfrak{F}\left(1-\alpha,\,1-\beta,\,2-\gamma,\,\frac{x}{\alpha}\right)_{\alpha=\infty}}{A\,\mathfrak{F}\left(\alpha,\beta+1,\gamma+1,\frac{x}{\alpha}\right)_{\alpha=\infty} + B\,\gamma(1-\gamma)\,x^{-\gamma}e^{x}\,\mathfrak{F}\left(1-\alpha,\,-\beta,\,1-\gamma,\,\frac{x}{\alpha}\right)_{\alpha=\infty}}$$

En remplaçant x par $\frac{x}{\alpha\beta}$, en prenant $\alpha = \infty$, $\beta = \infty$, on trouve encore

$$(3)\qquad x\frac{dz}{dx} - \gamma z(1-z) - \frac{1}{\gamma}\,x = 0,$$

avec l'intégrale

$$(3')\quad z = \frac{A\,\mathfrak{F}\left(\alpha,\,\beta,\,\gamma,\,\frac{x}{\alpha\beta}\right) + B\,x^{1-\gamma}\,\mathfrak{F}\left(1-\alpha,\,1-\beta,\,2-\gamma,\,\frac{x}{\alpha\beta}\right)}{A\,\mathfrak{F}\left(\alpha,\,\beta+1,\,\gamma+1,\,\frac{x}{\alpha\beta}\right) + B\,\gamma(1-\gamma)\,x^{-\gamma}\,\mathfrak{F}\left(1-\alpha,\,-\beta,\,1-\gamma,\,\frac{x}{\alpha\beta}\right)}\qquad \begin{matrix}(\alpha=\infty)\\(\beta=\infty)\end{matrix}$$

Enfin, remplaçons x par $\frac{x}{\beta}$ et prenons $\beta = \infty$,

$$(2_a)\qquad x\frac{dz}{dx} - \gamma z(1-z) - xz - \frac{\alpha-\gamma}{\gamma}\,x = 0,$$

$$(2'_a)\quad z = \frac{A\,\mathfrak{F}\left(\alpha,\,\beta,\,\gamma,\,\frac{x}{\beta}\right) + B(\alpha-\gamma)\,x^{1-\gamma}e^{x}\,\mathfrak{F}\left(1-\alpha,\,1-\beta,\,2-\gamma,\,\frac{x}{\beta}\right)}{A\,\mathfrak{F}\left(\alpha,\beta+1,\,\gamma+1,\,\frac{x}{\beta}\right) + B\,\gamma(1-\gamma)\,x^{-\gamma}e^{x}\,\mathfrak{F}\left(1-\alpha,\,-\beta,\,1-\gamma,\,\frac{x}{\beta}\right)}\qquad (\beta=\infty)$$

Mais ces équations ne diffèrent pas réellement de (2) et de (2′) comme on le voit en changeant x en $-x$ et remarquant que

$$\mathfrak{F}(\alpha, \beta, \gamma, x) = (1-x)^{\gamma-\alpha-\beta}\mathfrak{F}(\gamma-\alpha, \gamma-\beta, \gamma, x)$$

donne

$$\mathfrak{F}\left(\varpi, \beta, \gamma, \frac{x}{\varpi}\right) = e^x\mathfrak{F}\left(-\varpi, \gamma-\beta, \gamma, \frac{x}{\varpi}\right)$$

pour $\varpi = \infty$.

Veuillez bien agréer de nouveau, Monsieur, l'assurance de ma reconnaissance et de mes sentiments bien dévoués.

57. — *STIELTJES A HERMITE.*

Leyde, 28 juin 1884.

Monsieur,

Permettez-moi de compléter encore l'étude de l'équation différentielle de ma lettre d'hier.

En posant

$$\mathfrak{P} = \mathfrak{F}(\alpha, \beta, \gamma, x),$$
$$\mathfrak{Q} = \beta(\alpha-\gamma)\,x^{1-\gamma}(1-x)^{\gamma-\alpha-\beta}\mathfrak{F}(1-\alpha, 1-\beta, 2-\gamma, x),$$
$$\mathfrak{P}_1 = \mathfrak{F}(\alpha, \beta+1, \gamma+1, x),$$
$$\mathfrak{Q}_1 = \gamma(1-\gamma)\,x^{-\gamma}(1-x)^{\gamma-\alpha-\beta}\mathfrak{F}(1-\alpha, -\beta, 1-\gamma, x),$$

l'équation différentielle

$$(1)\qquad x(1-x)\frac{dz}{dx} - \gamma z(1-z) + (\alpha-\beta)\,xz - \frac{\beta(\alpha-\gamma)}{\gamma}x = 0$$

admet l'intégrale générale

$$(1')\qquad z = \frac{A\mathfrak{P} + B\mathfrak{Q}}{A\mathfrak{P}_1 + B\mathfrak{Q}_1},$$

$\mathfrak{P}$ et $\mathfrak{Q}$ sont deux intégrales particulières de

$$(x-x^2)\frac{d^2y}{dx^2} + [\gamma-(\alpha+\beta+1)\,x]\frac{dy}{dx} - \alpha\beta y = 0,$$

tandis que $\mathfrak{P}_1$ et $\mathfrak{Q}_1$ satisfont à

$$(x-x^2)\frac{d^2y}{dx^2} + [\gamma+1-(\alpha+\beta+2)\,x]\frac{dy}{dx} - \alpha(\beta+1)y = 0.$$

Les valeurs de $\mathfrak{Q}$ et $\mathfrak{Q}_1$ peuvent se mettre sous la forme

$$\mathfrak{Q} = \beta(\alpha-\gamma)x^{1-\gamma}\mathfrak{F}(\alpha-\gamma+1,\ \beta-\gamma+1,\ 2-\gamma,\ x),$$
$$\mathfrak{Q}_1 = \gamma(1-\gamma)x^{-\gamma}\mathfrak{F}(\alpha-\gamma,\ \beta-\gamma+1,\ 1-\gamma,\ x).$$

Posons maintenant

$$z = \frac{x(1-x)}{\gamma w}\,\frac{dw}{dx} \qquad \text{ou} \qquad w = e^{\int \frac{\gamma z\,dx}{x(1-x)}}.$$

L'équation (1) se change dans l'équation linéaire

$$(2)\quad x(1-x)^2\frac{d^2 w}{dx^2} + (1-x)[1-\gamma+(\alpha-\beta-2)x]\frac{dw}{dx} - \beta(\alpha-\gamma)w = 0$$

et nous arrivons à cette conclusion :

L'intégrale générale de l'équation linéaire (2) est :

$$(3)\qquad w = \mathfrak{C}e^{\int \frac{\gamma\mathfrak{P}}{x(1-x)\mathfrak{P}_1}dx} + \mathfrak{D}e^{\int \frac{\gamma\mathfrak{Q}}{x(1-x)\mathfrak{Q}_1}dx},$$

et cette intégrale peut se mettre toujours sous la forme

$$(3')\qquad w = \mathfrak{M}\,e^{\int \frac{\gamma\,dx}{x(1-x)}\,\frac{A\mathfrak{P}+B\mathfrak{Q}}{A\mathfrak{P}_1+B\mathfrak{Q}_1}}.$$

Supposons la forme (3), c'est-à-dire $\mathfrak{C}$ et $\mathfrak{D}$ connus et tâchons d'en déduire le rapport $\frac{A}{B}$.

Soit

$$u = \mathfrak{C}e^{\int \frac{\gamma\mathfrak{P}}{x(1-x)\mathfrak{P}_1}dx}, \qquad v = \mathfrak{D}e^{\int \frac{\gamma\mathfrak{Q}}{x(1-x)\mathfrak{Q}_1}dx}.$$

En égalant le second membre de (3′) à $u+v$, différentiant et combinant avec (3′), on trouve sans peine

$$(4)\qquad \frac{A}{B} = \frac{u}{\mathfrak{P}_1} : \frac{v}{\mathfrak{Q}_1}.$$

La fonction (qui figure) dans le second membre doit donc être une constante, ce qui exprime une propriété des deux solutions particulières u et v facile à vérifier.

La différentielle logarithmique de (4) donne, en effet,

$$\frac{\gamma}{x(1-x)}\left(\frac{\mathfrak{P}}{\mathfrak{P}_1} - \frac{\mathfrak{Q}}{\mathfrak{Q}_1}\right) = \frac{\mathfrak{P}'_1}{\mathfrak{P}_1} - \frac{\mathfrak{Q}'_1}{\mathfrak{Q}_1},$$

$$\frac{\gamma}{x(1-x)}(\mathfrak{P}\mathfrak{Q}_1 - \mathfrak{Q}\mathfrak{P}_1) = (\mathfrak{P}'_1\mathfrak{Q}_1 - \mathfrak{P}_1\mathfrak{Q}'_1),$$

$\mathfrak{P}_1$ et $\mathfrak{Q}_1$ étant des solutions particulières d'une *même* équation linéaire du second ordre, on trouve

$$\mathfrak{P}'_1\mathfrak{Q}_1 - \mathfrak{P}_1\mathfrak{Q}'_1 = \gamma x^{-1-\gamma}(1-x)^{\gamma-\alpha-\beta-1}\gamma(1-\gamma)$$

[*Œuvres de Gauss*, t. III, p. 222, formule (94)].
On devra donc avoir (avoir donc) :

$$\mathfrak{P}\mathfrak{Q}_1 - \mathfrak{P}_1\mathfrak{Q} = \gamma(1-\gamma)x^{-\gamma}(1-x)^{\gamma-\alpha-\beta},$$

ce qui revient à

$$(5)\quad \mathfrak{F}(\alpha, \beta, \gamma, x)\,\mathfrak{F}(1-\alpha, -\beta, 1-\gamma, x) - \frac{\beta(\alpha-\gamma)}{\gamma(1-\gamma)}x\,\mathfrak{F}(\alpha, \beta+1, \gamma+1, x)\,\mathfrak{F}(1-\alpha\;1, -\beta, 2-\gamma, x) = 1.$$

C'est une relation qu'on ne trouve point explicitement dans le Mémoire de Gauss; mais la formule (99) (p. 223)

$$(1-x)\,\mathfrak{F}(\alpha, \beta, \gamma, x)\,\mathfrak{F}(1-\alpha, 1-\beta, 1-\gamma, x) - \frac{(\gamma-\alpha)(\gamma-\beta)}{\gamma(1-\gamma)}x\,\mathfrak{F}(\alpha, \beta, \gamma+1, x)\,\mathfrak{F}(1-\alpha, 1-\beta, 2-\gamma, x) = 1$$

donne, en transformant les quatre fonctions $\mathfrak{F}$ à l'aide de

$$\mathfrak{F}(\alpha, \beta, \gamma, x) = (1-x)^{-\alpha}\,\mathfrak{F}(\alpha, \gamma-\beta, \gamma, y), \qquad y = -\frac{x}{1-x},$$

$$1 = \mathfrak{F}(\alpha, \gamma-\beta, \gamma, y)\,\mathfrak{F}(1-\alpha, \beta-\gamma, 1-\gamma, y) + \frac{(\gamma-\alpha)(\gamma-\beta)}{\gamma(1-\gamma)}y\,\mathfrak{F}(\alpha, \gamma+1-\beta, \gamma+1, y)\,\mathfrak{F}(1-\alpha, 1+\beta-\gamma, 2-\gamma, y).$$

En changeant β en $\gamma-\beta$, y en x, on trouve la relation (5).

Nous avons vérifié ainsi l'équivalence de ces deux formes (3) et (3') de l'intégrale générale. Cette réduction dépend de la propriété (4) [équivalente à (5)] des deux solutions particulières u et v. Je ne sais point si cette intégration de l'équation (2) est connue; j'ai vu seulement, dans le livre de M. Cayley sur les fonctions elliptiques (édition italienne de Brioschi, p. 228) que cet auteur a considéré les équations

$$3 + \left(k + \frac{1}{k}\right)Q - Q^2 + 3(1-k^2)\frac{dQ}{dk} = 0,$$

$$Q = -3(1-k^2)z\frac{dz}{dk},$$

$$3(1-k^2)\frac{d^2z}{dk^2} + \frac{1-5k^2}{k}\frac{dz}{dk} - \frac{1}{1-k^2}z = 0.$$

Mais, autant que je puis le voir, il ne semble pas avoir rencontré la forme analytique que je viens de trouver pour l'intégrale générale. Je dois ajouter que le *Messenger of Mathematics* n'est pas à ma disposition.

Veuillez bien accepter de nouveau l'assurance de mes sentiments dévoués.

58. — *STIELTJES A HERMITE.*

Leyde, 30 juin 1884.

MONSIEUR,

Permettez-moi de revenir encore, pour une dernière fois, sur le sujet de ma dernière lettre, parce que je viens de faire une remarque qui éclaircit une circonstance qui semble singulière.

En effet, j'avais trouvé que l'équation

$$(1)\quad x(1-x)\frac{d^2w}{dx^2}+[1-\gamma+(\alpha-\beta-2)x]\frac{dw}{dx}-\frac{\beta(\alpha-\gamma)}{1-x}w=0$$

admet deux intégrales particulières u et v telles que le rapport $\frac{u}{v}:\frac{\mathfrak{P}_1}{\mathfrak{Q}_1}$ est constant, $\mathfrak{P}_1$ et $\mathfrak{Q}_1$ étant deux intégrales particulières de

$$(2)\quad x(1-x)\frac{d^2y}{dx^2}+[\gamma+1-(\alpha+\beta+2)x]\frac{dy}{dx}-\alpha(\beta+1)y=0.$$

La raison bien simple de cette circonstance est qu'on passe de (1) à (2) par

$$w=x^{\gamma}(1-x)^{\alpha-\gamma}y;$$

on en conclut à cause de

$$y=\mathcal{A}\mathfrak{F}(\alpha,\ \beta+1,\ \gamma+1,\ x)+\mathcal{B}x^{-\gamma}\mathfrak{F}(\alpha-\gamma,\ \beta+1-\gamma,\ 1-\gamma,\ x),$$

$$\begin{aligned}w=&\ \mathcal{A}(1-x)^{\alpha-\gamma}\mathfrak{F}(\alpha-\gamma,\ \beta+1-\gamma,\ 1-\gamma,\ x)\\&+\mathcal{B}x^{\gamma}(1-x)^{\alpha-\gamma}\mathfrak{F}(\alpha,\ \beta+1,\ \gamma+1,\ x)\end{aligned}$$

ou bien

$$\begin{aligned}w=&\ \mathcal{A}(1-x)^{-\beta}\mathfrak{F}(1-\alpha,\ -\beta,\ 1-\gamma,\ x)\\&+\mathcal{B}x^{\gamma}(1-x)^{\alpha-\gamma}\mathfrak{F}(\alpha,\ \beta+1,\ \gamma+1,\ x).\end{aligned}$$

La comparaison avec l'autre forme de l'intégrale obtenue donne :

$$(3) \qquad (1-x)^{-\beta}\mathfrak{F}(1-\alpha, -\beta, 1-\gamma, x) = \mathfrak{C} e^{\int \frac{\gamma dx}{x(1-x)}} \frac{\mathfrak{Q}}{\mathfrak{Q}_1},$$

$$(4) \qquad x^{\gamma}(1-x)^{\alpha-\gamma}\mathfrak{F}(\alpha, \beta+1, \gamma+1, x) = \mathfrak{C} e^{\int \frac{\gamma dx}{x(1-x)}} \frac{\mathfrak{P}}{\mathfrak{P}_1}.$$

Les seules choses que j'aie obtenues, à proprement dire, sont donc ces deux identités (3) et (4) faciles à vérifier d'ailleurs par différentiation logarithmique. Je rappelle

$$\begin{aligned}
\mathfrak{P} &= \mathfrak{F}(\alpha, \beta, \gamma, x),\\
\mathfrak{Q} &= \beta(\alpha-\gamma)\, x^{1-\gamma}(1-x)^{\gamma-\alpha-\beta}\mathfrak{F}(1-\alpha, 1-\beta, 2-\gamma, x),\\
\mathfrak{P}_1 &= \mathfrak{F}(\alpha, \beta+1, \gamma+1, x),\\
\mathfrak{Q}_1 &= \gamma(1-\gamma)\, x^{-\gamma}(1-x)^{\gamma-\alpha-\beta}\mathfrak{F}(1-\alpha, -\beta, 1-\gamma, x),
\end{aligned}$$

on retombe ainsi sur deux relations identiques entre trois fonctions $\mathfrak{F}$. En considérant le cas particulier traité par M. Cayley, j'ai obtenu cette relation :

$$\sin \operatorname{am}^2 \frac{2K}{3} = \frac{3}{4}\, \frac{\mathfrak{F}\left(\frac{1}{6}, \frac{5}{6}, \frac{5}{3}, k^2\right)}{\mathfrak{F}\left(\frac{1}{6}, -\frac{1}{6}, \frac{2}{3}, k^2\right)}.$$

Donc

$$\sin \operatorname{am}^2 \frac{2K}{3} = \cfrac{\frac{3}{4}}{1 - \cfrac{\frac{1.1}{2.4}k^2}{1 - \cfrac{\frac{1.9}{2.16}k^2}{1 - \cfrac{\frac{1.7}{2.16}k^2}{1 - \cfrac{\frac{1.15}{2.28}k^2}{1 - \cfrac{\frac{1.13}{2.28}k^2}{1 - \cfrac{\frac{1.21}{2.40}k^2}{1 - \dots}}}}}}}$$

Posant $k^2 = \frac{1}{2}$, j'avais trouvé antérieurement

$$\operatorname{am} \frac{2K}{3} = 64^{\circ}11'16'',59,$$

$$\log \sin = 9{,}954\,3521, \qquad \log \sin^2 = 9{,}908\,7042;$$

la fraction continue m'a donné

$$\log \sin^2 = 9{,}908\,7043.$$

D'après les règles de M. Schwarz, $\mathfrak{F}\left(\frac{1}{6}, \frac{5}{6}, \frac{5}{3}, k^2\right)$ et $\mathfrak{F}\left(\frac{1}{6}, -\frac{1}{6}, \frac{2}{3}, k^2\right)$ sont toutes les deux fonctions *algébriques* de k. Leur rapport l'est donc aussi, comme nous le voyons aussi par la valeur $\sin^2 \operatorname{am} \frac{2K}{3}$.

Je crains bien, Monsieur, d'avoir demandé trop de votre indulgence, mais ce résultat $\frac{u}{v} : \frac{\mathfrak{P}_1}{\mathfrak{Q}_1} = \text{const.}$ me sembla bien singulier avant que j'en aie (avais) aperçu la raison si simple.

Votre très dévoué.

P. S. — Voici une des formules les plus remarquables auxquelles (à laquelle) j'ai été amené (comme expression d'un théorème d'Arithmétique) :

$$
\begin{aligned}
(q^1 + q^9 + q^{25} + q^{49} + \ldots)&(1 - 2q^{8.1} + 2q^{8.4} - 2q^{8.9} + \ldots) \\
= \ & q^1 \\
& - q^9 \\
& + q^{25}(1 - 2q^{-8.1}) \\
& - q^{49}(1 - 2q^{-8.1}) \\
& + q^{81}(1 - 2q^{-8.1} + 2q^{-8.4}) \\
& - q^{121}(1 - 2q^{-8.1} + 2q^{-8.4}) \\
& \ldots\ldots\ldots\ldots\ldots\ldots\ldots\ldots \\
& + q^{(4n+1)^2}(1 - 2q^{-8.1^2} + 2q^{-8.2^2} \ldots \pm 2q^{-8n^2}) \\
& - q^{(4n+3)^2}(1 - 2q^{-8.1^2} + 2q^{-8.2^2} \ldots \pm 2q^{-8n^2}).
\end{aligned}
$$

59. — *HERMITE A STIELTJES.*

Flanville (Lorraine), 2 juillet 1884.

Monsieur,

J'entrevois bien des difficultés au sujet de l'expression approchée des racines de $X_n = 0$ par la formule $x_k = \cos \frac{4k-1}{4n+2}\pi + \varepsilon$. Je n'ai point réussi à voir de quelle manière vous parvenez à la forme élégante $x_k = \left(1 - \frac{1}{2(2n+1)^2}\right) \cos \frac{4k-1}{4n+2}\pi$, et je crains bien maintenant de vous avoir engagé, en vous proposant cette question, dans une de ces voies où les difficultés sont trop grandes pour le but à atteindre. Vous aurez plus de profit à suivre vos inspirations; les recherches que vous me communiquez sur l'équation

$$x(1-x)y' + \gamma y + (\beta - \alpha)xy + \frac{(\alpha-\gamma)\beta}{\gamma}xy^2 - \gamma = 0$$

sont très belles et je viens vous demander de les publier soit dans les *Comptes rendus*, et, en deux articles, vos lettres du 27 et du 28 juin dépasseraient l'étendue réglementaire, soit dans les *Annales de l'École Normale supérieure*. Peut-être y aurait-il quelque avantage pour vous à paraître dans ce Recueil, d'un accès beaucoup moins facile que les *Comptes rendus*, et qui vous donne droit à un tirage à part. M. Tisserand, à qui vous ferez grand plaisir en lui envoyant une nouvelle communication, m'a appris de vous, Monsieur, une circonstance qui m'a rappelé de désolants souvenirs de mon temps d'écolier. J'ai eu aussi les examens en horreur, et j'ai passé une année, étant élève de mathématiques spéciales, à lire à la bibliothèque Sainte-Geneviève les mémoires des collections académiques, les ouvrages d'Euler, etc. au lieu de me mettre en mesure de répondre sur les questions de géométrie, de statique, etc. M. X... m'avait pris en aversion et j'ai expié par un humiliant échec mes fantaisies d'écolier savant. Plus tard, je n'ai pu prendre sur moi de subir les examens de licence ès sciences mathématiques lorsque cela eût été bien nécessaire, et ces examens que je vais faire dans quelques jours en revenant à Paris et interrogeant sur mon Cours, je les passerais fort mal, car mes leçons faites, je les oublie. Je vous renouvelle mes félicitations au sujet du titre que vous avez reçu du Sénat académique et qui vous dispense des concours; vous avez mieux que cela à faire; au besoin, M. Tisserand et moi, nous nous en porterions garants.

En attendant, Monsieur, un mot de vous sur une carte postale, qui me fasse connaître vos intentions pour la publication de vos deux dernières lettres, je vous offre la nouvelle assurance de mes sentiments de haute estime et d'amitié.

Les quatre formules données par Jacobi, dans ses recherches sur la rotation pour les développements en séries simples de sinus et cosinus des quantités $\frac{\Theta(x+a)}{\Theta(x)}$, ... doivent être complétées par douze autres, dont une partie appartient à un type analytique différent, que voici :

$$\frac{2K}{\pi}\frac{H'(0)H(x+a)}{H(x)H(a)} = \cot\frac{\pi x}{2K} + \sum\left[\cot\frac{\pi}{2K}(a+2niK') + \varepsilon i\right]e^{\frac{ni\pi x}{K}}.$$

On suppose dans le second membre $n = 0, \pm 1, \pm 2$, etc., et quant à ε, on doit le prendre $= +1, 0, -1$ suivant que n est positif, nul ou négatif. En développant ensuite suivant les puissances croissantes de q, on trouve

$$\frac{2K}{\pi}\frac{H'(0)H(x+a)}{H(x)H(a)} = \cot\frac{\pi x}{2K} + \cot\frac{\pi a}{2K} + \sum q^{mn}\sin\frac{\pi(mx+na)}{K}$$

$$(m = 1, 2, 3, \ldots, n = 1, 2, 3, \ldots).$$

60. — *STIELTJES A HERMITE.*

3 juillet 1884.

Monsieur,

Votre lettre m'a fait bien heureux, et en réponse je vous informe que je me propose de composer un article sur l'équation différentielle qui admet comme intégrale particulière le quotient de deux fonctions $\mathfrak{F}$.

Grand merci pour votre nouvelle formule elliptique. J'ai été frappé surtout par le résultat élégant que vous avez obtenu en développant suivant les puissances de q.

Un de ces jours j'espère vous présenter une petite Note qui aura paru dans les *Astron. Nachrichten*. A cette occasion je sens encore le besoin de vous dire que j'ai beaucoup profité par l'étude de votre cours de la Sorbonne, dont vous m'avez fait un présent si précieux.

Votre très dévoué.

61. — *HERMITE A STIELTJES.*

La Bourboule, 1er septembre 1884.

MONSIEUR,

Un commencement de diabète, qui n'a pas été sans quelque influence sur mon travail depuis l'année dernière et que je soigne en prenant les eaux, ne me met guère en disposition de faire de l'Analyse. Cependant j'ai pris le plus grand plaisir à votre théorème si nouveau sur les mineurs du déterminant

$$R = \begin{vmatrix} A+a & B+b & C+c \\ A'+a' & \dots\dots & \dots\dots \\ A''+a'' & \dots\dots & \dots\dots \end{vmatrix},$$

et, si j'étais en meilleure santé, j'essaierais de retrouver votre démonstration. Permettez-moi, au moins, d'appeler votre attention sur une remarque très belle de M. Rosanes, sur les transformations en elles-mêmes des formes quadratiques, qui conduit immédiatement aux expressions des substitutions orthogonales que j'ai données autrefois. Considérez la substitution que j'écris, dans le cas de trois variables seulement,

$$\begin{aligned} ax + a'y + a''z &= aX + bY + cZ, \\ bx + b'y + b''z &= a'X + b'Y + c'Z, \\ cx + c'y + c''z &= a''X + b''Y + c''Z. \end{aligned}$$

Vous vérifierez sur-le-champ qu'on en conclut

$$\begin{aligned} &x(ax + a'y + a''z) + y(bx + b'y + b''z) + z(cx + c'y + c''z) \\ &\quad = X(aX + a'Y + a''Z) + Y(bX + b'Y + b''Z) + Z(cX + c'Y + c''Z), \end{aligned}$$

c'est-à-dire une transformation en elle-même de la forme

$$\begin{pmatrix} a & b' & c'' \\ b''+c' & a''+c & a'+b \end{pmatrix}.$$

En particulier, les relations

$$\begin{aligned} x - \nu y + \mu z &= X + \nu Y - \mu Z, \\ \nu x + y - \lambda z &= -\nu X + Y + \lambda Z, \\ -\mu x + \lambda y + z &= \mu X - \lambda Y + Z, \end{aligned}$$

où λ, μ, ν sont les indéterminées d'Olinde Rodrigues, résultent, comme vous voyez, de la remarque de M. Rosanes. Je ne sais si ces expressions, sous forme rationnelle en λ, μ, ν, permettraient de démontrer votre proposition et surtout de la généraliser, ce qui serait extrêmement important. En tout cas, permettez-moi de publier dans les *Acta mathematica* (¹) votre lettre que mon éloignement de Paris m'empêche de donner aux *Comptes rendus* et qui intéressera vivement, indépendamment de son application mécanique, et veuillez, en même temps, recevoir la nouvelle assurance de mes sentiments de haute estime et de sincère amitié.

62. — *STIELTJES A HERMITE.*

Leyde, 6 septembre 1884.

MONSIEUR,

J'ai appris avec (bien) beaucoup de tristesse cette mauvaise nouvelle de votre santé, que vous me donnez dans votre dernière lettre. Veuillez accepter mes vœux sincères pour votre rétablissement! Je suis sûr que partout, dans le monde mathématique, on en fera de même.

Votre lettre m'a fait reprendre l'étude de ce théorème sur les substitutions orthogonales et j'ai réussi, dans le cas de quatre variables, par un calcul qui ne laisse pas d'être un peu pénible. Le raisonnement suivant laisse à désirer sur un point, mais il s'applique à un nombre quelconque, *pair*, de variables.

Soient

$$\begin{vmatrix} a & b & c & d \\ a' & . & . & . \\ a'' & . & . & . \\ a''' & . & . & d''' \end{vmatrix}, \qquad \begin{vmatrix} a+\Delta a & b+\Delta b & c+\Delta c & d+\Delta d \\ \ldots\ldots & \ldots\ldots & \ldots\ldots & \ldots\ldots \\ \ldots\ldots & \ldots\ldots & \ldots\ldots & \ldots\ldots \\ a'''+\Delta a''' & \ldots\ldots & \ldots\ldots & d'''+\Delta d''' \end{vmatrix}$$

les coefficients de deux substitutions orthogonales de détermi-

(¹) La lettre de Stieltjes a été publiée (par extrait) dans le Tome VI, p. 319-320 des *Acta mathematica*, sous le titre : *Un théorème d'Algèbre*. — On peut rapprocher ce travail de Stieltjes d'un travail antérieur : *Sur le déplacement d'un système invariable dont un point est fixe* (*Archives néerlandaises des Sciences exactes et naturelles*, t. XIX, p. 372-390; 1884).

nant $+1$, et de plus

$$R = \begin{vmatrix} a+\frac{1}{2}\Delta a & b+\frac{1}{2}\Delta b & \dots\dots\dots \\ \dots\dots & \dots\dots & \dots\dots\dots \\ \dots\dots & \dots\dots & d'''+\frac{1}{2}\Delta d''' \end{vmatrix}, \qquad D = \begin{vmatrix} \Delta a & \Delta b & \Delta c & \Delta d \\ \dots & \dots & \dots & \dots \\ \Delta a''' & \dots & \dots & \Delta d''' \end{vmatrix}.$$

En multipliant, il vient

$$R \times D = S = \begin{vmatrix} (aa) & (ab) & (ac) & (ad) \\ (ab) & (bb) & (bc) & (bd) \\ (ca) & \dots & \dots & \dots \\ (da) & \dots & \dots & (dd) \end{vmatrix},$$

en posant

$$(aa) = (a+\tfrac{1}{2}\Delta a)\Delta a + (a'+\tfrac{1}{2}\Delta a')\Delta a' + \dots$$
$$(ab) = (a+\tfrac{1}{2}\Delta a)\Delta b + (a'+\tfrac{1}{2}\Delta a')\Delta b' + \dots,$$

en sorte qu'on a

$$(aa) = (bb) = (cc) = (dd) = 0,$$
$$(ab) = -(ba), \qquad (ac) = -(ca),$$

c'est-à-dire le déterminant S est gauche.

Supposons $R = 0$, cela entraîne $S = 0$. Mais S étant gauche, la condition $S = 0$ entraîne que tous les mineurs de S s'évanouissent [cette remarque, qui s'applique à un déterminant gauche d'un ordre quelconque *pair*, n'a peut-être pas encore été formulée expressément (peut-être)].

En supposant maintenant que D n'est pas zéro, on en conclut aisément que tous les mineurs de R s'évanouissent aussi. En effet, en nommant D_a, D_b, ..., les mineurs de D, on aura

$$R = \begin{vmatrix} (aa) & (ab) & \dots & (ad) \\ \dots & \dots & \dots & \dots \\ (da) & \dots & \dots & (dd) \end{vmatrix} \times \begin{vmatrix} \frac{D_a}{D} & \frac{D_b}{D} & \frac{D_c}{D} & \frac{D_d}{D} \\ \dots & \dots & \dots & \dots \\ \frac{D_{a'''}}{D} & \dots & \dots & \frac{D_{d'''}}{D} \end{vmatrix},$$

et les mineurs de R s'expriment linéairement par les mineurs des deux déterminants à gauche, il vient, par exemple,

$$DR_a = S_{(aa)}\Delta a + S_{(ab)}\Delta b + S_{(ac)}\Delta c + S_{(ad)}\Delta d,$$

R_a étant mineur de R, $S_{(aa)}$, $S_{(ad)}$ étant des mineurs de S qui s'évanouissent lorsque $S = 0$.

Il reste à faire voir que, lorsque $R = 0$, on n'a pas en même temps $D = 0$.

Dans le cas d'un nombre pair de variables, ces deux déterminants D et R sont de même nature parce qu'il est alors permis de changer de signe tous les nombres du Tableau.

$$\begin{vmatrix} a & b & c & d \\ a' & b' & . & . \\ a'' & . & . & . \\ a''' & . & . & d''' \end{vmatrix}.$$

Dans le cas d'un nombre impair de variables, D est identiquement zéro, et la démonstration précédente ne peut s'appliquer (¹).

J'ai été vivement frappé par cette belle remarque de M. Rosanes, que vous avez portée à ma connaissance. Que c'est simple! On en déduit aussitôt les formules générales avec $\frac{n(n-1)}{2}$ arbitraires pour la transformation d'une forme quadratique en elle-même, qu'on vous doit (à vous), en même temps que l'expression rationnelle d'une substitution orthogonale due à Cayley et qui a coûté tant de peine à Euler.

Si vous le jugez (cela) convenable, je verrai avec plaisir que vous publiez ce que bon vous semblera (semble) de ma lettre. Mais toutefois, cela ne doit pas vous coûter (causer) de la peine.

Je suis toujours, Monsieur, votre sincèrement dévoué.

P. S. — Il y a quelques jours, ma femme est accouchée d'un fils. Heureusement la mère et l'enfant se portent très bien.

63. — *HERMITE A STIELTJES.*

Flanville par Metz (Lorraine), 9 octobre 1884.

Monsieur,

Je suis bien touché et bien reconnaissant de l'intérêt que vous avez eu la bonté de me témoigner au sujet de ma santé. Je viens

(¹) Après la publication de la lettre de Stieltjes, M. Netto a publié deux Notes dans les *Acta mathematica*, t. IX, p. 295-300; 1887; et t. XIX, p. 105-114; 1895, *Sur l'extension des résultats de Stieltjes au cas d'un nombre quelconque de variables*.

vous remercier et, en même temps, vous informer que j'ai envoyé à M. Mittag-Leffler votre avant-dernière lettre, en lui demandant de la publier dans son journal. Ce que vous m'avez ensuite communiqué dans votre lettre du 6 septembre m'a extrêmement intéressé et je vous fais mon sincère compliment de votre idée ingénieuse et originale d'avoir considéré le produit RD qui se trouve, sans que rien ait pu le faire soupçonner, un déterminant gauche.

C'est là un résultat on ne peut plus curieux, et votre singulier théorème se trouve ainsi démontré pour les déterminants d'ordre pair avec beaucoup de simplicité et d'élégance. Vous réussirez certainement à traiter aussi le cas de l'ordre impair et je me permettrai de vous engager à consacrer à cette question, qui intéressera vivement les amis de l'Algèbre, un article suffisamment développé qu'il serait naturel de publier dans les *Acta*, après votre lettre, à laquelle il ferait suite. Je ne puis vous dire si, avant vous, il a été remarqué qu'un déterminant gauche ne peut s'évanouir sans qu'en même temps tous les mineurs s'annulent; mais peut-être trouverez-vous quelques données sur ces déterminants dans un Mémoire de M. Cayley dont je ne puis vous donner l'indication précise, n'ayant pas ici le *Journal de Crelle*, et que je crois, cependant, avoir été publié vers 1850, dans ce Journal (¹). Vous n'aurez pas de peine, je pense, à le découvrir, en consultant la Table générale du Tome 50, par noms d'auteurs. Dans quelques semaines, je vous enverrai un petit article elliptique (²) qui paraîtra dans les *Annales de l'École Normale* et dont je m'occupe en attendant que, à mon grand regret, je sois forcé de revenir à Paris pour les examens de la Sorbonne. J'espère aussi recevoir bientôt de vous le Mémoire sur les quadratures que vous avez donné à ce Recueil et que j'étudierai avec le plus grand plaisir.

En vous renouvelant mes félicitations pour vos dernières recherches, je vous prie, Monsieur, de croire à mes sentiments de haute estime et de sincère affection.

(¹) Les travaux de M. Cayley sur les déterminants gauches se trouvent dans trois Mémoires insérés dans le *Journal de Crelle*, t. 32, p. 119; t. 38, p. 3; t. 50, p. 299.

(²) *Sur une application de la théorie des fonctions doublement périodiques de seconde espèce* (*Annales de l'École Normale supérieure*, 3ᵉ série, t. II, 1885).

64. — *STIELTJES A HERMITE.*

Leyde, 24 novembre 1884.

Monsieur,

Veuillez bien m'excuser de ne m'être (m'avoir) pas appliqué encore avec succès à cette question sur les substitutions orthogonales.

En réfléchissant sur certaines questions qui se rapportent à la théorie de la figure de la Terre, j'ai été frappé de (par) la puissance de cette méthode où l'on conclut l'existence d'une fonction qui doit remplir certaines conditions en faisant voir que cette fonction se présente comme solution d'un certain problème de *maximum* ou (de) *minimum*. Si l'on peut reprocher à cette méthode, dans beaucoup de cas, un manque de l'extrême rigueur qui est toujours désirable, en (par) revanche, il me semble qu'on peut aborder ainsi, quelquefois, des questions qui paraissent inabordables par d'autres méthodes.

Peut-être la Note ci-jointe en donne un exemple ([1]). J'ai envoyé cette Note à M. Mittag-Leffler pour ses *Acta*. Le cas $p = 1$ donne immédiatement un polynome hypergéométrique de Jacobi dont toutes les racines sont réelles.

Dans le courant de décembre, je compte me rendre à Paris; j'espère que, vers ce temps, j'aurai résolu la question des substitutions orthogonales.

Veuillez bien agréer, Monsieur, l'expression de mes sentiments dévoués.

65. — *HERMITE A STIELTJES.*

Paris, 27 novembre 1884.

Monsieur,

Je viens vous remercier de la Communication extrêmement intéressante que vous m'avez faite de l'article que vous destinez aux *Acta mathematica*, et qui concerne la généralisation des poly-

---

([1]) *Sur certains polynomes qui vérifient une équation différentielle linéaire du second ordre et sur la théorie des fonctions de Lamé* (*Acta mathematica*, t. VI, p. 321-326; 1885).

nomes de Lamé, imaginée par M. Heine. Votre analyse qui est si originale est, en même temps, parfaitement claire et je ne crois pas que jamais personne ait eu l'idée de rattacher, comme vous l'avez fait, à une considération d'équilibre la démonstration de la réalité et des propriétés des racines d'équations algébriques. Permettez-moi, Monsieur, de vous engager à insister tout particulièrement sur le cas le plus simple et qui est aussi, jusqu'à présent, le plus important, celui des polynomes même de Lamé. Si mes souvenirs sont fidèles, il me semble que M. Klein serait déjà parvenu aux résultats que vous avez découverts, dans un article remontant à cinq ou six ans, que contiennent les *Mathematische Annalen*. Mais, M. Klein n'aurait considéré que le seul cas des polynomes de Lamé, et sa méthode n'a rien de commun avec la vôtre. Je ne me suis point mis sous le même point de vue en m'occupant de ces quantités; en prenant l'équation du second ordre sous la forme

$$(1-x^2)(1-k^2x^2)\frac{d^2y}{dx^2} - [(1+k^2)x - 2k^2x^3]\frac{dy}{dx} + [n(n+1)k^2x^2+l]y = 0,$$

j'ai surtout considéré les quatre polynomes en l, P, Q, R, S qui déterminent, lorsqu'on les égale à zéro, les valeurs de cette constante auxquelles correspondent des solutions de l'équation différentielle qui sont des polynomes entiers ou bien des produits de polynomes entiers multipliés par $\sqrt{1-x^2}$, $\sqrt{1-k^2x^2}$, $\sqrt{(1-x^2)(1-k^2x^2)}$. En laissant indéterminée la constante l, ces diverses expressions sont des solutions de l'équation différentielle, avec un second membre de la forme

$$\text{P},\quad \text{Q}\sqrt{1-x^2},\quad \text{R}\sqrt{1-k^2x^2},\quad \text{S}\sqrt{(1-x^2)(1-k^2x^2)}$$

ou ces mêmes quantités multipliées par x, suivant les cas.

En second lieu, et considérant toujours l comme un paramètre arbitraire, on a cette circonstance analytique bien remarquable qu'en développant y suivant les puissances descendantes de x, on a pour n pair cette expression

$$y = \text{F}(x) + \text{P}\left(\frac{\alpha}{x^2} + \frac{\alpha'}{x^4} + \ldots\right),$$

puis, pour n impair,

$$y = F_1(x) + P\left(\frac{\beta}{x} + \frac{\beta'}{x^3} + \ldots\right),$$

où $F(x)$ et $F_1(x)$ sont des polynomes de degré n et dans lesquels les coefficients α, α', ..., β, β', ... des séries infinies sont fonctions entières de degrés croissants 0, 1, 2, ... de l. Et de même

$$y = \sqrt{1-x^2}\left[F_2(x) + Q\left(\frac{\gamma}{x^2} + \frac{\gamma'}{x^4} + \ldots\right)\right],$$

$$y = \sqrt{1-x^2}\left[F_3(x) + Q\left(\frac{\delta}{x} + \frac{\delta'}{x^3} + \ldots\right)\right],$$

....

En résumé, c'est moins aux solutions algébriques de l'équation qu'à ces polynomes en l, P, Q, R, S que je me suis attaché jusqu'ici.

Mais vous avez embrassé, dans vos dernières recherches, bien d'autres belles questions, la loi de la variation de la densité de l'écorce terrestre (¹), et, en dernier lieu, une généralisation profonde de la théorie des quadratures mécaniques (²), dont je me fais un plaisir de vous apprendre que mon cher confrère M. Tisserand m'a parlé avec les plus grands éloges. En vous exprimant, Monsieur, le désir et l'espérance qu'à votre prochain voyage vous voudrez bien venir chez nous, dîner en famille, pour que nous ayons ainsi l'occasion de causer de tout ce qui nous intéresse, je vous renouvelle, avec l'expression de ma plus haute estime, celle de mes sentiments de bien sincère affection.

(¹) Les travaux de Stieltjes sur la loi de la variation de la densité de la Terre ont été publiés dans trois Notes :

1° *Note sur la densité de la Terre* (*Bulletin astronom.*, t. I, p. 465; 1884);

2° *Quelques remarques sur la variation de la densité dans l'intérieur de la Terre* (*Arch. néerland.*, t. XIX, p. 435-460; 1884);

3° Réimpression du travail précédent dans le Tome I, 3ᵉ série, p. 272-297; 1885, des *Verslagen en Mededeelingen der koninklijke Akademie van Wetenschappen te Amsterdam*.

(²) Le travail auquel M. Hermite fait allusion a paru dans le Tome XCIX des *Comptes rendus*, p. 850, 17 nov. 1884, sous le titre : *Sur une généralisation de la théorie des quadratures mécaniques*.

66. — *HERMITE A STIELTJES.*

Paris, 13 février 1885.

MONSIEUR,

La Note manuscrite jointe à l'exemplaire publié dans les *Acta* m'intéresse extrêmement. Les résultats auxquels vous êtes parvenu ajoutent, s'il est possible, à mon admiration pour votre beau talent en Analyse, et je viens vous prier de m'autoriser à les publier dans les *Comptes rendus* avec la modification suivante qui est chose bien légère et de pure forme, mais que je dois vous soumettre. Je vous propose donc de dire que les racines $x_1, x_2, \ldots, x_n$ de $X_n = 0$ font acquérir une valeur minimum à l'expression

$$(1-\xi_1^2)(1-\xi_2^2)\ldots(1-\xi_n^2)\,\Pi(\xi_k-\xi_l)^2$$

en faisant

$$\xi_1 = x_1, \qquad \xi_2 = x_2, \qquad \ldots, \qquad \xi_n = x_n.$$

Et, de même, pour le théorème analogue concernant le polynome $U_n = x^n - \frac{n(n-1)}{1.2}x^{n-2} + \ldots$ qui ne m'est pas inconnu, mais auquel je n'ai plus songé depuis longtemps. Mais comment avez-vous découvert ces propositions sur les minima; comment avez-vous obtenu les discriminants de X_n, U_n et V_n ?

Pendant que vous vous livrez avec un si grand succès à vos recherches de haute Analyse, je fais, par suite des circonstances, des leçons à la Sorbonne, et je dois même dire que je suis redevenu écolier. Mon cher collègue et ami, M. Bouquet, qui fait le cours de calcul différentiel et de calcul intégral aux candidats à la licence, a eu une attaque de goutte, et je l'ai remplacé pendant qu'il était malade, en croyant que ce ne serait que pour une semaine ou deux. Mais son médecin lui ayant ordonné le repos, il a renoncé entièrement à son cours; on m'a demandé de continuer à le remplacer jusqu'au 15 mars, c'est-à-dire jusqu'à l'époque où je commence mes leçons pour mon propre compte. A ce moment, ce sera, sans doute, M. Picard que la Faculté nommera suppléant de M. Bouquet, et M. Poincaré qui fera, à sa place, le cours de Mécanique expérimentale. Il m'a ainsi fallu rapprendre des choses, comme les lignes de courbure des surfaces, les lignes asymptotiques et bien d'autres du même genre, dont je n'avais plus aucun souci, et qui m'étaient presque complètement sorties de l'esprit. M. Picard m'aide beaucoup à me remémorer ces théories de calcul différentiel. Mais j'ai un effort sérieux à faire pour apprendre au jour le jour ce que je dois enseigner, et plusieurs recherches que j'avais commencées, entre autres sur la transformation des fonctions elliptiques, sont forcément interrompues.

En vous priant, Monsieur, d'avoir la bonté de m'envoyer un mot sur une carte postale, pour m'informer si vous consentez à la publication de votre Note dans les *Comptes rendus*, je saisis cette occasion pour vous renouveler l'expression de ma plus haute estime et celle de ma bien sincère affection.

Vous convient-il de donner à votre Note, pour titre : *Sur quelques théorèmes d'Algèbre* (1)?

67. — *STIELTJES A HERMITE.*

Leyde, 20 février 1885.

MONSIEUR,

La Note ci-jointe (2) formera peut-être une suite naturelle à celle que vous avez présentée dernièrement. J'avais calculé, il y a déjà quelque temps, le discriminant de $X = 0$, ce qui m'avait montré que cette équation ne peut avoir d'autres racines multiples que 0 et 1. Mais c'est seulement après votre dernière lettre que je me suis aperçu que le calcul des fonctions de Sturm peut s'effectuer sans difficulté.

Je trouve :

$$\begin{aligned}
&\varphi(n, a, c) &&- x\varphi(n-1, a, c) &&= -A_0\varphi(n-1, a-1, c-1),\\
&\varphi(n-1, a, c) &&- \varphi(n-1, a-1, c-1) &&= -B_1\varphi(n-2, a-1, c-2),\\
&\varphi(n-1, a-1, c-1) &&- x\varphi(n-2, a-1, c-2) &&= -A_1\varphi(n-2, a-2, c-3),\\
&\varphi(n-2, a-1, c-2) &&- \varphi(n-2, a-2, c-3) &&= -B_2\varphi(n-3, a-2, c-4),\\
&\varphi(n-2, a-2, c-3) &&- x\varphi(n-3, a-2, c-4) &&= -A_2\varphi(n-3, a-3, c-5),\\
&\varphi(n-3, a-2, c-4) &&- \varphi(n-3, a-3, c-5) &&= -B_3\varphi(n-4, a-3, c-6),\\
&\varphi(n-3, a-3, c-5) &&- x\varphi(n-4, a-3, c-6) &&= -A_3\varphi(n-4, a-4, c-7),\\
&\varphi(n-4, a-3, c-6) &&- \varphi(n-4, a-4, c-7) &&= -B_4\varphi(n-5, a-4, c-8),\\
&\ldots\ldots\ldots\ldots\ldots\ldots\ldots\ldots\ldots\ldots\ldots\ldots\ldots\ldots\ldots\ldots,
\end{aligned}$$

(1) C'est effectivement le titre de la Note de Stieltjes imprimée dans le Tome C des *Comptes rendus*, p. 439-440; 16 février 1885.

(2) Cette Note, qui est la suite de la Note indiquée dans la dernière lettre, a paru dans le Tome C, p. 620-622, 2 mars 1885, des *Comptes rendus* avec le titre : *Sur les polynomes de Jacobi.*

où

$$A_0 = \frac{a}{c},$$

$$B_1 = \frac{(n-1)b}{c(c-1)}, \qquad A_1 = \frac{(a-1)(c-n)}{(c-1)(c-2)},$$

$$B_2 = \frac{(n-2)(b-1)}{(c-2)(c-3)}, \qquad A_2 = \frac{(a-2)(c-n-1)}{(c-3)(c-4)},$$

$$B_3 = \frac{(n-3)(b-2)}{(c-4)(c-5)}, \qquad A_3 = \frac{(a-3)(c-n-2)}{(c-5)(c-6)},$$

$$\ldots\ldots\ldots\ldots, \qquad \ldots\ldots\ldots\ldots,$$

d'où

$$\varphi(n, a, c) - (x - A_0)\varphi(n-1, a, c) = -A_0 B_1 \varphi(n-2, a-1, c-2),$$

$$\varphi(n-1, a, c) - (x - B_1 - A_1)\varphi(n-2, a-1, c-2) = -A_1 B_2 \varphi(n-3, a-2, c-4),$$

$$\varphi(n-2, a-1, c-2) - (x - B_2 - A_2)\varphi(n-3, a-2, c-4) = -A_2 B_3 \varphi(n-4, a-3, c-6);$$

$$\ldots\ldots\ldots\ldots$$

or

$$X = \varphi(n, a, c), \qquad X_1 = n\varphi(n-1, a, c),$$

donc

$$X_2 = A_0 B_1 \varphi(n-2, a-1, c-2),$$

$$X_3 = n A_1 B_2 \varphi(n-3, a-2, c-4),$$

$$X_4 = A_0 B_1 A_2 B_3 \varphi(n-4, a-3, c-6),$$

$$X_5 = n A_1 B_2 A_3 B_4 \varphi(n-5, a-4, c-8),$$

$$\ldots\ldots\ldots\ldots$$

et les fonctions de M. Sylvester

$$n^2 A_0 B_1 \varphi(n-2, a-1, c-2),$$

$$n^3 (A_0 B_1)^2 A_1 B_2 \varphi(n-3, a-2, c-4),$$

$$n^4 (A_0 B_1)^3 (A_1 B_2)^2 A_2 B_3 \varphi(n-4, a-3, c-6),$$

$$n^5 (A_0 B_1)^4 (A_1 B_2)^3 (A_2 B_3)^2 A_3 B_4 \varphi(n-5, a-4, c-8),$$

$$\ldots\ldots\ldots\ldots$$

C'est le résultat que j'ai indiqué.

J'espère ne pas vous importuner avec ces remarques bien simples. Veuillez bien me croire votre très dévoué.

68. — *STIELTJES A HERMITE.*

Leyde, 11 mars 1885.

MONSIEUR,

Je me permets de vous communiquer le théorème suivant auquel je suis arrivé par un chemin bien détourné. Si je ne me trompe, il est de nature à vous intéresser. Je le crois susceptible d'une grande généralisation.

Soient z et z' deux variables complexes

$$(1) \qquad \begin{cases} \mathcal{F}(z, z') = z - a - h\varphi(z, z') \\ \mathcal{F}_1(z, z') = z' - b - k\psi(z, z') \end{cases}.$$

Pour des modules suffisamment petits de h et k, les équations

$$(2) \qquad \mathcal{F}(z, z') = 0, \qquad \mathcal{F}_1(z, z') = 0,$$

admettent une solution $z = u$, $z' = v$, voisine de $z = a$, $z' = b$.

Cela posé, je considère l'intégrale double

$$(\mathrm{A}) \qquad \iint \frac{\mathcal{G}(z, z')\, dz\, dz'}{\mathcal{F}(z, z')\mathcal{F}_1(z, z')},$$

le chemin d'intégration relatif à z étant un contour fermé enveloppant $z = a$, parcouru dans le sens direct; de même celui relatif à z' un contour fermé enveloppant $z' = b$. Alors la valeur de l'intégrale est

$$(\mathrm{B}) \qquad (2\pi i)^2 \frac{\mathcal{G}(u, v)}{\left(\dfrac{\partial \mathcal{F}}{\partial z}\dfrac{\partial \mathcal{F}_1}{dz'} - \dfrac{\partial \mathcal{F}}{\partial z'}\dfrac{\partial \mathcal{F}_1}{\partial z}\right)_{\substack{z = u \\ z' = v}}}.$$

Il me semble extrêmement probable qu'il existe un théorème analogue pour une forme moins particulière des fonctions $\mathcal{F}$ et $\mathcal{F}_1$ et comprenant le cas où (que) les chemins d'intégration renferment plusieurs solutions du système (2); mais, pour le moment, je ne me hasarderai point à cette généralisation qui devra présenter encore des circonstances singulières dont je me contente de signaler l'origine. En effet, l'expression (A) ne change pas en permutant les deux fonctions $\mathcal{F}$ et $\mathcal{F}_1$ tandis que l'expression (B) change de signe.

Mais M. Kronecker, dans son Mémoire *Ueber Systeme von Functionen mehrer Variabeln* (*Monatsberichte der Königl. Akad. d. Wissensch.* 1869), a déjà introduit des considérations qui s'appliqueront probablement avec certaines modifications dans le cas actuel.

Voici, maintenant, comment je suis arrivé à ce théorème.

On a

$$\iint \frac{\mathcal{G}(z, z')\, dz\, dz'}{\mathcal{F}(z, z')\,\mathcal{F}_1(z, z')} = \iint \mathcal{G}(z, z')\, dz\, dz' \sum_0^\infty \sum_0^\infty \frac{h^m k^n \varphi^m(z, z')\, \psi^n(z, z')}{(z-a)^{m+1}(z'-b)^{n+1}},$$

ou bien, d'après les formules de Cauchy,

$$= (2\pi i)^2 \sum_0^\infty \sum_0^\infty \frac{h^m}{1.2\ldots m}\, \frac{k^n}{1.2\ldots n}\, \frac{d^{m+n}\mathcal{G}(a, b)\, \varphi^m(a, b)\, \psi^n(a, b)}{da^m\, db^n};$$

or, la série

$$\sum_0^\infty \sum_0^\infty \frac{h^m}{1.2\ldots m}\, \frac{k^n}{1.2\ldots n}\, \frac{d^{m+n}\mathcal{G}(a, b)\, \varphi^m(a, b)\, \psi^n(a, b)}{da^m\, db^n}$$

est égale à

$$\mathcal{G}(u, v) : \left[\left(1 - h\frac{\partial\varphi}{\partial z}\right)\left(1 - k\frac{d\psi}{dz'}\right) - hk\frac{\partial\varphi}{\partial z'}\,\frac{\partial\psi}{\partial z}\right]_{\substack{z=u\\ z'=v}}$$

d'après une généralisation de la série de Lagrange donnée par M. Darboux (*Comptes rendus*, t. LXVIII). J'ai envoyé dernièrement une démonstration de cette formule à M. Tisserand ([1]), en la généralisant en même temps pour un nombre quelconque de variables. Aussi, le théorème énoncé peut être énoncé de cette manière.

L'intérêt qui me semble s'attacher à cette généralisation du théorème de Cauchy m'a déterminé à vous la communiquer. Certainement, si je ne me suis pas trompé, le théorème en question doit être démontré d'une manière plus directe et moins particulière, quant à la forme des fonctions $\mathcal{F}$ et $\mathcal{F}_1$. Mais je suis, en ce moment, trop occupé pour songer sur cela. Je ne nie pas, cependant, que j'aurais bien volontiers votre opinion et celle de M. Picard (sur

([1]) Cette généralisation de la série de Lagrange a été publiée dans les *Annales de l'École Normale supérieure*, 3ᵉ série, t. II, p. 93-98; 1885.

cela) à ce sujet. Y a-t-il, après tout, une erreur, dans le raisonnement? je ne vois pas [1].

Votre bien dévoué.

69. — *STIELTJES A HERMITE.*

Leyde, 13 mars 1885.

MONSIEUR,

Quoique pressé par des calculs numériques, je n'ai pu résister au désir de songer sur les intégrales

$$\iint \frac{\mathcal{G}(z, z')\,dz\,dz'}{\mathcal{F}(z, z')\,\mathcal{F}_1(z, z')},$$

excité surtout par le paradoxe apparent dont j'ai parlé dans ma dernière lettre. Pour en savoir la cause, j'ai envisagé directement des contours infiniment petits autour d'un système u, v

$$\mathcal{F}(u, v) = 0, \qquad \mathcal{F}_1(u, v) = 0.$$

Soit $z = u + t$, $z' = v + t'$, et négligeant des quantités d'ordres supérieurs,

$$\begin{aligned} \mathcal{G}\,(u+t,\ v+t') &= \mathcal{G}(u, v),\\ \mathcal{F}\,(u+t,\ v+t') &= at + bt',\\ \mathcal{F}_1(u+t,\ v+t') &= ct + dt'. \end{aligned}$$

Dans les intégrations, les modules infiniment petits de t et t' restent constants. Il faut distinguer quatre cas :

(I) $\begin{cases} |at| > |bt'| \\ |ct| < |dt'| \end{cases}$ l'intégrale est égale à $(2\pi i)^2 \dfrac{\mathcal{G}(u, v)}{ad - bc}$,

(II) $\begin{cases} |at| < |bt'| \\ |ct| < |dt'| \end{cases}$ l'intégrale est égale à zéro,

(III) $\begin{cases} |at| > |bt'| \\ |ct| > |dt'| \end{cases}$ l'intégrale est égale à zéro,

(IV) $\begin{cases} |at| < |bt'| \\ |ct| > |dt'| \end{cases}$ l'intégrale est égale à $(2\pi i)^2 \dfrac{\mathcal{G}(u, v)}{bc - ad}$.

---

[1] M. Poincaré, dans son Mémoire sur les *résidus des intégrales doubles* (*Acta mathematica*, t. IX), a montré (§ 5, p. 357) l'origine de la contradiction du résultat de Stieltjes.

Il faudra certainement trouver une interprétation naturelle de la différence qui existe entre I et IV. Je n'ai qu'une idée imparfaite de la méthode qu'il faudrait suivre pour arriver à une théorie complète de ces intégrales.

Naturellement, pour que l'intégrale ait un sens, les chemins d'intégration ne peuvent être choisis tout à fait arbitraires, comme dans le cas d'une seule variable.

Je remarque que, lorsque la théorie de ces intégrales sera complète, on en déduira la formule de M. Darboux :

$$z - a - h\varphi(z, z') = 0,$$
$$z' - b - k\psi(z, z') = 0,$$
$$\mathfrak{F}(z, z') : \Delta = \sum_0^\infty \sum_0^\infty \frac{h^m}{1.2\ldots m} \frac{k^n}{1.2\ldots n} \frac{d^{m+n}\mathfrak{F}(a, b)\varphi^m(a, b)\psi^n(a, b)}{da^m db^n},$$

précisément comme vous avez déduit la formule de Lagrange du théorème de Cauchy. Et de même pour un plus grand nombre de variables. Comme vous voyez, j'ai suivi un chemin inverse, en adoptant la formule de M. Darboux. J'ai été amené, grâce à votre méthode de démonstration de la série de Lagrange, à la considération de ces intégrales :

$$\iint \frac{\mathcal{G}(z, z')\,dz\,dz'}{\mathfrak{F}(z, z')\,\mathfrak{F}_1(z, z')}.$$

Aussi, si je n'avais eu connaissance de cette démonstration si simple exposée dans votre Cours professé à la Sorbonne, sans aucun doute je n'aurais jamais été conduit à la considération de ces intégrales. Mais je dois borner ici mes recherches. Initié à la théorie de Cauchy principalement par votre Cours, j'en suis un admirateur plutôt qu'un cultivateur, et (je dois) restreindre mes efforts aux applications des mathématiques aux phénomènes naturels.

Comme vous le voyez, la remarque accidentelle que j'ai faite l'aurait pu être depuis bien longtemps.

Votre élève bien dévoué.

70. — *HERMITE A STIELTJES.*

Paris, 13 mars 1885.

MONSIEUR,

Nous avons lu, M. Picard et moi, avec le plus grand intérêt, votre résultat concernant l'intégrale

$$\iint \frac{\mathcal{G}(z, z')\,dz\,dz'}{\mathcal{F}(z, z')\,\mathcal{F}_1(z, z')};$$

mais la circonstance signalée par vous-même que l'expression obtenue change de signe en permutant $\mathcal{F}$ et $\mathcal{F}_1$ nous paraît bien grave. M. Picard s'est demandé s'il était bien sûr qu'on pût aussi, comme vous le supposiez, obtenir pour z un contour d'intégration contenant à son intérieur le point $z = a$, puis pour z' un contour comprenant $z' = b$ *et tels que jamais le long de ces chemins on n'ait*

$$\mathcal{F}(z, z') = 0, \qquad \mathcal{F}_1(z, z') = 0?$$

J'attendrai, Monsieur, un mot de vous avant de communiquer à l'Académie votre résultat qui touche à des questions du plus haut intérêt et qui ont certainement préoccupé bien des analystes. M. Picard croit se rappeler que les *Annales de l'École Normale*, dans les environs de l'année 1869, contiennent une Note de Didon (mais je n'ai pu encore la rechercher dans ce Recueil) qui se rapporte au même sujet ([1]).

Avec la nouvelle assurance de ma plus haute estime et de mes sentiments bien dévoués.

71. — *STIELTJES A HERMITE*

Paris, 18 juin 1885. 120, avenue d'Orléans.

MONSIEUR,

Par la Note ci-jointe ([2]) vous verrez que je suis encore fidèle à l'Analyse. Dans le cas où (que) cela ne vous paraîtrait (paraît) pas

---

([1]) La Note de Didon, qui a pour titre : *Sur une formule de Calcul intégral*, est insérée dans les *Annales de l'École Normale supérieure*, 2e série, t. I, p. 31-48; 1873.

([2]) *Sur une fonction uniforme* (*Comptes rendus*, t. CI, p. 153-154, 13 juillet 1885).

trop indigne, je vous serais très reconnaissant si vous vouliez (voudriez) la présenter à l'Académie afin d'être insérée dans les *Comptes rendus*.

Je me propose de calculer les premiers coefficients C_0, C_1, C_2, ..., mais je n'ai fait le calcul jusqu'à présent que pour C_1 seulement, la valeur de C_0 étant bien connue. On a

$$C_1 = -0,07281\,5520\ldots$$

Donc

$$\zeta(z+1) = \frac{1}{z} + 0,57721\,5665\ldots + 0,07281\,5520\ldots z + \ldots.$$

Ces trois termes donnent, pour $z = \pm 1$,

$$\zeta(2) = +1,65003 \text{ au lieu de } 1,64493,$$
$$\zeta(0) = -0,49560 \text{ au lieu de } -0,5.$$

D'après cela, il semble que déjà les premiers coefficients diminuent assez rapidement et le terme suivant doit être, à peu près, $-0,0047\,z^2$.

Quand je suis allé visiter M. Picard, il y a quelques semaines, j'ai été bien aise d'obtenir de bonnes nouvelles de votre santé. J'ai voulu aussi aller vous voir, mais j'ai mal choisi mon temps et vous étiez sorti.

Je suis déjà (depuis) quelque temps à Paris, où je pense rester, du moins en France, et j'ai déjà fait le premier pas pour me faire naturaliser français en demandant l'admission à domicile, que j'espère obtenir bientôt.

Veuillez bien agréer, Monsieur, l'expression de profond respect de votre très dévoué serviteur.

72. — *HERMITE A STIELTJES.*

Paris, 19 juin 1885.

Monsieur,

Permettez-moi, sauf avis de votre part, de supprimer après l'équation du commencement de votre Note,

$$\zeta(z+1) = \frac{1}{z} + a_0 + a_1 z + \ldots$$

les mots « convergent dans tout le plan », puisque vous avez soin vous-même de dire un peu plus loin que la série

$$\zeta(z) = 1^{-z} + 2^{-z} + \ldots$$

définit seulement la fonction lorsque la partie réelle de z surpasse l'unité. Je regrette aussi que vous n'ayez point rappelé que c'est à Dirichlet qu'est due la valeur $+1$ du résidu correspondant à $z = 1$; mais j'espère que vous développerez plus complètement vos idées sur ce sujet dans un travail suffisamment étendu et que votre présente Note est surtout pour prendre date.

Nous nous félicitons, M. Picard et moi, que les circonstances vous amènent à devenir notre concitoyen, et c'est en vous exprimant tous mes regrets d'avoir perdu l'honneur de votre visite que je vous prie, Monsieur, de recevoir la nouvelle assurance de ma plus haute estime et celle de mes sentiments bien dévoués.

73. — *HERMITE A STIELTJES.*

Paris, 21 juin 1885.

MONSIEUR,

Vous avez mille fois raison, et j'ai grandement fait erreur en croyant que la partie entière dans votre équation

$$\zeta(z+1) = \frac{1}{z} + a_0 + a_1 z + \ldots$$

n'était pas convergente dans tout le plan. C'est ce que j'ai reconnu au moyen de l'expression dont Riemann fait usage, à savoir :

$$\zeta(s+1) = \frac{1}{\Gamma(s)} \int_0^\infty \frac{x^s\,dx}{e^x - 1}.$$

Écrivant, en effet,

$$\int_0^\infty \frac{x^s\,dx}{e^x - 1} = \int_0^1 \frac{x^s\,dx}{e^x - 1} + \int_1^\infty \frac{x^s\,dx}{e^x - 1},$$

on voit d'abord que la seconde intégrale, qui n'est plus infinie pour $s = 0$, détermine une fonction holomorphe de cette variable, si l'on convient de prendre parmi les diverses déterminations de x^s ce que Cauchy appelle la *valeur principale*. Et quant à l'intégrale $\int_0^1 \frac{x^s\,dx}{e^x - 1}$, j'observe qu'en supposant $\operatorname{mod} x < 2\pi$ et *a fortiori* $x < 1$, on a, en série convergente,

$$\frac{1}{e^x - 1} = \frac{1}{x} - \frac{1}{2} + B_1 \frac{x}{1.2} - B_2 \frac{x^3}{1.2.3.4} + \ldots,$$

d'où

$$\int_0^1 \frac{x^s dx}{e^x - 1} = \frac{1}{s} - \frac{1}{2}\frac{1}{s+1} + \frac{B_1}{1.2(s+2)} - \frac{B_2}{2.3.4(s+4)} + \ldots.$$

Il en résulte facilement que le second membre représente une fonction analytique de s dans toute l'étendue du plan, fonction méromorphe, admettant pour pôles $s = 0, -1, -2, \ldots$. Mais $\frac{1}{\Gamma(s+1)}$ est la fonction holomorphe

$$e^{cs} \Pi \left[\left(1 + \frac{s}{n}\right) e^{-\frac{s}{n}} \right] \qquad (n = 1, 2, 3, \ldots),$$

de sorte que le produit

$$\frac{1}{\Gamma(s+1)} \left(\frac{1}{s} - \frac{1}{2}\frac{1}{s+1} + \ldots \right)$$

a perdu tous ses pôles, à l'exception du seul pôle $s = 0$ et, en même temps, on voit que le résidu correspondant à ce pôle est bien égal à l'unité.

En m'excusant de vous avoir fait un reproche si mal fondé, je m'en permettrai un nouveau. Pourquoi, Monsieur, dans votre beau résultat, et qui m'a on ne peut plus intéressé,

$$C_k = \frac{(\log 1)^k}{1} + \ldots + \frac{(\log n)^k}{n} - \frac{(\log n)^{k+1}}{k+1} \qquad (n = \infty),$$

écrivez-vous le premier terme et ne commencez-vous pas par le second $\frac{(\log 2)^k}{2}$? Le cas de $k = 0$ ne sera pas exceptionnel, avec cette minime précaution.

En vous renouvelant, Monsieur, l'expression de ma plus haute estime et de toute ma sympathie.

74. — *HERMITE A STIELTJES.*

Paris, 23 juin 1885.

Monsieur,

En m'occupant, pendant la séance de l'Académie, de la relation que vous avez obtenue sous la forme suivante :

$$\zeta(z+1) = \frac{1}{z} + C_0 - C_1 z + C_2 \frac{z^2}{1.2} - \ldots,$$

où

$$C_k = \sum \frac{(\log n)^k}{n} - \frac{(\log n)^{k+1}}{k+1} \qquad (n = 1, 2, \ldots, n),$$

je rencontre une difficulté que je prends la liberté de vous soumettre. On trouve, en effet, au moyen de vos coefficients C_k que $\zeta(z+1)$ est la limite, pour n infini, de

$$1 + \frac{1}{2^{z+1}} + \frac{1}{3^{z+1}} + \ldots + \frac{1}{n^{z+1}} + \frac{1}{z n^z}.$$

C'est certainement exact pour z positif, mais non lorsque $z+1$ est négatif.

La quantité à retrancher de

$$1 + \frac{1}{2^{z+1}} + \ldots + \frac{1}{n^{z+1}}$$

pour obtenir un résultat fini, lorsqu'on suppose n infini, étant beaucoup plus compliquée que $\frac{1}{z n^z}$.

Dans quelques jours, je vous enverrai la rédaction plus correcte de ma démonstration de l'égalité

$$\zeta(z+1) = \frac{1}{z} + \mathcal{G}(z).$$

Veuillez, en attendant, Monsieur, recevoir la nouvelle expression de mes sentiments les meilleurs et les plus dévoués.

75. — *STIELTJES A HERMITE.*

MONSIEUR,

Je ne crois pouvoir mieux répondre à votre lettre qu'en vous envoyant une démonstration de ma série $\frac{1}{s} + C - C_1 s + \ldots$ qui me semble à l'abri de toute objection (¹).

L'idée de considérer $\zeta(s+1)$ comme définie par

$$1 + \frac{1}{2^{1+s}} + \ldots + \frac{1}{n^{1+s}} + \frac{1}{s n^s} \qquad (n = \infty),$$

est bien naturellement indiquée par la forme des coefficients C. Toutefois, ce n'est pas ainsi que j'ai trouvé d'abord ces coefficients. Mais on peut aussi, avec certaines précautions, obtenir le développement de cette façon et détruire tous les doutes.

L'équation dont je fais usage,

$$\zeta(s+1) = \frac{1}{s} + \frac{1}{\Pi(s)} \int_0^\infty \left(\frac{e^x}{e^x - 1} - \frac{1}{x} \right) x^s e^{-x}\, dx$$

est valable pour partie réelle de $s > -1$, et étend ainsi déjà la définition originelle (originale).

Mais on a

$$\frac{e^x}{e^x - 1} = \frac{1}{x} + \frac{1}{2} + \frac{B_1}{1.2} x - \frac{B_2}{1.2.3.4} x^3 + \ldots,$$

et l'on peut écrire ainsi :

$$(s+1) = \frac{1}{s} + \frac{1}{2} + \frac{1}{\Pi(s)} \int_0^\infty \left(\frac{e^x}{e^x - 1} - \frac{1}{x} - \frac{1}{2} \right) x^s e^{-x}\, dx \qquad (\mathrm{PR}\, s > -2),$$

$$(s+1) = \frac{1}{s} + \frac{1}{2} + \frac{B_1}{1.2}(s+1) + \frac{1}{\Pi(s)} \int_0^\infty \left(\frac{e^x}{e^x - 1} - \frac{1}{x} - \frac{1}{2} - \frac{B_1}{1.2} x \right) x^s e^{-x}\, dx \qquad (\mathrm{PR}\, s > -4),$$

$$(s+1) = \frac{1}{s} + \frac{1}{2} + \frac{B_1}{1.2}(s+1) - \frac{B_2}{1.2.3.4}(s+1)(s+2)(s+3) + \frac{1}{\Pi(s)} \int_0^\infty \left(\frac{e^x}{e^x - 1} - \frac{1}{x} - \frac{1}{2} - \frac{B_1}{1.2} x + \frac{B_2}{2.3.4} x^3 \right) x^s e^{-x}\, dx \quad (\mathrm{PR}\, s > -6),$$

. . . .

(¹) *Voir* à la fin de cette lettre.

$1 : \Pi(s)$ étant holomorphe dans tout le plan, on reconnaît aussi, en procédant ainsi, le caractère analytique de la fonction ζ ([1]).

J'avais cru, un moment, que ce procédé ne différerait pas au fond de votre méthode; mais cela ne me semble pas vrai et, tandis que votre méthode donne aussitôt les valeurs de $\zeta(0)$, $\zeta(-1)$, $\zeta(-2)$..., les expressions précédentes donnent

$$\begin{aligned}
\zeta(0) &= -\frac{1}{2},\\
\zeta(-1) &= -\frac{B_1}{2},\\
\zeta(-2) &= -\frac{1}{3}+\frac{1}{2}-2\,\frac{B_1}{1.2},\\
\zeta(-3) &= -\frac{1}{4}+\frac{1}{2}-3\,\frac{B_1}{1.2}+3.2.1\,\frac{B_2}{1.2.3.4},\\
\zeta(-4) &= -\frac{1}{5}+\frac{1}{2}-4\,\frac{B_1}{1.2}+4.3.2\,\frac{B_2}{1.2.3.4},\\
\zeta(-5) &= -\frac{1}{6}+\frac{1}{2}-5\,\frac{B_1}{1.2}+5.4.3\,\frac{B_2}{1.2.3.4}-5.4.3.2.1\,\frac{B_3}{1.2.3.4.5.6},
\end{aligned}$$

et ce n'est qu'après avoir profité de ces relations

$$(\mathrm{A})\qquad \left\{\begin{aligned}
&-\frac{1}{3}+\frac{1}{2}-2\,\frac{B_1}{1.2}=0,\\
&-\frac{1}{4}+\frac{1}{2}-3\,\frac{B_1}{1.2}=0,\\
&-\frac{1}{5}+\frac{1}{2}-4\,\frac{B_1}{1.2}+4.3.2\,\frac{B_2}{1.2.3.4}=0,\\
&-\frac{1}{6}+\frac{1}{2}-5\,\frac{B_1}{1.2}+5.4.3\,\frac{B_2}{1.2.3.4}=0,\\
&\ldots\ldots\ldots\ldots\ldots\ldots\ldots\ldots\ldots\ldots
\end{aligned}\right.$$

qu'on trouve les valeurs définitives.

Ces relations (A), du reste, découlent de

$$e^x = \frac{e^x-1}{x}\left(1+\frac{1}{2}x+\frac{B_1}{1.2}x^2-\ldots\right).$$

Cette fonction ζ présente pour moi encore bien des difficultés; par exemple, jusqu'à présent, je ne vois aucun moyen sûr d'évaluer

([1]) Dans ces formules, $\Pi(s)$ désigne, suivant les notations de Gauss, la fonction eulérienne $\Gamma(s+1)$, et $\mathrm{PR}s$ la partie réelle de la variable imaginaire s.

à peu près l'ordre de grandeur de C_k lorsque k est grand. Je penche un peu pour croire que les C_k eux-mêmes (sans être divisés par $1.2\ldots k$) diminuent rapidement; mais je ne vois pas clair et peux me tromper.

Je vous remercie encore d'avance, Monsieur, pour la rédaction de votre démonstration de $\zeta(z+1)=\frac{1}{z}+\mathcal{G}(z)$ et suis avec le plus profond respect votre serviteur bien dévoué.

Développement de $\mathcal{G}(s+1)$.

Je pars de la relation

$$\mathcal{G}(s+1)=\frac{1}{\Pi(s)}\int_0^\infty \frac{x^s}{e^x-1}\,dx,$$

que j'écris d'abord sous la forme

$$\mathcal{G}(s+1)=\frac{1}{s}+\frac{1}{\Pi(s)}\int_0^\infty\left(\frac{1}{e^x-1}-\frac{e^{-x}}{x}\right)x^s\,dx,$$

ce qui met en évidence déjà que

$$\mathcal{G}(s+1)-\frac{1}{s}=\mathrm{C}\qquad(\text{pour } s=0),$$

C étant la constante bien connue d'Euler.

En développant l'intégrale suivant les puissances de s, il vient

$$(1)\qquad \mathcal{G}(s+1)=\frac{1}{s}+\frac{1}{\Pi(s)}\left(a_0+a_1 s+\frac{a_2}{1.2}s^2+\frac{a_3}{1.2.3}s^3+\ldots\right),$$

où

$$a_n=\int_0^\infty\left(\frac{1}{e^x-1}-\frac{e^{-x}}{x}\right)(\log x)^n\,dx.$$

Je vais calculer maintenant la valeur de a_n.

Pour cela, je rappelle que

$$\Pi(s)=\int_0^\infty x^s e^{-x}\,dx,$$

d'où, en différentiant n fois,

$$\Pi^{(n)}(0)=\int_0^\infty(\log x)^n e^{-x}\,dx=k\int_0^\infty(\log x+\log k)^n e^{-kx}\,dx,$$

$$(2)\qquad \int_0^\infty(\log x+\log k)^n e^{-kx}\,dx=\frac{1}{k}\Pi^n(0)\qquad(k>0).$$

En posant, pour abréger, $\log x + \log k = \mathrm{T}$, on aura

$$\int_0^\infty (\log x)^n e^{-kx}\,dx = \int_0^\infty (\mathrm{T}-\log k)^n e^{-kx}\,dx,$$

et développant la formule du binome, on trouve, à l'aide de (2),

$$(3)\quad \int_0^\infty (\log x)^n e^{-kx}\,dx$$
$$= \Pi^n(0)\frac{1}{k} - \frac{n}{1}\Pi^{n-1}(0)\frac{\log k}{k} + \frac{n(n-1)}{1.2}\Pi^{(n-2)}(0)\frac{(\log k)^2}{k} + \ldots.$$

En prenant successivement $k = 1, 2, 3, \ldots, r$, et faisant l'addition

$$(4)\quad \int_0^\infty \frac{e^{-x}-e^{-(r+1)x}}{1-e^{-x}}(\log x)^n\,dx$$
$$= \Pi^n(0)\left(\frac{1}{1}+\frac{1}{2}+\frac{1}{3}+\ldots+\frac{1}{r}\right)$$
$$-\frac{n}{1}\Pi^{n-1}(0)\left(\frac{\log 2}{2}+\frac{\log 3}{3}+\ldots+\frac{\log r}{r}\right)$$
$$+\frac{n(n-1)}{1.2}\Pi^{n-2}(0)\left[\frac{(\log 2)^2}{2}+\frac{(\log 3)^2}{3}+\ldots+\frac{(\log r)^2}{r}\right]$$
$$-\ldots\ldots\ldots\ldots\ldots\ldots\ldots\ldots\ldots\ldots$$

Le premier membre peut se mettre sous la forme

$$\int_0^\infty \left(\frac{e^{-x}}{1-e^{-x}}-\frac{e^{-x}}{x}\right)(\log x)^n\,dx$$
$$+\int_0^\infty \frac{e^{-x}-e^{-(r+1)x}}{x}(\log x)^n\,dx$$
$$-\int_0^\infty \left(\frac{1}{1-e^{-x}}-\frac{1}{x}\right)e^{-(r+1)x}(\log x)^n\,dx.$$

La première intégrale est précisément a_n, la troisième tend évidemment vers zéro; quant à la seconde, en la désignant par $f(r)$, il vient

$$f'(r) = \int_0^\infty e^{-(r+1)x}(\log x)^n\,dx$$

c'est-à-dire, d'après (3),

$$f'(r) = \frac{1}{r+1}\Pi^n(0) - \frac{n}{1}\Pi^{n-1}(0)\frac{\log(r+1)}{r+1}$$
$$+\frac{n(n-1)}{1.2}\Pi^{(n-2)}(0)\frac{[\log(r+1)]^2}{r+1} - \ldots,$$

donc, $f(r)$ s'évanouissant avec r,

$$f(r) = \Pi^n(0)\log(r+1) - \frac{n}{1}\Pi^{n-1}(0)\frac{[\log(r+1)]^2}{2} + \frac{n(n-1)}{1.2}\Pi^{n-2}(0)\frac{[\log(r+1)]^3}{3} - \ldots$$

Il vient donc

$$\begin{aligned} a_n - \int_0^\infty \left(\frac{1}{1-e^{-x}} - \frac{1}{x}\right) e^{-(r+1)x}(\log x)^n\,dx \\ = \Pi^n(0)\left[\frac{1}{1} + \frac{1}{2} + \ldots + \frac{1}{r} - \log(r+1)\right] \\ - \frac{n}{1}\Pi^{n-1}(0)\left\{\frac{\log 2}{2} + \ldots + \frac{\log r}{r} - \frac{1}{2}[\log(r+1)]^2\right\} \\ + \frac{n(n-1)}{1.2}\Pi^{n-2}(0)\left\{\frac{(\log 2)^2}{2} + \ldots + \frac{(\log r)^2}{r} - \frac{1}{3}[\log(r+1)]^3\right\} \\ - \ldots\ldots\ldots\ldots\ldots\ldots\ldots\ldots\ldots\ldots, \end{aligned}$$

et, pour $r = \infty$, en posant

$$C = \frac{1}{1} + \frac{1}{2} + \ldots + \frac{1}{r} - \log(r+1) \qquad (r = \infty),$$

$$C_k = \frac{(\log 2)^k}{2} + \ldots + \frac{(\log r)^k}{r} - \frac{1}{k+1}[\log(r+1)]^{k+1}$$
$$(r = \infty, \quad k = 1, 2, 3, \ldots),$$

$$a_n = \Pi^n(0)C - \frac{n}{1}\Pi^{n-1}(0)C_1 + \frac{n(n-1)}{1.2}\Pi^{n-2}(0)C_2 \ldots.$$

Cette valeur de a_n montre bien que la série

$$a_0 + a_1 s + \frac{a_2}{1.2}s^2 + \ldots + \frac{a_n}{1.2\ldots n}s^n + \ldots$$

est le produit des deux séries

$$\Pi(0) + \Pi^{(1)}(0)s + \frac{\Pi^2(0)}{1.2}s^2 + \ldots + \frac{\Pi^n(0)}{1.2\ldots n}s^n + \ldots$$

et

$$C - C_1 s + \frac{C_2}{1.2}s^2 - \ldots \pm \frac{C_n}{1.2\ldots n}s^n \mp \ldots.$$

Or la première série étant le développement de $\Pi(s)$, l'équation (1) donne

$$\mathcal{G}(s+1) = \frac{1}{s} + C - C_1 s + \frac{C_2}{1.2}s^2 - \frac{C_3}{1.2.3}s^3 + \ldots.$$

76. — *STIELTJES A HERMITE.*

Paris, 28 juin 1885.

MONSIEUR,

En réfléchissant sur cette question de la continuation analytique de fonctions définies par des intégrales définies dans une partie du plan seulement, j'ai fait cette observation bien simple que

$$\Gamma(a) = \int_0^\infty x^{a-1} \left(e^{-x} - 1 + x - \frac{x^2}{1.2} \pm \ldots \pm \frac{x^n}{1.2\ldots n} \right) dx,$$

tant que la partie réelle de a reste comprise entre $-n$ et $-(n+1)$.

A l'aide de cette remarque, on trouve facilement que la continuation analytique de

$$\Phi(a) = \int_0^\infty \frac{x^{a-1}\,dx}{e^x - 1} \qquad (1 < \mathrm{PR}\,a)$$

est donnée par les formules

$$\Phi(a) = \int_0^\infty x^{a-1} \left(\frac{1}{e^x - 1} - \frac{1}{x} \right) dx \qquad (0 < \mathrm{PR}\,a < 1.)$$

$$\Phi(a) = \int_0^\infty x^{a-1} \left(\frac{1}{e^x - 1} - \frac{1}{x} + \frac{1}{2} \right) dx \qquad (-1 < \mathrm{PR}\,a < 0),$$

$$\Phi(a) = \int_0^\infty x^{a-1} \left(\frac{1}{e^x - 1} - \frac{1}{x} + \frac{1}{2} - \frac{B_1}{1.2} x \right) \qquad (-3 < \mathrm{PR}\,a < -1$$

$$\Phi(a) = \int_0^\infty x^{a-1} \left(\frac{1}{e^x - 1} - \frac{1}{x} + \frac{1}{2} - \frac{B_1}{1.2} x + \frac{B_2}{1.2.3.4} x^3 \right) dx \qquad (-5 < \mathrm{PR}\,a < -3$$

. . . .

Ces formules sont d'un caractère bien différent de celles que je vous ai d'abord communiquées.

Comme (une) autre application, j'ai considéré la fonction

$$f(a) = \int_0^\infty \frac{x^{a-1}\,dx}{1 + x},$$

définie d'abord pour $0 < \mathrm{PR}\,a < 1$ seulement.

L'équation

$$f(a) - \Gamma(a) = \int_0^\infty x^{a-1} \left(\frac{1}{1 + x} - e^{-x} \right) dx$$

donne déjà la continuation de $f(a)$ dans la bande trois fois plus large

$$-2 < \mathrm{PR}a < +1,$$

et l'on voit que, dans cette bande, $f(a)$ a deux pôles, savoir $a = 0$ et $a = +1$ avec les résidus $+1$ et -1. Or, nous avons vu que

$$\Gamma(a) = \int_0^\infty x^{a-1}(e^{-x} - 1)\,dx \qquad (-1 < \mathrm{PR}a < 0).$$

Donc

$$f(a) = \int_0^\infty x^{a-1}\left(\frac{1}{1+x} - 1\right)dx;$$

c'est-à-dire

$$f(a) = -f(a+1).$$

Cette relation, démontrée d'abord seulement pour les valeurs de a dont la partie réelle est comprise entre -1 et 0, peut s'étendre ensuite à tout le plan.

Ce raisonnement bien simple, qui suppose toutefois la notion de la fonction Γ, a donné ainsi les propriétés les plus caractéristiques de la fonction $f(a)$ et l'on peut déjà conclure que

$$f(a)\sin a\pi \qquad \text{et} \qquad f(a) - \frac{\pi}{\sin a\pi}$$

sont holomorphes dans tout le plan. On sait bien que

$$f(a) = \frac{\pi}{\sin a\pi}.$$

J'espère, Monsieur, que vous voudrez bien recevoir avec votre bienveillance habituelle ces remarques qui sont, je le reconnais bien, d'une simplicité peut-être trop grande.

Veuillez bien agréer, Monsieur, l'expression de mon profond respect et de mes sentiments tout dévoués.

77. — *STIELTJES A HERMITE.*

Monsieur,

En continuant à creuser dans la nature de la fonction $\zeta(z)$, je vois enfin la route ouverte pour arriver à tous les résultats annoncés par Riemann. Cependant j'ai dû prendre un chemin bien différent que lui n'a indiqué, et le passage où il dit avoir obtenu le nombre approché des racines de $\xi(t) = 0$ à l'aide de l'intégrale $\int d\log\xi(t)$ me reste absolument incompréhensible ; je ne vois aucun moyen pour évaluer cette intégrale. J'ai été pourtant assez heureux (à) pour éviter cet écueil en démontrant cette propriété annoncée comme très probable par Riemann, que toutes les racines de $\xi(t) = 0$ sont réelles. Par là, la question est ramenée à la discussion d'une fonction réelle pour des valeurs réelles de la variable et cela est faisable, du moins, et j'ai fait assez dans cette direction pour être sûr d'atteindre mon but.

Mais toutes ces recherches demanderont encore beaucoup de temps ; je dois, en outre, vérifier mes calculs des constantes C_1, C_2, ..., C_5 et je me propose d'y joindre les valeurs des coefficients D, D_1, D_2, ..., D_5 :

$$\zeta(z) = \frac{1}{z-1} + D - D_1 z + \frac{D_2}{1.2} z^2 - \frac{D_3}{1.2.3} z^3 \ldots \qquad D = \frac{1}{2},$$

$$D_k = (\log 2)^k + (\log 3)^k + \ldots + [\log(n-1)]^k + \frac{1}{2}(\log n)^k - \int_1^n (\log n)^k\, dn$$

$$(k = 1, 2, 3, \ldots) \qquad D_1 = \frac{1}{2}\log(2\pi) - 1.$$

Comme je ne puis pas pousser, en ce moment, activement ce travail à cause d'autres devoirs, je me propose de prendre un peu haleine et de laisser tout cela pendant quelques mois. Mais il n'y aura pas d'inconvénient, je l'espère, à publier dans les *Comptes rendus* la Note ci-jointe qui, ce me semble, doit intéresser les géomètres qui ont étudié le Mémoire de Riemann. La fonction $\zeta(z)$ est intimement liée à bien des recherches arithmétiques sur certaines lois asymptotiques relatives à la suite des nombres premiers, etc. Par exemple, quoique je ne l'aie pas démontrée encore d'une manière rigoureuse, je n'ai aucun doute sur l'exactitude de cette proposition que $\Phi(x) - \log\log x$ converge pour $x = \infty$ vers une limite finie [dont l'expression est un peu compliquée, $\Phi(x)$ indiquant la somme $\frac{1}{2} + \frac{1}{3} + \frac{1}{5} + \frac{1}{7} \cdots$ relative à tous les nombres premiers inférieurs à x]. M. Halphen, du reste, dans les *Comptes rendus* du 5 mars 1883, a indiqué l'intervention de la fonction $\zeta(z)$ dans ces questions.

Je m'estime heureux qu'en vous demandant de me rendre le service de faire insérer dans les *Comptes rendus* la Note ci-jointe (¹), je pourrai maintenant moi-même corriger les épreuves, quoique naturellement, j'accepterai avec reconnaissance les corrections dans le langage qui pourraient vous sembler nécessaires dans le cas que vous parcourrez ma Note.

Je suis avec un profond respect, Monsieur, votre bien dévoué.

78. — *HERMITE A STIELTJES.*

Paris, 9 juillet 1885.

Monsieur,

Votre belle découverte au sujet de la proposition de Riemann sur l'équation $\xi(t) = 0$ m'intéresse au plus haut point, et pour la grande importance du résultat d'avoir mis hors de doute cette proposition et aussi par la méthode que vous avez employée. Rien ne me fera plus plaisir que de connaître par quelle voie vous avez opéré l'extension analytique du produit $\Pi\left(1 - \frac{1}{p^z}\right)$ à partir de $z > \frac{1}{2}$; cette voie est hors de ma portée et je ne puis m'en faire aucune idée. Lundi prochain votre Note sera présentée à la séance de l'Académie; je n'ai rien trouvé à changer à votre rédaction qui est extrêmement claire et correcte, si ce n'est que d'écrire $\xi(z)$ au lieu de $\zeta(z)$ afin d'employer la notation dont Riemann s'est servi dans son travail. Si vous voulez, je tiens à votre disposition pour y être intercalée, dans le cas où ce serait encore à votre convenance, la démonstration de la formule $\xi(z) = \frac{1}{z-1} + \mathcal{G}(z)$; en allant corriger les épreuves mercredi, à l'imprimerie Gauthier-Villars, vous l'ajouteriez à votre texte (²).

Avec mes bien sincères et bien vives félicitations, je vous renouvelle, Monsieur, l'assurance de ma plus haute estime et celle de mes sentiments dévoués.

(¹) Voir *Comptes rendus, Sur une fonction uniforme,* t. CI, 13 juillet 1885, p. 153.

(²) Voir, *Comptes rendus,* la Note de M. Hermite, t. CI, 13 juillet 1885, p. 112.

79. — *STIELTJES A HERMITE.*

Paris, 11 juillet 1885.

MONSIEUR,

Recevez mes remercîments sincères pour la rédaction définitive de votre démonstration de $\zeta(z) = \frac{1}{z-1} + \mathcal{G}(z)$, cette marque de votre bienveillance m'est bien chère. Mais permettez-moi, maintenant, de remarquer que dans ma Note je me suis tout à fait conformé à la notation de Riemann.

Riemann pose $\zeta(s) = \sum \frac{1}{n^s}$. Après avoir trouvé que

$$\prod\left(\frac{s}{2}-1\right)\pi^{-\frac{s}{2}}\zeta(s)$$

ne change pas en remplaçant s par $1-s$, il considère la fonction obtenue en multipliant par $\frac{1}{2}s(s-1)$,

$$\prod\left(\frac{s}{2}\right)(s-1)\pi^{-\frac{s}{2}}\zeta(s),$$

qui aura la même propriété. Ce qui revient à dire, qu'en posant $s = \frac{1}{2} + ti$,

$$\prod\left(\frac{s}{2}\right)(s-1)\pi^{-\frac{s}{2}}\zeta(s)$$

sera une fonction paire de t qu'il désigne par $\xi(t)$.

L'expression qu'il trouve directement pour $\xi(t)$, qui fait voir en effet que cette fonction est paire, fournit donc une seconde démonstration de la relation entre $\zeta(s)$ et $\zeta(1-s)$ obtenue d'abord. Quant à la fonction $\xi(t)$, vous voyez qu'elle a perdu le pôle $s=1$ et les zéros $s = -2, -4, -6, \ldots$. Or, la relation

$$1 : \zeta(s) = \prod\left(1 - \frac{1}{p^s}\right)$$

montre que $\zeta(s)$ n'a point de zéro dans la partie du plan où partie réelle $s > 1$. La relation entre $\zeta(s)$ et $\zeta(1-s)$ montre ensuite que, dans la partie du plan où la partie réelle de s est négative, $s = -2, -4, -6, \ldots$ sont des zéros, et les *seuls zéros*.

La fonction $\xi(t)$ ne peut donc avoir de zéros que dans la bande où la partie réelle de s est comprise entre 0 et 1, ou, ce qui revient au même, si l'on a $\xi(a + bi) = 0$, b doit être comprise entre $-\frac{1}{2}$ et $+\frac{1}{2}$. Riemann dit, maintenant, qu'il est très probable que tous les zéros de la fonction $\xi(t)$ sont réels ($b = 0$). Or, ayant posé $s = \frac{1}{2} + ti$, cela revient à dire que toutes les racines imaginaires de $\zeta(s)$ sont de la forme $\frac{1}{2} + ai$, a réel. C'est sous cette forme, légèrement différente, que j'ai exprimé la proposition de Riemann, n'ayant pas voulu introduire la fonction $\xi(t)$ qui n'est pas l'objet principal de la recherche et s'introduit plutôt comme auxiliaire dans l'étude de la fonction $\zeta(s)$. C'est, du moins, ainsi que j'ai envisagé la chose. Il est vrai que cette fonction $\xi(t)$ réunit en soi toutes les difficultés si l'on tâche d'obtenir la décomposition en facteurs primaires de

$$(s-1)\zeta(s) = \pi^{\frac{s}{2}} \frac{1}{\prod\left(\frac{s}{2}\right)} \xi(t).$$

En considérant l'expression obtenue par Riemann pour $\xi(t)$, on trouve bien qu'elle a des racines réelles; mais j'ai inutilement cherché à déduire de cette expression, par intégrale définie, qu'elle a *toutes* ses racines réelles, et j'avais désespéré de démontrer cette proposition encore un peu douteuse, lorsque j'ai aperçu qu'on obtient cette proposition en modifiant légèrement le raisonnement de Riemann pour obtenir les zéros de $\zeta(s)$ en dehors de cette bande mystérieuse où la partie réelle de s est comprise entre 0 et 1. En effet, si, au lieu de $1 : \zeta(s) = \prod\left(1 - \frac{1}{p^s}\right)$, je considère $1 : \zeta(s) = 1 - \frac{1}{2^s} - \frac{1}{3^s} - \frac{1}{5^s} + \frac{1}{6^s} + \ldots = \sum_1^\infty \frac{f(n)}{n^s}$, il y a cette différence capitale, entre le produit infini et la série, que la dernière est convergente pour $s > \frac{1}{2}$, tandis que, dans le produit, il faut supposer $s > 1$. Voici comment je le démontre : La fonction $f(n)$ est égale à zéro lorsque n est divisible par un carré et pour les autres valeurs de n, égale à $(-1)^k$, k étant le nombre des facteurs premiers de n. Or, je trouve que dans la somme

$$g(n) = f(1) + f(2) + \ldots + f(n),$$

les termes ± 1 se compensent assez bien pour que $\frac{g(n)}{\sqrt{n}}$ reste toujours comprise entre deux limites fixes, quelque grand que soit n (probablement on peut prendre pour ces limites $+1$ et -1). De là il suit, s étant $> \frac{1}{2}$,

$$\lim \frac{g(n)}{n^s} = 0 \qquad (n = \infty)$$

et de même la série $\sum \frac{|g(n)|}{n^{1+s}}$ est convergente, $|g(n)|$ désignant la valeur absolue de $g(n)$.

Ce qu'il faut démontrer, c'est qu'on peut rendre $\sum_n^{n+m} \frac{f(n)}{n^s}$ aussi petit qu'on veut par un choix convenable de n. Mais, à l'aide de $f(n) = g(n) - g(n-1)$, cette expression devient égale à

$$\begin{aligned}\frac{g(n+m)}{(n+m)^s} - \frac{g(n-1)}{n^s} &+ g(n)\left[\frac{1}{n^s} - \frac{1}{(n+1)^s}\right]\\ &+ g(n+1)\left[\frac{1}{(n+1)^s} - \frac{1}{(n+2)^s}\right] + \ldots\\ &+ g(n+m-1)\left[\frac{1}{(n+m-1)^s} - \frac{1}{(n+m)^s}\right].\end{aligned}$$

Mais on a

$$\frac{1}{n^s} - \frac{1}{(n+1)^s} = \frac{s}{(n+\theta)^{s+1}} \qquad (0 < \theta < 1).$$

Donc

$$\begin{aligned}\sum_n^{n+m} \frac{f(n)}{n^s} &= \frac{g(n+m)}{(n+m)^s} - \frac{g(n-1)}{n^s}\\ &+ \underbrace{\frac{sg(n)}{(n+\theta)^{s+1}} + \frac{sg(n+1)}{(n+1+\theta')^{s+1}} + \ldots + \frac{sg(n+m-1)}{(n+m-1+\theta)^{s+1}}}_{=\,R}.\end{aligned}$$

Or, la série $\sum \frac{|g(n)|}{n^{s+1}}$ étant convergente, on peut rendre

$$\frac{|g(n)|}{n^{s+1}} + \frac{|g(n+1)|}{(n+1)^{s+1}} + \ldots + \frac{|g(n+m-1)|}{(n+m-1)^{s+1}}$$

aussi petit qu'on veut : la même chose a donc lieu pour R en posant

$$\sum_{n}^{n+m} \frac{f(n)}{n^s} = \frac{g(n+m)}{(n+m)^s} - \frac{g(n-1)}{n^s} + \text{R}.$$

De plus, les termes $\frac{g(n+m)}{(n+m)^s}$ et $\frac{g(n-1)}{n^s}$ convergent vers zéro et peuvent être rendus aussi petits qu'on veut. Donc la série $\sum \frac{f(n)}{n^s}$ est convergente pour $s > \frac{1}{2}$. Je crois qu'elle converge encore pour la valeur réelle $s = \frac{1}{2}$, mais je n'ai pu le démontrer. Ce qui est certain, c'est qu'elle ne peut converger lorsque $s < \frac{1}{2}$ et, s étant $< \frac{1}{2}$, il est donc impossible que $\frac{f(1) + f(2) + \ldots + f(n)}{n^s}$ reste comprise entre deux limites fixes [car on en conclurait, comme plus haut, la convergence de $\sum \frac{f(n)}{n^s}$ pour des valeurs de s inférieures à $\frac{1}{2}$, ce qui est impossible]. Cela montre plus clairement la nature de cette proposition sur laquelle je me suis appuyé, que

$$\frac{f(1) + f(2) + \ldots + f(n)}{\sqrt{n}}$$

reste comprise entre deux limites fixes.

Vous voyez que tout dépend d'une recherche arithmétique sur cette somme $f(1) + f(2) + \ldots + f(n)$. Ma démonstration est bien pénible; je tâcherai, lorsque je reprendrai ces recherches, de la simplifier encore.

Mais on peut déjà se faire une idée de la lenteur avec laquelle croît $g(n)$ (ou plutôt avec laquelle croît l'amplitude de ses oscillations) par la relation $k = \text{E}(\sqrt{n})$,

$$g(n) - g\left(\frac{n}{2}\right) + g\left(\frac{n}{3}\right) + \ldots \pm g\left(\frac{n}{k}\right)$$
$$= -1 + h(k)g(k) - h(n)f(1) - h\left(\frac{n}{2}\right)f(2) - \ldots - h\left(\frac{n}{k}\right)f(k),$$

la fonction $h(x)$ étant égale à 1 ou à 0, selon que $\text{E}(x)$ est impair ou pair. Comme $g(k)$ est naturellement $< k$ en valeur absolue, vous voyez que

$$g(n) - g\left(\frac{n}{2}\right) + \ldots \pm g\left(\frac{n}{k}\right)$$

est inférieur à $2k+1$ en valeur absolue, et même à $k+1$ lorsque k est pair.

Vous voyez bien, maintenant, comment cette étude de $\zeta(s)$ m'a amené à des spéculations arithmétiques. Mais excusez-moi d'avoir parlé, dans ma lettre précédente, de cette proposition

$$\sum_{q<n} \frac{1}{q} - \log \log n = \mathrm{A} \qquad (n = \infty)$$

qui a été démontrée déjà par M. Mertens (*Crelle*, t. 78) qui a donné aussi la détermination de A, après avoir été, antérieurement, considérée aussi par M. Tchebychef (*Journ. de Liouville*, 1re série, t. XVII). Legendre, déjà, doit l'avoir obtenue par induction.

J'espère, monsieur, que cette lettre n'est pas trop longue; je tiens surtout à vous avoir convaincu que je ne me suis pas éloigné de la notation de Riemann : c'est, ce me semble, un léger malentendu.

Je suis, avec un profond respect, monsieur, votre bien dévoué.

80. — *HERMITE A STIELTJES.*

Paris, 12 juillet 1885. (?)

MONSIEUR,

Vous avez toujours raison et j'ai toujours tort; j'avais cru lire dans le texte de votre Note $\xi(z)$, mais c'est bien $\zeta(z)$ que vous avez écrit, conformément à la notation de Riemann. En vous remerciant maintenant de votre dernière lettre que j'ai dévorée, je dois vous faire part d'une inquiétude extrême que j'éprouve au sujet de ma démonstration de la relation

$$\Gamma(s)\zeta(s) = \mathrm{F}(s) + \mathrm{G}(s).$$

On en conclurait en effet, d'après le théorème de Riemann,

$$\frac{\mathrm{F}(s)+\mathrm{G}(s)}{\pi^{\frac{s}{2}}} = \frac{\mathrm{F}(1-s)+\mathrm{G}(1-s)}{\pi^{\frac{1-s}{2}}},$$

ce qui est mille fois impossible et absurde, les pôles du premier membre, sauf $s = 0$, $s = 1$, étant tous différents de ceux du second membre.

Mes devoirs à la Sorbonne m'empêchent tout autre travail et il m'est impossible de découvrir où je me suis trompé, mais je ne puis non plus un seul instant supposer que le théorème démontré de deux manières différentes par Riemann ne soit tout ce qu'il y a au monde de mieux établi. Ne croyez-vous donc pas qu'il serait mieux de ne point publier ma démonstration qui est nécessairement fautive, bien qu'il ne semble pas facile de voir en quoi?

En vous renouvelant, Monsieur, l'expression de mes meilleurs sentiments.

81. — *HERMITE A STIELTJES.*

Paris, 29 juillet 1885.

Monsieur,

Permettez-moi de vous informer que M. Lipschitz m'écrit s'être vivement intéressé à ce que vous avez publié, dans les *Comptes rendus,* sur la fonction $\zeta(s)$ de Riemann. L'éminent géomètre ajoute que, lui-même s'est, à plusieurs reprises, occupé de cette fonction et que, dans son Mémoire du Tome XCVI, page 16 du journal de Berlin, intitulé : *Beitrage zu der Kenntniss der Bernouillschen Zahlen,* il a déduit de la formule générale de Riemann la relation $\zeta(-2n+1) = \frac{(-1)^n B n}{2n}$, dont il a fait ensuite plusieurs applications. Peut-être, Monsieur, penserez-vous devoir citer ce travail de M. Lipschitz quand vous en aurez l'occasion en publiant plus tard, dans les *Comptes rendus*, la suite de vos découvertes sur ce sujet.

Permettez-moi aussi de vous faire part d'une intention que nous avons eue, M. Darboux et moi, en vous demandant s'il vous conviendrait d'obtenir le titre de Docteur de la Faculté des Sciences de Paris, qui vous ouvrirait l'accès dans notre enseignement supérieur, et vous conduirait certainement, si toutefois une telle situation vous paraissait acceptable, à devenir professeur dans une Faculté des Sciences de province, en attendant que nous puissions vous ménager une position digne de vous à Paris.

Nous avons tout lieu de penser que nos collègues de la Sorbonne accueilleront favorablement la demande qui leur serait faite en notre nom de déclarer au Ministre de l'Instruction publique qu'en raison de l'importance et de l'éclat de vos travaux analytiques, il y a lieu de vous accorder la dispense du titre de licencié, et de vous autoriser à présenter et soutenir votre thèse, sans avoir à justifier d'aucun grade universitaire.

M. Darboux doit quitter Paris dans le courant de la semaine prochaine; mais peut-être pourriez-vous le voir avant son départ, et lui faire connaître si le projet, dont nous avons eu l'idée, aurait votre agrément. Vous auriez de lui, en même temps, sur la question, tous les renseignements que vous pourriez désirer : quant à moi, c'est demain déjà que je pars pour les eaux de la Bourboule, où m'envoie mon médecin. Je pense, Monsieur, que vous voudrez bien voir, dans cette ouverture, un témoignage de la haute estime que vous avez inspirée aux géomètres français, et c'est dans cet espoir que je vous renouvelle, avec mes vœux pour le succès de vos travaux, l'assurance de mon entier dévoûment.

82. — *STIELTJES A HERMITE.*

Paris, 28 août 1885.

MONSIEUR,

Vous aurez appris par M. Darboux que j'ai accepté de tout mon cœur la proposition que vous deux m'avez faite. Je ne peux m'empêcher de vous dire comment cette marque de votre extrême bienveillance m'a touché et j'espère présenter ma thèse en quelques mois.

Permettez-moi, maintenant, de vous communiquer quelques résultats que j'ai obtenus en continuant mes réflexions sur la fonction ζ. J'ai cru qu'ils pourraient vous intéresser parce qu'ils semblent se rattacher à la théorie des fonctions elliptiques.

Les développements

$$\sqrt{\frac{2K}{\pi}} = 1 + 2q + 2q^4 + \ldots.$$

$$\sqrt{kk'\left(\frac{2K}{\pi}\right)^3} = 2\sqrt[4]{q} - 6\sqrt[4]{q^9} - 10\sqrt[4]{q^{25}} - \ldots$$

conduisent à cette conséquence, qu'en posant

$$f(x) = 1 + 2e^{-\pi x} + 2e^{-4\pi x} + \ldots$$

$$f_1(x) = e^{-\frac{\pi x}{4}} - 3e^{-\frac{9\pi x}{4}} + 5e^{-\frac{25\pi x}{4}}$$

on a ces deux relations

(1) $$f\left(\frac{1}{x}\right) = x^{\frac{1}{2}} f(x),$$

(2) $$f_1\left(\frac{1}{x}\right) = x^{\frac{3}{2}} f_1(x).$$

Voici, maintenant, deux relations du même genre, mais qui ne me semblent pas se déduire aussi facilement de la théorie des fonctions elliptiques.

En posant

$$f_2(x) = e^{-\frac{\pi x}{3}} - 2e^{-\frac{4\pi x}{3}} + 4e^{-\frac{16\pi x}{3}} - 5e^{-\frac{25\pi x}{3}} + \ldots,$$

c'est-à-dire, en introduisant le symbole de Legendre,

$$f_2(x) = \sum \left(\frac{n}{3}\right) n e^{-\frac{n^2\pi x}{3}}$$

et

$$f_3(x) = \sum \left(\frac{n}{5}\right) e^{-\frac{n^2\pi x}{5}}$$

[avec la convention ordinaire que $\left(\frac{n}{3}\right) = 0$ lorsque n est divisible par 3 et de même pour $\left(\frac{n}{5}\right)$] on a

(3) $$f_2\left(\frac{1}{x}\right) = x^{\frac{3}{2}} f_2(x),$$

(4) $$f_3\left(\frac{1}{x}\right) = x^{\frac{1}{2}} f_3(x).$$

J'indique, en quelques mots, comment l'étude de la fonction ζ m'a conduit à ces relations.

Riemann a démontré, à l'aide de la relation (1), que

$$\pi^{-\frac{s}{2}} \Gamma\left(\frac{s}{2}\right) \zeta(s)$$

ne change pas en remplaçant s par $1-s$. Or, en posant

$$\zeta_1(s) = 1 - \frac{1}{3^s} + \frac{1}{5^s} - \frac{1}{7^s} + \ldots,$$

$$\zeta_2(s) = \sum \left(\frac{n}{3}\right) \frac{1}{n^s}, \qquad \zeta_3(s) = \sum \left(\frac{n}{5}\right) \frac{1}{n^s},$$

les relations (2), (3), (4) permettent de démontrer de la même manière que

$$\left(\frac{\pi}{4}\right)^{-\frac{s}{2}} \Gamma\left(\frac{1-s}{2}\right) \zeta_1(s),$$

$$\left(\frac{\pi}{3}\right)^{-\frac{s}{2}} \Gamma\left(\frac{1+s}{2}\right) \zeta_2(s),$$

$$\left(\frac{\pi}{5}\right)^{-\frac{s}{2}} \Gamma\left(\frac{s}{2}\right) \quad \zeta_3(s),$$

ne changent pas en remplaçant s par $1-s$. J'avais démontré d'abord ces propriétés de ζ_1, ζ_2, ζ_3 d'une autre manière, en me servant d'intégrales définies analogues à celle-ci :

$$\Gamma(s)\zeta(s) = \int_0^\infty \frac{x^{s-1}\,dx}{e^x - 1}.$$

En tâchant d'obtenir ensuite (après) une autre démonstration, en suivant le chemin indiqué par Riemann, je n'ai pas tardé à obtenir les résultats indiqués.

Les fonctions ζ_1, ζ_2, ζ_3 présentent beaucoup d'analogie avec $\zeta(s)$. Elles sont holomorphes dans tout le plan. Dans l'étude de la fonction $\zeta_1(s)$, les coefficients de la série

$$\sec x = C_0 + \frac{C_1}{1.2} x^2 + \frac{C_4}{1.2.3.4} x^4 + \ldots$$

s'introduisent de la même manière que les nombres de Bernoulli dans le cas de la fonction $\zeta(s)$.

Ces quelques résultats me portent à penser qu'on rencontrera des résultats intéressants en étudiant les séries de Dirichlet

$$\sum \left(\frac{D}{n}\right) \frac{1}{n^s}.$$

Peut-être pourra-t-on arriver ainsi à la vraie généralisation de ces relations singulières (1), (4).

Mais, ayant découvert par une sorte de hasard ces relations (3) et (4), je ne vous cache pas que je ne sais pas si elles ouvrent un nouveau point de vue, ou si elles rentrent dans d'autres résultats déjà acquis à la théorie des fonctions elliptiques. Vous qui avez approfondi, dans toutes les directions, cette théorie, vous pourrez en juger beaucoup mieux.

Je suis, avec les sentiments les plus respectueux, Monsieur, votre très dévoué et reconnaissant.

83. — *STIELTJES A HERMITE.*

Paris, 29 août 1885.

MONSIEUR,

Permettez-moi de compléter, en quelques points, ma dernière lettre. D'abord, j'ai omis une relation de la même nature que (1)...(4) et qui découle encore de la théorie des fonctions elliptiques. En effet, j'avais écrit

$$f_1(x) = e^{-\frac{\pi x}{4}} - 3e^{-\frac{9\pi x}{4}} + 5e^{-\frac{25\pi x}{4}} - \ldots;$$

$$f_1\left(\frac{1}{x}\right) = x^{\frac{3}{2}} f_1(x):$$

mais, en vertu de la belle relation bien connue

$$(1 - q - q^2 + q^5 + q^7 - q^{12} - \ldots)^3 = 1 - 3q + 5q^3 - 7q^6 + 9q^{10} \ldots,$$

on aura, en posant

$$\sqrt[3]{f_1(x)} = f_4(x),$$

$$f_4(x) = e^{-\frac{\pi x}{12}} - e^{-\frac{5^2\pi x}{12}} - e^{-\frac{7^2\pi x}{12}} + e^{-\frac{11^2\pi x}{12}} + \ldots,$$

$$(a) \qquad f_4(x) = \sum \left(\frac{3}{n}\right) e^{-\frac{n^2\pi x}{12}}$$

et

$$(5) \qquad f_4\left(\frac{1}{x}\right) = x^{\frac{1}{2}} f_4(x),$$

n parcourant dans (a) les nombres impairs non divisibles par 3.

En posant

$$\zeta_4(s) = \sum \left(\frac{3}{n}\right) \frac{1}{n^s} \qquad (n \text{ impair comme tout à l'heure}),$$

cette relation (5) permet de démontrer facilement que

$$\left(\frac{\pi}{12}\right)^{-\frac{s}{2}} \Gamma\left(\frac{s}{2}\right) \zeta_4(s)$$

ne change pas en remplaçant s par $1 - s$.

Dans le choix des fonctions $\zeta_1(s)$, $\zeta_2(s)$, ... à étudier, je me suis laissé conduire par cette analogie avec $\zeta(s)$ que les *réciproques* de $\zeta_1(s)$, $\zeta_2(s)$, ... peuvent s'exprimer par des *produits* infinis où entrent seulement des nombres premiers et qui convergent certainement dès que $s > 1$.

En effet, cela fait voir que ces fonctions n'admettent point de zéros tant que la partie réelle de s est supérieure à un, et la relation entre $\zeta_1(s)$ et $\zeta_1(1-s)$ fait trouver dès lors *toutes* les racines dont la partie réelle est négative et qui sont pour $\zeta_1(s)$

$$-1, \quad -3, \quad -5, \quad \ldots,$$

et de même pour les autres fonctions ζ.

L'introduction du symbole de Legendre dans les séries ζ, c'est-à-dire la considération de séries de Dirichlet, était donc tout indiquée. Mais, comme je l'ai déjà dit, j'ai trouvé d'abord ces relations entre $\zeta_1(s)$ et $\zeta_1(1-s)$, ... tout à fait indépendamment des relations (2), (3), ... Et comme, par exemple dans le cas de la fonction

$$f_2(x) = \sum \left(\frac{n}{3}\right) n e^{-\frac{n^2 \pi x}{3}},$$

on obtient une série analogue en différentiant

$$\Theta\left(\frac{2Kx}{\pi}\right) = 1 - 2q \cos 2x + 2q^4 \cos 4x - 2q^9 \cos 6x \ldots,$$

par rapport à x, et posant ensuite $x = \frac{\pi}{6}$, j'ai commencé à douter si l'introduction du symbole de Legendre dans ces séries $f_2(x)$, $f_3(x)$ était bien naturelle ; il ne serait pas impossible, en effet, que ces séries dussent être regardées plutôt comme des fonctions qui naissent de la division de l'argument dans les fonctions Θ. Mais je viens de trouver un nouvel exemple : en posant

$$f_5(x) = \sum \left(\frac{n}{7}\right) n e^{-\frac{n^2\pi x}{7}},$$

on a

(6) $$f_5\left(\frac{1}{x}\right) = x^{\frac{3}{2}} f_5(x),$$

et il ne me semble maintenant plus possible de douter que l'introduction du symbole de Legendre dans les séries Θ ne conduise à des fonctions jouissant de propriétés remarquables et dignes d'être étudiées.

Mais j'ajoute aussitôt que je n'ai pas démontré cette relation (6). En effet, d'après la méthode bien imparfaite que j'avais suivie dans les cas plus simples, cela m'aurait entraîné dans des calculs si compliqués qu'on n'en voit pas la fin. Je me suis donc contenté de vérifier *numériquement* pour quelques valeurs de x cette relation et cette autre qui s'ensuit :

$$f'_5(1) = -\tfrac{3}{4} f_5(1).$$

Mais, ayant trouvé un accord parfait en faisant le calcul avec sept décimales, il ne me reste point de doute sur l'exactitude de cette relation.

Mais, pour le moment, ce sont ces fonctions ζ qui m'occupent encore toujours, et ce n'est qu'incidemment que j'ai fait cette excursion dans une autre partie de l'Analyse.

Je suis, avec les sentiments les plus respectueux, Monsieur, votre bien dévoué et reconnaissant.

84. — *STIELTJES A HERMITE.*

Paris, septembre 1885.

MONSIEUR,

Je suis parvenu à étendre aux séries de Dirichlet la relation donnée par Riemann entre $\zeta(s)$ et $\zeta(1-s)$. Je compte donner dans ma thèse l'exposé complet de ces recherches avec les développements qu'elles comportent. L'intérêt que vous avez bien voulu montrer à ces recherches me fait espérer que vous ne serez pas mécontent d'en voir ici un échantillon.

Soit p un nombre impair sans facteur carré

$$f(x)=\sum\left(\frac{n}{p}\right)x^n,$$

$\left(\frac{n}{p}\right)$ étant le symbole généralisé de Legendre; n parcourant les nombres entiers inférieurs et premiers à p. Je désigne encore par $\varphi(s)$ la série infinie

$$\varphi(s)=\sum\left(\frac{n}{p}\right)\frac{1}{n^s}.$$

Je développe suivant la puissance de x l'expression

$$\frac{f(e^{-x})}{1-e^{-px}}.$$

J'obtiens ce développement en décomposant en fractions simples $\frac{f(x)}{1-x^p}$; en écrivant ensuite e^{-x} au lieu de x, développant ensuite en fractions les expressions de la forme $\frac{1}{e^{-x}-a}$ et développant enfin suivant les puissances de x. Je trouve ainsi ces formules

$$(1)\quad \left\{\begin{aligned} &\frac{f(e^{-x})}{1-e^{-px}}=\frac{\sqrt{p}}{\pi}\left[\varphi(2)\frac{px}{2\pi}-\varphi(4)\frac{p^3x^3}{2^3\pi^3}+\varphi(6)\frac{p^2x^5}{2^5\pi^5}-\varphi(8)\frac{p^7x^7}{2^7\pi^7}\cdots\right]\\ &\qquad\qquad (p\equiv 1,\ \mathrm{mod}\,4),\end{aligned}\right.$$

$$(2)\quad \left\{\begin{aligned} &\frac{f(e^{-x})}{1-e^{-px}}=\frac{\sqrt{p}}{\pi}\left[\varphi(1)\qquad-\varphi(3)\frac{p^2x^2}{2^2\pi^2}+\varphi(5)\frac{p^4x^4}{2^4\pi^4}-\varphi(7)\frac{p^6x^6}{2^6\pi^6}\cdots\right].\\ &\qquad\qquad (p\equiv 3,\ \mathrm{mod}\,4).\end{aligned}\right.$$

Dans ces formules, $\sqrt{p}$ doit être pris positivement. D'autre part, il est évident que les coefficients doivent être des nombres rationnels. En égalant les valeurs indiquées ci-dessus avec ces valeurs rationnelles, on obtient des formules qui me semblent devoir être mises à côté de celles-ci, connues depuis si longtemps,

$$\frac{\pi^2}{6}=1+\frac{1}{2^2}+\frac{1}{3^2}+\ldots,$$

$$\frac{\pi}{4}=1-\frac{1}{3}+\frac{1}{5}-\ldots,$$

$$\frac{\pi^3}{32}=1-\frac{1}{3^3}+\frac{1}{5^3}-\ldots,$$

et qui découlent de développements analogues, mais élémentaires. Ces coefficients ont d'ailleurs un caractère arithmétique prononcé, dans la formule (2) par exemple. $\frac{\sqrt{p}}{\pi}\varphi(1)$ a un rapport très simple avec le nombre des classes de déterminant $-p$.

Ces formules (1) et (2) conduisent aussitôt aux valeurs des intégrales définies suivantes :

$$(3)\qquad \int_0^\infty \sin\frac{ptx}{2\pi}\,\frac{f(e^{-x})}{1-e^{-px}}\,dx = \frac{\pi}{\sqrt{p}}\,\frac{f(e^{-t})}{1-e^{-pt}}\qquad (p\equiv 1,\ \bmod 4),$$

$$(4)\qquad \int_0^\infty \cos\frac{ptx}{2\pi}\,\frac{f(e^{-x})}{1-e^{-px}}\,dx = \frac{\pi}{\sqrt{p}}\,\frac{f(e^{-t})}{1-e^{-pt}}\qquad (p\equiv 3,\ \bmod 4).$$

En effet, on n'a qu'à développer suivant les puissances de t et intégrer alors à l'aide de la formule

$$(5)\qquad \int_0^\infty x^{s-1}\,\frac{f(e^{-x})}{1-e^{-px}}\,dx = \Gamma(s)\,\varphi(s)$$

qu'on trouve aussitôt à l'aide de $\frac{\Gamma(s)}{n^s} = \int_0^\infty x^{s-1}e^{-x}\,dx$.

De cette manière, les formules (3) et (4) sont démontrées en supposant $\bmod t < \frac{2\pi}{p}$, mais on voit facilement, ensuite, qu'elles restent vraies pour $t = a + bi$ à la seule condition que la valeur absolue de b reste inférieure à $\frac{2\pi}{p}$.

En multipliant, maintenant, ces formules (3) et (4) par

$$t^{s-1}\,dt \qquad (0 < s < 1),$$

intégrant de 0 à ∞, renversant dans le premier membre l'ordre des intégrations, et faisant usage de ces formules

$$\int_0^\infty t^{s-1}\sin mx\,dx = \frac{\Gamma(s)}{m^s}\sin\frac{s\pi}{2},$$

$$\int_0^\infty t^{s-1}\cos mx\,dx = \frac{\Gamma(s)}{m^s}\cos\frac{s\pi}{2},$$

on obtient la relation entre $\varphi(s)$ *et* $\varphi(1-s)$, qu'on peut exprimer en disant que

$$\left(\frac{\pi}{p}\right)^{-\frac{s}{2}}\Gamma\left(\frac{s}{2}\right)\varphi(s) \qquad (\text{lorsque } p \equiv 1, \bmod 4),$$

$$\left(\frac{\pi}{p}\right)^{-\frac{s}{2}}\Gamma\left(\frac{s+1}{2}\right)\varphi(s) \qquad (\quad \text{»} \quad p \equiv 3, \bmod 4)$$

ne change pas en remplaçant s par $1-s$.

En suivant la voie que vous avez indiquée pour la fonction $\zeta(s)$, la formule (5) permet de reconnaître que $\varphi(s)$ est une fonction holomorphe dans tout le plan, et l'on peut alors étendre à tout le plan cette relation qui lie $\varphi(s)$ à $\varphi(1-s)$. Cette propriété de $\varphi(s)$ donne lieu à la remarque suivante :

Comme on a

$$\left(\frac{\pi}{p}\right)^{-\frac{s}{2}}\frac{\Gamma\left(\frac{s}{2}\right)}{n^s} = \int_0^\infty x^{\frac{s}{2}-1}e^{-\frac{n^2\pi x}{p}}\,dx,$$

$$\left(\frac{\pi}{p}\right)^{-\frac{s+1}{2}}\frac{\Gamma\left(\frac{s+1}{2}\right)}{n^s} = \int_0^\infty x^{\frac{s-1}{2}}ne^{-\frac{n^2\pi x}{p}}\,dx,$$

il vient, en posant

$$(6)\qquad \begin{cases} \mathfrak{F}(x) = \sum\left(\frac{n}{p}\right)e^{-\frac{n^2\pi x}{p}} & (p \equiv 1, \bmod 4), \\ \mathcal{G}(x) = \sum\left(\frac{n}{p}\right)ne^{-\frac{n^2\pi x}{p}} & (p \equiv 3, \bmod 4), \end{cases}$$

$$\left(\frac{\pi}{p}\right)^{-\frac{s}{2}}\Gamma\left(\frac{s}{2}\right)\varphi(s) = \int_0^\infty x^{\frac{s}{2}-1}\mathfrak{F}(x)\,dx,$$

$$\left(\frac{\pi}{p}\right)^{-\frac{s+1}{2}}\Gamma\left(\frac{s+1}{2}\right)\varphi(s) = \int_0^\infty x^{\frac{s-1}{2}}\mathcal{G}(x)\,dx.$$

Les intégrales qui figurent aux seconds membres ne doivent donc pas changer en remplaçant s par $1-s$.

L'analogie avec quelques autres formules du même genre donne le plus haut degré de probabilité à ce que cette propriété se manifestera analytiquement par les relations

$$(7)\qquad \begin{cases} \mathfrak{F}\left(\frac{1}{x}\right) = x^{\frac{1}{2}}\mathfrak{F}(x), \\ \mathcal{G}\left(\frac{1}{x}\right) = x^{\frac{3}{2}}\mathcal{G}(x). \end{cases}$$

En admettant ces relations, on trouve

$$\int_0^\infty x^{\frac{s}{2}-1}\mathfrak{F}(x)\,dx = \int_1^\infty \left(x^{\frac{s}{2}} + x^{\frac{1-s}{2}}\right)\frac{\mathfrak{F}(x)}{x}\,dx,$$

$$\int_0^\infty x^{\frac{s-1}{2}}\mathfrak{G}(x)\,dx = \int_1^\infty \left(x^{-\frac{s}{2}} + x^{-\frac{1-s}{2}}\right)\mathfrak{G}(x)\,dx,$$

ce qui montre bien l'invariabilité pour le changement de s en $1 - s$.

Mais la *démonstration* de ces relations singulières (7) doit dépendre certainement d'autres considérations. D'après ce qui précède, cette démonstration fournirait une seconde méthode pour établir la relation entre $\varphi(s)$ et $\varphi(1-s)$.

J'ajoute qu'il ne me reste plus le moindre doute sur l'exactitude de ces relations (7); *numériquement,* je les ai trouvées exactes pour $p = 3, 5, 7, 11$ et 13; mais pour $p = 3, 5$, j'ai une démonstration.

Mais je n'ai pas encore abordé le problème de démontrer ces relations pour une valeur quelconque de p. C'est une étude qu'il me reste à faire. J'ai supposé, dans ce qui précède, p impair, sans facteur carré, mais il y a des formules analogues dans les autres cas. Je dois réunir tout cela dans ma thèse. Je désirerais vivement de pouvoir y insérer la démonstration de (7), mais je ne sais si je serai assez heureux.

Ce sont là les choses dont j'ai cru pouvoir vous parler sans vous ennuyer. Ces formules (1) et (2) m'ont donné quelque plaisir, parce que leur établissement a levé les dernières difficultés qui me barraient le chemin.

Je suis, avec les sentiments les plus respectueux, Monsieur, votre très dévoué et reconnaissant.

85. — *HERMITE A STIELTJES.*

Flanville par Noiseville (Lorraine), 11 septembre 1885.

MONSIEUR,

L'extension que vous avez découverte du théorème de Riemann à la fonction $\varphi(s) = \sum \left(\frac{n}{p}\right) x^n$ est extrêmement belle et je vous félicite bien sincèrement de cette nouvelle découverte. Je trouve aussi bien remarquables et intéressantes les relations que vous tirez du développement, suivant les puissances croissantes de x, de la fonction $\frac{f(e^{-x})}{1-e^{-px}}$ et je n'ai pas besoin de vous dire que vos théorèmes non encore démontrés, mais qui me paraissent hors de doute, sur les quantités

$$\mathfrak{F}(x)=\sum\left(\frac{n}{p}\right)\; e^{-\frac{n^2\pi x}{p}},$$

$$\mathfrak{G}(x)=\sum\left(\frac{n}{p}\right) n e^{-\frac{n^2\pi x}{p}},$$

ont attiré toute mon attention. Il ne m'a pas été possible, n'ayant pas mes livres ici, de suivre l'idée, qui a dû aussi, d'ailleurs, se présenter à votre esprit, de les conclure des théorèmes fondamentaux de Riemann concernant les fonctions $\Theta(x)$, en remplaçant le symbole $\left(\frac{n}{p}\right)$ par les formules de Gauss, en sinus et cosinus; mais peut-être aurez-vous déjà suivi cette voie et serez-vous parvenu au résultat. Permettez-moi aussi d'appeler votre attention, au sujet de la même question, sur un article des *Anciens Exercices* de Cauchy dans lequel le grand géomètre obtient précisément le théorème concernant $\sqrt{\frac{2k'K}{\pi}}$ comme conséquence d'une relation extrêmement générale entre les fonctions auxquelles il donne la dénomination de *réciproques*. Mais il vaudra mieux qu'à mon retour à Paris je puisse causer avec vous de toutes ces choses dont vous allez faire une des meilleures thèses qui aient jamais été présentées à la Faculté des Sciences. Vous n'ignorez pas, sans doute, qu'en outre de la thèse imprimée, on demande une thèse orale, c'est-à-dire une sorte de leçon de moins d'une heure sur un sujet élevé d'Analyse, de Mécanique ou d'Astronomie, qui sera laissée entièrement à votre choix : peut-être que l'exposition des recherches récentes, dans lesquelles vous avez eu une si belle et importante part, sur la variation de la densité à l'intérieur de la Terre, pourrait faire le sujet de cette thèse orale. M. Darboux et moi nous ferions naturellement partie de la Commission d'examen, et M. Tisserand, j'en suis sûr, se joindra bien volontiers à nous si vous faites choix, pour seconde thèse, de cette question dont il s'est occupé. Mais, je vous le répète, vous avez pleine et entière liberté, et nous accepterons toute autre question qui aura votre préférence.

En vous renouvelant, Monsieur, mes félicitations pour le succès de votre Travail, et vous priant de recevoir l'assurance de ma plus haute estime et celle de mes sentiments bien dévoués.

86. — *STIELTJES A HERMITE.*

Paris, 15 septembre 1885.

MONSIEUR,

Je dois vous remercier beaucoup de votre dernière lettre et je ne vous cache pas que je verrais avec plaisir que la Faculté choisît pour sujet de ma thèse orale l'exposition des récentes recherches sur la théorie de la figure de la Terre, auxquelles M. Tisserand a donné l'impulsion. Un autre sujet auquel j'avais pensé, c'était l'exposition de la démonstration, due à M. Poincaré, de l'existence d'une figure annulaire d'équilibre d'une masse fluide en rotation uniforme, énoncé par MM. Thomson et Tait. Mais je crois y devoir renoncer. Je suis trop accablé en ce moment et cela me donnerait encore trop de travail.

Quant à ces propriétés de $\mathfrak{F}(x)$ et $\mathcal{G}(x)$, j'avais reconnu de mon côté qu'elles découlent presque immédiatement des propriétés fondamentales de la fonction Θ et des formules de Gauss, en sorte que votre prévision est réalisée complètement. En effet, sous la condition $ab = \pi$, on a

$$(1)\quad \sqrt{a}\,(1 + 2e^{-a^2}\cos 2ax + 2e^{-4a^2}\cos 4ax + \ldots)$$
$$= \sqrt{b}\,(e^{-x^2} + e^{-(b-x)^2} + e^{-(b+x)^2} + e^{-(2b-x)^2} + e^{-(2b+x)^2} + \ldots),$$

et pour $s = 1, 2, \ldots, p-1$

$$(2)\qquad \sum \left(\frac{s}{p}\right) \cos\frac{2ns\pi}{p} = \left(\frac{n}{p}\right)\sqrt{p} \qquad (p \equiv 1, \mod 4),$$

$$(3)\qquad \sum \left(\frac{s}{p}\right) \sin\frac{2ns\pi}{p} = \left(\frac{n}{p}\right)\sqrt{p} \qquad (p \equiv 3, \mod 4).$$

Soit $p \equiv 1$, mod 4, posons dans la formule (1)

$$x = \frac{s\pi}{ap} = \frac{sb}{p}$$

et multiplions par $\left(\frac{s}{p}\right)$. En sommant sur les valeurs $s = 1, 2, \ldots, p-1$, le premier membre devient, à cause de (2),

$$2\sqrt{ap}\sum\left(\frac{n}{p}\right)e^{-n^2a^2}.$$

Quant au second membre, le terme e^{-x^2} donne naissance aux termes

$$(a)\qquad \left(\frac{1}{p}\right)e^{-\frac{b^2}{p^2}}+\left(\frac{2}{p}\right)e^{-\frac{4b^2}{p^2}}+\ldots+\left(\frac{p-1}{p}\right)e^{-\frac{(p-1)^2b^2}{p^2}},$$

et le terme $e^{-(b-x)^2}$ aux termes

$$(b)\qquad \left(\frac{1}{p}\right)e^{-\frac{(p-1)^2b^2}{p^2}}+\left(\frac{2}{p}\right)e^{-\frac{(p-2)^2b^2}{p^2}}+\ldots-\left(\frac{p-1}{p}\right)e^{-\frac{b^2}{p^2}},$$

à cause de $\left(\frac{n}{p}\right) = \left(\frac{p-n}{p}\right)$, ce sont les mêmes termes qui figurent dans (a) : l'ordre seulement est renversé. Il en est de même des termes qui proviennent de

$$\begin{array}{lll} e^{-(b+x)^2} & \text{et} & e^{-(2b-x)^2}, \\ e^{-(2b+x)^2} & \text{et} & e^{-(3b-x)^2}, \\ \ldots\ldots & & \ldots\ldots \end{array}$$

en sorte que le second membre devient

$$2\sqrt{b}\sum\left(\frac{n}{p}\right)e^{-\frac{n^2b^2}{p^2}};$$

et, par conséquent,

$$\sqrt{ap}\sum\left(\frac{n}{p}\right)e^{-n^2a^2} = \sqrt{b}\sum\left(\frac{n}{p}\right)e^{-\frac{n^2b^2}{p^2}};$$

ou, en posant

$$a^2 = \frac{\pi x}{p},$$

d'où

$$\frac{b^2}{p^2} = \frac{\pi}{px}, \qquad \frac{a^2p^2}{b^2} = x^2;$$

$$\sqrt{x}\sum\left(\frac{n}{p}\right)e^{-\frac{n^2\pi x}{p}} = \sum\left(\frac{n}{p}\right)e^{-\frac{n^2\pi}{px}}. \qquad \text{C.Q.F.D.}$$

On peut dire aussi que, sous la condition $ab = \frac{\pi}{p}$, on a

$$\sqrt{a}\sum\left(\frac{n}{p}\right)e^{-n^2a^2} = \sqrt{b}\sum\left(\frac{n}{p}\right)e^{-n^2b^2}.$$

La relation qui lie $\mathcal{G}(x)$ à $\mathcal{G}\left(\frac{1}{x}\right)$, c'est-à-dire

$$\sqrt{a^3}\sum\left(\frac{n}{p}\right)ne^{-n^2a^2} = \sqrt{b^3}\sum\left(\frac{n}{p}\right)ne^{-n^2b^2},$$

sous la condition

$$ab = \frac{\pi}{p}, \qquad p \equiv 3 \pmod 4,$$

s'obtient de la même manière en partant de la formule obtenue en prenant la dérivée de (1) par rapport à x et mettant à profit la formule (3). Tout cela suppose $p > 0$ sans facteur carré.

Les séries

$$\sum\left(\frac{D}{n}\right)e^{-\frac{n^2\pi x}{4D}} \qquad \text{ou} \qquad \sum\left(\frac{D}{n}\right)e^{-\frac{n^2\pi x}{2D}}$$

et

$$\sum\left(\frac{-D}{n}\right)ne^{-\frac{n^2\pi x}{4D}} \qquad \text{ou} \qquad \sum\left(\frac{-D}{n}\right)ne^{-\frac{n^2\pi x}{2D}}$$

jouissent de propriétés analogues, n parcourant les nombres entiers positifs qui sont premiers à $2D$.

Ces fonctions $\mathcal{F}(x)$, $\mathcal{G}(x)$ jouissent-elles de propriétés analogues aux fonctions modulaires? C'est là une question qui se présente naturellement, mais dont je n'ai pu encore m'occuper.

Veuillez bien agréer, Monsieur, la nouvelle assurance de mes sentiments de profond respect et de reconnaissance.

87. — *HERMITE A STIELTJES.*

13 février 1886.

MONSIEUR,

Permettez-moi de vous engager à vous présenter à M. Lucien Lévy, Directeur des Études à l'École préparatoire de Sainte-Barbe, de la part de M. Désiré André, Professeur de Mathématiques spéciales à cette école, à qui j'ai donné commission de vous trouver des leçons, conformément au désir que vous m'avez exprimé. M. Désiré André a réussi dans ses démarches et m'écrit que M. Lucien Lévy vous recevra à son bureau, rue Valette, n° 4, à 5^h de l'après-midi, et que le plus tôt que vous pourrez venir sera le mieux. Peut-être, Monsieur, ferez-vous bien également de rendre visite à M. André, 25, rue Gay-Lussac, qui est un de mes élèves et mathématicien distingué ayant publié dans les *Comptes rendus* plusieurs Notes très intéressantes sur la règle des signes de Descartes; je crois pouvoir vous assurer d'un bon et cordial accueil de sa part.

Je prends à cette occasion la liberté d'appeler votre attention, pensant que vous travaillez à votre thèse, sur un Mémoire de M. Léopold Gegenbauer, publié dans les *Sitzungsberichte* de l'Académie des Sciences de Vienne, LXXXIX Band, en 1884, p. 37, et qui roule principalement sur la fonction $\zeta(s)$ de Riemann. Vous y trouverez une foule de résultats qui me semblent très intéressants, mais vous serez meilleur juge que moi de leur valeur. Je puis, si vous le désirez, mettre le volume à votre disposition.

En vous renouvelant, Monsieur, l'assurance de ma plus haute estime et celle de mes sentiments bien dévoués.

88. — *STIELTJES A HERMITE.*

Paris, 13 février 1886.

Monsieur,

Je viens de recevoir votre lettre, et je dois vous remercier de tout mon cœur, quel que soit, du reste, le résultat de la visite à M. Lucien Levy que je ne tarderai pas à faire. Je ferai aussi avec un grand plaisir la connaissance de M. D. André, dont je me rappelle bien les Notes dans les *Comptes rendus*. L'ingénieuse définition de certains nombres entiers qui donnent aussitôt les coefficients dans les développements de $\tang x$, $\text{séc}\, x$, comme nombres de permutations, jouissant de certaines propriétés, s'est gravée dans mon esprit.

Je travaille à ma Thèse *Étude de quelques séries semi-convergentes*, en deux mois j'espère l'avoir finie. Vous voyez, par là, que j'ai abandonné ma première idée. En effet, d'un côté, j'étais peu content de certaines parties et, de plus, j'avais vu que le sujet comporte encore de grands développements que j'entrevois un peu, mais qui demandent encore beaucoup de travail. En m'indiquant, l'an dernier, un Mémoire de Cauchy sur les fonctions réciproques, vous m'avez mis sur la voie des questions nouvelles qui se sont présentées à moi. Vous voyez, par là, que je dois encore remettre à quelques mois l'étude du Mémoire de M. Gegenbauer que vous venez de m'indiquer, malgré l'intérêt qu'elle m'inspire.

Ma Thèse contiendra beaucoup de choses qui vous intéresseront bien peu. Ce qui vous plaira peut-être le mieux, c'est que j'ai l'idée d'une série semi-convergente pour $\Gamma(ai)$ a réel très grand ou plutôt de $\log\Gamma(ai)$.

La définition de Gauss

$$\Gamma(ai) = \frac{e^{ai\log n}}{ai(1+ai)\left(1+\frac{ai}{2}\right)\cdots\left(1+\frac{ai}{n}\right)} \qquad (n=\infty)$$

montre de suite qu'en posant

$$\Gamma(ai) = R(\cos\theta + i\sin\theta),$$

on a

$$R = \frac{1}{\sqrt{a^2(1+a^2)\left(1+\frac{a^2}{4}\right)\left(1+\frac{a^2}{9}\right)\cdots}},$$

c'est-à-dire

$$R = \sqrt{\frac{2\pi}{a(e^{\pi a}-e^{-\pi a})}}$$

et

$$\theta = a\log n \mp \frac{\pi}{2} - \operatorname{arc\,tang} a - \operatorname{arc\,tang}\frac{a}{2} - \ldots - \operatorname{arc\,tang}\frac{a}{n} \qquad (n=\infty),$$

où l'on doit prendre le signe supérieur ou inférieur, selon que a est positif ou négatif et les arc tang compris dans les limites $\pm\frac{\pi}{2}$.

Vous voyez que

$$\log\Gamma(ai) = \log R + i\theta$$

et la série semi-convergente est celle de Stirling appliquée à des valeurs imaginaires. Quoique cette idée de considérer, dans la série de Stirling, des valeurs imaginaires est bien simple et que je l'ai eue depuis longtemps, sans la développer pourtant suffisamment, je n'ai pas vu qu'on l'ait eue déjà. Pourtant, il m'est difficile de croire qu'elle soit nouvelle. Je me rappelle aussi que

Gauss a calculé (je crois) ([1]) la valeur de $\Pi(i) = \Gamma(1-i)$ en la déduisant de $\Pi(10+i)$, cette dernière quantité étant obtenue à l'aide de la série de Stirling.

L'observation que

$$\operatorname{mod}\Gamma(ai) = \sqrt{\frac{2\pi}{a(e^{\pi a} - e^{-\pi a})}}$$

et la formule de Binet

$$\log\Gamma(a) = \left(a - \frac{1}{2}\right)\log a - a + \log\sqrt{2\pi} + \frac{1}{2}\int_{-\infty}^{0} e^{ax}\frac{\varphi(x)}{x^2}\,dx$$

(p. 104 de votre Cours, second tirage) donnent lieu à cette conséquence

$$\int_{-\infty}^{0} \cos ax\,\frac{\varphi(x)}{x^2}\,dx = \log\left(\frac{1}{1-e^{-2\pi a}}\right) \qquad (a > 0),$$

ce qu'on trouve aussi facilement à l'aide de

$$\frac{\varphi(x)}{x^2} = \sum_{1}^{\infty}{}_{n}\,\frac{4}{x^2 + 4n^2\pi^2}$$

(p. 101 de votre Cours) et

$$\int_{-\infty}^{0} \frac{\cos ax}{x^2 + b^2}\,dx = \frac{\pi}{2b}e^{-ab} \qquad (b > 0,\ a \geqq 0).$$

Tout cela est si simple que j'ai peine à croire que c'est quelque chose de nouveau.

Veuillez accepter, Monsieur, la nouvelle assurance de mes sentiments de reconnaissance et de profond respect.

([1]) *Note des éditeurs.* — Gauss (*Werke*, t. III, p. 230) a donné, dans un cahier de Notes, la formule

$$\Pi i = +0{,}4980156 - 0{,}1549496\,i.$$

89. — *HERMITE A STIELTJES.*

Paris, 14 février 1886.

Monsieur,

Votre expression de $\log\Gamma(ai)$ est extrêmement élégante et m'intéresse beaucoup. Si vous vouliez bien prendre la peine de rédiger pour moi la démonstration de la formule

$$\theta = a\log n \pm \frac{\pi}{2} - \text{arc tang}\, a - \ldots - \text{arc tang}\,\frac{a}{n},$$

je l'ajouterais à ma Leçon sur les intégrales eulériennes, dans la troisième édition de mon Cours à laquelle je travaille et j'aurais grand plaisir à vous associer à mon œuvre et à faire connaître votre nom à mes élèves. A cette occasion, permettez-moi de vous informer que M. Lipsichtz a donné, en 1857, dans le *Journal de Borchardt,* l'équation

$$\frac{\Gamma'(a+ib+1)}{\Gamma(a+ib+1)} = \log(a+ib) + \frac{1}{2}\,\frac{1}{a+ib} + \ldots$$
$$+ \frac{(-1)^m B_{2m}}{2m}\,\frac{1}{(a+ib)^{2m}} + \frac{B_{m+1}}{2m+2}\,\frac{\varepsilon+\varepsilon' i}{a^{2m}},$$

où ε et ε' sont < 1.

En vous écrivant hier, j'avais mis sur l'adresse de ma lettre le n° **125**, j'ai eu crainte, en me rappelant après que vous étiez au n° **120**, qu'elle ne vous parvînt pas, et j'ai écrit une seconde fois; peut-être que vous aurez eu les deux lettres qui contenaient absolument la même chose. En vous souhaitant bon courage pour votre étude des séries semi-convergentes, je vous renouvelle, Monsieur, l'expression de mes meilleurs sentiments.

90. — *STIELTJES A HERMITE.*

Paris, 14 février 1886.

Monsieur,

En recevant ce matin une lettre conforme à celle que j'avais reçue hier, j'ai tout de suite expliqué ce fait comme vous venez de le faire, quoique je n'avais pas remarqué l'erreur dans l'adresse de votre première lettre. Mais vous m'avez rendu un très grand service en m'indiquant le travail déjà ancien de M. Lipschitz qui m'était inconnu et dont je dois prendre connaissance.

Je suis bien convaincu que M. Lipschitz a, pour la première fois, étendu à des valeurs complexes, sinon la série de Stirling, du moins sa dérivée. Vous trouverez plus loin encore une remarque sur la formule de M. Lipschitz.

Vous me demandez une démonstration de la formule

$$[\Gamma(ai) = \mathrm{R}e^{\Theta i}]$$

$$\Theta = a \log n \mp \frac{\pi}{2} - \operatorname{arc\,tang} a - \ldots - \operatorname{arc\,tang} \frac{a}{n} \qquad (n = \infty),$$

mais il me semble qu'elle exige à peine une démonstration spéciale, car, en considérant l'expression

$$\Gamma(ai) = \frac{e^{ai \log n}}{ai\left(1 + \frac{ai}{1}\right) \cdots \left(1 + \frac{ai}{n}\right)} \qquad (n = \infty),$$

il suffit de se rappeler que l'argument d'un produit est égal à la somme des arguments des facteurs.

Je développe un peu ce que j'avais peut-être indiqué trop confusément dans ma lettre. D'abord, rien n'empêche d'attribuer, dans la formule de Binet,

$$(1) \quad \log \Gamma(a) = \left(a - \frac{1}{2}\right) \log a - a + \log \sqrt{2\pi} + \frac{1}{2} \int_0^\infty \frac{\varphi(x)}{x^2} e^{-ax}\, dx$$

à la variable a une valeur imaginaire, à condition seulement que la partie réelle soit positive. [La fonction $\varphi(x)$ a le même sens que dans votre Cours; si j'ai remplacé x par $-x$ dans l'intégrale, c'est parce que cela me semble faciliter un peu quelques développements ci-après.] Je remarque que les expressions $\log \Gamma(a)$ et $\log a$ ont une détermination unique par la condition même que la variable ne doit jamais traverser l'axe des y. Mais il est permis encore, dans cette formule, de remplacer a par ai parce que :

1° L'intégrale

$$\int_0^\infty \frac{\varphi(x)}{x^2} e^{-aix}\, dx = \int_0^\infty \frac{\varphi(x)}{x^2} (\cos ax + i \sin ax)\, dx$$

a un sens. On s'en assure, d'après une méthode bien connue, en changeant les intégrales en séries dont les termes sont alternativement + et —, tandis qu'ils diminuent indéfiniment.

Et 2° Parce que

$$\int_0^\infty \frac{\varphi(x)}{x^2} e^{-aix}\,dx$$

est réellement la limite vers laquelle tend l'expression

$$\int_0^\infty \frac{\varphi(x)}{x^2} e^{-bx} e^{-aix}\,dx$$

lorsque la quantité positive b tend vers zéro. Mais, comme peut-être la démonstration de cela vous semblera à peine nécessaire, je la rejette à la fin de cette lettre.

En remplaçant donc, maintenant, a par ai, il vient, en supposant $a > 0$,

$$\log\Gamma(ai) = \left(ai - \frac{1}{2}\right)\left(\log a + \frac{\pi i}{2}\right) - ai + \log\sqrt{2\pi}$$
$$+ \frac{1}{2}\int_0^\infty \frac{\varphi(x)}{x^2}(\cos ax - i \sin ax\,dx),$$

d'où

$$(2) \qquad \log R = \log\sqrt{2\pi} - \frac{\pi a}{2} - \frac{1}{2}\log a + \frac{1}{2}\int_0^\infty \frac{\varphi(x)}{x^2}\cos ax\,dx,$$

$$(3) \qquad \Theta = a\log a - \frac{\pi}{4} - a - \frac{1}{2}\int_0^\infty \frac{\varphi(x)}{x^2}\sin ax\,dx.$$

L'intégrale $\frac{1}{2}\int_0^\infty \frac{\varphi(x)}{x^2}\sin ax\,dx$, qui figure dans la valeur de Θ, converge vers zéro pour $a = \infty$, et c'est celle qui donne la série sẽmi-convergente [en peut obtenir cette série semi-convergente de beaucoup de manières. Une des plus simples me semble celle qui consiste à appliquer une intégration par parties à l'intégrale $\frac{1}{2}\int_0^\infty \frac{\varphi(x)}{x^2}\sin ax\,dx$], en sorte que

$$(4) \qquad \Theta = a\log a - \frac{\pi}{4} - a - \frac{B_1}{1.2.a} - \frac{B_2}{3.4.a^3} - \frac{B_3}{5.6.a^5} - \dots,$$

mais la discussion du reste est *beaucoup* plus difficile que dans le cas de la formule de Stirling. De fait, on peut continuer la série jusqu'au plus petit terme et l'erreur est alors du même ordre que ce terme; en sorte que la série est tout aussi pratique que celle de Stirling.

A cet égard, je remarquerai que, dans la formule de M. Lipsichtz que vous m'avez communiquée

$$\frac{\Gamma'(a+ib+1)}{\Gamma(a+ib+1)} = \log(a+ib)+\ldots+\frac{B_{m+1}}{2m+2}\,\frac{\varepsilon-\varepsilon' i}{a^{2m}},$$

le terme complémentaire devient infini pour $a=0$, en sorte qu'il reste *douteux*, du moins, qu'on puisse calculer $\frac{\Gamma'(ib+1)}{\Gamma(ib+1)}$ ou $\frac{\Gamma'(ib)}{\Gamma(ib)}$ pour de grandes valeurs de b, par une série semi-convergente.

Or, comme je viens de le dire plus haut à l'égard de $\Gamma(ib)$, cela est *effectivement* le cas. Je crois donc que mon travail ne sera pas inutile.

Vous voyez par la valeur de Θ et par $R=\sqrt{\frac{2\pi}{2a(e^{a\pi}-e^{-a\pi})}}$ que, lorsque le point z parcourt la partie positive de l'axe des y, en s'éloignant de l'origine, le point dont l'affixe est $\Gamma(z)$ finit par décrire, dans le sens positif, une spirale, en se rapprochant rapidement de l'origine, la vitesse angulaire croissant aussi indéfiniment et, de là, on voit comment se comporte la fonction holomorphe $\frac{1}{\Gamma(z)}$.

Considérons encore les intégrales qui figurent dans les formules (2) et (3), ou plutôt celle-ci :

$$\frac{1}{2}\int_0^\infty \frac{\varphi(x)}{x^2}e^{+aix}\,dx$$

qui les réunit.

Au lieu d'intégrer le long de l'axe des x, de o vers A, il est permis d'intégrer le long de l'axe des y, de o vers B, en évitant les pôles de $\varphi(x)$ par de petits demi-cercles de rayon infiniment petit ε, puis d'aller de B vers A par un quart de cercle.

L'intégrale, le long de BCA, s'évanouit à la limite pour $n=\infty$, il ne reste donc que l'intégrale de o vers B. En posant $x=it$, on obtient, pour la partie rectiligne,

$$-\frac{1}{2}\int \frac{\varphi(it)}{t^2}e^{-at}\,i\,dt,$$

et l'intégration doit s'étendre de o à $2\pi-\varepsilon$, de $2\pi+\varepsilon$ à

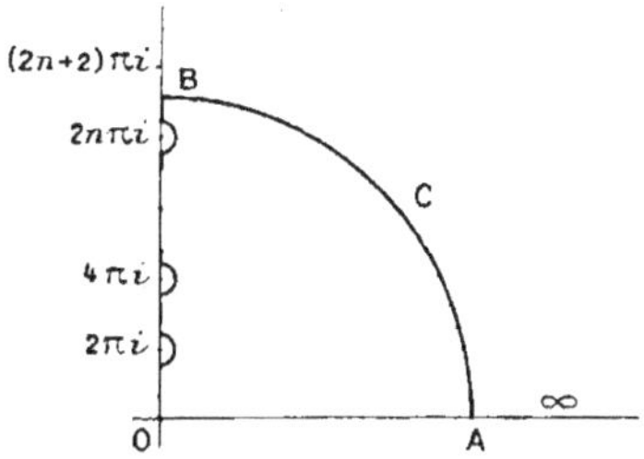

$4\pi+\varepsilon$, ...; comme $\varphi(it)$ est réelle, cette partie est purement imaginaire.

Quant aux petits demi-cercles, ce sont évidemment des moitiés de résidus, et à cause de

$$\frac{1}{2}\frac{\varphi(x)}{x^2}=\sum\frac{1}{2n\pi i}\left(\frac{1}{x-2n\pi i}-\frac{1}{x+2n\pi i}\right),$$

on voit que le pôle $2n\pi i$ donne le terme

$$\frac{1}{2n}e^{-2an\pi}.$$

Ces demi-cercles donnent, par conséquent, la partie réelle de l'intégrale et

$$\frac{1}{2}\int_0^\infty\frac{\varphi(x)}{x^2}\cos ax\,dx=\sum\frac{1}{2n}e^{-2an\pi}=\frac{1}{2}\log\left(\frac{1}{1-e^{-2a\pi}}\right);$$

mettant cette valeur dans (2), je retrouve la valeur

$$\log R=\frac{1}{2}\log\frac{2\pi}{a(e^{a\pi}-e^{-a\pi})}$$

que j'avais conclue d'abord, en envisageant directement la valeur de $\Gamma(ai)$ d'après la définition de Gauss.

Mais la nouvelle forme de la partie imaginaire

$$\frac{1}{2}\int_0^\infty\frac{\varphi(x)}{x^2}\sin ax\,dx=-\frac{1}{2}\int\frac{\varphi(it)}{t^2}e^{-at}\,dt$$

$$(t \text{ de o à } 2\pi-\varepsilon,\ 2\pi+\varepsilon \text{ à } 4\pi-\varepsilon)$$

se prête difficilement à des développements ultérieurs en vue de la série semi-convergente. On obtient une forme plus utile en écrivant

$$\frac{1}{2}\int_0^\infty \frac{\varphi(x)}{x^2}\, e^{aix}\, dx = \sum \int_0^\infty \frac{2 e^{aix}\, dx}{x^2 - 4 n^2 \pi^2},$$

et en traitant $\int_0^\infty \frac{2 e^{aix}\, dx}{x^2 + 4 n^2 \pi^2}$ de la même manière. La partie imaginaire peut s'exprimer alors par le logarithme intégral.

J'ajoute maintenant une démonstration de ce fait que les intégrales

$$\mathfrak{M} = \int_0^\infty \frac{\varphi(x)}{x^2}(1 - e^{-bx}) \cos a x\, dx,$$

$$\mathfrak{N} = \int_0^\infty \frac{\varphi(x)}{x^2}(1 - e^{-bx}) \sin a x\, dx$$

convergent réellement vers zéro en même temps que b. J'écris

$$\mathfrak{M} = \int_0^1 + \int_1^{\sqrt{\frac{1}{b}}} + \int_{\sqrt{\frac{1}{b}}}^\infty = \mathfrak{M}_1 + \mathfrak{M}_2 + \mathfrak{M}_3.$$

On a

$$|\mathfrak{M}_1| < \int_0^1 \frac{\varphi(x)}{x^2}(1 - e^{-bx})\, dx < (1 - e^{-b}) \int_0^1 \frac{\varphi(x)}{x^2}\, dx,$$

$$|\mathfrak{M}_2| < \int_1^{\sqrt{\frac{1}{b}}} \frac{\varphi(x)}{x^2}(1 - e^{-bx})\, dx < (1 - e^{-\sqrt{b}}) \int_1^{\sqrt{\frac{1}{b}}} \frac{\varphi(x)}{x^2}\, dx$$
$$= (1 - e^{-\sqrt{b}}) \frac{\varphi(\xi)}{\xi} \log \sqrt{\frac{1}{b}}.$$

On voit par là que $\mathfrak{M}_1$ et $\mathfrak{M}_2$ convergent vers zéro, car $\frac{\varphi(x)}{x^2}$ reste finie.

Pour faire voir rigoureusement que $\lim \mathfrak{M}_3 = 0$, j'applique le second théorème de la moyenne

$$\int_a^b u(x)\, v(x)\, dx = u(a) \int_a^\xi v(x)\, dx + u(b) \int_\xi^b v(x)\, dx.$$

Cela suppose que $u(x)$ varie toujours dans le même sens. M. Dini (*Fundamenti, etc.*, p. 360) a étendu cette formule au cas où l'une ou l'autre des limites (ou même toutes les deux) sont infinies. Dans notre cas, $u(x) = (1 - e^{-bx})$, il vient

$$\mathfrak{M}_3 = \int_{\sqrt{\frac{1}{b}}}^{\infty} \frac{\varphi(x)}{x^2}(1 - e^{-bx}) \cos ax \, dx$$

$$= (1 - e^{-\sqrt{b}}) \int_{\sqrt{\frac{1}{b}}}^{\eta} \frac{\varphi(x)}{x^2} \cos ax \, dx + \int_{\eta}^{\infty} \frac{\varphi(x)}{x^2} \cos ax \, dx.$$

Or, comme l'intégrale $\int_0^{\infty} \frac{\varphi(x)}{x^2} \cos ax \, dx$ a un sens, on a

$$\lim \int_{\sqrt{\frac{1}{b}}}^{\eta} \frac{\varphi(x)}{x^2} \cos ax \, dx = 0, \qquad \lim \int_{\eta}^{\infty} \frac{\varphi(x)}{x^2} \cos ax \, dx = 0,$$

donc

$$\lim \mathfrak{M}_3 = 0$$

et, finalement,

$$\lim \mathfrak{M} = 0.$$

La même démonstration s'applique à l'intégrale $\mathfrak{n}$.

(*Note.* — Il paraît bien à peu près *évident* que

$$\lim \mathfrak{M}_3 = \lim \int_{\sqrt{\frac{1}{b}}}^{\infty} \frac{\varphi(x)}{x^2}(1 - e^{-bx}) \cos ax \, dx = 0,$$

mais, si l'on exige une démonstration rigoureuse, je n'en vois pas de plus simple) ([1]).

J'espère, Monsieur, que vous voudrez bien excuser la longueur de cette lettre et me conserver la bienveillante affection dont vous m'avez donné tant de preuves.

Votre très reconnaissant et dévoué.

([1]) *Note des éditeurs.* — Le Mémoire où Stieltjes a exposé les résultats contenus dans cette lettre est inséré au Tome V de la 4e série du *Journal de Liouville*, 1889, p. 425-444.

91. — *STIELTJES A HERMITE.*

Paris, 19 mars 1886.

Monsieur,

Je viens de déposer ma Thèse au Secrétariat de la Faculté des Sciences. Comme seconde Thèse, je voudrais bien exposer la démonstration due à M. Poincaré de la possibilité d'une figure annulaire d'une masse fluide en rotation. C'est un sujet qui m'intéresse beaucoup et j'ai encore quelques mois de temps, certainement, avant que ma Thèse ne soit imprimée.

En travaillant à ma Thèse, j'ai reconnu que la formule

$$\frac{1}{\Gamma(a)} = \frac{1}{2\pi i}\int e^z z^{-a}\,dz,$$

donnée par M. Heine dans le *Journal de Borchardt*, est due à M. Hankel, élève de Riemann, et qu'une mort prématurée a enlevé à la Science. Dans un Mémoire paru dans le *Journal de M. Schölmilch* (t. IX, p. 1, 1864), il donne cette formule

$$-\frac{2\pi i}{\Gamma(-x)} = \int_{\infty}^{\infty} (-t)^x e^{-t}\,dt.$$

Ce Mémoire, écrit visiblement sous l'influence des idées de Riemann, contient beaucoup de choses intéressantes. Le sujet n'ayant pas un rapport direct avec les développements de ma Thèse, je n'ai pu mentionner cette remarque dans ma Thèse.

Je n'ai pu retrouver dans aucun Mémoire publié la spirale que décrit le point $\frac{1}{\Gamma(ai)}$, mais d'après un passage du Mémoire *Ueber die Anzahl Prinzahlen, etc.*, je suis convaincu que Riemann avait déjà reconnu la manière dont se comporte $\frac{1}{\Gamma(z)}$ lorsque z décrit l'axe des y.

Veuillez bien agréer, Monsieur, l'expression de mes sentiments de respect et de reconnaissance. Votre dévoué.

92. — *STIELTJES A HERMITE.*

(Extraits.)

Paris, 2 avril 1886.

... Note concernant la Thèse *Recherches sur quelques séries semi-convergentes.*

L'exactitude des nombres donnés dans ce Travail est assurée par un calcul fait en double. Seul, le calcul de $li(10000000000)$ n'était pas contrôlé. En revoyant ce calcul, on a découvert une faute d'écriture, par suite de laquelle les nombres donnés dans le manuscrit sont inexacts. On prendra soin de faire les changements nécessaires en corrigeant les épreuves.

Nombres exacts à substituer à ceux donnés dans le manuscrit de ma Thèse :

$$e^a = 10000000000,$$
$$a = 23,0258509\ldots,$$
$$N = 22,69166,$$
$$n = 22,$$
$$\lambda = 0,69166,$$
$$li(e^a) = 455055614,22267 + 0,52457\lambda.$$
$$\text{(A)} \qquad li(e^a) = 455055614,5854,$$

En prenant $n = 23$, $\eta = +0,0258509\ldots$ et en calculant R_{23} par la formule (7), on trouve, avec une erreur inférieure à 0,00001,

$$\text{(B)} \qquad li(e^a) = 455055614,50662.$$

93. — *STIELTJES A HERMITE.*

Paris, 3 avril 1886.

MONSIEUR,

J'ai de nouveau recours à votre bienveillance pour vous demander de vouloir bien présenter à l'Académie des Sciences la Note ci jointe ([1]), où j'appelle l'attention sur un article intéres-

([1]) *Note des éditeurs.* — La Note citée a paru dans les *Comptes rendus*, t. CII, p. 205, 5 avril 1886, sous le titre : *Sur le nombre des pôles à la surface d'un corps magnétique.*

sant de M. Reech. La solution de la question traitée par M. Betti s'y trouvait d'avance et le résultat de M. Reech est même plus complet.

Dans le second tirage de votre Cours, vous citez (p. 100) le 17e Cahier du *Journal de l'École Polytechnique,* en parlant de l'expression $\log\Gamma(a)$ découverte par Binet. C'est le 27e Cahier qui contient le grand Mémoire de Binet.

Je suis, avec le plus profond respect, Monsieur, votre très reconnaissant et bien dévoué.

94. — *HERMITE A STIELTJES* (1).

(Dimanche) Paris, 4 avril 1886.

Monsieur,

Votre Note fera grand plaisir aux amis de M. Reech qui aurait mérité d'appartenir à l'Académie des Sciences, et, comme vous, j'avais été très frappé de l'article dont vous avez tiré une conséquence physique importante. Mais de physique je ne m'occupe guère, je fais une troisième édition de mes *Leçons,* dans laquelle je corrige bien d'autres inadvertances que celle que vous me signalez pour la citation du Mémoire de Binet sur les intégrales eulériennes. Sur la question de la fonction de Riemann

$$\sum \frac{1}{n^{s+1}} = \frac{1}{s} + \mathcal{G}(s),$$

je viens de remarquer que $\mathcal{G}(s)$ pour s positif est toujours entre les limites $\frac{1}{2}$ et 1; on a d'ailleurs $\mathcal{G}(s) = 1$ pour s infiniment grand positif. Vous vous souvenez que je vous ai cherché querelle, l'an dernier, sur cette fonction $\mathcal{G}(s)$ qui me semble bien mystérieuse, la remarque concernant sa limitation me jette dans un *abîme* de perplexité.

A vous, Monsieur, bien affectueusement.

---

(1) *Note des éditeurs.* — Cette lettre ne porte pas de date. Nous l'avons placée immédiatement après celle du 3 avril 1886 qui est un samedi.

95. — *STIELTJES A HERMITE.*

Paris, 11 juin 1886.

MONSIEUR,

Ma thèse étant imprimée, je viens vous demander de vouloir bien fixer, en accord avec MM. Darboux et Tisserand, la date et l'heure de l'examen public.

En même temps, j'espère que vous ne me refuserez pas l'autorisation de mettre votre nom à la première page de mon travail en vous le dédiant.

Veuillez bien agréer, Monsieur, l'assurance de ma profonde reconnaissance et de mon entier dévoûment.

96. — *HERMITE A STIELTJES.*

Paris, 11 juin 1886.

MONSIEUR,

Je vous remercie de tout cœur, et je saisis l'occasion de vous renouveler l'assurance des sentiments, que vous me connaissez depuis longtemps, de la plus haute estime et de vive sympathie.

Permettez-moi de vous apprendre que, au moment où vous devenez Français, je deviens quelque peu Hollandais, ayant été élu membre étranger de la Société des Sciences de Harlem. Pourriez-vous, si vous le jugez convenable et que vous en ayez l'occasion, dire que je vous ai personnellement exprimé, que j'ai été extrêmement touché et que je suis profondément reconnaissant de l'honneur de cette élection. Je crois être le seul mathématicien, parmi les membres de l'Institut, qui soit membre étranger de cette Société.

En vous priant, Monsieur, d'accepter quelques opuscules qui vous parviendront prochainement, entre autres la première Partie de la nouvelle édition de mes *Leçons de la Sorbonne,* et vous renouvelant l'assurance de ma bien sincère et toute cordiale affection.

97. — *HERMITE A STIELTJES.*

30 juin 1886.

Monsieur,

Après avoir demandé au Ministre de l'Instruction publique, au nom de la Faculté, de vous appeler à remplir une position dans l'enseignement supérieur, je viens vous prier de vouloir bien me faire connaître si la Faculté des Sciences de Toulouse serait à votre convenance, ou bien si vous donneriez la préférence à Lille, où une place de maître de conférences pourrait également vous être offerte. Le doyen de la Faculté de Toulouse, qui est un de mes élèves, est aussi directeur de l'Observatoire; je suis bien sûr que vous auriez avec lui les meilleurs rapports; en même temps, je dois vous dire qu'à Lille, où la vie est plus chère, il y a aussi la possibilité d'être appelé à enseigner dans l'Institut industriel, et M. Boussinesq y a été longtemps professeur. En attendant votre réponse, je vous prie, Monsieur, de me permettre de me débarrasser d'une inquiétude; vous avez encore à attendre votre nomination, et je ne puis m'empêcher de craindre pour vous des difficultés que je désirerais extrêmement vous éviter. Excusez donc mon indiscrétion et ne l'attribuez qu'à mes sentiments de sympathie et de bien haute estime que je vous renouvelle en vous félicitant, en mon particulier, pour votre Thèse encore plus vivement et mieux que je ne l'ai fait en public.

Votre bien sincèrement dévoué.

98. — *STIELTJES A HERMITE.*

Paris, 27 octobre 1886.

Monsieur,

Je viens d'apprendre hier que je suis chargé d'un cours de mathématiques à la Faculté de Toulouse. En apprenant cette nouvelle, je dois vous renouveler l'assurance de ma profonde gratitude pour tant de bienveillance et d'amitié que vous m'avez voulu montrer. Mais, Monsieur, je suis incapable d'exprimer en paroles le sentiment que m'a inspiré votre conduite envers moi! Je ne peux qu'exprimer tous mes vœux pour votre bonheur et celui de tous les vôtres.

Votre sincèrement dévoué.

99. — *STIELTJES A HERMITE.*

(48, rue Alsace-Lorraine) Toulouse, 15 décembre 1886.

MONSIEUR,

Depuis longtemps, j'ai voulu vous écrire pour vous dire que je me trouve très bien ici et que je suis tout à fait content. Je donne un Cours (deux leçons par semaine) à quelques boursiers d'agrégation (théorie des fonctions d'une variable imaginaire) qui sont de bons travailleurs, et ensuite une Conférence pour ceux qui se préparent à la licence et qui sont assez nombreux.

J'ai fait aussi avec beaucoup de plaisir la connaissance de M. Baillaud, qui vous accorde volontiers tout le crédit de temps que vous voudrez pour l'article que vous lui avez promis. Seulement il y tient beaucoup et il espère ainsi que vous ne l'oublierez pas. Mes autres collègues, ici, m'ont fait aussi un très bon accueil.

J'avais déjà l'intention de reprendre mes recherches sur la fonction Σn^{-s} et sur les lois asymptotiques pour les rédiger convenablement, lorsque j'ai vu la Note de M. Kronecker où il en fait mention. Mais il me reste beaucoup à faire et je veux parcourir maintenant attentivement tout ce champ de recherches où il reste encore tant à faire.

En attendant, je vous offre une Note pour les *Comptes rendus* (1) que j'ai pensé à rédiger en lisant l'article de M. Kronecker. Je ne crois pas inutile d'appeler l'attention des géomètres sur cette question très délicate

$$\lim f'(x) = f'(1)?$$

(1) *Note des éditeurs.* — La Note citée a été présentée à l'Académie le 20 décembre 1886, et est insérée aux *Comptes rendus*, t. CIII, p. 1243-1246, sous le titre : *Sur les séries qui procèdent suivant les puissances d'une variable.*

Je n'en sais rien; pour le moment, je penche à croire que cela n'est pas vrai généralement.

Veuillez bien agréer, cher Monsieur, la nouvelle assurance de mes sentiments de profonde reconnaissance et de respect.

100. — *HERMITE A STIELTJES.*

Paris, 17 décembre 1886.

MONSIEUR,

Votre Communication, qui sera présentée lundi à l'Académie, est extrêmement intéressante et je vous en fais mon sincère compliment. En voyant avec quel succès vous traitez ces questions si délicates de limites de valeurs des fonctions, dans le voisinage de leurs discontinuités, la pensée m'est venue d'appeler votre attention sur un point de la théorie des fonctions qui me semble digne d'intérêt. Rien n'est, en général, plus facile quand on donne, sous forme rationnelle et entière, une relation entre des fonctions n'ayant que des discontinuités polaires, que de voir comment disparaissent les pôles dans cette relation.

Mais, lorsque au lieu de points isolés on a des lignes entières de discontinuités, il n'en est plus de même. Considérez, par exemple, la fonction $\sqrt{k} = \varphi(\omega)$, qu'on obtient en posant $q = e^{i\pi\omega}$ dans l'expression

$$\sqrt[4]{k} = \sqrt{2}\sqrt[8]{q}(1-q)(1-q^3)(1-q^5)\dots[(1+q^2)(1+q^4)(1+q^6)\dots]^2$$

et qui a l'axe des abscisses pour coupure. La transformation du troisième ordre vous donne la relation

$$f(\omega) = \varphi^4(3\omega) - 2\varphi(3\omega)\varphi(\omega)[1 - \varphi^2(3\omega)\varphi^2(\omega)] = 0.$$

Il faut donc que la coupure ait disparu dans $f(\omega)$, mais de quelle manière? Vous savez, n'est-ce pas, que Riemann, d'abord, puis M. Dedekind, par une analyse beaucoup plus facile et plus claire, ont obtenu ce résultat important que pour $\omega = a + i\varepsilon$, ε étant infiniment petit et positif, $\varphi(\omega)$ est indéterminé lorsque la partie réelle a est une quantité incommensurable et qu'en supposant $a = \frac{m}{n}$, où m et n sont entiers, $\varphi^4(\omega)$ est zéro ou l'unité, suivant que m ou n sont pairs ou impairs. Je désirerais, mon cher Monsieur, que, dans la même voie, vous fissiez un nouveau pas; il me semble qu'on doit pouvoir établir que $f(\omega)$ est continu dans le voisinage de la coupure, en allant plus avant dans l'étude de $\varphi(a+i\varepsilon)$; je voudrais vous inspirer l'ambition de pénétrer dans le mystère de l'indétermination des quantités $\varphi(a)$ et $\varphi(3a)$ lorsque a est incommensurable, qui étant indéterminées l'une et l'autre, doivent avoir une dépendance telle que $f(a)$ ne possède plus aucune indétermination. De nouvelles lumières sur ce point de vue se trouveraient amenées sur la théorie des fonctions analytiques et aussi sur les équations modulaires de la théorie des fonctions elliptiques. Vous verrez facilement et peut-être avez-vous déjà remarqué que l'existence de la coupure dans $\varphi(\omega)$ rend possibles certaines relations qui jamais n'existeraient à l'égard de fonctions uniformes n'ayant que des discontinuités isolées. On ne peut donc se refuser à chercher dans l'étude de ces relations des données sur un nouveau mode d'existence des fonctions, et cette étude demande tout d'abord qu'on éclaircisse ce point, pour moi si obscur, de la disparition d'une coupure, dans une combinaison dont la fonction $f(\omega)$ donne l'exemple.

Ce m'a été une grande satisfaction d'apprendre que vous vous trouviez bien à Toulouse, et que vos collègues vous avaient fait l'accueil auquel vous aviez droit; permettez-moi de vous prier de me rappeler au bon souvenir de votre doyen, M. Baillaud, en l'assurant que je n'oublie point l'engagement qu'il m'a fait prendre et veuillez, mon cher Monsieur, recevoir, avec l'assurance de ma plus haute estime, celle de mes sentiments affectueux et tout dévoués.

101. — *STIELTJES A HERMITE.*

Toulouse, 30 décembre 1886.

MONSIEUR,

Je dois vous remercier vivement pour le précieux cadeau que vous venez de me donner en m'envoyant la troisième édition de votre *Cours de la Sorbonne,* précieuse, surtout, parce que c'est une marque de votre amitié. Je l'ai, comme vous pouvez le croire, déjà parcouru et j'ai vu qu'il y a de nouveau beaucoup de choses dont je dois profiter.

Je connaissais bien le Mémoire de M. Dedekind *Schreiben an Herrn Borchardt über die Elliptischen Modulfunctionen*, mais je n'avais jamais pensé à vérifier, comme vous me le proposez, l'équation modulaire dans le voisinage de la ligne des discontinuités. Je vais faire de sérieux efforts, mais je ne sais si je pourrai trouver quelques résultats qui valent la peine; en tout cas, je ferai de mon mieux.

J'ai cherché, pour mon Cours, si l'on ne pourrait pas donner un exemple un peu simple d'une fonction qui n'existe que dans une certaine partie du plan, et j'ai rédigé une Note de ce que j'ai trouvé. M. Darboux la fera insérer dans son bulletin (¹). Je crois pouvoir indiquer, en quelques mots, ce que c'est. Je pose

$$f(z) = \sum_1^\infty \frac{1}{n^3}\,\frac{z}{a_n - z},$$

$a_1, a_2, \ldots, a_n, \ldots$ sont des quantités dont le module est $= 1$. On peut développer

$$f(z) = \sum_1^\infty c_n z^n,$$

et l'on voit que

$$\operatorname{mod} c_n < \sum_1^\infty \frac{1}{n^3};$$

supposons maintenant que z s'approche de a_k par le rayon vecteur, c'est-à-dire posons

$$z = a_k u,$$

u étant réel et tendant vers 1. Alors le $k^{\text{ième}}$ terme de la série

$$\frac{1}{k^3}\,\frac{z}{a_k - z} = \frac{1}{k^3}\,\frac{u}{1 - u}$$

est réel positif et croît au delà de toute limite.

Maintenant, on peut choisir les $a_1, a_2, \ldots, a_n, \ldots$, de telle

(¹) *Note des éditeurs.* — Voir *Bulletin bibliographique des Sciences mathématiques*, t. XI, 2ᵉ série, p. 46-51; 1887.

manière que, après l'exclusion de ce terme $\frac{1}{k^3}\,\frac{z}{a-z}$, la série reste convergente pour $z = a_k u$, *même pour* $u = 1$, en sorte qu'on a

$$\lim\left[f(a_k u) - \frac{1}{k^3}\,\frac{u}{1-u}\right]_{u=1} = \mathrm{A},$$

A étant une constante. Vous voyez donc que, dans ce cas, la partie réelle de $f(z)$ croît au delà de toute limite, tandis que la partie imaginaire tend vers une limite fixe. Mais il y a un nombre

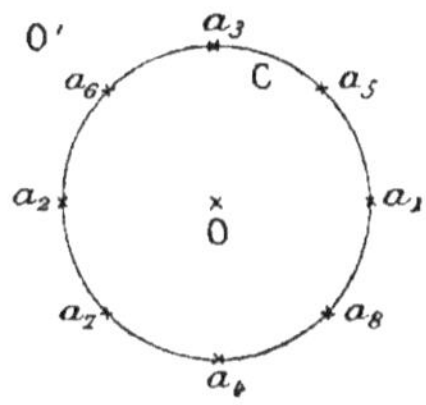

infini de points a_k sur un arc quelconque du cercle de convergence C dont le rayon $= 1$.

Voici comment on peut prendre $a_1, a_2, \ldots, a_n, \ldots$:

a_1, a_2 divisent C en deux parties égales;

a_1, a_2, a_3, a_4 divisent C en quatre parties égales;

$a_1, a_2, a_3, \ldots, a_8$ divisent C en 8 parties égales;

$a_1, \ldots, a_{16}$ sont les sommets d'un polygone régulier de seize côtés, etc.

La conséquence de cette distribution des quantités a_k est que

$$\mathrm{mod}(a_r - a_s) > \frac{\mathfrak{M}}{r},$$

$\mathfrak{M}$ étant une constante, r le plus grand des deux indices r et s.

Ainsi, il y a bien des points qui s'approchent beaucoup de a_k, mais pour que $\mathrm{mod}(a_k - a_n)$ tombe au-dessous de ε, le nombre n doit croître au moins comme $\frac{\text{const.}}{\varepsilon}$, et le facteur $\frac{1}{n^3}$, dans la série $\sum \frac{1}{n^3}\left(\frac{z}{a-z}\right)$, assure alors la convergence. Du reste, la même série $\sum_1^\infty \frac{1}{n^3}\left(\frac{z}{a_n - z}\right)$ donne aussi l'exemple d'une fonction qui n'existe qu'à l'extérieur du cercle C.

On peut distribuer les points $a_1, a_2, \ldots, a_n, \ldots$ sur une ellipse, un triangle, etc., et l'on a alors une fonction qui n'existe qu'à l'intérieur (ou l'extérieur) d'une ellipse, d'un triangle.

Mes meilleurs souhaits pour le nouvel an, votre très respectueux et dévoué.

102. — *STIELTJES A HERMITE.*

Toulouse, 2 janvier 1887.

MONSIEUR,

La rédaction d'un article me donne toujours beaucoup de mal et je ne réussis guère à la faire du premier coup. Je retrouve encore par hasard un des premiers projets de mon article pour le *Bulletin* et j'espère que vous ne me trouverez pas inopportun de vous l'offrir, car je n'ai pas été suffisamment explicite dans ma dernière lettre.

J'ai considéré exclusivement la fonction

$$\sum_1^\infty \frac{1}{n^3}\left(\frac{z}{a_n - z}\right)$$

à l'*intérieur* du cercle C. Cette fonction ne peut se continuer en dehors du cercle.

Mais la même série représente aussi pour $\operatorname{mod} z > 1$ une fonction qui n'existe qu'à l'extérieur du cercle C et qui ne peut se continuer à l'intérieur du cercle.

Vous observerez que je n'ai étudié la manière dont se comporte $f(z)$ lorsque z s'approche de la circonférence C, que dans le cas *très particulier* où le rayon vecteur aboutit à un des points a_k. Je ne sais rien, par exemple, de ce qui arrive lorsque z se meut sur un rayon vecteur qui aboutit à un point de C qui ne coïncide pas avec un des points a_k.

Mais comme il y a une infinité de points a_k sur un arc quelconque de C, il était suffisant pour mon but de considérer seulement ce cas particulier.

Je vous remercie d'avance, Monsieur, pour l'*errata* de votre Cours que vous me promettez, mais je dois avouer que je n'ai guère encore rencontré des inadvertances qui changent essentiellement le sens d'un passage ou qui causent une difficulté réelle et, dès lors, cela n'a pas une bien grande importance.

Veuillez bien me permettre, Monsieur, de vous nommer mon cher Maître, et de vous présenter l'expression de mes sentiments dévoués.

103. — *HERMITE A STIELTJES.*

Paris, 7 janvier 1887.

Monsieur,

Votre Note est excellente, et après avoir lu la rédaction développée que vous m'avez adressée, je n'ai que des compliments à vous faire. Elle est rédigée avec une parfaite clarté, et sous ce point de vue, qui a son importance, puisqu'on peut dire que vous êtes étranger, j'en suis absolument satisfait. A l'avenir, si vous le permettez, je passerai la pierre ponce sur les articles que vous donnerez aux *Comptes rendus*, mais les fautes que j'ai pu remarquer jusqu'ici sont vraiment insignifiantes. Vous m'excuserez d'avoir attendu toute une semaine pour vous rendre la justice à laquelle vous aviez tous les droits, mais ici, à Paris, cette semaine est la proie des visites et des obligations du jour de l'an qui ne laissent guère de liberté. Permettez-moi, puisque la province vous donne plus de loisir pour le travail, de vous prier de penser aux coupures, ou plutôt à la seule et unique coupure que peut offrir le premier membre des équations modulaires, envisagé comme fonction de la variable $\omega = \frac{iK'}{K}$, afin de reconnaître de quelle manière il arrive qu'elle disparaît dans la fonction considérée. Si vous réussissez à voir clair dans la question, *magnus mihi eris Apollo.*

En vous renouvelant, mon cher monsieur Stieltjes, l'assurance de mon affection bien sincère et bien dévouée.

104. — *STIELTJES A HERMITE.*

Toulouse, 25 janvier 1887.

Monsieur,

Je viens de voir que vous attribuez à M. Markoff le théorème suivant :

Soient

$$x_1 > x_2 > x_3 > \ldots > x_n$$

les racines de $X_n = 0$, *alors on a*

$$\text{(A)} \qquad \cos\frac{(2i-1)\pi}{2n+1} > x_i > \cos\frac{2i\pi}{2n+1}.$$

Mais ce résultat a déjà été obtenu par M. Bruns dans le *Journal de Borchardt*, t. **90**, p. 327.

De mon côté, j'avais, d'un théorème inséré au commencement de 1885 dans les *Comptes rendus*, non seulement ces inégalités (A), mais encore la limitation suivante qui est plus étroite :

$$\text{(B)} \qquad \cos\frac{(2i-1)\pi}{2n} \gtrless x_i \gtrless \cos\frac{i\pi}{n+1}.$$

Pour $n = 10$, par exemple, on a

	D'après (A) limites.		D'après (B) limites.	
x_1.....	0,98883 0,95557	0,03326	0,98769 0,95949	0,02820
x_2.....	0,90097 0,82624	0,07473	0,89101 0,84125	0,04976
x_3.....	0,73305 0,62349	0,10956	0,70711 0,65486	0,05225
x_4.....	0,50000 0,36534	0,13466	0,45399 0,41542	0,03857
x_5.....	0,22252 0,07473	0,14779	0,15643 0,14231	0,01412

Mais j'avais négligé de rédiger complètement ma démonstration, ce que je viens de faire maintenant. J'envoie cet article à

M. Mittag-Leffler, car c'est une suite naturelle à un article qui a paru autrefois dans les *Acta* [1].

Je regrette bien de ne connaître point la démonstration de M. Markoff, mais aucun fascicule du tome XXVII des *Mathematische Annalen* n'est encore parvenu à la bibliothèque de la Faculté. Dans ma démonstration, je me fonde sur une proposition d'algèbre très simple d'où découle cette conséquence :

Soit

$$X = \sum_1^m \sum_1^m a_{ik} x_i x_k$$

une forme *définie positive*, dont les coefficients $a_{ik} (i \lessgtr k)$ sont *négatifs*, alors, dans la forme adjointe

$$\sum_1^m \sum_1^m A_{ik} X_i X_k,$$

tous les A_{ik} sont *positifs*.

Comme l'adjointe de l'adjointe reproduit la forme primitive à un facteur constant positif près, on pourrait croire que réciproquement pour

$$a_{ik} > 0,$$

on aurait

$$A_{ik} < 0 \qquad (i \lessgtr k),$$

mais cela n'est pas exact.

En reprenant cette question que j'avais un peu perdu de vue, je me suis aperçu que cette proposition d'Algèbre est liée intimement à une question de physique (distribution d'électricité sur un système de conducteurs). Ce rapprochement m'a conduit encore naturellement à compléter cette proposition d'Algèbre sous un autre rapport. J'ai exposé tout cela dans mon article pour les *Acta*.

Je pense beaucoup à l'équation modulaire, et la ligne de discontinuité, mais je commence seulement à me rendre un peu compte des difficultés qu'il faudra vaincre.

En vous renvoyant mes meilleurs souhaits, je vous prie, Mon-

---

[1] *Note des éditeurs.* — *Sur les racines des équations* $X_n = 0$ (*Acta Mathematica,* t. IX, p. 385-400; 1887).

sieur, de vouloir bien accepter l'assurance de mon dévoûment respectueux.

105. — *HERMITE A STIELTJES.*

Paris, 27 janvier 1887.

CHER MONSIEUR STIELTJES,

Mille remerciements pour les remarques que vous me communiquez et pour les belles recherches que vous m'annoncez devoir paraître dans les *Acta*. Il est bien difficile d'avoir tout ce qui se publie à notre époque si féconde, présent à l'esprit, et cette difficulté s'augmente pour moi de mon ignorance de l'allemand, ce qui vous explique pourquoi j'ai attribué à M. Markoff, qui a écrit son article en français, ce qu'avait déjà fait M. M. Bruns dans le *Journal de Borchardt*. Mais ce me sera un plaisir quand je ferai pour l'impression une rédaction plus correcte de mon Cours lithographié d'y donner place à votre Travail qui excite extrêmement ma curiosité d'après le peu que vous m'en dites. Qu'il y ait une étroite connexion entre la théorie des équations algébriques et celle des formes quadratiques définies, c'est ce que j'ai remarqué depuis longtemps, mais ce qui me surprend, c'est qu'au moyen de cette dépendance, vous ayez réussi à obtenir les limitations si étroites

$$\cos\frac{(2i-1)\pi}{2n} \gtrless x_i \gtrless \cos\frac{i\pi}{n+1}.$$

Permettez-moi de vous envoyer le numéro des *Mathematische Annalen* qui contient l'article de M. Markoff et que vous pourrez garder autant qu'il vous conviendra, n'en ayant aucunement besoin.

En vous renouvelant, mon cher monsieur Stieltjes, mes félicitations les plus vives pour ce nouveau fruit de votre beau talent, ainsi que l'assurance de mes sentiments d'affection bien sincère et bien dévouée.

106. — *STIELTJES A HERMITE.*

Toulouse, 3 février 1887.

Monsieur,

Vous avez poussé vraiment trop loin votre bonté en m'envoyant le fascicule des *Mathematische Annalen* qui contient l'article de M. Markoff, et, en vous le renvoyant, je ne saurais trop vous remercier.

J'ai vu que M. Markoff établit aussi et pour la première fois, dans son article, la limitation plus étroite des racines $X_n = 0$ que je vous avais communiquée.

Mais la démonstration que j'ai développée pour les *Acta Mathematica* est différente de celle de M. Markoff.

Il me semble que la fonction

$$\frac{e^{ax}}{e^x - 1},$$

où a est une constante *réelle,* fournit un bon exemple pour l'application du théorème de M. Mittag-Leffler. Je trouve

$$(\mathrm{A})\qquad \frac{e^{ax}}{e^x - 1} = \frac{1}{x} + \sum_1^\infty \frac{2x\cos(2an\pi) - 4n\pi\sin(2an\pi)}{x^2 + 4n^2\pi^2} + \mathcal{G}(x).$$

La fonction entière $\mathcal{G}(x)$ change brusquement de valeur avec a : ainsi

$$\begin{aligned}
a &= 0, & \mathcal{G}(x) &= -\frac{1}{2},\\
0 < a &< 1, & \mathcal{G}(x) &= 0,\\
a &= 1, & \mathcal{G}(x) &= +\frac{1}{2},\\
1 < a &< 2, & \mathcal{G}(x) &= e^{(a-1)x},\\
\ldots\ldots&\ldots, & \ldots&\ldots\ldots,
\end{aligned}$$

si l'on développe le second membre de (A) suivant les puissances croissantes de x (en supposant $0 < a < 1$) et qu'on compare le résultat obtenu avec la formule

$$\frac{e^{ax} - 1}{e^x - 1} = a + \varphi_1(a)x + \varphi_2(a)x^2 + \ldots$$

qui sert de définition aux polynomes de Bernoulli $\varphi_1(a)$, $\varphi_2(a)$, ... (*Jordan*, t. II, p. 102), on obtient

$$\varphi_{2k}(a) = (-1)^{k+1} \sum_1^\infty \frac{\sin 2an\pi}{2^{2k}(n\pi)^{2k+1}}$$

$$\varphi_{2k-1}(a) = (-1)^k \left[\frac{B_k}{1.2\ldots(2k)} - \sum_1^\infty \frac{\cos 2an\pi}{2^{2k-1}(n\pi)^{2k}} \right]$$

$$(0 \leqq a \leqq 1);$$

ce sont les développements des polynomes φ en séries de Fourier qu'on trouve dans le Tome II du *Traité de Schlömilch*.

On peut considérer (A) aussi sous le point de vue d'une série de Fourier, mais cela suppose x réel et ne donne pas le vrai caractère de cette formule. Mais de cette manière ces discontinuités pour $a = 0$, $a = 1$ rentrent bien dans le type de celles qu'on rencontre à chaque instant dans la théorie des séries trigonométriques.

A côté de la formule (A) on peut mettre les suivantes qui donnent lieu à des remarques analogues :

$$\frac{\cos bx}{\sin x} = \frac{1}{x} + \sum_1^\infty \frac{(-1)^{n-1} 2x \cos bn\pi}{n^2\pi^2 - x^2} \qquad (-1 \leqq b \leqq +1),$$

$$\frac{\sin bx}{\sin x} = \sum_1^\infty \frac{(-1)^{n-1} 2n\pi \sin bn\pi}{n^2\pi^2 - x^2} \qquad (-1 < b < +1),$$

$$\frac{\cos bx}{\cos x} = \sum_1^\infty \frac{(-1)^{n-1}(2n-1)\pi \cos(n-\frac{1}{2})b\pi}{(n-\frac{1}{2})^2\pi^2 - x^2} \qquad (-1 < b < +1),$$

$$\frac{\sin bx}{\cos x} = \sum_1^\infty \frac{(-1)^{n-1} 2x \sin(n-\frac{1}{2})b\pi}{(n-\frac{1}{2})^2\pi^2 - x^2} \qquad (-1 \leqq b \leqq +1);$$

si la constante réelle b ne se trouve pas dans l'intervalle indiqué, il faut ajouter à droite une fonction entière dont on trouve la forme immédiatement.

Mais, à vrai dire, ces quatre formules peuvent se déduire toutes de la formule (A) qu'on peut regarder comme la principale.

Mais en voilà bien assez sur un sujet élémentaire.

En vous renouvelant, Monsieur, mes remercîments pour toutes vos bontés, vous voudrez bien me croire votre tout dévoué.

107 — *HERMITE A STIELTJES.*

Paris, 18 février 1887.

Cher monsieur Stieltjes,

J'ai été bien empêché de travailler pendant ces dernières semaines et je viens bien tardivement vous dire que vos applications du théorème de M. Mittag-Leffler m'ont beaucoup intéressé, surtout la première concernant la fonction $\frac{e^{ax}}{e^x - 1}$. Les autres concernant les quantités $\frac{\cos bx}{\sin x}$, $\frac{\sin bx}{\sin x}$, ... sont certainement importantes, mais Legendre les a déjà données, avec la détermination de la partie entière, dans les *Exercices de calcul intégral,* page 169 et 170 (5e partie, § II). Si ce n'est pas abuser de votre complaisance, je vous serais bien reconnaissant de me donner la matière d'une leçon à la Sorbonne, en m'indiquant l'analyse que vous appliquez au premier cas de $\frac{e^{ax}}{e^x - 1}$. Depuis longtemps, j'avais remarqué que, en considérant $\frac{e^{x^2}}{e^x - 1}$, il semble absolument impossible de parvenir à la détermination de la partie entière, ce qui doit faire mettre d'autant plus de prix au cas où, comme dans le vôtre, elle s'obtient facilement.

Cette année, je me propose d'insister sur la détermination des intégrales au moyen des coupures, en utilisant les exemples faciles qui se trouvent par d'autres méthodes, par exemple

$$\int_0^{2\pi} e^{mix} \cot\left(\frac{x - z}{2}\right) dx, \quad \int_0^{2\pi} \frac{e^{mix}}{\sin(x - z)} dx, \quad \ldots.$$

Une petite remarque à ce sujet : Supposez l'entier $m > 0$ et z un point situé *au-dessus* de l'axe des abscisses, on aura

$$\int_0^{2\pi} e^{mix} \cot \frac{x - z}{2}\, dx = 4 i \pi e^{miz}$$

et, pour $m = 0$,

$$\int_0^{2\pi} \cot \frac{x - z}{2}\, dx = 2 i \pi,$$

tandis que

$$\int_0^{2\pi} e^{-mix} \cot\left(\frac{x - z}{2}\right) dx = 0.$$

Cela étant, j'envisage la formule de Fourier écrite ainsi :

$$f(x) = \varphi(x) + \psi(x),$$

où

$$\varphi(x) = \frac{1}{2}A_0 + \sum A_m e^{mix}$$

$$\psi(x) = \frac{1}{2}A_0 + \sum A_{-m} e^{-mix}$$

$$(m = 1, 2, 3, \ldots).$$

Vous voyez que l'on a

$$\int_0^{2\pi} f(x) \cot\frac{x-z}{2}\, dx = \frac{1}{4i\pi}\varphi(z)$$

pour tout le demi-plan au-dessus de l'axe des abscisses. Au-dessous, on trouverait pareillement

$$\int_0^{2\pi} f(x) \cot\frac{x-z}{2}\, dx = -\frac{1}{4i\pi}\psi(z).$$

En vous renouvelant, mon cher monsieur Stieltjes, l'assurance de mes sentiments affectueux et bien dévoués.

108. — *STIELTJES A HERMITE.*

Toulouse, 19 février 1887.

MONSIEUR,

Vous trouverez ci-joint l'analyse que j'ai suivie pour obtenir la décomposition de $\dfrac{e^{ax}}{e^x - 1}$ et je m'estime heureux si je peux vous être agréable de cette manière.

Comme vous verrez que je n'ai rien fait que suivre votre *Douzième Leçon* (p. 92 et suiv.).

Il m'avait frappé que, pour obtenir la décomposition de $\cot x$, vous ne considérez pas directement

$$\int \cot z \frac{dz}{z-x}$$

mais

$$\int \frac{\cot z}{z} \frac{dz}{z-x}.$$

C'est évidemment afin de démontrer plus facilement

$$\lim \int \frac{\cot z}{z} \frac{dz}{z-x} = 0,$$

ce qui réussit maintenant à l'aide de la formule de M. Darboux. Ce qui est un peu artificiel dans mon analyse, c'est cette supposition

$$\lim \frac{R}{S} = 0,$$

mais, sans cela, on ne trouverait pas si facilement que

$$\lim \mathfrak{I}_{BC} = \lim \mathfrak{I}_{DA} = 0$$

et aussi dans le cas $a = 1$ ou $a = 0$

$$\lim \mathfrak{I} = +\frac{1}{2} \text{ ou } -\frac{1}{2}.$$

Du reste, j'ai peine à croire que la formule obtenue soit nouvelle, mais peut-être n'a-t-on pas insisté sur son vrai caractère.

Les formules

$$\begin{aligned} \frac{\pi}{2}\frac{e^{\lambda x}+e^{-\lambda x}}{e^{\lambda\pi}-e^{-\lambda\pi}} &= \frac{1}{2\lambda} - \frac{\lambda\cos x}{1^2+\lambda^2} + \frac{\lambda\cos 2x}{2^2+\lambda^2} - \ldots \\ \frac{\pi}{2}\frac{e^{\lambda x}-e^{-\lambda x}}{e^{\lambda\pi}-e^{-\lambda\pi}} &= \frac{1\sin x}{1^2+\lambda^2} - \frac{2\sin 2x}{2^2+\lambda^2} + \frac{3\sin 3x}{3^2+\lambda^2} - \ldots \end{aligned} \qquad (-\pi < x < \pi)$$

(p. 142, 143 du tome II de M. Schlömilch) qui se trouvent, je crois, dans Euler, reviennent au fond à la même chose, mais M. Schömilch les obtient comme application de la série de Fourier; x est la variable principale et λ une constante réelle.

Mais je trouve très remarquable que Legendre, en donnant les formules pour

$$\frac{\begin{matrix}\cos\\ \sin\end{matrix} bx}{\begin{matrix}\cos\\ \sin\end{matrix} x} \qquad (-1 < b < +1),$$

ait déjà songé à voir comment il fallait modifier ces formules dans le cas que b n'est plus compris entre ± 1, et je dois vous bien remercier de m'avoir indiqué ce passage des *Exercices*.

Votre détermination des deux parties $\varphi(x)$ et $\psi(x)$ d'une fonction $f(x)$ à l'aide de l'intégrale

$$\int_0^{2\pi} f(x) \cot\left(\frac{x-z}{2}\right) dz$$

me semble très singulière. En effet, une fonction réelle $f(x)$ étant donnée arbitrairement entre o et 2π, il n'est pas possible, en général, de l'étendre pour des valeurs imaginaires de la variable. Mais votre formule montre que les parties φ et ψ existent chacune dans la moitié du plan ! C'est un résultat dont je dois chercher à me rendre compte.

Je crois me rappeler vaguement que M. Poincaré a annoncé quelque part un résultat qui doit avoir un rapport intime avec cela.

A l'occasion de cette détermination d'intégrales au moyen des coupures, permettez-moi, Monsieur, de vous signaler une petite difficulté que j'ai rencontrée dans votre Cours. Vous considérez, page 143, l'intégrale

$$\Phi(z) = \int_\alpha^\beta f(t+z)\,dt$$

et vous trouvez

$$\Phi(N) - \Phi(N') = -2i\pi A.$$

Mais la démonstration suppose essentiellement que α et β sont finis, car, sans cela, les intégrales

$$\Phi(N) = \int_\alpha^\beta \frac{dt}{t-\theta+i\lambda}, \qquad \Phi(N') = \int_\alpha^\beta \frac{dt}{t-\theta-i\lambda}$$

page 142 n'ont pas de sens.

L'application (p. 144) à un cas où $\alpha = -\infty$, $\beta = +\infty$ est donc sujette à une petite difficulté. En étudiant votre Cours, je n'avais pas fait cette remarque, mais, au moment où j'exposais cela dans mon Cours, je m'en suis aperçu et cela m'a brouillé un peu.

J'espère sincèrement que la démarche faite auprès des autorités suédoises aura le résultat désiré.

Veuillez bien agréer, Monsieur, l'assurance de mes sentiments respectueux et dévoués.

109. — *STIELTJES A HERMITE.*

Toulouse, 21 février 1887.

Monsieur,

Permettez-moi d'ajouter quelques mots à ma lettre d'avant-hier. En parlant d'un résultat annoncé par M. Poincaré que je crois avoir un certain rapport avec votre intégrale

$$\Phi(z) = \int_0^{2\pi} f(x) \cot\left(\frac{x-z}{2}\right) dx,$$

$$\Phi(z+2\pi) = \Phi(z),$$

qui admet pour coupure l'axe réel et

$$\lim[\Phi(N) - \Phi(N')] = \frac{1}{4\pi i} f(x);$$

je ne pouvais pas vous donner une indication plus précise, parce qu'il me faudrait consulter pour cela notre bibliothèque qui est fermée pendant ces jours de fête.

Mais, naturellement, je me fais un devoir de chercher le plus tôt possible l'article de M. Poincaré dès que cela me sera possible. Si mes souvenirs sont si vagues sur ce point, c'est que je ne connais cet article seulement par un extrait dans la dernière Partie du *Bulletin des Sciences mathématiques* de M. Darboux (dans une des années avant 1880?) et intitulé *Sur les coupures des intégrales,* je crois. Mais je vous donnerai bientôt l'indication précise.

Respectueusement votre tout dévoué.

110. — *HERMITE A STIELTJES.*

23 février 1887.

Cher monsieur Stieltjes,

Mille remerciements pour l'excellente démonstration de la formule concernant la fonction $\frac{e^{ax}}{e^x-1}$; je ne fais point comme vous grise mine à la condition $\lim \frac{R}{S} = 0$, je l'accueille bien volontiers comme condition caractéristique du genre de concours auquel il est nécessaire de recourir, sans lui faire le reproche d'être artificielle. Permettez-moi une remarque qui m'est venue à l'esprit à propos de cette application du théorème de M. Mittag-Leffler. En supposant la suite

$$\frac{A_1}{x-a_1} + \frac{A_2}{x-a_2} + \ldots + \frac{A_n}{x-a_n} + \ldots$$

convergente, avec les conditions

$$\operatorname{mod} a_1 < \operatorname{mod} a_2 < \operatorname{mod} a_3 < \ldots,$$

j'envisage la fonction suivante

$$f(x) = \sum \frac{A_n G(x)}{x-a_n},$$

où $G(x)$ est une transcendante holomorphe, et je me propose de la mettre sous la forme analytique de ce théorème. Soit, à cet effet, $\varepsilon_1, \varepsilon_2, \ldots, \varepsilon_n$ des constantes telles que l'expression

$$\sum \frac{\varepsilon_n A_n}{x-a_n}$$

représente une fonction uniforme. En faisant

$$G(x) = G(a_n) + \frac{(x-a_n)\, G'(a_n)}{1} + \ldots + \frac{(x-a_n)^\nu G^{(\nu)}(a_n)}{1.2\ldots\nu} + R_\nu,$$

il est possible de déterminer l'entier ν, de manière à remplir la condition $R_\nu < \varepsilon_\nu$ pour les valeurs de la variable dont le module est moindre que a_n. On obtient ainsi

$$\begin{aligned} f(x) = \; & \sum \left[\frac{A_n G(a_n)}{x-a_n} + G'(a_n) + \ldots + \frac{(x-a_n)^{\nu-1} G^{(\nu)}(a_n)}{1.2\ldots\nu} \right. \\ & + \sum \frac{\varepsilon_n A_n}{x-a_n}, \end{aligned}$$

et, puisque la seconde somme définit une fonction, il en est de même de la première et l'on en conclut immédiatement le résultat cherché

$$f(x) = \Pi(x) + \sum \left[\frac{A_n G(a_n)}{x-a_n} + G'(a_n) + \ldots \right].$$

Peut-être ne serait-il pas trop difficile de faire une application de ce procédé à la quantité $\frac{\pi e^{x^2}}{\sin \pi x}$; il suffirait d'avoir une limite supérieure de $D_x^n(e^{x^2})$.

Mon inadvertance de supposer les limites infinies dans l'intégrale

$$\Phi(z) = \int_\alpha^\beta f(t+z)\,dt$$

est bien regrettable, et je vous sais bien gré de me l'avoir signalée. En attendant que j'aie pu suffisamment réfléchir, voici peut-être un moyen d'éviter la difficulté. Soit d'abord

$$\Phi(z) = \int_\alpha^\beta \frac{dt}{z-a-ib+t},$$

je remarque que la relation

$$\Phi(N) - \Phi(N') = -2i\pi$$

subsiste si l'on prend

$$\Phi(z) = \int_\alpha^\beta \left[F(t+z) + \frac{1}{z-a-ib+t}\right] dt$$

sous la condition que $F(t+z)$ soit finie le long de la coupure. En admettant que cette fonction soit telle que la nouvelle intégrale ait un sens pour $\beta = +\infty$, $\alpha = -\infty$, il me semble que rien ne s'oppose à ce qu'on admette, dans ce cas, la relation

$$\Phi(N) - \Phi(N') = -2i\pi.$$

M. Picard vient de me dire qu'au moyen d'un changement de variable, l'aire d'un cercle peut devenir le demi-plan, d'où résulte que de la formule de Cauchy

$$f(x) = \frac{1}{2i\pi}\int \frac{f(z)\,dz}{z-x},$$

où l'on suppose $z = e^{it}$, on peut, dans tout le demi-plan, conclure les valeurs de $f(x)$, de celles qui correspondent aux valeurs réelles de $t = 0$ à $t = 2\pi$. Cette considération d'un changement de variable ne me satisfait pas absolument et je profiterai de la première occasion que je pourrai avoir de parler à M. Poincaré de l'extension des fonctions $\varphi(x)$ et $\psi(x)$.

Je vous renouvelle tous mes remerciements pour votre bonté et la peine que vous avez prise de me rédiger si clairement votre méthode concernant la fonction $\frac{e^{ax}}{e^x - 1}$, que j'ai pu ainsi m'assimiler sans l'ombre d'un effort.

Croyez-moi toujours, mon cher monsieur et ami, votre bien sincèrement et affectueusement dévoué.

111. — *STIELTJES A HERMITE.*

Toulouse, 1er mars 1887.

MONSIEUR,

J'espère que vous voudrez bien m'excuser si j'ai ajourné à quelques jours la réponse à votre dernière lettre qui m'a fait tant de plaisir.

D'abord, je dois faire amende honorable, après avoir consulté l'article de M. Poincaré (*Comptes rendus*, t. XCVI, p. 1134), je vois qu'il n'a pas le rapport si immédiat que je croyais avec la question qui se présenta à propos de votre intégrale

$$\int_0^{2\pi} f(x) \cot \frac{x - z}{2}\, dx.$$

Le théorème de M. Poincaré est le suivant :

Soient $f(x)$ une fonction existant seulement dans la moitié supérieure du plan, $f_1(x)$ une fonction existant dans la moitié inférieure du plan, alors on pourra toujours trouver

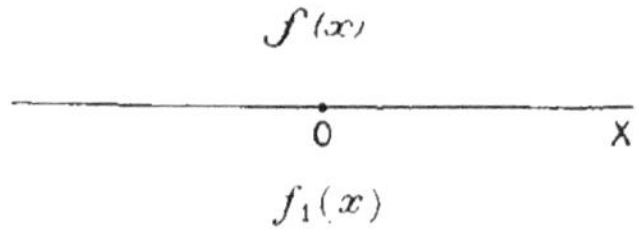

deux fonctions $\varphi(x)$, $\psi(x)$ existant dans tout le plan, telles que

$$\varphi(x) + \psi(x) = f(x) \text{ ou } f_1(x)$$

selon le cas. $\varphi(x)$ admettra pour coupure la partie de l'axe de -1 à $+1$, $\psi(x)$ les deux coupures de $-\infty$ à -1 et de $+1$ à $+\infty$.

Dans sa démonstration, M. Poincaré applique la formule de Fourier

$$\mathcal{F}(x) = \sum_{-\infty}^{+\infty} \mathcal{A}_m e^{mix},$$

et il s'appuie aussi sur cette remarque que l'expression

$$\sum_{0}^{\infty} \mathcal{A}_m e^{mix}$$

définit une fonction dans la moitié supérieure du plan et

$$\sum_{0}^{-\infty} \mathcal{A}_m e^{mix}$$

une fonction dans la moitié inférieure. Dans l'article cité, M. Poincaré introduit la dénomination de *coupure artificielle* qui me semble heureusement choisie et qui répond à un besoin que j'ai ressenti quelquefois.

L'observation de M. Picard à l'égard de la formule de Cauchy

$$f(x) = \frac{1}{2i\pi}\int_c \frac{f(z)\,dz}{z-x}$$

ne répond pas précisément à la question telle que je l'avais envisagée. En effet, elle montre qu'on peut calculer $f(x)$ lorsque les valeurs de $f(z)$ (sur la courbe C) sont données. Mais on ne peut pas donner *arbitrairement* les valeurs de $f(z)$ sur la courbe. Au contraire, on sait (Riemann, *Dissertation inaugurale*) qu'en donnant simplement sur la courbe C la *partie réelle* u de

$$f(x) = u + iv,$$

la partie imaginaire v est déjà déterminée, par là, à une constante additive près; en effet,

$$v = \int\left(-\frac{\partial u}{\partial y}dx + \frac{\partial u}{\partial x}dy\right).$$

Dans la question telle que je l'ai envisagée, il faudrait donc *démontrer* que v *s'annule* sur l'axe des quantités réelles.

Riemann (*Œuvres*, p. 220) a énoncé ce théorème :

Étant donnée une fonction périodique $f(x)$ de la variable *réelle x, alors il existe toujours une fonction $\varphi(x+iy)$ finie pour $y>0$ et qui se réduit à $f(x)$ pour $y=0$.*

Il renvoie à sa dissertation pour la démonstration. Mais M. Schwarz (*Journal de Borchardt*, t. 74) a déjà appelé l'attention sur cette assertion qu'il semble difficile de justifier.

Pour ma part, je crois pouvoir démontrer sans réplique ce qui suit :

Si la fonction $f(x)$ a une discontinuité dans sa dérivée, alors l'assertion de Riemann ne peut être exacte.

Si, dans ce cas, il est possible de continuer la fonction $f(x)$ dans une moitié du plan, la *partie imaginaire* v ne peut pas se

Représentation de $f(x)$.

réduire à zéro sur l'axe des quantités réelles. Mais, quoique mon raisonnement n'est pas bien compliqué, je ne crois pourtant pas devoir le développer ici.

Je viens de voir que la formule de décomposition de $\dfrac{e^{ax}}{e^x-1}$ a été donnée par M. Kronecker. C'est, en effet, la formule (7), page 851, des *Comptes rendus* de l'Académie de Berlin de 1885. M. Kronecker donne une démonstration très curieuse qui lui fournit une formule plus générale (12) où il suffit de faire $\delta=1$ pour retrouver la formule (7).

M. Kronecker dit aussi l'avoir donnée déjà dans les *Comptes rendus* de 1883, page 499; mais, en cet endroit, il s'est borné simplement à dire que la formule revient au développement de Fourier de $\cos ax$, $\sin ax$. J'ajoute que dans le Mémoire cité (*Comptes rendus* de 1885), M. Kronecker a remarqué aussi qu'on déduit aussitôt de cette formule le développement en série de Fourier des polynomes de Bernoulli.

Votre très respectueusement dévoué.

112. — *HERMITE A STIELTJES.*

Paris, 8 mars 1887.

CHER MONSIEUR,

J'ai bien de la peine, à cause de l'allemand et de la complication des calculs, de tirer parti du Mémoire de M. Kronecker, qui me paraît cependant d'une grande importance, et je ne suis guère plus heureux avec le beau travail de M. Poincaré sur les fonctions à espaces lacunaires. Comment donc arrive l'expression

$$e^{G\left(\frac{1}{x-1}\right)} + e^{G\left(\frac{1}{x+1}\right)}?$$

Rebuté, comme vous voyez, par l'Analyse, je me suis occupé d'une formule que Gauss donne dans l'article : *De nexu inter multitudinem classium, etc.* (*Œuvres,* t. II, p. 270), pour exprimer le nombre des points contenus dans le cercle $x^2 + y^2 = A$ et sur le contour, dont les coordonnées sont des nombres entiers et j'ai remarqué qu'elle s'étend au cas de l'ellipse $Ax^2 + By^2 = N$.

Faites

$$a = E\left(\sqrt{\frac{N}{A}}\right), \qquad b = E\left(\sqrt{\frac{N}{B}}\right),$$

$$\alpha = E\left(\sqrt{\frac{N}{2A}}\right), \qquad \beta = E\left(\sqrt{\frac{N}{2B}}\right),$$

puis

$$y_\xi = E\left(\sqrt{\frac{N - B\xi^2}{A}}\right), \qquad x_\eta = E\left(\sqrt{\frac{N - A\eta^2}{B}}\right),$$

le nombre des points contenus à l'intérieur et sur la circonférence de l'ellipse est

$$4\alpha\beta + 1 + 2(a + b) + 2(x_{\alpha+1} + x_{\alpha+2} + \ldots + x_a) + 2(y_{\beta+1} + y_{\beta+2} + \ldots + y_b).$$

On doit à Dirichlet une formule d'une grande importance dans les questions de ce genre et que j'ai employée récemment dans un article du *Journal de Crelle : Remarques arithmétiques sur quelques formules, etc.*, t. 100, p. 55.

En voici une démonstration facile :

Soit $y = f(x)$ la courbe figurée par A′B′ depuis $x = OA = \xi$ jusqu'à $x = OB = p$, et dont on suppose l'ordonnée décroissante entre ces limites. En désignant par A″ la projection de A′ sur

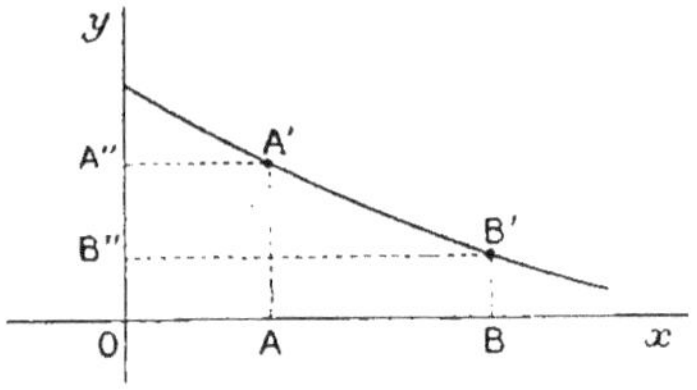

l'axe Oy, je chercherai le nombre des points ayant pour ordonnées des entiers, qui sont contenus dans l'aire OBB′A′A″O avec ceux qui se trouvent sur la courbe et sur les axes de coordonnées OA″ et OB. L'aire en question se compose du rectangle OAA′A″O et du segment ABB′A′A.

Dans le rectangle, avec la condition admise, le nombre des points est $\xi . \mathrm{E}[f(\xi)]$, et dans le segment c'est la somme

$$\mathrm{E}[f(\xi+1)] + \mathrm{E}[f(\xi+2)] + \ldots + \mathrm{E}[f(p)].$$

Cela étant, je fais la même énumération d'une autre manière, en projetant le point B′ sur l'axe des ordonnées en B″, ce qui me donne, de nouveau, un rectangle OBB′B″O et un segment

B″B′A′A″B″.

Or le rectangle me donne, si je pose $x = g(y)$,

$$p\,\mathrm{E}[g(p)]$$

et le segment conduit à la somme

$$\mathrm{E}[g(p+1)] + \mathrm{E}[g(p+2)] + \ldots + \mathrm{E}[g(\eta)]$$

et faisant $\eta = \mathrm{E}[f(\xi)]$. On trouve, en égalant les deux expressions, la formule même de Dirichlet, dont les applications sont nombreuses et intéressantes, par exemple en faisant $y = x^m$. Pour $m = 2$, on trouve ainsi un résultat qu'a donné M. Bougaïeff, dans un article très remarquable publié dans les *Comptes rendus* (¹).

(¹) *Note des éditeurs.* — Voir *Comptes rendus*, t. C, p. 1159.

Je reviens aux fonctions pour vous remercier des indications précieuses que contient votre dernière Lettre et vous dire que, sur ces questions difficiles autant qu'importantes, je ne suis qu'un écolier, n'ayant pu, à cause de l'allemand, étudier Riemann dont je n'ai qu'une idée absolument superficielle. Mais je sens tout l'intérêt de la proposition du grand géomètre à laquelle vous faites des objections qui portent sur la discontinuité *possible* de la dérivée. En précisant les conditions restrictives qu'elle comporte, vous ferez une chose extrêmement utile, et ce me sera un grand plaisir d'étudier votre travail sur ce sujet et de me faire votre élève. M. Mittag-Leffler m'a informé que la lettre écrite par les membres de la Section de Géométrie dans l'intérêt des *Acta* a reçu du Ministre de l'Instruction publique de Suède un accueil on ne peut plus favorable, et que, maintenant, il ne doute pas que le Storthing n'accorde les subventions nécessaires à son Journal.

Avec la nouvelle assurance de mon affection bien dévouée.

113. — *STIELTJES A HERMITE.*

Toulouse, 10 mars 1887.

Monsieur,

J'ai lu avec beaucoup d'intérêt votre démonstration de la formule de Dirichlet et j'en ai fait l'application au cas $y = x^2$ que vous avez indiqué.

Quant à l'article de M. Poincaré, il m'a donné aussi du fil à tordre; par inadvertance, il y a aussi sans doute une confusion entre les fonctions φ et ψ. Mais je crois avoir réussi à en saisir le sens et, si cela vous intéresse, je crois que la Note ci-jointe n'offrira plus de difficultés.

J'espère pouvoir parler une autre fois plus amplement sur cette assertion de Riemann sur laquelle M. Schwarz a déjà appelé l'attention. Pour moi, si je comprends bien le sens des mots, je serai porté à croire que c'est là un lapsus, et que les cas où l'on peut continuer de cette manière une fonction réelle sont *exceptionnels*.

Mais je voudrais bien que quelque mathématicien plus autorisé traitât ce point. M. Sachse, dans l'*Essai historique sur la représentation d'une fonction arbitraire par une série trigonométrique* (*Bulletin de Darboux,* année 1880) a glissé sur ce point.

Je considère toujours comme mon travail principal la ligne de singularité des fonctions modulaires, mais je ne fais que préparer mes efforts et j'attends les vacances pour pouvoir travailler plus sérieusement.

... Il me semble que les événements politiques des dernières trente années, en excitant à un si haut degré l'esprit de nationalité, nous ont fait rétrograder sous bien des rapports. Il y a un demi-siècle les partisans des idées libérales qui prêchaient une entente amicale entre les peuples n'étaient pas rares. Aujourd'hui, dans la littérature, personne ne semble penser à cela. Peut-être faudrait-il excepter ici les partis extrêmes, anarchistes, socialistes... mais cela n'est pas bien fait pour nous consoler. Mais l'histoire continue sa marche et qui peut l'arrêter ou prévoir son développement?

J'ai appris avec beaucoup de satisfaction l'effet heureux qu'a eu la démarche faite en faveur du maintien des *Acta mathematica,* et certainement vous n'en êtes pas moins content. Je sais comment votre temps est précieux et je crains quelquefois que ma correspondance ne vous pèse. J'espère donc très sincèrement que vous ne consacrerez pas trop d'attention à mes lettres, si elles vous arrivent à un moment inopportun.

Votre respectueusement dévoué.

114. — *HERMITE A STIELTJES.*

Paris, 11 mars 1887.

CHER MONSIEUR,

Vous avez éclairé de la plus vive lumière le théorème de Poincaré qui m'avait paru si obscur avant d'avoir votre Note que j'ai lue avec admiration, je vous le dis en toute sincérité. Mais je ne dois point garder pour moi seul votre beau travail, et je viens vous prier d'en faire le sujet d'un article étendu pour un de nos recueils, le *Journal de M. Jordan* ou les *Annales de l'École normale*. Je suis extrêmement frappé de la possibilité que vous avez si bien établie des développements en séries de $\varphi(x)\,\Theta(x)$.

suivant les puissances descendantes et de $\psi(x)\,\Theta(x)$, suivant les puissances croissantes de la variable, et je ne puis douter que tous les géomètres n'attachent le plus grand prix à votre analyse.

Il me semble même que je pourrais donner votre méthode dans une de mes Leçons, à moins que vous ne désiriez vous réserver d'approfondir encore davantage le sujet, qui en vaut la peine par son importance. Vous pensez bien que je me suis demandé si l'on peut prendre comme exemple

$$f(x) = \frac{1}{4i\pi}\int_0^{2\pi} \Phi(t)\cot\frac{t-x}{2}\,dt$$

au-dessus de l'axe des x,

$$f_1(x) = -\frac{1}{4i\pi}\int_0^{2\pi} \Phi(t)\cot\frac{t-x}{2}\,dt$$

au-dessous, de manière à associer à la formule de Fourier

$$\Phi(x) = \sum \mathrm{A}_m e^{mix},$$

qui peut n'exister que pour des valeurs réelles, la fonction $\mathrm{F}(x)$ qui existe dans tout le plan, sauf sur l'axe des abscisses. Mais il m'est vraiment superflu de vous donner aucune indication et, mieux que moi, vous saisissez, dans toute leur étendue, le rôle de ces considérations nouvelles et profondes, sur une question capitale d'Analyse.

Vous me faites grand plaisir en m'apprenant que vous songez à la coupure des équations modulaires, coupure qui n'est pas artificielle, comme celles de Riemann ou celles des intégrales définies. Si vos efforts sont couronnés de succès, comme je l'espère, permettez-moi de vous engager à en faire le sujet d'un Mémoire présenté à l'Académie des Sciences et sur lequel M. Darboux, M. Poincaré et moi nous ferions un Rapport qui nous donnerait occasion de dire publiquement ce que nous savons tous de votre beau talent.

En vous renouvelant, mon cher monsieur Stieltjes, l'expression de mes sentiments affectueux et bien dévoués.

115. — *HERMITE A STIELTJES.*

12 mars 1887.

CHER MONSIEUR,

J'ai bien crainte de vous prendre indiscrètement votre temps et d'abuser de votre complaisance, aussi ne vous pressez point, je vous le demande instamment, pour me dire si je comprends bien, comme je le crois, la proposition de Poincaré en admettant que la fonction $F(x)$, telle qu'il la détermine ainsi que vous me l'avez si bien expliqué, a dans tout le plan, nonobstant la coupure, *une seule et unique expression analytique.*

Dans ce cas, on aurait un exemple d'une extrême généralité, du fait analytique déjà signalé par Weierstrass et que met en évidence la série de Tannery

$$\frac{1+x^2}{1-x^2}+\frac{2x^2}{x^4-1}+\frac{2x^4}{x^8-1}+\ldots$$

qui existe dans tout le plan, étant $+1$ ou -1, suivant que $\operatorname{mod} x < 1$ ou $\operatorname{mod} x > 1$. Mais je ne me trompe point sans doute, en regardant que cette expression unique n'est point donnée au moyen de vos développements $\varphi(x)\Theta(x)=\sum a_n x^{-n}$ et $\psi(x)\Theta(x)=\sum b_n x^n$, puisque le premier suppose $\operatorname{mod} x > 1$ et le second $\operatorname{mod} x < 1$. Faut-il par conséquent se résigner à l'expression

$$2i\pi\,\varphi(x)\Theta(x)=\int\frac{F(z)\Theta(z)}{z-x}\,dz$$

suivant votre premier contour et à

$$2i\pi\,\psi(x)\Theta(x)$$

suivant le second? J'ai tout lieu de le penser; préoccupé d'autres choses, j'ai recours à vous pour dissiper ces nuages, sous les plus expresses réserves de votre convenance, et en vous priant de ne vous presser aucunement pour me sortir d'embarras.

Avec la nouvelle assurance de mes sentiments bien affectueux.

P. S. — Votre expression

$$F(x)\Theta(x)=\sum a_n x^n+\sum b_n x^n$$

suppose comme vous le mentionnez $\bmod x=1$, mais pourquoi?

116. — *HERMITE A STIELTJES* (1).

17 mars 1887.

Cher Monsieur,

Votre expression de $\Theta(x)\varphi(x)$ dans tout le plan, par la fraction continue

$$\cfrac{\lambda_0}{x-\alpha_0-\cfrac{\lambda_1}{x-\alpha_1-\ldots}},$$

me paraît extrêmement remarquable; elle me rappelle que M. Halphen, dans les *Comptes rendus* d'il y a deux ans, a déjà signalé, au point de vue de la convergence, les circonstances singulières que présentent les développements de cette forme, et je suppose que le travail de l'éminent géomètre aura attiré votre attention. Pendant que vous songez à la cinématique, aux dépens de recherches d'une nature plus élevée, je dois aussi m'occuper de mon enseignement, et j'ai charge de fournir des exemples d'intégrales définies qu'on détermine au moyen de résidus. Peut-être dans vos conférences serez-vous aussi conduit à ce sujet; c'est ce qui m'engage à vous indiquer la remarque suivante qui fera le sujet d'une de mes leçons.

Soit

$$F(z)=(z-a)^m(z-b)^n\ldots(z-l)^s.$$

Je me propose d'obtenir l'intégrale

$$J=\int\frac{e^{zx}\,dz}{F(z)},$$

prise le long d'un contour fermé comprenant à son intérieur

(1) *Notes des éditeurs.* — Entre le 12 et le 17 mars, il y a eu sûrement quelque lettre de Stieltjes que nous ne possédons pas.

$a, b, \ldots, l$. Si l'on désigne par μ le degré de $F(z)$ de sorte que

$$\mu = m + p + \ldots + s,$$

il résulte d'abord de l'expression même de l'intégrale que, pour $x = 0$, on aura

$$J = 0, \qquad D_x J = 0, \qquad \ldots, \qquad D_x^{\mu-2} J = 0,$$

et par conséquent le développement suivant les puissances croissantes de x

$$J = A x^{\mu-1} + B x^{\mu} + C x^{\mu+1} + \ldots.$$

Telle est donc aussi la somme des résidus de la fonction

$$\frac{e^{zx}}{F(z)}$$

pour les divers pôles $a, b, \ldots, l$.

Or le résidu correspondant à l'un d'eux, $z = a$, par exemple, est de la forme

$$e^{ax} \Pi_{m-1}(x),$$

$\Pi_{m-1}(x)$ étant un polynome en x, du degré $m - 1$. On aura donc la relation

$$e^{ax} \Pi_{m-1}(x) + e^{bx} \Pi_{n-1}(x) + \ldots + e^{lx} \Pi_{s-1}(x)$$
$$= A x^{\mu-1} + B x^{\mu} + C x^{\mu+1} + \ldots.$$

Cela étant, je remarque que le système des polynomes Π_{m-1}, Π_{n-1}, ... donne le degré d'approximation le plus grand possible de la fonction

$$e^{ax} P_{m-1}(x) + e^{bx} P_{n-1}(x) + \ldots + e^{lx} P_{s-1}(x).$$

Effectivement, le nombre des constantes arbitraires contenues dans P_{m-1}, P_{n-1}, ..., P_{s-1} est $m + n + \ldots + s = \mu$, et comme elles entrent sous forme homogène dans les coefficients des différentes puissances de la variable, on pourra égaler à zéro les $\mu - 1$ premiers termes. Elles se trouvent en conséquence déterminées, sauf un facteur commun, par la condition que le développement de la fonction linéaire des diverses exponentielles commence au terme en $x^{\mu-1}$, et c'est cette détermination qui se trouve réalisée par les expressions

$$P_{m-1} = \Pi_{m-1}, \qquad P_{n-1} = \Pi_{n-1}, \qquad \ldots.$$

Je confie maintenant à votre cœur arithmétique ce dont je ne dirai rien aux élèves qui ne s'en soucieraient guère; je me propose de donner un système de formules récurrentes, pour obtenir de proche en proche, pour toutes les valeurs de l'entier m, le système des polynomes qui se rapportent au cas de

$$J = \int \frac{e^{zx}\,dx}{[(z-a)(z-b)\ldots(z-l)]^m}.$$

Maïs pour cela, j'ai besoin d'un peu de temps, et je ne sais pas trop quand il me sera possible d'en venir à bout.

Dans l'espérance qu'un beau travail résultera de votre idée excellente et si originale sur le mode d'expression des fonctions $\Theta(x)\,\varphi(x)$, $\Theta(x)\,\psi(x)$, et en vous félicitant vivement de cette nouvelle conception, je vous renouvelle l'assurance de mes sentiments bien affectueux et bien dévoués.

117. — *HERMITE A STIELTJES.*

Paris, 29 mars 1887.

CHER MONSIEUR,

M. Mittag-Leffler a pris pour sujet de ses leçons à l'Université de Stockholm, le Mémoire de Riemann sur les nombres premiers qui a été l'objet des excellentes recherches dont vous avez donné les résultats dans les *Comptes rendus* de 1885. Le théorème merveilleux que le nombre des racines de l'équation $\xi(t) = 0$, dont la partie réelle est comprise entre les limites 0 et T, est

$$\frac{T}{2\pi}\log\frac{T}{2\pi} - \frac{T}{2\pi},$$

a naturellement appelé son attention et il m'écrit qu'il lui a été impossible de le démontrer, en faisant appel à mes lumières. Vous ne serez pas surpris que j'y ai répondu par le conseil de recourir aux vôtres, qu'il a suivi avec empressement. M. Mittag-Leffler se trouve cependant arrêté à un point, il ne peut voir comment vous établissez que la série

$$1 - \frac{1}{2^s} - \frac{1}{3^s} - \frac{1}{5^s} + \frac{1}{6^s} - \frac{1}{7^s} + \ldots$$

est convergente tant que la partie réelle de s surpasse $\frac{1}{2}$, et c'est en son nom que je viens vous prier de vouloir bien lui écrire pour le tirer d'embarras. Vous lui ferez grand bien en lui donnant les éclaircissements qu'il attend, me dit-il, avec impatience.

Permettez-moi une remarque élémentaire et pédagogique sur les facteurs primaires à laquelle m'a fait penser le passage de l'expression

$$\sin x = x \prod \left(1 - \frac{x}{n\pi}\right)^{\frac{x}{n\pi}}$$

à celle-ci

$$\cos x = \prod \left(1 - \frac{2x}{m\pi}\right) e^{\frac{2x}{m\pi}}$$

$$(m = \pm 1, \pm 3, \pm 5, \ldots).$$

On y parvient immédiatement, au moyen de l'équation

$$\sin 2x = 2 \sin x \cos x$$

qui donne $\cos x = \frac{\sin 2x}{2 \sin x}$, mais on peut désirer d'y parvenir en changeant x en $\frac{\pi}{2} + x$. Considérez plus généralement la formule

$$F(x) = x \prod \left(1 - \frac{x}{a_n}\right) e^{P_n(x)},$$

où les polynomes $P_n(x)$ sont de degré quelconque. En changeant x en $x + \xi$, l'identité

$$1 - \frac{x + \xi}{a_n} = \left(1 - \frac{\xi}{a_n}\right)\left(1 - \frac{x}{a_n - \xi}\right)$$

permet d'abord d'écrire

$$F(x + \xi) = (x + \xi) \prod \left[\left(1 - \frac{\xi}{a_n}\right)\left(1 - \frac{x}{a_n - \xi}\right)\right] e^{P_n(x+\xi)};$$

on obtient ensuite, en divisant membre à membre avec

$$F(\xi) = \xi \prod \left(1 - \frac{\xi}{a_n}\right) e^{P_n(\xi)},$$

l'expression

$$\frac{F(x + \xi)}{F(\xi)} = \left(1 + \frac{x}{\xi}\right) \prod \left[\left(1 - \frac{x}{a_n - \xi}\right) e^{P_n(x+\xi) - P_n(\xi)}\right],$$

que je vais appliquer au cas de $\sin x$. On trouve alors

$$\frac{\sin(x+\xi)}{\sin\xi} = \prod\left[\left(1-\frac{x}{n\pi-\xi}\right)e^{\frac{x}{n\pi}}\right]\left(1+\frac{x}{\xi}\right),$$

qui ne donne point pour $\xi = \frac{\pi}{2}$ la même formule que tout à l'heure. La réponse à cette difficulté est dans l'expression plus générale que voici, où a désigne une constante quelconque, à savoir

$$\frac{\sin(x+\xi)}{\sin\xi} = e^{-x\cot a}\prod\left[\left(1-\frac{x}{n\pi-\xi}\right)e^{\frac{x}{n\pi+a}}\right].$$

Faites, en effet, en particulier $a = -\frac{\pi}{2}$, avec $\xi = \frac{\pi}{2}$, et vous avez bien le résultat cherché. Enfin isolez le facteur qui correspond à $n = 0$, vous avez la quantité

$$e^{-x\cot a}\left(1+\frac{x}{\xi}\right)e^{\frac{x}{a}},$$

et comme $\cot a - \frac{1}{a}$ s'annule pour $a = 0$, vous parvenez à l'autre formule.

Et tels sont les pauvres fruits de mes leçons.

En vous renouvelant, mon cher monsieur Stieltjes, l'assurance de mon amitié bien dévouée.

118. — *STIELTJES A HERMITE.*

Toulouse, 30 mars 1887.

Monsieur,

J'avais déjà reçu une lettre de M. Mittag-Leffler concernant cette proposition du nombre des racines de l'équation $\xi(t) = 0$, et je lui ai déjà répondu de mon mieux. Je crois que j'ai réussi à retrouver à peu près la méthode que Riemann a suivie, en calculant l'intégrale

$$\int d\log\xi(x).$$

Votre lettre me rappelle que j'ai voulu appliquer dans mes leçons la formule de M. Weierstrass à la fonction $e^x - C$. Pour plus de simplicité, je mets la constante C sous la forme e^a et j'obtiens $\left(\text{à l'aide de la décomposition de } \frac{1}{e^{x-a}-1} = \frac{e^a}{e^x - e^a}\right)$

$$e^x - e^a = (1 - e^a) e^{-\frac{x}{e^a - 1}} \prod_{-\infty}^{+\infty} \left(1 - \frac{x}{a + 2n\pi i}\right) e^{\frac{x}{a + 2n\pi i}}.$$

Pour $a = 0$, il y a un léger changement de forme analytique et l'on a une formule qui ne diffère pas essentiellement de la formule qui donne la décomposition de $\sin x$.

Si vous savez que je suis dans les examens pour le baccalauréat, vous voudrez bien excuser, Monsieur, cette lettre écrite un peu précipitamment.

Votre respectueusement dévoué.

119. — *HERMITE A STIELTJES.*

18 mars 1888.

. . . .
. . . .

120. — *STIELTJES A HERMITE.*

Toulouse, 23 mai 1888.

MONSIEUR,

J'espère que vous n'aurez pas expliqué trop à mon désavantage le long silence que j'ai gardé après votre lettre si pleine de bonté et pour laquelle je dois vous remercier encore de tout mon cœur. Mais nous avons été si abattus par le coup cruel qui nous a fait perdre notre aîné, après une semaine de cette terrible maladie (diphtérie), que je n'étais guère capable de parler de notre Science. Vous savez ce que Lagrange disait de la nécessité de ne jamais cesser de travailler, d'être toujours sur la brèche pour ne pas laisser s'endormir l'esprit et le tenir en haleine et je sens que ce n'est que trop vrai.

Veuillez donc m'excuser cette fois si j'ose vous parler d'une question que je n'ai pas encore approfondie, mais à laquelle je pense depuis quelque temps.

Soient

$$X = a_0 x^4 + 4 a_1 x^3 + 6 a_2 x^2 + \ldots + a_4,$$
$$Y = b_0 y^4 + 4 b_1 y^3 + 6 b_2 y^2 + \ldots + b_4;$$

je pose d'abord cette question. Dans quels cas est-il possible d'établir la relation

$$(1) \qquad \frac{dx}{\sqrt{X}} = \pm \frac{dy}{\sqrt{Y}}$$

à l'aide d'une substitution linéaire

$$(2) \qquad p + qx + ry + sxy = 0?$$

La réponse est immédiate : il faut et il suffit l'égalité des invariants

$$(3) \qquad \left\{ \begin{aligned} S &= a_0 a_4 - 4 a_1 a_3 + 3 a_2^2 = b_0 b_4 - 4 b_1 b_3 + 3 b_2^2, \\ T &= \begin{vmatrix} a_0 & a_1 & a_2 \\ a_1 & a_2 & a_3 \\ a_2 & a_3 & a_4 \end{vmatrix} = \begin{vmatrix} b_0 & b_1 & b_2 \\ b_1 & b_2 & b_3 \\ b_2 & b_3 & b_4 \end{vmatrix}. \end{aligned} \right.$$

(Je fais abstraction des cas particuliers où $X = 0$, $Y = 0$ auraient des racines multiples.)

Ces conditions (3) étant supposées satisfaites, je me propose d'approfondir, au point de vue *algébrique,* la détermination des coefficients p, q, r, s.

Soient

$$x_1, \quad x_2, \quad x_3, \quad x_4,$$
$$y_1, \quad y_2, \quad y_3, \quad y_4,$$

les racines de $X = 0$, $Y = 0$. Leurs rapports anharmoniques sont égaux et si l'on suppose, par exemple,

$$(x_1, x_2, x_3, x_4) = \text{rapp. anharm.},$$
$$(x_1, x_2, x_3, x_4) = (y_1, y_2, y_3, y_4),$$

alors les substitutions (2) font correspondre

$$\begin{array}{llllcllll} x_1, & x_2, & x_3, & x_4 & \text{à} & y_1, & y_2, & y_3, & y_4, \\ & & & & \text{ou à} & y_2, & y_1, & y_4, & y_3, \\ & & & & \text{ou à} & y_3, & y_4, & y_1, & y_2, \\ & & & & \text{ou à} & y_4, & y_3, & y_2, & y_1. \end{array}$$

Ainsi, il y a toujours *quatre* substitutions de la forme (2) et le problème doit dépendre d'une équation du quatrième degré.

Il est vrai qu'on peut écrire directement ces substitutions si l'on connaît $x_1, x_2, \ldots, x_4, y_1, y_2, \ldots, y_4$, mais cela exige la solution des deux équations

$$X = 0, \qquad Y = 0.$$

Il est bien vrai que, à cause de l'égalité des invariants, cela ne doit pas compter pour la solution de deux équations indépendantes du quatrième degré, mais toujours cela exige un peu plus (le calcul de deux racines carrées) que la solution d'une seule équation du quatrième degré. Or, la vraie solution du problème doit dépendre d'*une seule* équation du quatrième degré que je me suis proposé d'établir.

Dans un cas particulier, la solution est facile, et je veux l'indiquer parce que cela montre aussi comment j'espère parvenir au but dans le cas général.

Supposons

$$a_i = b_i \qquad (i = 0, 1, 2, 3, 4),$$

alors il est clair qu'une des substitutions demandées est

$$x = y;$$

la détermination des trois autres doit dépendre d'une équation cubique.

Je considère l'intégrale générale de l'équation différentielle (1) que j'emprunte au Traité de M. Cayley-Brioschi *Sur les fonctions elliptiques*, page 318,

$$\mathrm{a} + 2\mathrm{h}x + \mathrm{g}x^2 + 2y(\mathrm{h} + 2\mathrm{b}x + \mathrm{f}x^2) + y^2(\mathrm{g} + 2\mathrm{f}x + \mathrm{c}x^2) = 0.$$

Je conserve les notations de M. Cayley qui a pris

$$X = a + bx + cx^2 + dx^3 + ex^4 \qquad (\text{p. } 318),$$
$$Y = a + by + cy^2 + dy^3 + ey^4,$$

les coefficients a, b, c, f, g, h sont des polynomes du second degré en C, la constante arbitraire, et si l'on écrit l'équation sous la forme

$$A + 2B\,y + C\,y^2 = 0$$

ou

$$A_1 + 2B_1 x + C_1 x^2 = 0,$$

on a

$$B^2 - AC \quad = \Theta X,$$
$$B_1^2 - A_1 C_1 = \Theta Y,$$

Θ étant du troisième degré en C. Or, si l'on détermine maintenant C par la condition

$$\Theta = 0,$$

on s'aperçoit aisément que l'intégrale générale peut s'écrire

$$(fxy + gx + gy + h)^2 = 0;$$

donc

$$fxy + gx + gy + h = 0.$$

Ce sont les trois substitutions linéaires qu'il fallait obtenir et qui dépendent de l'équation cubique

$$\Theta = 0,$$

qui peut se transformer directement en

$$4u^3 - Su - T = 0.$$

Mais il me reste à établir l'équation du quatrième degré qui doit se présenter dans le cas général. Pour le moment, j'entrevois une méthode qui doit me la faire connaître, mais elle exigera d'effrayants calculs; avant de les entreprendre, je veux chercher s'il n'y a pas un moyen plus facile d'y arriver. J'ai supposé que le problème n'avait pas encore été traité sous ce point de vue, peut-être pourriez-vous me dire si cela est.

Respectueusement votre tout dévoué.

121. — *STIELTJES A HERMITE.*

Toulouse, 13 juin 1888.

Monsieur,

J'espère que vous me pardonnerez si je continue à parler du problème que j'ai mentionné dans ma lettre précédente.

Posant

$$X = a_0 x^4 + 4 a_1 x^3 + \ldots + a_4,$$
$$Y = b_0 y^4 + 4 b_1 y^3 + \ldots + b_4,$$

où les a_i, b_i vérifient les deux relations

$$S = a_0 a_4 - 4 a_1 a_3 + 3 a_2^2 = b_0 b_4 - 4 b_1 b_3 + 3 b_2^2,$$

$$T = \begin{vmatrix} a_0 & a_1 & a_2 \\ a_1 & a_2 & a_3 \\ a_2 & a_3 & a_4 \end{vmatrix} = \begin{vmatrix} b_0 & b_1 & b_2 \\ b_1 & b_2 & b_3 \\ b_2 & b_3 & b_4 \end{vmatrix}.$$

Il s'agit de la détermination des quatre intégrales particulières de la forme

$$(1) \qquad p + qx + ry + sxy = 0$$

de l'équation différentielle

$$(2) \qquad \frac{dx^2}{X} = \frac{dy^2}{Y}.$$

Je viens d'abord d'obtenir l'équation du quatrième degré dont dépend la solution, mais elle serait trop longue à écrire, aussi n'ai-je pas fait le calcul de certaines vérifications. Mais voici un autre résultat de mes recherches qui pourra vous intéresser.

Soit

$$H_x = (a_0 a_2 - a_1^2) x^4 + \ldots$$

le Hessien de X; de même

$$H_y = (b_0 b_2 - b_1^2) y^4 + \ldots$$

le Hessien de Y.

Alors vous avez donné ce résultat remarquable que, en posant

$$u = -\frac{H_x}{X},$$

on obtient

$$\frac{2\,dx}{\sqrt{X}} = \frac{du}{\sqrt{4u^3 - Su - T}};$$

de même, en posant

$$v = -\frac{H_y}{Y},$$

on aura

$$\frac{2\,dy}{\sqrt{Y}} = \frac{dv}{\sqrt{4v^3 - Sv - T}}.$$

Il est clair par là que la relation

$$u = v,$$

ou

(3) $$XH_y - YH_x = 0$$

est une intégrale particulière de (2).

Or, je trouve maintenant que

$$XH_y - YH_x$$

est égal au produit de quatre expressions de la forme

$$p + qx + ry + sxy$$

et, en égalant à zéro ces quatre expressions, on a précisément les intégrales particulières cherchées de l'équation différentielle.

Il est facile de vérifier ce résultat dans le cas $a_i = b_i$, l'un des facteurs de $XH_y - YH_x$ est précisément $x - y$. Mais je n'ai pas encore effectué complètement les calculs prolixes, nécessaires pour la vérification dans le cas général.

Veuillez bien agréer, Monsieur, l'expression de la plus sincère reconnaissance de votre dévoué et respectueux serviteur.

P. S. — J'espère pouvoir bientôt publier dans les *Annales* de notre Faculté ces recherches sur l'équation différentielle

$$\frac{dx^2}{X} = \frac{dy^2}{Y} \text{ (1)}.$$

122. — *STIELTJES A HERMITE.*

(4, rue de Fleurance-Monplaisir) Toulouse, 15 juin 1888.

MONSIEUR,

Voulez-vous bien me permettre de revenir encore sur ce problème des substitutions linéaires

$$p + qx + ry + sxy = 0$$

---

(1) *Note des éditeurs.* — Le Mémoire de Stieltjes sur ce sujet est inséré dans le Tome II des *Annales de la Faculté des Sciences de Toulouse*, p. K.1, 1888 et a pour titre : *Sur la transformation linéaire de la différentielle elliptique* $\frac{dx}{\sqrt{X}}$.

qui donnent

$$\frac{dx^2}{X} = \frac{dy^2}{Y};$$

je vous promets expressément que ce sera la dernière fois.

Vous savez que j'ai considéré d'abord le cas $a_i = b_i$, alors p, q, r, s s'expriment rationnellement au moyen de u, racine de

$$4u^3 - Su - T = 0.$$

J'ai tâché alors de traiter le cas général de la même manière en établissant d'abord l'intégrale générale de l'équation différentielle sous la forme

$$(1) \qquad \begin{aligned} &\alpha + 2\alpha' x + \alpha'' x^2 \\ &+ 2(\beta + 2\beta' x + \beta'' x^2) y \\ &+ (\gamma + 2\gamma' x + \gamma'' x^2) y^2 = 0, \end{aligned}$$

où les α, β, γ, ... sont des polynomes du second degré en C (la constante arbitraire).

Mais il m'a coûté beaucoup de peine pour trouver cette formule (1) et elle est très compliquée. Mais, une fois cette formule obtenue, la solution du problème n'offre plus de difficulté et l'on trouve directement l'équation du quatrième degré en C. Si C satisfait à cette équation, le premier membre de (1) est un carré parfait et l'on obtient ainsi les substitutions linéaires

$$p_i + q_i x + r_i y + s_i xy = 0 \qquad (i = 1, 2, 3, 4).$$

Mais le théorème que je vous ai communiqué,

$$YH_x - XH_y = \text{const.}\, \Pi(p_i + q_i x + r_i y + s_i xy),$$

permet de résoudre la question d'une manière beaucoup plus facile.

En effet, il est clair qu'on n'a qu'à donner à y une valeur particulière (par exemple 0 ou ∞) et à résoudre alors une équation du quatrième degré

$$\alpha H_x - \beta X = 0.$$

Il y a même avantage à considérer directement l'équation

$$YH_x - XH_y = 0,$$

en y regardant y comme constant. Or il est bien connu qu'on peut faire dépendre la solution de cette équation encore de l'équation résolvante

$$4u^3 - Su - T = 0.$$

En poursuivant cette voie, je trouve que la détermination de ces substitutions linéaires s'obtient aisément à l'aide de ces fonctions ψ, ...

$$\psi^2 = 16(g + \Theta_3 f),$$

que vous avez rencontrées dans votre premier Mémoire *Sur la théorie des fonctions homogènes à deux indéterminées* (*Journal de Crelle*, t. 52, p. 15). Il faut considérer en même temps celles qui appartiennent à X et à Y.

En somme, on reconnaît que, pour avoir les p_i, q_i, ..., il faut calculer d'abord les racines u_1, u_2, u_3 de l'équation en u. Ensuite il y a à calculer les racines carrées

$$m_1 = \sqrt{(a_1^2 - a_0 a_2 - a_0 u_1)(b_1^2 - b_0 b_2 - b_0 u_1)},$$

$$m_2 = \sqrt{(a_1^2 - a_0 a_2 - a_0 u_2)(b_1^2 - b_0 b_2 - b_0 u_2)},$$

$$m_3 = \sqrt{(a_1^2 - a_0 a_2 - a_0 u_3)(b_1^2 - b_0 b_2 - b_0 u_3)},$$

mais à cause de

$$m_1 m_2 m_3 = \frac{1}{4}(a_0^2 a_3 - 3a_0 a_1 a_2 + 2a_1^3)(b_0^2 b_3 - 3b_0 b_1 b_2 + 2b_1^3),$$

on a à calculer réellement seulement deux racines carrées.

Les p_i, q_i, ..., s'expriment alors rationnellement.

Pour avoir séparément les racines de $X = 0$ et de $Y = 0$, il faudrait calculer

$$\sqrt{a_1^2 - a_0 a_2 - a_0 u_1}, \quad \sqrt{b_1^2 - b_0 b_2 - b_0 u_1},$$

$$\sqrt{a_1^2 - a_0 a_2 - a_0 u_2}, \quad \sqrt{b_1^2 - b_0 b_2 - b_0 u_2},$$

$$\sqrt{a_1^2 - a_0 a_2 - a_0 u_3}, \quad \sqrt{b_1^2 - b_0 b_2 - b_0 u_3},$$

ce qui constitue, en réalité, quatre racines carrées à calculer. En somme, je me suis donné bien du mal pour éviter le calcul de deux racines carrées; on pourra penser que c'est bien peu de chose.

On voit aussi maintenant comment il arrive que, dans le cas $a_i = b_i$, il suffit de connaître u_1, u_2, u_3.

Je crois que ces résultats éclairciront aussi la nature de l'équation en C dont j'ai parlé plus haut. En effet, si je considère l'équation en D dont les racines sont

$$\begin{aligned} &m_1 + m_2 + m_3, \\ &m_1 - m_2 - m_3, \\ -&m_1 + m_2 - m_3, \\ -&m_1 - m_2 + m_3, \end{aligned}$$

il me semble qu'il doit exister une relation simple entre C et D, et je ne pense pas me tromper en soupçonnant que cette relation sera

$$C = \frac{\alpha D + \beta}{\gamma D + \delta},$$

en sorte qu'on pourrait même avoir simplement $C = D$ en changeant convenablement la constante arbitraire C qui figure dans la formule (1).

Quant au théorème

$$YH_x - XH_y = \Pi(p_i + q_i x + r_i y + s_i xy),$$

vous aurez remarqué sans doute que, à cause des propriétés invariantes, il suffit de l'établir dans le cas

$$\begin{aligned} X &= (1 - x^2)(1 - k^2 x^2), \\ Y &= (1 - y^2)(1 - k^2 y^2), \end{aligned}$$

et il vient alors

$$YH_x - XH_y = \text{const.}(x^2 - y^2)(1 - k^2 x^2 y^2).$$

Mais cette remarque si simple que le problème proposé revient à décomposer $YH_x - XH_y$ ne s'est pas présentée tout d'abord.

Veuillez bien me croire, Monsieur, votre respectueusement dévoué.

123. — *HERMITE A STIELTJES.*

Paris, 17 juin 1888.

Mon cher ami,

C'est à moi de m'excuser du retard que j'ai mis à répondre à vos deux dernières lettres et surtout à vous exprimer combien je suis heureux que vous ayez réussi à surmonter votre chagrin en vous remettant au travail. La question que vous avez traitée est d'un grand intérêt et ce me serait un plaisir de m'y engager avec vous, ainsi que vous m'avez vu faire autrefois, quand vous vous en preniez à l'Arithmétique, si je n'étais à bout de mes forces et ayant quelque peine à cause de la fatigue que j'éprouve à en finir avec mes leçons à la Faculté. Au moins permettez-moi, puisque vous vous proposez de publier vos recherches dans les *Annales de Toulouse,* d'appeler votre attention sur un excellent travail de M. Halphen sur le sujet que vous avez traité, qui a paru à l'étranger dans les *Rendiconti du Cercle mathématique de l'Université de Palerme.* Je vous envoie le numéro de ce Recueil que vous ne recevez sans doute pas, pensant qu'il devra vous intéresser. Il me semble qu'il y a quelque analogie entre ce que fait M. Halphen et votre méthode extrêmement ingénieuse de conclure une solution particulière de l'équation $\frac{dx^2}{X} = \frac{dy^2}{Y}$ de l'égalité $\frac{H_x}{X} = \frac{H_y}{Y}$. Je crois bien aussi avoir rencontré autrefois comme conséquence de la relation qui lie une forme biquadratique avec ses invariants du sixième et du quatrième ordre une substitution qui ramène l'intégrale elliptique générale à la forme que vous considérez

$$\int \frac{du}{\sqrt{4u^3 - Su - T}},$$

et peut-être y aurait-il utilité à la rapprocher de celle dont vous faites usage $u = -\frac{H_x}{X}$. Je la rechercherai dans mes anciens articles sur la théorie des formes du *Journal de Crelle,* mais elle m'échappe en ce moment; permettez-moi, avant que je la retrouve et si paresseux que je sois, de vous indiquer une conséquence arithmétique de l'équation

$$H_1(0) = 2\sqrt[4]{q}\, AP^2,$$

où l'on a

$$A = (1 - q^2)(1 - q^4)\ldots \quad \text{et} \quad P = (1 + q^2)(1 + q^4)\ldots.$$

Si l'on désigne par $f(n)$ le nombre des solutions en nombres entiers et positifs, sans exclure zéro, de l'équation

$$(1) \qquad x_1 + 3x_2 + 5x_3 + \ldots + (2\nu - 1)x_\nu = n,$$

où je suppose

$$\nu = \mathrm{E}\left(\frac{n+1}{2}\right),$$

je trouve d'abord que l'on a

$$\mathrm{P} = \sum f(n) q^{2n} \qquad (n = 0, 1, 2, \ldots).$$

Cela étant, la fonction numérique $f(n)$ s'obtient de proche en proche, par cette formule de récurrence

$$\begin{aligned} f(n) = {} & f(n-2) - f(n-10) + f(n-24) - \ldots \\ & + f(n-4) - f(n-14) + f(n-30) - \ldots \\ & + \ldots\ldots\ldots\ldots\ldots\ldots + (-1)^{r-1} f(n - 3r^2 + r) \\ & \qquad\qquad\qquad + (-1)^{r-1} f(n - 3r^2 - r) \\ & \qquad\qquad\qquad + \varepsilon. \end{aligned}$$

Le terme ε est égal à l'unité ou à zéro, suivant que n est ou n'est pas de la forme $\dfrac{m^2+m}{2}$.

La même équation donne la relation suivante, à l'égard de la fonction plus compliquée

$$\mathrm{F}(n) = \sum (x_1+1)(x_2+1)\ldots(x_\nu+1),$$

où le signe $\sum$ se rapporte à tous les systèmes $x_1, x_2, \ldots, x_\nu$ de solutions de la même équation (1). On a alors

$$\mathrm{F}(n) = \sum (-1)^{r-1} \left[\mathrm{F}\left(n - \frac{3r^2 - r}{2}\right) + \mathrm{F}\left(n - \frac{3r^2+r}{2}\right)\right] + \varepsilon,$$

au lieu de

$$f(n) = \sum (-1)^{r-1} [f(n - 3r^2 + r) + f(n - 3r^2 - r)] + \varepsilon$$
$$(r = 1, 2, 3, \ldots),$$

la sommation s'étendant à toutes les valeurs de r telles que l'on ait, soit

$$n - (3r^2 \pm r) \geqq 0 \qquad \text{ou bien} \qquad n - \frac{3r^2 \pm r}{2} \geqq 0.$$

L'équation

$$\Theta(0) = (1-q^2)(1-q^4)\ldots[(1-q)(1-q^3)(1-q^5)\ldots]^2$$

donne lieu à des conséquences analogues sur d'autres fonctions qui se rapportent à l'équation $x_1 + 2x_2 + 3x_3 + \ldots + nx_n = n$, mais ce ne sont là que des remarques bien faciles et qui ne me semblent avoir que peu d'intérêt.

Dans le même genre, et sans faire plus d'efforts, j'ai complété un article de M. Heymann [1] dans le dernier cahier de Crelle, en présentant comme il suit la réduction à la forme $P + iQ$ de l'intégrale elliptique

$$J = \int \frac{dx}{\sqrt{X(x-a-ib)}},$$

où X est un polynome du deuxième ou du troisième degré à coefficients réels. Le module $\sqrt{(x-a)^2+b^2}$ se transforme en une expression rationnelle, en posant

$$x = a + \frac{b(t^2-1)}{2t};$$

or on trouve ainsi

$$x - a - ib = \frac{b(t-i)^2}{2t} \qquad \text{puis} \qquad \frac{dx}{\sqrt{x-a-ib}} = -\sqrt{\frac{b}{2}}\,\frac{(t+i)\,dt}{t\sqrt{t}}.$$

Désignant par $\frac{T}{t^2}$ ou $\frac{T}{t^3}$, suivant que X est du deuxième ou du troisième degré, la transformée de X par la substitution considérée, j'obtiens

$$J = -\sqrt{\frac{b}{2}} \int \frac{(t+i)\,dt}{\sqrt{T}},$$

ou bien

$$J = -\sqrt{\frac{b}{2}} \int \frac{t(t+i)\,dt}{\sqrt{tT}}.$$

C'est le résultat bien connu de Jacobi qui se trouve ainsi fort simplement.

En vous priant, mon cher ami, de vouloir bien faire parvenir à M. Baillaud mes remercîments pour l'envoi qu'il m'a fait d'excellents Mémoires, où j'ai vu avec grand plaisir le concours analytique que lui a prêté M. Tannery, et en vous renouvelant l'expression de mes sentiments de bien sincère affection.

---

(1) *Note des éditeurs.* — L'article de M. Heymann est inséré au Tome 103 du *Journal de Crelle*, p. 87-88 (1888).

124. — *STIELTJES A HERMITE.*

Toulouse, le 17 juin 1888.

MONSIEUR,

Je suis extrêmement heureux d'avoir reçu votre lettre qui me montre de nouveau votre amitié qui m'est si précieuse. Mais, monsieur, il y a dans votre lettre un passage qui m'a vivement ému et que je ne peux pas laisser sans réponse. Vous dites : « Je crois bien aussi avoir rencontré autrefois comme conséquence de la relation qui lie une forme biquadratique avec ses covariants du sixième et du quatrième ordre une substitution qui ramène l'intégrale elliptique générale à la forme que vous considérez

$$\int \frac{du}{\sqrt{4u^3 - Su - T}},$$

et peut-être y aurait-il utilité à la rapprocher de celle dont vous faites usage

$$u = -\frac{H_x}{X} \text{ ».}$$

Or, Monsieur, je suis sûr d'avoir dit expressément dans ma lettre que j'ai emprunté à vous cette substitution $u = -\frac{H_x}{X}$. Mais, Monsieur, c'est un résultat classique, aujourd'hui, comme du reste tout ce qui se trouve dans ces beaux Mémoires du Tome 52 du *Journal de Crelle*. Et je crois que si mon travail a quelque intérêt ce sera surtout à cause de ce qu'il éclaircira un peu la nature de cette substitution $u = -\frac{H_x}{X}$.

Je me propose de faire un exposé un peu complet de mes recherches et comme nos *Annales* sont aussi destinées à des lecteurs qui ne peuvent pas se procurer facilement tout ce qui se publie en France et à l'étranger, je donnerai quelques développements, sans crainte de répéter des choses qui sont, il est vrai, bien connues, mais qui me sont nécessaires.

Le seul travail sur lequel j'aurai à m'appuyer seront vos Mémoires sur les fonctions homogènes à deux indéterminées. La raison en est que je ne peux m'empêcher de regretter que si certains résultats de ces Mémoires classiques sont répandus maintenant dans les livres élémentaires, comme celui de M. Salmon, on a en général peu reproduit vos démonstrations et enfin les idées qui s'y trouvent. Ainsi, par exemple, la démonstration de la relation

$$4g^3 - if^2g - jf^3 = h^2$$

est souvent donnée simplement par une vérification opérée sur la forme canonique de f. Je trouve aussi dans vos Mémoires, déjà, la notion des invariants et des covariants *irrationnels,* comme, par exemple, les racines Θ de l'équation résolvante

$$4\Theta^3 - i\Theta + j = 0.$$

Dans ces dernières années, un jeune géomètre allemand, M. Hilbert, de Königsberg, a repris cette idée des invariants et covariants irrationnels, et il y a consacré un Mémoire étendu dans le Tome XXVIII des *Math. Annalen*. Je pense que M. Hilbert ne vous est pas inconnu; j'ai aussi fait sa connaissance à Paris en 1886.

Naturellement, comme professeur, j'ai dû étudier aussi un peu les travaux d'Algèbre de Clebsch, Gordan et de leurs disciples, pour en avoir au moins une idée sommaire. Mais s'il est incontestable que, par exemple, le théorème de Gordan est tout à fait fondamental, je ne peux m'empêcher de croire que ces théories-là n'ont pas encore reçu leur forme définitive, — il me semble que le formalisme (oppressant pour moi) a bien besoin d'être vivifié par des idées.

Vous m'annoncez l'envoi d'un fascicule des *Rendiconti* de Palerme et je dois vous en bien remercier, mais probablement pour m'engager à y souscrire, on m'a envoyé justement deux fascicules de ce Recueil où l'on trouve l'article de M. Halphen. C'est même un peu par cet article que j'ai été conduit à me poser la question d'une autre manière.

Il est évident par là que mon travail n'est pas la reproduction de celui de M. Halphen. On pourrait le considérer comme une continuation et une généralisation de ce dernier.

Votre très dévoué et respectueux.

125. — *HERMITE A STIELTJES.*

Paris, 19 juin 1888.

Mon cher ami,

Je mérite grandement les reproches que vous me faites; je me les suis adressés moi-même après vous avoir écrit lorsque peu à peu se sont réveillés les souvenirs de mes recherches d'Algèbre qui remontent à plus de trente ans. Mais vos reproches ont si peu d'amertume que je ne m'engage nullement à ne pas bien d'autres fois les encourir, en écrivant rapidement, sans beaucoup réfléchir. Lorsque j'ai abandonné mes études sur les formes pour m'occuper de la transformation des fonctions abéliennes du premier ordre, j'avais entrevu quelque possibilité d'étendre aux formes à trois indéterminées, la méthode qui m'avait conduit aux lois de réciprocité pour les formes binaires. C'est dans la dernière ou l'avant-dernière année du *Journal de Cambridge et Dublin* que j'ai exposé mon procédé et dans l'espérance que vous ferez ce que je n'ai pu faire, que vous entrerez en pleine et complète possession de ce que j'ai seulement entrevu de loin, je viens vous prier de jeter les yeux sur cet ancien travail, le plus étendu de ceux que j'ai publiés sur la théorie algébrique des formes. Vous connaissez certainement et vous admirez comme moi le Mémoire de M. Salmon sur les formes cubiques à 4 indéterminées. Vous aurez remarqué le complet parallélisme entre les covariants et les contravariants de la forme considérée qui m'a extrêmement frappé; j'en tirais l'induction qu'il doit y avoir une liaison analytique qui associe nécessairement à tout covariant un contravariant de même ordre, et en me bornant aux formes ternaires, c'était cette liaison que je voulais d'abord découvrir. Il me semblait qu'en étendant aux formes ternaires les transformations en symboles dont j'avais fait usage pour les formes binaires, le lien cherché apparaîtrait, de sorte qu'à la fois on aurait une loi spéciale de réciprocité interne entre les covariants et les contravariants et la généralisation de la loi de réciprocité que j'ai obtenue entre les covariants et les invariants des formes binaires. Vous me dédommageriez, mon cher ami, et vous me feriez oublier le regret de n'avoir point persévéré dans cette voie de recherches, si vous vouliez bien avec votre don d'invention, *ingenium divino dono aureum*, vous y engager et la suivre.

En attendant que vous vous décidiez à entreprendre la conquête des lois de réciprocité interne et externe, je vous fais mes compliments, parmi bien des choses intéressantes que vous m'avez communiquées, en particulier pour l'équation

$$YH_x - XH_y = CH(p + qx + xy + sxy)$$

qui me semble extrêmement originale. Et je ne saurais trop vous encourager à écrire pour les *Annales de Toulouse* un Mémoire où la concision ne nuise pas à la clarté et qui n'exige point pour être compris cette attention fatigante qu'exigent les notations par trop condensées de Clebsch, dont l'usage est malheureusement si général. Je ne renonce pas à peut-être ajouter quelques remarques à vos recherches, ayant fait l'année dernière pendant les vacances quelques petites choses dans un domaine voisin. Mais, en ce moment, il me faut envoyer un article à l'*American Journal*, et je ne suis occupé que des développements en série, suivant les puissances de q, des quantités $\sqrt[4]{k}$, $\sqrt[4]{k'}$ et $\sqrt[12]{kk'}$. A l'égard de cette dernière, j'ai remarqué qu'ayant

$$\sqrt[12]{kk'} = \sqrt[6]{2}\,\sqrt[24]{q}\,PQ$$

ou bien

$$\sqrt[12]{kk'} = \frac{\sqrt[6]{2}\,\sqrt[24]{q}}{R},$$

on en conclut l'expression

$$\sqrt[12]{kk'} = \sqrt[6]{2}\,\sqrt[24]{q}\sum(-1)^n f(n) q^n,$$

où $f(n)$ est le nombre des solutions de l'équation dont je vous ai parlé

$$c_1 + 3c_2 + 5c_3 + \ldots + (2\nu - 1)c_\nu = n.$$

On a pareillement

$$\sqrt[4]{k} = \sqrt{2}\,\sqrt[8]{q}\,P^2Q = \frac{\sqrt{2}\,\sqrt[8]{q}}{QR^2} = \sqrt{2}\,\sqrt[8]{q}\sum(-1)^n f_1(n) q^n,$$

où $f_1(n)$ est le nombre des solutions de

$$c_1 + 3c_2 + \ldots + (2\nu - 1)c_\nu + 2[c'_1 + 3c'_2 + \ldots + (2\nu - 1)c'_\nu] = n,$$

. . . .

Vous savez que ce dernier développement joue un grand rôle dans le beau Mémoire de Sonhke ([1]) sur les équations modulaires que je recommande à votre souvenir. De vous je dirai *tu magnus eris Apollo,* lorsque vous aurez pénétré le mécanisme caché, mystérieux de la disparition des coupures, dans leur premier membre, et j'ai confiance que vous réaliserez mon espoir.

Avec tous mes vœux, mon cher ami, pour le succès de vos efforts et de vos travaux, et en vous renouvelant l'assurance de ma bien sincère et cordiale affection.

P. S. — Ne vous pressez pas de me renvoyer le *rendiconto* que j'ai eu tort de vous adresser, je n'en ai aucunement besoin maintenant.

126. — *HERMITE A STIELTJES.*

7 août 1888.

Monsieur,

....
....
....

127. — *STIELTJES A HERMITE.*

8 août 1888.

Monsieur,

....
....
....

128. — *STIELTJES A HERMITE.*

Toulouse, 10 octobre 1888.

Monsieur,

Vous devez avoir quitté Barèges depuis quelque temps et j'espère que la cure vous aura fait tout le bien possible. Mainte-

---

([1]) *Note des éditeurs.* — Les travaux de Sonhke sur les équations modulaires sont contenus dans deux Mémoires publiés dans le *Journal de Crelle,* Tome 12, page 178 et Tome 16, pages 97-130.

nant, je vous prie sincèrement de ne pas négliger les conseils des médecins et de ne pas faire attention à ce qui suit si le travail vous est encore défendu.

Vous connaissez la formule de M. Prym

$$\Gamma(a) = \frac{1}{a} - \frac{1}{1.a+1} + \frac{1}{1.2.a+2} - \frac{1}{1.2.3.a+3} + \ldots + Q(a),$$

où

$$Q(a) = \int_1^\infty x^{a-1} e^{-x}\, dx$$

est une fonction holomorphe dans tout le plan. Voici une formule analogue que j'ai obtenue

$$(\alpha)\quad \Gamma(a)\cos\pi a = \frac{1}{a} + \frac{1}{1.a+1} + \frac{1}{1.2.a+2} + \frac{1}{1.2.3.a+3} + \ldots - \mathcal{G}(a).$$

On reconnaît, d'après le théorème de Mittag-Leffler, que $\mathcal{G}(a)$ est une fonction holomorphe dans tout le plan.

Mais tandis que dans le cas de la fonction $Q(a)$ de M. Prym ce caractère résulte aussi directement de l'expression $\int_0^\infty x^{a-1} e^{-x}\, dx$, les choses se passent un peu moins simplement dans le cas actuel. Voici l'expression de $\mathcal{G}(a)$

$$(\beta)\qquad \mathcal{G}(a) = \frac{1}{\Gamma(1-a)} \text{ valeur princip.} \int_0^\infty \frac{x^{-a} e^{1-x}}{1-x}\, dx$$

$$\left(\text{valeur princip. d'après Cauchy} = \lim_{\varepsilon=0} \int_0^{1-\varepsilon} + \int_{1+\varepsilon}^\infty\right).$$

Cette formule (β) n'est valable que lorsque

partie réelle de $a < +1$.

Cependant il n'est pas difficile de reconnaître, d'après la formule (β) elle-même, que $\mathcal{G}(a)$ est holomorphe dans tout le plan. En effet, à l'aide de l'identité

$$\frac{1}{1-x} = 1 + \frac{x}{1-x},$$

il vient

$$(\gamma)\qquad \mathcal{G}(a) = e - (a-1)\,\mathcal{G}(a-1).$$

Cette relation permettant de déduire $\mathcal{G}(a)$ de $\mathcal{G}(a-1)$ peut servir à continuer la fonction $\mathcal{G}(a)$ dans tout le plan.

La formule (α) n'est qu'un cas particulier de la suivante où t est réel et positif

$$(\delta)\quad \Gamma(a)\cos\pi a = \frac{t^a}{a} + \frac{t^{a+1}}{1.a+1} + \frac{t^{a+2}}{1.2.a+2} + \frac{t^{a+3}}{1.2.3.a+3} + \ldots$$
$$- \frac{1}{\Gamma(1-a)} \text{ valeur princip.} \int_0^\infty \frac{x^{-a}e^{t(1-x)}}{1-x}\,dx.$$

J'indique la démonstration. Soit $\varphi(t)$ le second membre de (δ), alors

$$\frac{d\varphi(t)}{dt} = t^{a-1}e^t - \frac{1}{\Gamma(1-a)}\frac{d}{dt} \text{ valeur princip.} \int_0^\infty \frac{x^{-a}e^{t(1-x)}}{1-x}\,dx$$
$$= t^{a-1}e^t - \frac{1}{\Gamma(1-a)}\int_0^\infty x^{-a}e^{t(1-x)}\,dx = t^{a-1}e^t - t^{a-1}e^t = 0,$$

en sorte que $\varphi(t)$ est indépendant de t. Alors, en supposant $0 < a < 1$, on obtient, en posant $t = 0$,

$$\varphi(t) = \varphi(0) = -\frac{1}{\Gamma(1-a)} \text{ valeur princip.} \int_0^\infty \frac{x^{-a}}{1-x}\,dx.$$

Or on a

$$\text{valeur princip.} \int_0^\infty \frac{x^{-a}}{1-x}\,dx = -\pi\cot\pi a.$$

C'est ce qui résulte facilement des formules que vous donnez dans votre Cours; on trouve aussi cette formule dans Briot et Bouquet, *Fonctions elliptiques,* page 145. Il en résulte

$$\varphi(t) = \varphi(0) = \frac{\pi\cot\pi a}{\Gamma(1-a)} = \Gamma(a)\cos\pi a. \qquad \text{C.Q.F.D.}$$

Naturellement, il faut justifier la différentiation sous le signe $\int$ et aussi montrer qu'on peut faire légitimement $t = 0$. Aussi, on établit, de cette façon, la formule d'abord seulement pour

$$0 < \text{P.R.}a < 1 \ ([1]),$$

mais ensuite on voit qu'elle ne peut cesser de rester vraie sans cette condition.

([1]) *Note des éditeurs.* — La notation P.R.a signifie *partie réelle de a.*

Je vous renouvelle, Monsieur, mes vœux pour le rétablissement de votre santé dont j'espère recevoir de meilleures nouvelles que la dernière fois. C'est là, je vous l'avouerai, un peu la raison de cette lettre et vous pouvez considérer la fonction Γ simplement comme un prétexte de vous écrire une lettre peut-être déjà trop longue.

Veuillez bien me croire votre très dévoué.

129. — *HERMITE A STIELTJES.*

Paris, 12 octobre 1888.

MON CHER AMI,

Je viens vous remercier et vous dire que votre théorème

$$\Gamma(a)\cos\pi a = \frac{1}{a} + \frac{1}{1.(a+1)} + \frac{1}{1.2(a+2)} + \ldots - \mathcal{G}(a)$$

m'a fait grand plaisir; permettez-moi, en même temps, de vous prier de publier votre lettre dans le *Bulletin* de M. Darboux afin que d'autres que moi en profitent. Les valeurs principales des intégrales définies dont Cauchy, qui en a donné le premier la notion, a été seul jusqu'ici à employer, méritent, comme vous le faites bien voir, la plus grande attention, et je pense que, à cet égard tout particulièrement, la publication de votre lettre rendrait grand service.

Permettez-moi de rapprocher votre expression

$$\mathcal{G}(a) = \frac{1}{\Gamma(1-a)} \text{ v. p.} \int_0^\infty \frac{x^{-a} e^{1-x}\, dx}{1-x}$$

d'un résultat que m'a communiqué M. Lerch.

Soit

$$Q(a) = \int_\omega^\infty x^{a-1} e^{-x}\, dx$$

la fonction holomorphe de M. Prym, on a

$$e^\omega Q(a) = \frac{1}{\Gamma(1-a)} \int_0^\infty \frac{e^{\omega x} x^{-a}}{1+x}\, dx.$$

Ces fonctions $\mathcal{G}(a)$, $Q(a)$ sont d'une nature très mystérieuse, bien qu'holomorphes, et, quelque mal que je me sois donné pour y parvenir, je n'ai pas, à mon gré, réussi à trouver une expression suffisamment explicite pour $Q(a)$. Il y a quelques mois, en ayant sous les yeux le simple développement en série

$$Q(a) = \sum c_n a^n \qquad \text{où} \qquad c_n = \frac{1}{1.2\ldots n} \int_1^\infty \frac{e^{-x} \log^n x}{x} dx,$$

l'idée m'est venue de chercher, en appliquant la méthode de Laplace, la valeur asymptotique de c_n. Voici ce que j'ai trouvé; écrivant d'abord, au moyen d'une intégration par parties,

$$c_{n-1} = \frac{1}{1.2\ldots n-1.n} \int_1^\infty e^{-x} \log^n x \, dx.$$

Je désigne par $x = \xi$ la racine de l'équation $x \log x = n$ et j'obtiens

$$c_{n-1} = \frac{e^{-\xi} \xi^{\xi - n + \frac{1}{2}}}{\sqrt{\xi + n}}.$$

M. Bourguet a eu la bonté d'appliquer cette formule en supposant $n = 18$, afin de voir l'approximation. On trouve alors

$$\xi = 8,46\ldots$$

et

$$c_{17} = 0,0000\,0000\,0000\,12\ldots,$$

et l'une de ses Tables donne

$$c_{17} = 0,0000\,0000\,0000\,18\ldots,$$

ce qui est un accord plus grand que je ne pouvais l'espérer. Mais mon expression avec la quantité ξ ne fait que me confirmer dans mon sentiment de la nature analytique profondément cachée et abstruse de la transcendante. Comme ξ est évidemment moindre que n, on reconnaît que la limite pour n infini de

$$\sqrt[n-1]{c_{n-1}}$$

est inférieure à l'unité, ce qui est d'un mince intérêt.

J'espère que vous ne vous refuserez pas à la publication de votre lettre dans le *Bulletin* de M. Darboux, à qui je la donnerai, à moins d'avis contraire de votre part. Pensez-vous aux coupures des équations modulaires? Permettez-moi d'espérer que vous ne les oubliez pas, et veuillez agréer, mon cher ami, la nouvelle assurance de ma bien sincère et cordiale affection.

J'ai écrit avant les vacances à M. Bosscha qui avait eu la bonté de me demander si j'avais reçu le premier volume des *Œuvres* de Christian Huygens, pour l'informer qu'il ne m'était pas parvenu. Pourriez-vous, si vous en aviez l'occasion, faire savoir que la maison de librairie qui doit me le remettre ne l'a point encore fait.

130. — *STIELTJES A HERMITE.*

Toulouse, 13 octobre 1888.

Cher Monsieur,

Je vous remercie bien vivement de votre lettre qui me fait savoir que vous vous portez bien, et quoi que vous voudriez dire, je suis certain que vous continuerez encore à exercer une grande influence sur les progrès des Mathématiques. Ce que j'ai surtout appris de vous, c'est cette conviction que la véritable nature des formules que nous employons nous échappe encore bien souvent et que rien n'est plus digne d'intérêt que de réfléchir sur leur véritable nature. Et que j'ai encore beaucoup à apprendre sous ce rapport; ma formule

$$\Gamma(a)\cos\pi a = \frac{1}{a} + \frac{1}{1.a+1} + \ldots - \mathcal{G}(a)$$

en fait foi. En effet, je la connaissais depuis 2 ou 3 ans, mais je l'écrivais ainsi

$$\int_0^t x^{a-1}e^x\,dx = \Gamma(a)\cos\pi a + \frac{1}{\Gamma(1-a)}\ \text{v. p.}\int_0^\infty \frac{x^{-a}e^{t(1-x)}\,dx}{1-x}.$$

Je l'avais obtenue en cherchant des formules qui permettent d'évaluer, avec une grande approximation, par une série semi-convergente la transcendante

$$\int_0^t x^{a-1}e^x\,dx,$$

dans le cas où t est très grand. C'est un travail que j'ai eu même l'intention un moment d'insérer dans ma thèse. Mais c'est seulement dernièrement, lorsque ce travail incomplet m'est passé sous les yeux, que j'ai reconnu la nature véritable du résultat que j'avais obtenu. Il y a, Monsieur, un léger inconvénient à insérer ma lettre dans le *Bulletin;* c'est qu'il doit y paraître prochainement un autre article de moi, qui est déjà dans les mains de M. Darboux. Mais j'ai repris mon travail sur $\int_0^1 x^{a-1}e^x\,dx$, et je pense en faire un article pour nos *Annales*.

Dans l'article du *Bulletin* (¹), dont je viens de parler, je fais voir que l'intégrale générale de l'équation d'Euler

$$\frac{dx}{\sqrt{X}} = \pm\frac{dy}{\sqrt{Y}},$$

$$X = a_0x^4 + 4a_1x^3 + \ldots + a_4, \qquad Y = a_0y^4 + 4a_1y^3 + \ldots + a_4$$

est

$$\begin{vmatrix} 0 & 1 & -\frac{x+y}{2} & xy \\ 1 & a_0 & a_1 & a_2 - 2c \\ -\frac{x+y}{2} & a_1 & a_2 + c & a_3 \\ xy & a_2 - 2c & a_3 & a_4 \end{vmatrix} = 0 \qquad (c = \text{const. arbit.}).$$

Votre expression approchée du coefficient c_n dans le développement $Q(a) = \Sigma c_n a^n$ m'intéresse beaucoup. Vous savez que, du temps où j'étais astronome, j'ai gardé le goût des calculs numériques et des formules qui peuvent servir utilement dans la pratique. Je dois étudier un peu cette expression

$$c_{n-1} = \frac{e^{-\xi}\xi^{\xi-n+\frac{1}{2}}}{\sqrt{\xi+n}}.$$

Je ne suis point du tout étonné de l'approximation avec laquelle vous avez représenté ainsi $c_1, \ldots$, au contraire, j'incline à penser qu'on doit avoir ainsi une approximation bien plus notable encore.

J'ai vu que M. Hilbert vous a écrit une lettre (²) où il donne

(¹) *Note des éditeurs. — Sur l'équation d'Euler* (*Bulletin des Sciences mathématiques*, 2ᵉ série, t. XII; p. 222-227; 1888).

(²) *Note des éditeurs. — Journal de Liouville*, 4ᵉ série, t. IV; 1888. Extrait d'une lettre de M. D. Hilbert à M. Hermite.

une idée sommaire de ses belles recherches algébriques dans les *Mathematische Annalen*. Ces recherches m'intéressent beaucoup et présentent quelques points de contact avec un travail que j'ai à peine commencé, mais dont le but final est de représenter, sous une forme élégante, les intégrales générales du système d'équations différentielles hyperelliptiques. Il est surtout important de voir clairement comment les constantes arbitraires entrent dans les formules. Le résultat de Jacobi (*Œuvres*, t. II, p. 137 et suiv.) laisse beaucoup à désirer sous ce point de vue. Le résultat pour l'équation d'Euler est un premier pas dans cette direction. La formule de M. Lerch

$$e^{\omega}\,Q(a) = \frac{1}{\Gamma(1-a)}\int_0^{\infty} \frac{e^{-\omega x}x^{-a}\,dx}{1+x}$$

m'était bien connue, elle se trouve sous une forme légèrement différente dans le Traité de M. Schlömilch (t. II, 3e édit., p. 267)

$$\int_x^{\infty} \frac{1}{v^{\lambda}}e^{-v}\,dv = \frac{x^{1-\lambda}e^{-x}}{\Gamma(\lambda)}\int_0^{\infty}\frac{t^{\lambda-1}}{x+t}e^{-t}\,dt.$$

Mais il ne fait point de doute que M. Schlömilch n'avait point envisagé cette formule sous le même point de vue que M. Lerch.

Veuillez bien agréer, cher Monsieur, l'expression des sentiments respectueux de votre très dévoué.

131. — *STIELTJES A HERMITE.*

Toulouse, le 14 octobre 1888.

CHER MONSIEUR,

Il m'a semblé qu'on devait obtenir la valeur de

$$c_{n-1} = \frac{1}{1.2\ldots n}\int_1^{\infty} e^{-x}(\log x)^n\,dx$$

avec une plus grande approximation, en suivant votre idée, que le calcul numérique ne le faisait voir. En reprenant les calculs, je trouve des formules et des nombres un peu différents. Je peux garantir l'exactitude du résultat suivant :

$$c_{n-1} = \frac{e^{n-\xi}}{\xi^{n-\frac{1}{2}}\sqrt{n+\xi}} \quad \text{asymptotiquement}$$

$$\xi \log \xi = n.$$

Pour

$$n = 18, \qquad \xi = 8,439\,243\,\ldots,$$

l'expression approchée donne

$$0,00000\;00000\;00170\;1,$$

tandis que

$$0,00000\;00000\;00181\;4$$

est la valeur donnée par M. Bourguet, mais les derniers chiffres 14 ne sont pas sûrs.

J'étais sûr d'avance que l'approximation devait être plus grande que vos nombres ne l'indiquaient, car le rapport

$$c_{n-1} : \text{Expr. approchée}$$

doit tendre vers l'unité pour $n = \infty$ et il serait surprenant s'il était encore $1\frac{1}{2} = \frac{18}{12}$ pour $n = 18$.

J'ai écrit un mot à M. Bosscha que je connais très bien, il était professeur de Physique à l'École Polytechnique lorsque j'y faisais mes études (?); plus tard, tandis qu'il était directeur de l'école, j'y ai remplacé pendant quelques mois un professeur malade.

Veuillez bien agréer, Monsieur, la nouvelle assurance de mon entier dévouement.

132. — *HERMITE A STIELTJES.*

Paris, le 16 octobre 1888.

MON CHER AMI,

Votre dernière lettre du 14 m'arrive bien à propos et j'espère qu'une nouvelle demande de publication que je viens vous faire ne souffrira pas de difficulté comme la précédente. A la séance d'hier de l'Académie, M. Camille Jordan est venu me demander un article pour son journal en y mettant tant d'instances qu'il ne m'a pas été possible de refuser; mais, pour tenir l'engagement qu'il m'a fallu prendre, permettez-moi d'invoquer votre assistance. La modification que vous avez introduite dans l'expression de c_{n-1}, dont l'origine et la raison m'échappent entièrement, me semble extrêmement intéressante à cause de l'approximation inattendue, inespérée qu'elle permet d'obtenir. Aussi j'ai pensé ne pouvoir mieux répondre au désir de M. Camille Jordan, comptant sur vous, mon cher ami, qu'en vous adressant, si vous le voulez bien, une lettre qui contiendrait le calcul fort simple, de l'application à

$$1.2\ldots n c_{n-1} = \int_1^\infty e^{-x} \log^n x \, dx$$

de la méthode de Laplace et la faisant suivre de votre réponse contenant votre beau résultat, avec des applications numériques qui en font ressortir la valeur. Si, comme je le désire beaucoup, ma proposition vous agrée, j'en informerai sans tarder M. Camille Jordan qui en sera enchanté, et je rédigerai sur-le-champ, en détail et longuement mes calculs. Je dois aussi envoyer une Note au *Journal Americain;* en voici l'objet, et si ce n'était pas abuser de votre complaisance, je serais extrêmement content de l'accompagner de remarques de vous, s'il arrivait que la question vous intéressât quelque peu. Vous savez que la quantité

$$(m)_n = \frac{m(m-1)\ldots(m-n+1)}{1.2\ldots n}$$

est un entier divisible par m quand m est un nombre premier; j'ai fait la remarque qu'il en arrive ainsi lorsque m est premier avec n. Et plus généralement $(m)_n$ est toujours divisible par $\frac{m}{\delta}$, δ désignant le plus grand commun diviseur des deux nombres m et n.

Soit encore ε le plus grand commun diviseur de $(m+1)$ et n, $(m)_n$ contient en facteur $\frac{m+1-n}{\varepsilon}$.

En vous remerciant bien de la peine que vous avez prise d'écrire à M. Bosscha, et en vous priant de me faire don de votre article des *Annales de Toulouse* sur la différentielle $\frac{dx}{\sqrt{X}}$, que je veux rapprocher de quelque chose que j'ai fait sur le même sujet, je vous renouvelle, mon cher ami, l'assurance de mon affection bien sincère et bien dévouée.

133. — STIELTJES A HERMITE.

Toulouse, le 17 octobre 1888.

Cher Monsieur,

Votre lettre me cause un peu d'embarras, voici pourquoi. Comme le résultat du calcul de M. Bourguet ne me semblait pas satisfaisant, j'ai repris ce calcul, en calculant aussi de nouveau l'expression approchée de c_{n-1}. Mais mon résultat

$$c_{n-1} = \frac{e^{n-\xi}}{\xi^{n-\frac{1}{2}}\sqrt{n+\xi}} = \left(\frac{e}{\xi}\right)^{n-1} \times \frac{e^{1-\xi}}{\xi\sqrt{1+\log\xi}}$$

ne diffère pas du vôtre

$$c_{n-1} = \frac{e^{-\xi}\,\xi^{\xi-n+\frac{1}{2}}}{\sqrt{n+\xi}},$$

car, à cause de $n = \xi\log\xi$, on a $e^n = \xi^\xi$. Je me suis donc trompé en disant que j'avais obtenu une autre formule..., le résultat de mon calcul numérique différant assez sensiblement de celui de M. Bourguet, j'ai cru à tort qu'il devait y avoir quelque erreur dans votre formule; l'erreur était dans le calcul de M. Bourguet. Comme cela doit être, on a...

$$\lim \frac{c_n}{c_{n-1}} = 0 \qquad \text{et} \qquad \ldots\ (^1)$$

limite zéro.

J'ai fait encore le calcul pour $n = 11$ et 17 :

$n = 11, \quad \xi = 6,089\,113\,9$

Valeur approchée..	0,0000 0018 993	c_{10}.
Table B..........	0,0000 0019 294	

$n = 17, \quad \xi = 8,118\,073\,7$

Valeur approchée..	0,0000 0000 0001 4171	c_{16}.
Table B..........	0,0000 0000 0001 4247	

Du reste... je vais faire le calcul pour les huit valeurs

$$n = 11, 12, \ldots, 18.$$

(1) Un coin de la lettre de Stieltjes est déchiré.

Il se pourrait bien que la valeur approchée calculée pour $n = 18$ soit *plus exacte* que celle qui figure dans la table de M. Bourguet, quoique j'ai beaucoup de peine à admettre que les nombres de M. Bourguet puissent être en erreur de 100 unités — cela ne doit pas être.

Maintenant, Monsieur, je me sens un peu coupable de vous avoir donné l'espoir de pouvoir vous être utile dans cette occasion. Vous voyez qu'il n'en est rien. J'espère que vous voudrez bien m'absoudre, si je m'engage à vous envoyer, dans quelques jours, un Mémoire sur le développement de l'expression (1)

$$[1 - 2r(\cos u \cos u' \cos x + \sin u \sin u' \cos y) + r^2]^{-1}.$$

Je n'ai jamais rien publié sur cela que la courte Note dans les *Comptes rendus* (1882). Ce travail me reste cher toujours, parce qu'il a été pour moi l'occasion d'entrer en relation avec vous et avec M. Tisserand. J'en ai remanié au moins vingt fois la rédaction, en y ajoutant des tables assez étendues. Mais j'ai fini peut-être par donner plus d'étendue à ces calculs numériques que cela n'est raisonnable et la suite en est que ce travail reste toujours inachevé. Mais je veux faire maintenant simplement un article théorique. Je pourrai donner plus tard mes tables dans les *Annales de l'Observatoire de Toulouse* avec une courte explication; elles seront là aussi mieux à leur place. Vous voudrez bien, n'est-ce pas, recommander ce travail à la bienveillance de M. Jordan.

Je vous enverrai en même temps le résultat de mes calculs pour $n = 11, 12, \ldots, 18$ dont vous pourrez faire l'usage que vous voudrez.

Je vous renouvelle, Monsieur, l'assurance de mes sentiments très dévoués.

P. S. — Je vous envoie en même temps ce que j'ai écrit sur $\frac{dx}{\sqrt{X}}$. J'avais déjà rédigé la seconde partie, mais je crois qu'il sera possible de donner à mon résultat une forme beaucoup plus élégante (analogue à l'intégration de l'équation d'Euler). Je me propose

(1) *Note des éditeurs.* — Le Mémoire dont parle Stieltjes a paru dans le Tome V de la 4e série, p. 55-65, du *Journal de Liouville* (1889).

donc de trouver cela d'abord et cette seconde partie se fera attendre encore un peu pour cette raison. En ce moment je n'ai pas pu réfléchir sur votre théorème concernant $(m)_n$.

134. — *STIELTJES A HERMITE.*

Toulouse, le 18 octobre 1888.

CHER MONSIEUR,

Le calcul numérique de votre expression approchée m'a conduit à un résultat surprenant :

Soit (c_k) votre valeur approchée de c_k ; voici alors le résultat :

$$\begin{aligned}
c_0 &= (c_0) \times 1,0387, \\
c_1 &= (c_1) \times 1,0355, \\
c_2 &= (c_2) \times 1,0312, \\
c_3 &= (c_3) \times 1,0277, \\
c_4 &= (c_4) \times 1,0249, \\
c_5 &= (c_5) \times 1,0226, \\
c_6 &= (c_6) \times 1,0208, \\
c_7 &= (c_7) \times 1,0192, \\
c_8 &= (c_8) \times 1,0179, \\
c_9 &= (c_9) \times 1,0168, \\
c_{10} &= (c_{10}) \times 1,0158, \\
c_{11} &= (c_{11}) \times 1,0150, \\
c_{12} &= (c_{12}) \times 1,0142, \\
c_{13} &= (c_{13}) \times 1,0136, \\
c_{14} &= (c_{14}) \times 1,0128.
\end{aligned}$$

D'après les valeurs données par M. Bourguet, on aurait

$$\begin{aligned}
c_{15} &= (c_{15}) \times 1,0132, \\
c_{16} &= (c_{16}) \times 1,0054, \\
c_{17} &= (c_{17}) \times 1,0663,
\end{aligned}$$

mais cela indique *sans aucun doute* qu'il s'est glissé une erreur dans le calcul à partir de c_{15}, ... Je vais reprendre le calcul de c_{15}, c_{16}, c_{17}, ... d'après les données de M. Bourguet dans son Mémoire. Si vous jugiez opportun de l'avertir, il pourrait peut-être faire ce calcul (qui est vite terminé) mieux que moi..., car il a vraisemblablement fait le calcul avec un ou deux chiffres de plus qu'il n'en a donné.

Voilà certainement un curieux résultat, que votre formule approchée indique clairement une erreur dans les tables!!

Je travaille à mon Mémoire.

Votre tout dévoué.

Je crois qu'il sera bon de reprendre aussi le calcul de c_{13} et $c_{14}, \ldots$, quoiqu'une erreur ne soit pas clairement indiquée; c_{14} paraît un peu suspect.

135. — *STIELTJES A HERMITE.*

Toulouse, le 19 octobre 1888.

CHER MONSIEUR,

Je viens de refaire le calcul des $c_0, \ldots, c_{17}$, mais en supposant que les valeurs des B_i

$$\Gamma(x+2) = 1 + B_1 x + B_2 x^2 + \ldots,$$

données page 291 soient exactes. Voici les corrections dont ont besoin, *dans cette supposition,* les valeurs des c_i :

c_0 ...	0			
c_1 ...	-24	c_{10} ...	$+128$	
c_2 ...	$+125$	c_{11} ...	-128	
c_3 ...	-134	c_{12} ...	$+128$	
c_4 ...	$+134$	c_{13} ...	-129	unités
c_5 ...	-134	c_{14} ...	$+129$	dernière décimale.
c_6 ...	$+133$	c_{15} ...	-130	
c_7 ...	-133	c_{16} ...	$+130$	
c_8 ...	$+134$	c_{17} ...	-129	
c_9 ...	-134			

Après ces corrections, il vient

		Anciennement.	Valeurs qui semblent exigées par la marche de la fonction.
$c_0 = (c_0) \times 1{,}0387$	$c_9 = (c_9) \times 1{,}0168$		
$c_1 = (c_1) \times 1{,}0355$	$c_{10} = (c_{10}) \times 1{,}0158$		
$c_2 = (c_2) \times 1{,}0312$	$c_{11} = (c_{11}) \times 1{,}0150$		
$c_3 = (c_3) \times 1{,}0277$	$c_{12} = (c_{12}) \times 1{,}0142$		
$c_4 = (c_4) \times 1{,}0249$	$c_{13} = (c_{13}) \times 1{,}0136$		
$c_5 = (c_5) \times 1{,}0226$	$c_{14} = (c_{14}) \times 1{,}0130$	1,0128	
$c_6 = (c_6) \times 1{,}0208$	$c_{15} = (c_{15}) \times [1{,}0121]$	1,0132	1,0125
$c_7 = (c_7) \times 1{,}0192$	$c_{16} = (c_{16}) \times [1{,}0145]$	1,0154	1,0120
$c_8 = (c_8) \times 1{,}0179$	$c_{17} = (c_{17}) \times [1 - 0{,}0095]$	1,0663	1,0116

Il y a une amélioration, mais la valeur pour c_{15}... reste légèrement erronée... et la même chose, à plus forte raison, pour c_{16} et c_{17}.

En adoptant pour c_{17} le facteur 1,0116 il vient

$$c_{17} = 0,0000\ 0000\ 0000\ 1721 \qquad [(c_{17}) = \ldots 1701],$$

avec une erreur certainement inférieure à 1 unité (car le facteur ne peut pas être en erreur de 0,0006, j'estime).

La valeur de M. Bourguet est

$$c_{17} = 0,\ldots 1814 \qquad \text{Valeur exacte : } 1721 \qquad \text{Erreur : } 93.$$

Après ma correction de -129

$$c_{17} = 0,\ldots 1685 \qquad \text{Valeur exacte : } 1721 \qquad \text{Erreur : } 36.$$

L'application de ma correction a donc diminué l'erreur, mais toujours la différence de 36 est un peu forte. Du reste, je me suis convaincu encore d'autre manière [en posant $x = -1$ dans la série

$$Q(x) = \sum_0^\infty c_n x^n$$

et en comparant avec la valeur exacte de $Q(-1)$] qu'il existe même après mes corrections, des erreurs assez considérables. Je crois qu'il reste encore des erreurs d'une centaine d'unités. La cause de cela doit être que les coefficients B sont entachés d'erreurs de cet ordre. Vous voyez que déjà pour $n = 18$... ce n'est pas la table qui peut juger de l'approximation de votre formule, mais réciproquement cette formule donne la valeur exacte et met en évidence l'erreur de la table.

Mais ce qui vous fera plaisir (comme moi), c'est de voir avec quelle fidélité votre formule représente les c_n à partir de c_0 même! Pour $n = 1, 2$, ξ est plus petit que n; évidemment cela reste vrai tant que $n < e$. Pour $n = 2$, $\xi = n = e$. Une autre fois, lorsque j'aurai le loisir, je me propose d'interpoler et de prendre, par exemple, $n = 3\frac{1}{2}$; $c_{n-1} = \frac{1}{\Gamma(n+1)} \int_0^\infty (\log x)^n e^{-x}\, dx$. Je ne doute pas que le facteur ne tombe entre

$$1,0312 \quad \text{et} \quad 1,0277.$$

Si, pour la comparaison de votre formule approchée, vous désiriez les valeurs numériques des (c_n), elles sont à votre disposition. Mais, à proprement parler, il me semble que le rapport $c_n : (c_n)$ met mieux en évidence la marche de l'approximation.

Votre sincèrement dévoué.

136. — *HERMITE A STIELTJES.*

Paris, 19 octobre 1888.

MON CHER AMI,

Je viens vous remercier de votre Mémoire sur la transformation linéaire de $\frac{dx}{\sqrt{X}}$; j'aurais le plus grand intérêt à le rapprocher d'un travail que j'ai fait l'année dernière pendant les vacances sur la réduction de la même quantité à la forme canonique, mais d'autres choses plus pressées m'en empêchent et j'attendrai d'avoir un peu plus de liberté pour bien étudier votre analyse et vos résultats. Recevez surtout mes remerciements pour les calculs numériques que vous voulez bien mettre à ma disposition et qui me sont singulièrement utiles pour justifier ma formule asymptotique de c_{n-1}, n'ayant pas réussi à ma honte, à mon grand dommage, dans mes tentatives pour conclure, de la méthode de Laplace, une limite de l'approximation obtenue. Je ne puis cependant m'empêcher de croire qu'il y ait moyen d'y parvenir; voici un cas, par exemple, extrêmement simple et facile qui, bien certainement, ne doit pas être unique. Considérez l'intégrale

$$J = \int_0^\infty \frac{dt}{(1+t^2)^{n+1}} = \frac{1.3\ldots 2n-1}{2.4\ldots 2n}\,\frac{\pi}{2}$$

et faites

$$1+t^2 = e^{-x^2};$$

vous aurez

$$\frac{dt}{1+t^2} = x(e^{x^2}-1)^{-\frac{1}{2}}$$

et, par conséquent, cette transformée

$$J = \int_0^\infty e^{-nx^2} x(e^{x^2}-1)^{-\frac{1}{2}}\,dx.$$

Il suffit maintenant de remarquer que l'on a

$$e^x = 1 + x e^{\theta x},$$

puis

$$e^{x^2} = 1 + x^2 e^{\theta x^2},$$

où θ est compris entre zéro et l'unité, ce qui permet d'écrire

$$J = \int_0^\infty e^{-\left(n+\frac{1}{2}\theta\right)x^2} dx.$$

Aux deux limites $\theta = 0$ et $\theta = 1$, nous avons donc

$$J = \frac{1}{2}\sqrt{\frac{\pi}{n}} \quad \text{et} \quad J = \frac{1}{2}\sqrt{\frac{\pi}{n+\frac{1}{2}}}.$$

L'intégrale proposée est évidemment comprise entre ces deux quantités et l'on peut écrire

$$\frac{1.3.5\ldots 2n-1}{2.4.6\ldots 2n} = \frac{1}{\sqrt{\pi(n+\varepsilon)}},$$

la quantité ε étant inférieure à $\frac{1}{2}$. Que je serais content si cette formule pouvait vous allécher et vous donner la tentation d'en trouver une semblable pour c_{n-1}!

J'ai immédiatement écrit à M. Jordan pour lui demander de publier dans son *Journal* votre Mémoire sur le développement de

$$[1 - 2r(\cos u \cos u' \cos x + \sin u \sin u' \sin y) + r^2]^{-\frac{1}{2}},$$

et je lui ai assuré que rien au monde ne pourra lui être plus agréable que d'avoir à sa disposition un travail important de votre part. Votre méthode pour parvenir aux résultats de M. Tisserand est un vrai bijou; en m'écrivant pour la première fois lorsque vous me l'avez adressée, vous m'exprimiez une sympathie qui a été bientôt partagée, qui n'a fait qu'augmenter et que je garderai toujours. Je n'attends pas la réponse de M. Camille Jordan, pour vous dire sans tarder que je vous suis bien reconnaissant de la peine que vous allez prendre de calculer pour $n = 11, 12, \ldots, 18$ la formule qui donne c_{n-1}. Ne vous préoccupez point de $(m)_n$; c'est peu de chose comme vous allez voir. En désignant le plus grand commun diviseur de m et n par δ, on peut faire $\delta = m.A + n.B$, A et B étant entiers; multipliez maintenant les deux membres par

$$\frac{(m-1)(m-2)\ldots(m-n+1)}{1.2\ldots n},$$

vous en conclurez immédiatement l'égalité

$$\frac{(m-1)(m-2)\ldots(m-n+1)}{1.2\ldots n}\delta = (m)_n.A + (m-1)_{n-1}B,$$

dont le second membre est un entier E. On a donc, en multipliant par m

$$(m)_n.\delta = m.E \qquad \text{ou} \qquad (m)_n = \frac{m}{\delta}E$$

et de même l'autre théorème.

Je vais maintenant corriger des compositions de baccalauréat.

En vous renouvelant, mon cher ami, l'assurance de mon affection bien dévouée.

137. — *HERMITE A STIELTJES.*

Paris, dimanche (21 octobre 1888) [1].

MON CHER AMI,

Je vous apporte ma contribution à la question en me proposant d'ajouter un second terme à l'expression asymptotique de c_{n-1}. Voici d'abord une remarque algébrique à laquelle conduit la méthode de Laplace dont je vais faire usage. Soit

$$J = \int_a^b f(x)\,dx$$

l'intégrale proposée en supposant que la fonction $f(x)$ s'annule aux deux limites a et b et n'ait, dans l'intervalle, qu'un seul maximum correspondant à la valeur $x = \xi$. En posant $f(x) = f(\xi).e^{-t^2}$, puis $x = \xi + z$, le développement en série suivant les puissances

[1] *Note des éditeurs.* — Nous avons cru devoir fixer la date de cette lettre au 21 octobre 1888 qui correspond au dimanche compris entre le 19 et le 22 octobre.

de z, et t donne, à cause de $f'(\xi) = 0$,

$$f + \frac{z^2}{2} f'' + \frac{z^3}{6} f''' + \ldots = f\left(1 - \frac{t^2}{1} + \frac{t^4}{1.2} + \ldots\right)$$

ou bien

$$z^2 + \frac{f'''}{3f''} z^3 + \frac{f^{\text{IV}}}{12 f''} z^4 + \ldots = -\frac{2f}{f''}\left(t^2 - \frac{t^4}{2} + \ldots\right).$$

On en tire

$$z = \sqrt{\frac{-2f}{f''}}\, t + \frac{ff'''}{3f''^2} t^2 + \sqrt{\frac{-2f}{f''}}\, \frac{ff'''^2 + ff''f^{\text{IV}} - 3f''^3}{12 f''^3} t^3 + \ldots,$$

et la remarque algébrique consiste en ce que, si l'on remplace f par f^n, le coefficient de t^m se reproduit divisé par $\sqrt{n^m}$. L'application au cas de

$$f(x) = e^{-x} \log^n x$$

conduit à un calcul prolixe et fatigant auquel j'ai renoncé; j'ai préféré employer les coefficients indéterminés en posant

$$x = \xi + \omega t + \omega' t^2 + \omega'' t^3 + \ldots,$$

ce qui donne

$$J = e^{-\xi} \log^n \xi \sqrt{\pi}\left(\omega + \frac{3\omega''}{2}\right),$$

ou plutôt

$$J = e^{-\xi} \log^n \xi \sqrt{\pi}.\omega\left(1 + \frac{3\omega''}{2\omega}\right);$$

Maintenant, j'obtiens ces valeurs

$$\omega^2 = \frac{2n\xi}{n + \xi}, \qquad \frac{3\omega''}{2\omega} = \frac{2n^4 + 9n^3\xi + 16n^2\xi^2 + 6n\xi^3 + 2\xi^4}{24 n\xi(n + \xi)^3}.$$

Ayant ensuite

$$1.2\ldots n = \sqrt{2\pi}.n^{n + \frac{1}{2}} e^{-n + \frac{1}{12n}},$$

en négligeant dans l'exponentielle les termes en $\frac{1}{n^2}$, on en conclut la formule cherchée

$$\frac{e^{-\xi}\xi^{\xi - n + \frac{1}{2}}}{\sqrt{n + \xi}}\left(1 - \frac{1}{12n}\right)\left[1 + \frac{2n^4 + 9n^3\xi + 16n^2\xi^2 + 6n\xi^3 + 2\xi^4}{24 n\xi(n + \xi)^3}\right],$$

ou bien

$$\frac{e^{-\xi}\xi^{\xi - n + \frac{1}{2}}}{\sqrt{n + \xi}}\left[1 - \frac{1}{12n} + \frac{2n^4 + 9n^3\xi + 16n^2\xi^2 + 6n\xi^3 + 2\xi^4}{24 n\xi(n + \xi)^3}\right].$$

Cette expression se simplifie et une réduction facile donne

$$c_{n-1} = \frac{e^{-\xi}\xi^{\xi-n+\frac{1}{2}}}{\sqrt{n+\xi}}\left[1+\frac{n(2n+5\xi)}{24\xi(n+\xi)^2}\right].$$

C'est ici que je viens implorer toute votre charité, pour savoir si la quantité à laquelle j'arrive

$$1+\frac{n(2n+5\xi)}{24\xi(n+\xi)^2},$$

ou sensiblement, pour de grandes valeurs de ξ,

$$1+\frac{1}{12\xi}$$

se trouve confirmée ou démentie par vos calculs.

M. Jordan a dû vous écrire pour vous témoigner sa satisfaction de pouvoir publier le Mémoire dont vous m'aviez chargé de lui demander l'insertion dans son journal. En attendant votre réponse et vous priant de m'autoriser à publier tous vos nombres, dans ma prochaine Note, je vous renouvelle, mon cher ami, l'assurance de mes meilleurs sentiments.

138. — *STIELTJES A HERMITE.*

Toulouse, 22 octobre 1888.

Cher monsieur,

J'avais considéré aussi les termes suivants de l'expression asymptotique de c_{n-1}, votre résultat et le mien

$$c_{n-1} = \frac{e^{n-\xi}}{\xi^{n-\frac{1}{2}}\sqrt{n+\xi}}\left[1+\frac{n(2n^2+7n\xi+10\xi^2)}{24\xi(n+\xi)^3}+\dots\right],$$

sont parfaitement en accord, car

$$\frac{2n^4+9n^3\xi+16n^2\xi^2+6n\xi^3+2\xi^4}{24n\xi(n+\xi)^3}-\frac{1}{12n}=\frac{n(2n^2+7n\xi+10\xi^2)}{24\xi(n+\xi)^3}$$

(il semble qu'il y a une erreur dans la dernière rédaction de votre lettre).

Voici maintenant la comparaison

$n.$	$c_{n-1}:(c_{n-1}).$	$1+\dfrac{n(2n^2+7n\xi+10\xi^2)}{24\xi(n+\xi)^3}.$	$n.$	$c_{n-1}:(c_{n-1}).$	$1+\dfrac{n(2n^2+7n\xi+10\xi^2)}{24\xi(n+\xi)^3}.$
1...	1,0387	1,0509	10...	1,0168	1,0174
2...	1,0355	1,0415	11...	1,0158	1,0163
3...	1,0312	1,0348	12...	1,0150	1,0154
4...	1,0277	1,0300	13...	1,0142	1,0146
5...	1,0249	1,0266	14...	1,0136	1,0139
6...	1,0226	1,0239	15...	1,0130	1,0132
7...	1,0208	1,0218	16...	?	1,0127
8...	1,0192	1,0200	17...	?	1,0121
9...	1,0179	1,0186	18...	?	1,01165

On ne peut pas exiger une concordance plus parfaite.

J'ai simplement appliqué la formule (d), page 112 de la *Théorie analytique*,

$$\int y\,dx = b\sqrt{\pi}\left[(v)_a + \frac{1}{2}\left(\frac{1}{1.2}\,\frac{d^2v^3}{dx^2}\right)_a + \frac{1.3}{1.2}\left(\frac{1}{1.2.3.4}\,\frac{d^4v^5}{dx^4}\right)_a + \ldots\right],$$

b étant la valeur maximum de y pour $x = a$,

$$v = \frac{x-a}{\sqrt{\log b - \log y}}.$$

Or, posant $x = a + h$, je trouve

$$\begin{aligned}\log b - \log y = {} & \frac{h^2}{2a} - \frac{h^3}{3a^2} + \frac{h^4}{4a^3} - \frac{h^5}{5a^4} + \ldots \\ & + \frac{h^2}{2n}\left(1 - \frac{h}{2a} + \frac{h^2}{3a^2} - \frac{h^3}{4a^3}\right)^2 - \frac{h^3}{3n^2}\left(1 - \frac{h}{2a} + \frac{h^2}{3a^2} - \frac{h^3}{4a^3}\right)^3 \\ & + \frac{h^4}{4n^3}\left(1 - \frac{h}{2a} + \frac{h^2}{3a^2} - \frac{h^3}{4a^3}\right)^4 - \ldots\end{aligned}$$

$$\log b - \log y = A_0 h^2 - A_1 h^3 + A_2 h^4 - A_3 h^5 + \ldots,$$

$$A_0 = \frac{1}{2}(\alpha + \beta),$$

$$A_1 = \frac{1}{3}\alpha^2 + \frac{1}{2}\alpha\beta + \frac{1}{3}\beta^2,$$

$$A_2 = \frac{1}{4}\alpha^3 + \frac{1}{2}\alpha^2\beta + \frac{11}{24}\alpha\beta^2 + \frac{1}{4}\beta^3;$$

. . . .

où

$$\alpha = \frac{1}{n}, \qquad \beta = \frac{1}{a} = \frac{1}{\xi},$$

donc

$$v = (A_0 - A_1 h + A_2 h^2 - A_3 h^3 + \ldots)^{-\frac{1}{2}}.$$

Il ne reste qu'à calculer les coefficients de h^2, h^4, ... dans les développements de v^3, v^5, ... respectivement, et à substituer dans la formule de Laplace. Le résultat définitif est de cette forme

$$c_{n-1} = \frac{e^{n-\xi}}{\xi^{n-\frac{1}{2}}\sqrt{n+\xi}}\left[1 + \frac{P_1}{(\alpha+\beta)^3} + \frac{P_2}{(\alpha+\beta)^6} + \frac{P_3}{(\alpha+\beta)^9} + \ldots\right],$$

P_1, P_2, P_3, ... étant des polynomes *homogènes* en α et β, P_k étant du degré $4k$.

Je crois que, avec le second terme $\frac{P_2}{(\alpha+\beta)^6}$, on obtiendra c_{n-1} à partir de $n = 18$ avec cinq décimales exactes, etc. Je n'ai pas terminé encore le calcul de ce terme avec P_2 que je me suis proposé comme moyen de contrôle du calcul exact des c_n que je vais entreprendre. Mais cela prendra du temps.

Je vous prie, Monsieur, de vouloir bien considérer qu'en demandant si M. Bourguet ne voudrait pas revoir ses calculs, je croyais encore que cette révision ne portait que sur les c_n, *non sur les* B_n. Maintenant que je vois qu'il faudrait aussi revoir les B_n, cela deviendrait un travail bien plus considérable, et comme tout porte en somme sur des quantités bien minimes, je n'oserais pas le demander à M. Bourguet dont le travail ne perd rien de sa valeur par ces petites incertitudes, et du reste il n'a, en aucun endroit, donné une limite exacte de l'approximation de ses nombres. Dans ces conditions, ne serait-il pas suffisant, si j'entreprenais moi-même cet hiver le calcul de ces coefficients. Je demanderais alors à M. Bourguet la permission de lui envoyer mes calculs pour les comparer avec les siens. Les petites erreurs aussi bien de mon calcul que du sien seraient alors faciles à découvrir et à corriger.

J'envoie, en ce moment, mon Mémoire à M. Jordan dont j'ai reçu la lettre. Veuillez bien me croire votre sincèrement dévoué.

Vous pourrez faire l'usage que vous voudrez de mes nombres.

139. — *HERMITE A STIELTJES.*

24 octobre 1888.

Mon cher ami,

Vous avez parfaitement raison, j'ai commis une inadvertance en remplaçant $2n^2 + 7n\xi + 10\xi^2$ par $(n+\xi)(2n+5\xi)$, c'est un service que vous m'avez rendu de m'avoir fait reconnaître mon erreur, et je viens vous en remercier ainsi que des applications numériques que vous avez bien voulu faire et dont je vais me servir, dans un petit article destiné au *Journal* de M. Jordan. Vos calculs en feront le principal intérêt, et j'espère, grâce à vous, qu'on ne verra pas sans quelque plaisir comment la formule de Laplace donne, dans la circonstance, une approximation qu'on ne pouvait vraiment pas attendre. Conformément à vos intentions, j'ai fait part à M. Bourguet de votre désir de lui communiquer les calculs que vous vous proposez d'entreprendre pour la revision des dernières décimales des coefficients B_n, afin qu'il les compare à ses opérations, ce qui donnera le meilleur moyen de remonter à la source des minimes erreurs de ses Tables.

Lundi dernier, M. Bertrand m'a communiqué une lettre de M. Bosscha, qui a eu également la bonté de m'écrire, au sujet de l'envoi du premier volume des *Œuvres* de Christian Huygens. Je n'ai point à regretter, mon cher ami, d'avoir eu recours à votre bonne obligeance, et vous aurez rendu service à d'autres encore qu'à moi.

Encore un mot sur l'application à la fonction $Q(x)$ d'une belle méthode de Laplace. Peut-être avez-vous vu, dans le Tome 90 de *Crelle,* une lettre de moi à M. Schwarz, où je donne une expression analytique de cette fonction dans laquelle figure la quantité $R(x)$. M. Hjalmar Mellin (1), dans le Tome II des *Acta,* a obtenu, en suivant la même marche, une expression plus simple, à

---

(1) *Note des éditeurs. — Ueber die transcendante Function*

$$Q(x) = \Gamma(x) - P(x),$$

von Hjalmar Mellin (*Acta mathematica,* t. II, p. 231).

savoir :

$$Q(x) = \sum (-1)^\lambda A_\lambda \frac{(x-1)(x-2)\ldots(x-\lambda)}{1.2\ldots\lambda} R(x-1-\lambda)$$

$$(\lambda = 0, 1, 2, \ldots),$$

où l'on a

$$A_\lambda = \int_0^1 x^\lambda e^x\,dx = \frac{1}{\lambda+1} + \frac{1}{1.(\lambda+2)} + \frac{1}{1.2.(\lambda+3)} + \ldots,$$

$$R(x) = \frac{2^x}{e^2} + \frac{3^x}{e^3} + \frac{4^x}{e^4} + \ldots.$$

J'ai remarqué que l'analyse employée par Laplace, pour retrouver la limite supérieure de l'excentricité qui assure la convergence de la série déduite de l'équation de Képler

$$u = nt + e \sin u,$$

s'applique très facilement à la suite $R(x)$ et donne un résultat simple; je me propose de vous en écrire aussitôt que j'en aurai fini avec les trente compositions de baccalauréat dont j'ai aujourd'hui la charge.

Votre bien dévoué.

Pensez-vous poursuivre l'étude de la nouvelle transcendante

$$\frac{1}{\Gamma(a)} \int_1^\infty e^{-x} \log^a x\,dx?$$

En revenant à c_{n-1}, ou plutôt à l'intégrale

$$\int_0^\infty e^{-x} \log^n x\,dx,$$

je ne puis m'empêcher de vous confier tout le chagrin que me cause la substitution $e^{-x} = t$; elle donne pour transformée

$$\int_0^{e^{-1}} \log^n\left(\log \frac{1}{t}\right) dt,$$

où la quantité sous le signe somme croît de zéro à l'infini, sans maximum ni minimum. Que devient donc la méthode de Laplace? De même encore, dans un cas plus simple

$$\Gamma(a) = \int_0^1 \log^{a-1}\left(\frac{1}{x}\right) dx.$$

je ne puis absolument comprendre comment cette méthode se trouve à la merci d'une substitution; en même temps, je me demande s'il est possible, par une substitution, de changer l'intégrale

$$\int_a^b F(x)\,dx,$$

où la fonction $F(x)$ est croissante de a à b, en une autre où la nouvelle fonction aurait un maximum entre les limites?

140. — *STIELTJES A HERMITE.*

Toulouse, 27 octobre 1888.

Cher Monsieur,

Ne connaissant pas l'adresse de M. Bourguet (l'indication de la table des matières des *Acta*, professeur de Mathématiques à Paris, me paraissant insuffisante), c'est à vous que je suis dans la nécessité d'adresser la lettre ci-jointe qui lui est destinée. J'accepte avec empressement son offre si gracieuse de m'abréger le travail en m'envoyant une partie de ses calculs. Nous avons eu ici seulement les bacheliers qui aspirent au volontariat, le nombre est restreint — cinquante pour les sciences et les lettres ensemble. Mais c'est la semaine prochaine seulement que commence la session ordinaire de novembre (c'est là une affaire bien plus considérable). De vendredi, 2 novembre, au mercredi suivant, je serai à Auch pour l'examen écrit. Ensuite, vient la correction des compositions (j'en avais cent vingt cet été, ah! l'agréable besogne!) et l'oral.

Veuillez bien me croire toujours votre très dévoué et respectueux.

141. — *HERMITE A STIELTJES.*

Paris, mercredi (29 octobre 1888) (¹).

Mon cher ami,

J'ai réfléchi qu'il n'y a pas lieu de penser à vérifier par une

(¹) *Note des éditeurs.* — Cette lettre n'est pas datée; le jour où elle a été écrite et le sujet paraissent en indiquer sûrement la date et la fixer au 29 octobre 1888

application numérique le résultat qui m'a assez surpris que la valeur asymptotique de $R(x)$ coïncide avec celle de $1.2\ldots x$; on ne peut, en effet, espérer obtenir un accord pour une valeur médiocrement grande de x et, en supposant seulement $x=20$, par exemple, les nombres deviennent si grands que c'est à y renoncer. Permettez-moi de vous indiquer mon calcul en vous exprimant mon admiration pour la méthode de Laplace qui est vraiment merveilleuse. Au fond, elle ressemble à celle qu'il emploie pour les intégrales définies, il faut chercher, en effet, dans la série

$$\frac{2^x}{e^2}+\frac{3^x}{e^3}+\ldots+\frac{n^x}{e^n}+\ldots,$$

dont les termes commencent par croître, le terme maximum à partir duquel ils diminuent, en posant la condition

$$\frac{n^x}{e^n}=\frac{(n-1)^x}{e^{n-1}},$$

d'où l'on tire

$$n=\frac{1}{1-e^{-\frac{1}{x}}}=x+\frac{1}{2}+\frac{1}{12x}-\ldots.$$

Prenant $n=x$, ce terme maximum est

$$p=x^x e^{-x};$$

celui qui en est éloigné, de rang t, est ensuite

$$\frac{(x+t)^x}{e^{x+t}}=\mathrm{T}$$

et l'on a

$$\log \mathrm{T}=x\log(x+t)-x-t,$$

d'où

$$\log \mathrm{T}-\log p=x\log\left(1+\frac{t}{x}\right)-t=-\frac{t^2}{2x}-\ldots$$

et, par conséquent,

$$\mathrm{T}=pe^{-\frac{t^2}{2x}}.$$

Cette valeur est la même pour le terme de rang t qui précède le maximum, de sorte que la valeur approchée de la série sera donnée par l'intégrale

$$p\int_{-\infty}^{+\infty}e^{-\frac{t^2}{2x}}dt=p\sqrt{2\pi x}=\sqrt{2\pi}\,x^{x+\frac{1}{2}}.e^{-x}.$$

Il ne me semble pas que la méthode permette d'essayer d'obtenir une approximation plus grande; aussi, je m'en tiens à ce résultat que je vous soumets, en vous demandant si vous croyez que l'on puisse s'y confier. Je l'espère, mais en conservant quelques doutes, ayant reconnu des cas dans lesquels la méthode de Laplace, appliquée de la même manière, donne une conclusion manifestement fausse, sans que j'aie pu voir à quoi tient que tantôt elle réussisse, tandis que, dans d'autres circonstances, elle induit en erreur.

Voici l'un de ces cas : il suffit de chercher l'expression asymptotique du coefficient de x^n, pour n très grand, dans la fonction de Jacobi

$$\Theta\left(\frac{2Kx}{\pi}\right) = 1 - 2q\cos 2x + 2q^4\cos 4x + \ldots + (-1)^n 2q^{n^2}\cos 2nx.$$

Au contraire, le calcul marche admirablement, lorsqu'on traite la même question à l'égard des fonctions $\operatorname{sn}\frac{2Kx}{\pi}$ et $\operatorname{cn}\frac{2Kx}{\pi}$, $\ldots$, et le résultat qu'on en tire se vérifie complètement et facilement en revenant aux expressions de ces quantités par une série infinie de fractions simples.

Je vais rédiger ma Note concernant c_{n-1} pour M. Jordan.

En vous renouvelant, mon cher ami, l'assurance de mes meilleurs sentiments.

142. — *STIELTJES A HERMITE.*

Toulouse, 31 octobre 1888.

CHER MONSIEUR,

Je vous suis très obligé d'avoir bien voulu adresser à M. Bourguet la lettre qui lui était destinée, pourriez-vous, peut-être, si l'occasion s'en présente, me donner son adresse.

Voici maintenant comment j'ai cherché à me rendre compte numériquement de l'approximation de votre expression

$$(\alpha) \qquad \sqrt{2\pi}\,x^{x+\frac{1}{2}}e^{-x}$$

pour

$$(\beta) \qquad \frac{2^x}{e^2} + \frac{3^x}{e^3} + \ldots + \frac{n^x}{e^n} + \ldots$$

Mais, pour faciliter le calcul, je n'ai pas directement comparé (α) à (β), mais d'autres expressions qui en diffèrent peu.

Je remarque que (α) est la valeur asymptotique de

$$\Gamma(x+1)=\int_0^\infty u^x e^{-u}\,du$$

ou de

$$Q(x+1)=\int_1^\infty u^x e^{-u}\,du.$$

La différence $\Gamma(x+1)-Q(x+1)$ est inférieure à $\frac{1}{x+1}$, ce qui est tout à fait insignifiant ici.

D'autre part, je trouve un peu plus commode d'ajouter à la série (β) le premier terme $\frac{1^x}{e}=\frac{1}{e}=a=0,3678\,7944\ldots$

Il s'agit donc de comparer

$$R(x)=a+2^x.a^2+3^x.a^3+4^x.a^4+\ldots$$

à

$$Q(x+1)=\int_1^\infty u^x e^{-u}\,du.$$

ou, en posant $f(u)=u^x e^{-u}$,

$$f(1)+f(2)+f(3)+f(4)+\ldots$$

à

$$\int_1^\infty f(u)\,du.$$

Je pose successivement

$$x=1,2,3,4,\ldots$$

et, à l'aide de

$$Q(x+1)=a+x\,Q(x).$$

j'obtiens

$$
\begin{aligned}
Q(1)=a,\qquad & Q(2)=2a,\\
& Q(3)=5a,\\
& Q(4)=16a,\\
& Q(5)=65a,\\
& Q(6)=326a,\\
& Q(7)=1957a,\\
& Q(8)=13\,700a,\\
& \ldots\ldots\ldots\ldots
\end{aligned}
$$

D'autre part, on a

$$\begin{aligned}
R(1) &= a:(1-a)^2,\\
R(2) &= (a+a^2):(1-a)^3,\\
R(3) &= (a+4a^2+a^3):(1-a)^4,\\
R(4) &= (a+11a^2+11a^3+a^4):(1-a)^5,\\
R(5) &= (a+26a^2+66a^3+26a^4+a^5):(1-a)^6,\\
R(6) &= (a+57a^2+302a^3+302a^4+57a^5+a^6):(1-a)^7,\\
&\ldots\ldots\ldots\ldots\ldots\ldots,\\
R(k) &= a\frac{\partial}{\partial a}[R(k-1)]
\end{aligned}$$

évidemment.

J'obtiens ainsi

$$\begin{aligned}
R(1):Q(2) &= 1,2513,\\
R(2):Q(3) &= 1,0831,\\
R(3):Q(4) &= 1,0205,\\
R(4):Q(5) &= 1,0038,\\
R(5):Q(6) &= 1,000576,\\
R(6):Q(7) &= 1,000079 \text{ (1)}.
\end{aligned}$$

J'ai remarqué que, en posant $a = -1$ dans les expressions

---

(1) La convergence si extrêmement rapide vers zéro de

$$\begin{aligned}
\frac{R(1)-Q(2)}{Q(2)} &= 0,2513,\\
\frac{R(2)-Q(3)}{Q(3)} &= 0,0831,\\
\frac{R(3)-Q(4)}{Q(4)} &= 0,0205,\\
\frac{R(4)-Q(5)}{Q(5)} &= 0,0038,\\
\frac{R(5)-Q(6)}{Q(6)} &= 0,000576,\\
\frac{R(6)-Q(7)}{Q(7)} &= 0,000079
\end{aligned}$$

donne lieu à considérer plutôt la différence

$$R(x)-Q(x+1).$$

En multipliant par $Q(2)$, $Q(3)$, ..., qui sont approximativement égaux de R(1), R(2), ..., on a

$$R(2n) = 0,$$
$$R(2n-1) = (-1)^n \frac{2^{2n}-1}{2n} B_n,$$

$B_1 = \frac{1}{6}$, $B_2 = \frac{1}{30}$, $B_3 = \frac{1}{42}$, ... étant les nombres de Bernoulli.

J'aurais plusieurs remarques à faire sur vos dernières lettres,

---

à Γ(2), Γ(3), ...,

$$R(1) - Q(2) = 0,251\ldots \times \frac{Q(2)}{\Gamma(2)},$$
$$R(2) - Q(3) = 0,166\ldots \times \frac{Q(3)}{\Gamma(3)},$$
$$R(3) - Q(4) = 0,123\ldots \times \frac{Q(4)}{\Gamma(4)},$$
$$R(4) - Q(5) = 0,095\ldots \times \frac{Q(5)}{\Gamma(5)},$$
$$R(5) - Q(6) = 0,069\ldots \times \frac{Q(6)}{\Gamma(6)},$$
$$R(6) - Q(7) = 0,057\ldots \times \frac{Q(7)}{\Gamma(7)},$$

où, par exemple,

$$\frac{Q(7)}{\Gamma(7)} = 1 - \frac{P(7)}{\Gamma(7)} = 1 - \frac{\Theta}{1.2.3.4.5.6.7} \qquad (0 < \Theta < 1).$$

Il semble donc que $R(x) - Q(x+1)$ décroît à peu près comme $\frac{\text{const.}}{x}$! Une belle formule à trouver qui explique cela.

D'autre part, $\Gamma(x+1) - Q(x+1)$ étant aussi de l'ordre $\frac{\text{const.}}{x}$, il semble plus naturel de considérer $R(x) - \Gamma(x+1)$

$$R(1) - \Gamma(2) = -0,0793,$$
$$R(2) - \Gamma(3) = -0,0077,$$
$$R(3) - \Gamma(4) = +0,0065,$$
$$R(4) - \Gamma(5) = +0,0033,$$
$$R(5) - \Gamma(6) = \quad ?$$

Sans continuer ce calcul qu'il faudrait reprendre avec plus de soin, il semble que les fonctions

$$R(x) = \frac{1}{e} + \frac{2^x}{e^2} + \frac{3^x}{e^3} + \ldots,$$

et $\Gamma(x+1)$ croissant avec une extrême rapidité sont telles que leur différence décroît ou reste très petite.

Je ne peux m'empêcher de rappeler ici ce résultat déduit de la théorie des mais je préfère réfléchir encore un peu, peut-être que je trouve alors quelque chose de plus intéressant. Avez-vous considéré déjà la question des *zéros* de la fonction entière $Q(x)$?

Je vous renouvelle, Monsieur, l'expression de mes sentiments bien dévoués et respectueux.

143. — *STIELTJES A HERMITE.*

Toulouse, 1er novembre 1888.

CHER MONSIEUR,

Hier soir, en réfléchissant encore sur vos formules, j'ai trouvé l'explication de l'approximation

$$\Gamma(x+1) = R(x) = \frac{1}{e} + \frac{2^x}{e^2} + \frac{3^x}{e^3} + \frac{4^x}{e^4} + \dots.$$

En effet, en supposant $x > 0$, j'obtiens la formule

$$\begin{aligned}\frac{1}{e} + \frac{2^x}{e^2} &= \frac{3^x}{e^3} + \frac{4^x}{e^4} + \dots \\ &= \Gamma(x+1)\left\{1 + 2\frac{\cos[(x+1)\operatorname{arctang} 2\pi]}{(4\pi^2+1)^{\frac{x+1}{2}}} + 2\frac{\cos[(x+1)\operatorname{arctang} 4\pi]}{(16\pi^2+1)^{\frac{x+1}{2}}}\right. \\ &\quad \left. + 2\frac{\cos[(x+1)\operatorname{arctang} 6\pi]}{(36\pi^2+1)^{\frac{x+1}{2}}} + 2\frac{\cos[(x+1)\operatorname{arctang} 8\pi]}{(64\pi^2+1)^{\frac{x+1}{2}}} + \dots\right\},\end{aligned}$$

en sorte qu'on a en première approximation

$$R(x) : \Gamma(x+1) = 1 + \frac{2\cos[(x+1)\operatorname{arctang} 2\pi]}{(4\pi^2+1)^{\frac{x+1}{2}}}.$$

---

fonctions elliptiques

$$\int_0^\infty e^{-ax^2}\,dx = \int_0^\infty f(x)\,dx = \frac{1}{2}\sqrt{\frac{\pi}{a}},$$

$$\frac{1}{2}f(0) + f(1) + f(2) + \dots = \frac{1}{2}\sqrt{\frac{\pi}{a}}\left(1 + 2e^{-\frac{\pi^2}{a}} + 2e^{-\frac{4\pi^2}{a}} + \dots\right).$$

Veuillez bien excuser la précipitation avec laquelle j'écris ceci, je voudrais vous répondre avant mon départ pour Auch et, demain, je suis pris aussi par une affaire.

Dès que je le pourrai faire, je reprendrai le calcul de $R(x) - \Gamma(x+1)$ avec plus de soin pour $x = 1, 2, 3, \dots$.

Le cosinus, dans cette formule, explique bien les variations de signe qui se montraient en considérant $R(x) - \Gamma(x+1)$.

J'obtiens cette formule à l'aide d'un résultat dû à Dirichlet

$$A_n = \frac{2}{\pi}\int_0^\infty f(t)\cos nt\, dt,$$

$$\frac{1}{2}A_0 + A_1 + A_2 + A_3 + \ldots = f(0) + 2f(2\pi) + 2f(4\pi) + 2f(6\pi) + \ldots.$$

Il n'y a qu'à prendre

$$f(t) = t^x e^{-\frac{t}{2\pi}},$$

$$A_n = \frac{2}{\pi}\,\frac{\Gamma(x+1)\cos[(x+1)\operatorname{arc\,tang}(2n\pi)]}{\left(n^2 + \frac{1}{4\pi^2}\right)^{\frac{x+1}{2}}}.$$

Après quelques réductions, vous trouverez le résultat que je viens d'écrire. Voilà un résultat qui vous fera plaisir peut-être et qui me dispense des calculs à faire.

J'ai voulu vous communiquer ceci encore. Comme chez vous, ma première impression a été que l'approximation entre $R(x)$ et $\Gamma(x+1)$ ne commencerait à se montrer que pour de grandes valeurs de x, ensuite que le calcul numérique serait très fastidieux. Heureusement, je ne me suis pas contenté de cette première impression.

Votre bien dévoué.

144. — *HERMITE A STIELTJES.*

Paris, 2 novembre 1888.

MON CHER AMI,

Je désire que vous trouviez, au retour de votre voyage à Auch, l'expression de l'étonnement infini que vos calculs m'ont causé, de la joie que j'ai eue et aussi de mon humiliation profonde d'avoir accordé si peu de confiance à la valeur asymptotique de $R(x)$. C'est dans un article du *Journal de Borchardt*, tome 90, page 331, que vous trouverez l'origine de cette fonction, qui est définie ainsi :

$$R(x) = \frac{a^x}{e^a} + \frac{(2a)^x}{e^{2a}} + \ldots + \frac{(na)^x}{e^{na}} + \ldots,$$

par conséquent, comme vous le faites dans le cas de $a=1$, et qui donne l'égalité

$$\int_a^\infty \xi^{x-1} e^{-\xi}\, d\xi = \mathfrak{P}(1)\,\mathrm{R}(x-1) + \frac{x-1}{1}\,\mathfrak{P}(2)\,\mathrm{R}(x-2) + \ldots + \frac{(x-1)(x-2)\ldots(x-n)}{1.2\ldots n}\,\mathfrak{P}(n)\,\mathrm{R}(x-n) + \ldots,$$

où j'ai posé

$$\mathfrak{P}(n) = \int_0^a \xi^{n-1} e^{-\xi}\, d\xi = \left[\frac{1}{n} - \frac{a}{n+1} + \frac{a^2}{1.2(n+2)} + \ldots\right] a^n.$$

J'ai eu le tort de n'avoir point vu et de n'avoir pas dit que cette relation a lieu pour $a=1$; voici ce qui m'a arrêté bien inutilement. Ayant fait

$$\int_a^\infty \xi^{x-1} e^{-\xi}\, d\xi = \sum \int_{na}^{(n+1)a} \xi^{x-1} e^{-\xi}\, d\xi \qquad (n = 1, 2, 3, \ldots),$$

puis

$$\int_a^\infty \xi^{x-1} e^{-\xi}\, d\xi = \sum e^{-na} \int_0^a (na+\zeta)^{x-1} e^{-\zeta}\, d\zeta,$$

en posant dans le second membre $\xi = na + \zeta$, j'ai eu crainte que, dans le cas de $a=1$, pour le premier terme correspondant à $n=1$, où entre l'intégrale

$$\int_0^1 (1+\zeta)^{x-1} e^{-\zeta}\, d\zeta,$$

il n'ait pas été permis d'employer, sous le signe d'intégration, le développement de la puissance $(1+\zeta)^{x-1}$, parce que développement, à la limite $\zeta = 1$, est divergent quand $x-1$ est négatif. Mais ma crainte n'avait pas de fondement, car le développement en question conduit à la valeur suivante :

$$\int_0^1 (1+\zeta)^{x-1} e^{-\zeta}\, d\zeta = \mathrm{P}(1) + \frac{x-1}{1}\,\mathrm{P}(2) + \frac{(x-1)(x-2)}{1.2}\,\mathrm{P}(3) + \ldots,$$

où

$$\mathrm{P}(n) = \frac{1}{n} - \frac{1}{n+1} + \frac{1}{1.2.(n+2)} - \ldots.$$

Or le second membre est une série toujours convergente; remplacez, en effet, $\mathrm{P}(n)$ par la quantité plus grande $\frac{1}{n}$ et envisagez la nouvelle série, dont le terme général est

$$u_n = \frac{(x-1)(x-2)\ldots(x-n)}{1.2\ldots n}\,\frac{1}{n},$$

vous aurez

$$\frac{u_{n+1}}{u_n} = \frac{(x-n-1).n}{(n+1)^2},$$

et la règle de Gauss montre immédiatement la convergence de la série Σu_n.

Il est donc parfaitement permis de supposer $a=1$; mais, l'expression ainsi obtenue

$$Q(x) = P_1\,R(x-1) + \frac{x-1}{1}\,P_2\,R(x-2) + \ldots$$

ne m'apprend rien sur la différence $Q(x) - R(x-1)$.

Vous seul, cher ami, par la puissance du calcul numérique, vous avez eu l'intuition du mode d'existence de cette quantité; également, je vous fais mon compliment d'avoir rattaché la question à la comparaison entre l'intégrale

$$\int_0^\infty f(u)\,du$$

et la somme

$$f(1) + f(2) + f(3) + \ldots,$$

mais que d'efforts à faire avant d'atteindre ce but.

Mes sentiments affectueux et bien dévoués.

M. Bourguet, professeur à l'Institut catholique, demeure rue de Rome, 55.

145. — *HERMITE A STIELTJES.*

Paris, 3 novembre 1888.

MON CHER AMI,

Le résultat auquel vous êtes parvenu est magnifique, j'en suis enchanté et je vous en félicite vivement. Permettez-moi de vous demander d'en faire le sujet d'une Communication à l'Académie, en vous engageant à donner les détails du calcul concernant la détermination de l'intégrale définie A_n qui est loin d'être immédiate et me paraît mériter d'être développée avec soin. Vous aurez fait, après Dirichlet, l'application la plus belle et la plus importante de la relation célèbre qu'il a donnée dans sa démonstration de la formule de Fourier et, en même temps, vous avez enrichi la théorie des intégrales eulériennes d'une relation d'un genre tout nouveau qui ne manquera pas d'appeler l'attention de tous les analystes. Si vous avez du temps de reste, je vous demanderais de refaire vos calculs, en supposant $f(t) = t^x e^{-\frac{at}{2\pi}}$, dans le but d'introduire, au lieu de $R(x) = \sum \frac{n^x}{e^n}$, l'expression

$$\mathfrak{R}(x) = \frac{a^x}{e^a} + \frac{(2a)^x}{e^{2a}} + \frac{(3a)^x}{e^{3a}} + \ldots,$$

qui est aussi, pour $a > 0$, une fonction holomorphe de la variable.

Je communiquerai à M. Bourguet votre découverte qui, j'en suis sûr, lui fera grand plaisir. En attendant de vous faire part de ce qu'il m'aura dit, je vous renouvelle, mon cher ami, l'assurance de ma bien sincère affection.

146. — *STIELTJES A HERMITE.*

Toulouse, 11 novembre 1888.

Cher Monsieur,

En rentrant à Toulouse, j'ai trouvé vos lettres qui m'ont fait beaucoup de plaisir en m'apprenant l'intérêt que vous prenez à cette formule $R(x) = \Gamma(x+1)(1+\ldots)$.

D'après votre désir, j'ai rédigé un petit article sur ce sujet, j'espère que la nouvelle démonstration vous semblera satisfaisante. Mais j'ai l'impérieux devoir de vous soumettre ce travail en vous demandant si vous croyez opportun d'insérer dans le n° 1 votre démonstration de la convergence pour $a = 1$, et dans le n° 5, à la fin, la manière dont vous avez obtenu d'abord la valeur asymptotique de $\Gamma(x+1)$.

L'étendue de cette Note dépasse celle des trois pages des *Comptes rendus*, croyez-vous qu'elle soit de nature à intéresser les lecteurs du *Journal de M. Jordan?*

Je vous demande pardon de vous demander tout cela, mais je ne pouvais pas emprunter directement à vos lettres ce que je demande et, du moment qu'il fallait changer si peu que ce soit, j'ai cru qu'il faudrait mieux vous soumettre la question.

Naturellement, vous pouvez changer tout ce qui vous semblera nécessaire dans mon article ou me le renvoyer en m'indiquant les points à changer.

La transformation dont je fais usage est tout à fait analogue à la méthode par laquelle Riemann a trouvé d'abord la relation entre $\zeta(s)$ et $\zeta(1-s)$, mais j'ai cru devoir ajouter quelques développements pour montrer que la méthode est parfaitement rigoureuse.

Veuillez bien toujours me croire, cher Monsieur, votre sincèrement dévoué.

P. S. — Je n'ai pu donner, dans le n° 2, l'endroit exact où Hankel a obtenu la formule en question. Notre bibliothèque ne possède pas le *Zeitschrift* de M. Schlömilch. J'espère que vous serez plus heureux que moi; les examens de licence et du baccalauréat m'occuperont encore la semaine prochaine.

147. — *STIELTJES A HERMITE.*

Toulouse, lundi soir, 12 novembre 1888.

MONSIEUR,

Je viens de constater à notre bibliothèque que le Tome XI des *Acta mathematica* contient un article de M. Lerch sur la fonction $K(w, x, s) = \sum_0^\infty \frac{e^{2k\pi i x}}{(w+k)^x}$. Le résultat de M. Lerch comprend mon résultat sur votre fonction $R(x)$ et il n'y a aussi que de légères différences quant à l'exposition de la méthode qui est la même. En tout cas, si mon article vaut encore la peine d'être publié, il faudrait ajouter quelques mots sur ce qu'a fait M. Lerch. Peut-être mon article fait mieux ressortir que tout cela dépend de la formule fondamentale de Hankel

$$1 : \Gamma(x) = \frac{1}{2\pi i} \int e^z z^{-x}\, dx.$$

Votre bien dévoué.

148. — *HERMITE A STIELTJES.*

Paris, 14 novembre 1888.

Mon cher ami,

La circonstance que vous avez été prévenu par M. Lerch, et que vos résultats se trouvent dans son Mémoire sur la fonction $K(w, x, s)$, ne peut en quoi que ce soit changer mon sentiment sur le mérite de vos dernières recherches. Je viens vous demander instamment de publier dans le *Journal de M. Jordan* l'article que vous m'avez adressé, étant assuré qu'il sera lu sous la forme que vous lui avez donnée avec le plus grand intérêt. En citant M. Lerch, comme vous vous le proposez, vous lui rendrez service et vous lui ferez plaisir; je suis en correspondance avec le jeune géomètre et je sais combien il sera sensible à voir son Mémoire mentionné dans un recueil français. Ce Mémoire, je dois l'avouer, m'a passé sous les yeux, mais sans fixer suffisamment mon attention, faute d'un certain relief dans la rédaction, et puis parce que j'avais, en le parcourant, des préoccupations qui ne m'ont pas permis d'y donner une suffisante attention. Mais il y a autre chose. je dois vous apprendre que M. Lerch lui-même a été devancé, il y a quarante années, par M. Lipschitz, et que j'ai été chargé par l'éminent analyste de lui faire savoir qu'il a traité le même sujet et trouvé les mêmes résultats. M. Lipschitz vient de m'envoyer son Mémoire qui a paru dans le tome 54, 1857 *de Crelle* sous le titre : *Untersuchung einer aus vier Elementen Reihe* et, connaissant maintenant ce que vous avez fait, je puis à peu près le comprendre malgré l'allemand. Vous aurez donc aussi à lire ces recherches, afin de les mentionner. M. Lipschitz, d'ailleurs, a agi avec grande bienveillance envers M. Lerch, il m'a écrit qu'il se bornerait à rappeler son ancien Mémoire et, sans faire aucune observation, dans un article sur le même sujet destiné au *Journal de M. Kronecker*.

On m'assure que le *Journal de M. Schlömilch* est à la bibliothèque de l'École Normale, j'aurai donc le moyen de rechercher l'article de Hankel que vous voulez citer; permettez-moi, pour diriger mes recherches, de vous demander si vous connaissez le titre de son Mémoire, ou à peu près l'époque à laquelle vous présumez qu'il a été publié.

En saisissant cette occasion pour vous donner la certitude que de Paris on veille sur vos intérêts et, dans l'espérance que vous n'êtes point par trop chagrin d'avoir été devancé par M. Lipschitz, qui n'a pas d'ailleurs dégagé une corrélation concernant la fonction $\Gamma(x)$, je vous renouvelle, mon cher ami, l'assurance de mon affection bien sincère et bien dévouée.

Dois-je vous envoyer le texte de votre article?

149. — *STIELTJES A HERMITE.*

Toulouse, 14 novembre 1888.

Cher Monsieur,

Voici l'exacte vérité concernant l'article de M. Lerch dans les *Acta*. Le fascicule des *Acta* où se trouve ce travail, je l'ai entre les mains, il y a je ne sais combien de mois. Je n'y ai jeté alors qu'un coup d'œil et sans l'étudier à fond, les formules paraissant assez compliquées. Aussi, dans mon esprit, il n'en restait que ce souvenir un peu vague qu'il s'agissait d'une généralisation de la fonction $\zeta(s)$ de Riemann. Mais, lorsque j'ai réfléchi à l'expression asymptotique de votre fonction $R(x)$, l'*idée ne m'est pas venue un instant* qu'il pourrait y avoir quelque rapport avec le travail de M. Lerch. Ce n'est qu'après avoir terminé mon travail et avoir remarqué l'analogie de la transformation dont je fais usage avec celle indiquée par Riemann pour obtenir la relation entre $\zeta(s)$ et $\zeta(1-s)$, que l'idée m'est venue d'examiner plus attentivement le travail de M. Lerch. C'est ce que j'ai fait lundi soir, après les examens de la licence. Et j'ai vu alors immédiatement que mon résultat doit être compris dans celui de M. Lerch, quoique je n'ai pas encore fait les calculs nécessaires pour le constater effectivement.

La généralisation de M. Lerch revient, en somme, à ceci qu'il considère au lieu de

$$R(x) = \frac{a^x}{e^a} + \frac{(a+1)^x}{e^{a+1}} + \frac{(a+2)^x}{e^{a+2}} + \dots;$$

série procédant suivant les puissances de $\frac{1}{e}$, une série procédant suivant les puissances d'un nombre quelconque de module inférieur à l'unité et qu'il écrit sous la forme e^{ix} en supposant

$$x = \alpha + i\beta, \qquad \beta > 0.$$

Peut-être, si au lieu de poser

$$\int_a^\infty = \int_a^{a+1} + \int_{a+1}^{a+2} + \ldots,$$

on avait posé

$$\int_a^\infty = \int_a^{a+b} + \int_{a+b}^{a+2b} + \ldots,$$

qu'on serait amené à introduire

$$\mathrm{R}(x) = \frac{a^x}{e^a} + \frac{(a+b)^x}{e^{a+b}} + \frac{(a+2b)^x}{e^{a+2b}} + \ldots,$$

ce qui réalise ce qu'il y a de plus essentiel dans la généralisation de M. Lerch. Mais le temps me manque en ce moment pour vérifier ceci.

La comparaison de

$$\frac{a^x}{e^a} + \frac{(a+b)^x}{e^{a+b}} + \frac{(a+2b)^x}{e^{a+2b}} + \ldots$$

avec

$$\int_0^\infty u^x e^{-u}\, du$$

me fait supposer que la valeur asymptotique doit être alors $\frac{\Gamma(x+1)}{b}$. Si ces prévisions sont exactes, ne vaudrait-il pas mieux alors refaire mon article en considérant

$$\mathrm{R}(x) = \frac{a^x}{e^a} + \frac{(a+b)^x}{e^{a+b}} + \ldots ?$$

Je crois que oui, mais je ne pourrai rédiger mon travail que dans quelques jours. Je vous le soumettrai alors pour y changer, si cela vous paraît nécessaire, quelques mots dans l'extrait de vos lettres qui y figurera.

J'ai examiné, à Auch, un peu ce que vous m'avez dit de l'application de la méthode de Laplace à certains cas où cette méthode donnerait des résultats inexacts. Je vous avoue que j'éprouve quelque difficulté à l'admettre, dans le cas

$$\Theta\left(\frac{2Kx}{\pi}\right) = 1 - 2q\cos 2x + 2q^4\cos 4x - \ldots,$$

le coefficient de x^n se met sous la forme

$$A - B,$$

et il me semble qu'il faut appliquer la méthode de Laplace aux expressions A et B séparément. Si l'on trouve alors, pour A et B, la même expression asymptotique (ce qui me paraît très probable), on ne peut rien conclure, ou plutôt on peut dire alors seulement que la valeur du coefficient devient très petite par rapport à A et à B. Mais, dans le cas

$$1 + 2q\cos 2x + 2q^4\cos 4x + \ldots,$$

le coefficient de x^n est

$$A + B,$$

et il me semble que la méthode de Laplace doit alors donner un résultat exact.

J'ai remarqué que votre élégante démonstration de

$$\frac{1.3.5\ldots(2n-1)}{2.4.6\ldots 2n} = \frac{1}{\sqrt{\pi(n+\varepsilon)}} \qquad \left(0 < \varepsilon < \frac{1}{2}\right)$$

s'applique aussi à

$$\frac{\Gamma(a)\Gamma(n)}{\Gamma(a+n)} = \int_0^\infty \frac{x^{a-1}}{(1+x)^{a+n}}\,dx = \int_0^\infty \left(\frac{1-e^{-y}}{y}\right)^{a-1} y^{a-1} e^{-ny}\,dy$$

$$(1 + x = e^y).$$

En posant avec vous

$$\frac{1-e^{-y}}{y} = e^{-\Theta y} \qquad (0 < \Theta < 1),$$

il vient, après réductions,

$$\Gamma(n+a) = [n + (a-1)\Theta]^a\,\Gamma(n).$$

Votre très sincèrement dévoué.

150. — *HERMITE A STIELTJES.*

Paris, 16 novembre 1888.

MON CHER AMI,

La détermination, par la méthode de Laplace, de la valeur asymptotique de la série

$$R(x) = \sum \frac{(a+nb)^x}{e^{a+nb}},$$

lorsqu'on suppose x très grand, s'obtient facilement comme vous allez voir. Observant que les termes vont d'abord en croissant pour diminuer ensuite indéfiniment, on détermine le rang n du terme maximum en posant la condition

$$\frac{(a+nb)^x}{e^{a+nb}} = \frac{[a+(n-1)b]^x}{e^{a+(n-1)b}}.$$

On en tire en simplifiant

$$\left[\frac{a+nb}{a+(n-1)b}\right]^x = e^b,$$

et, par conséquent,

$$\frac{a+nb}{a+(n-1)b} = e^{\frac{b}{x}} = 1 + \frac{b}{x} + \frac{b^2}{2x^2} + \ldots,$$

d'où

$$a+(n-1)b = x - \frac{b}{2} - \frac{5b^2}{12x} + \ldots.$$

Négligeant les quantités en $\frac{1}{x}$, je prends

$$a+(n-1)b = x - \frac{b}{2},$$

ce qui donne pour l'expression du plus grand terme

$$X = \frac{\left(x+\frac{b}{2}\right)^x}{e^{x+\frac{b}{2}}}.$$

Ceci posé, soit T le terme de rang t avant le maximum, c'est-à-dire

$$T = \frac{[a+(n-t)b]^x}{e^{a+(n-t)b}}.$$

La condition $a + nb = x + \frac{b}{2}$ permet d'écrire

$$\log T = x \log\left(x + \frac{b}{2} - bt\right) - x - \frac{b}{2} + bt,$$

et de là résulte

$$\log T - \log X = x \log\left(\frac{x + \frac{b}{2} - bt}{x + \frac{b}{2}}\right) + bt.$$

Développons le second membre en série jusqu'au terme en t^2, et négligeant encore les quantités en $\frac{1}{x}$, on obtient simplement

$$\log T - \log X = -\frac{b^2 t^2}{2x},$$

d'où

$$T = X e^{-\frac{b^2 t^2}{2x}}.$$

C'est la même expression qui s'offre pour le terme de rang t, après le maximum et la valeur approchée de la somme sera donc donnée par l'intégrale

$$X \int_{-\infty}^{+\infty} e^{-\frac{b^2 t^2}{2x}} dx.$$

On trouve ainsi la quantité

$$\frac{\left(x + \frac{b}{2}\right)^x \sqrt{2\pi x}}{b e^{x + \frac{b}{2}}}.$$

Mais on a

$$\left(x + \frac{b}{2}\right)^x = e^{x \log\left(x + \frac{b}{2}\right)} = e^{x \log x + \frac{b}{2} - \frac{b^2}{2x} + \dots},$$

de sorte qu'en négligeant $\frac{1}{x}$ elle devient simplement

$$\frac{x^{x - \frac{1}{2}} e^{-x} \sqrt{2\pi}}{b} = \frac{\Gamma(x+1)}{b}.$$

Votre prévision est donc complètement réalisée; il en est de même pour l'origine que vous avez eu l'idée de donner à la série $R(x)$, généralisation de celles auxquelles j'ai été conduit en employant les décompositions suivantes (*Journal de Crelle*, t. 89,

p. 333)

$$\int_a^\infty \xi^{x-1}e^{-\xi}\,d\xi = \sum \int_{a+n}^{a+n+1} \xi^{x-1}e^{-\xi}\,d\xi = \sum \int_{na}^{(n+1)a} \xi^{x-1}e^{-\xi}\,d\xi.$$
$$(n = 0, 1, 2, \ldots), \qquad (n = 1, 2, 3, \ldots).$$

Mais, c'est ce que vous-même vous avez déjà dû reconnaître, et je ne m'y arrêterai donc point.

Mes sentiments de bien sincère affection.

151. — *STIELTJES A HERMITE.*

Toulouse, 16 novembre 1888.

Cher Monsieur,

Après avoir vu le Mémoire de M. Lipschitz (*Crelle*, t. 54, 1857), j'espère, Monsieur, que vous ne me reprocherez pas trop, cette fois, de ne pas suivre votre conseil. Il me semble préférable maintenant de ne pas intervenir dans cette matière. Ce qui me décide surtout, c'est la circonstance que, d'après votre lettre, M. Lipschitz lui-même se propose de revenir sur cette matière dans le *Journal de Crelle;* je veux donc voir d'abord le travail de M. Lipschitz et je doute fort qu'après cela il y ait encore quelque chose à dire sur ce sujet. Vous pouvez donc détruire mon manuscrit et ce n'est que pour vous que j'écris ici ce résultat

$$\begin{aligned} R(x) &= \frac{a^x}{e^a} + \frac{(a+b)^x}{e^{a+b}} + \frac{(a+2b)^x}{e^{a+2b}} + \ldots, \\ \frac{R(x-1)}{\Gamma(x)} &= \frac{1}{2\pi i}\int \frac{e^{a(z-1)}}{1-e^{b(z-1)}} z^{-x}\,dz \end{aligned} \qquad (a > 0,\ b > 0),$$

et sous les conditions

$$0 < a \leqq b, \qquad \text{p. réelle } x > 1,$$

$$\frac{b\,R(x-1)}{\Gamma(x)} = 1 + 2\frac{\cos\left(\operatorname{arc\,tang}\dfrac{2\pi}{b} - 2\pi\dfrac{a}{b}\right)}{\left(1+\dfrac{4\pi^2}{b^2}\right)^{\frac{x}{2}}}$$
$$+ 2\frac{\cos\left(\operatorname{arc\,tang}\dfrac{4\pi}{b} - 4\pi\dfrac{a}{b}\right)}{\left(1+\dfrac{16\pi^2}{b^2}\right)^{\frac{x}{2}}}$$
$$+ \ldots\ldots\ldots\ldots\ldots\ldots\ldots\ldots\ldots\ldots$$

où le premier membre peut s'écrire

$$\frac{b[f(a)+f(a+b)+f(a+2b)\ldots]}{\int_0^\infty f(t)\,dt},$$

$$f(t)=t^{x-1}e^{-t}.$$

Il est quelquefois bien difficile à s'assurer si un résultat qu'on a obtenu est nouveau ou non. Par hasard, j'en ai vu l'exemple que voici. Vous savez que M. Schering, de Göttingue, a publié, dans les *Monatsber.* de Berlin, 1876, ce théorème

$$\left(\frac{a}{M}\right)=(-1)^{\mu},$$

où $\left(\frac{a}{M}\right)$ est le symbole de Legendre généralisé par Jacobi et μ le nombre des restes minima négatifs pour le module M des quantités

$$a,\quad 2a,\quad 3a,\quad \ldots,\quad \frac{M-1}{2}a.$$

(*Voir* aussi *Acta math.*, t. I, p. 166).

Dans le même Tome des *Monatsber.* M. Kronecker a exposé alors ses propres recherches sur ce sujet et je crois me rappeler qu'il dit avoir exposé ce théorème déjà dans un cours fait pendant l'hiver de 1870.

Mais le théorème est dû en vérité à un géomètre anglais, M. Morgan Jenkins, qui l'a donné, le 25 avril 1867, dans une séance de la Société mathématique de Londres. (*Voir* les *Proceedings* de cette Société où se trouve sa démonstration). L'énoncé de M. Jenkins est légèrement différent mais cela n'a rien d'essentiel. J'ai mentionné ce fait il y a un an, je crois, dans une lettre à M. Mittag-Leffler. Je crois qu'il en a averti M. Schering.

Veuillez bien agréer, Monsieur, l'expression de mes sentiments dévoués et reconnaissants.

P.-S. — Je ne connais pas le titre du Mémoire de Hankel; mais, d'après une Note que j'ai trouvée dans les *Math. Annalen*, t. XXXI, p. 455, il doit se trouver sans doute dans le Tome IX du *Zeitschrift*.

152. — *HERMITE A STIELTJES.*

Paris, 18 novembre 1888.

MON CHER AMI,

Je n'en ai pas encore fini avec les examens du baccalauréat, j'ai demain une dernière séance à la Faculté des lettres, et puis à cette besogne va succéder une autre d'une autre nature, il faut m'occuper de la rédaction d'un rapport dont je suis chargé, de sorte que je ne sais quand je pourrai pour mon compte étudier le Mémoire de M. Lipschitz qui me semble fort beau. Je ne puis assez vous dire quel plaisir m'a fait votre équation que je préfère écrire de cette manière

$$\begin{aligned}\frac{R(x-1)}{\Gamma(x)} = \frac{1}{b} &+ 2\frac{\cos\left(\operatorname{arc\,tang}\frac{2\pi}{b} - 2\pi\frac{a}{b}\right)}{(b^2+4\pi^2)^{\frac{x}{2}}}\\ &+ 2\frac{\cos\left(\operatorname{arc\,tang}\frac{4\pi}{b} - 4\pi\frac{a}{b}\right)}{(b^2+16\pi^2)^{\frac{x}{2}}}\\ &+ \dots\dots\dots\dots\dots\dots\end{aligned}$$

Vous me permettrez pour le cas où vous auriez à l'employer de vous indiquer comment la décomposition de l'intégrale

$$J = \int_a^\infty \xi^{x-1} e^{-\xi}\, d\xi,$$

en termes de la forme

$$\int_{a+nb}^{a+(n-1)b} \xi^{x-1} e^{-\xi}\, d\xi = J_n,$$

de sorte qu'on ait

$$J = J_0 + J_1 + \dots + J_n + \dots$$

conduit à la notion de la fonction

$$R(x) = \frac{a^x}{e^a} + \frac{(a+b)^x}{e^{a+b}} + \dots.$$

J'observe, à cet effet, qu'en posant $\xi = a + nb + t$, on a

$$J_n = \frac{1}{e^{a+nb}} \int_0^b (a+nb+t)^{x-1} e^{-t}\, dt,$$

et que, pour toutes les valeurs de n, à partir de $n=1$, le développement suivant les puissances de t, par la formule du binome, de $(a+nb+t)^{x-1}$, donne une série convergente entre les limites $t=0$, $t=b$. Il en serait encore de même pour $n=0$, sous la condition $a \gtreqless b$; mais il est préférable d'exclure l'intégrale J_0, en considérant la différence $J_n - J_0$ qui est l'intégrale

$$\int_{a+b}^{\infty} \xi^{x-1} e^{-\xi}\, d\xi = J_1 + J_2 + \ldots + J_n + \ldots,$$

comme vous allez voir.

Soit

$$P_m = \int_0^b t^m e^{-t}\, dt,$$

nous avons

$$J_n = \frac{1}{e^{a+nb}} \Big[P_0 (a+nb)^{x-1} + \frac{x-1}{1} P_1 (a+nb)^{x-2} + \ldots$$
$$+ \frac{(x-1)\ldots(x-m)}{1.2\ldots m} P_m (a+nb)^{x-1-m} + \ldots \Big],$$

de sorte qu'en posant

$$R(x) = \sum \frac{(a+nb)^x}{e^{a+nb}} \qquad \text{pour} \qquad n = 1, 2, 3, \ldots,$$

on obtient immédiatement

$$\int_{a+b}^{\infty} \xi^{x-1} e^{-\xi}\, d\xi$$
$$= P_0 R(x) + \frac{x-1}{1} P_1 R(x-1) + \frac{(x-1)(x-2)}{1.2} P_2 R(x-2) + \ldots.$$

Changeons maintenant a en $a-b$, afin de parvenir à l'intégrale proposée J; ce changement reviendra évidemment à prendre à partir de $n=0$, au lieu de $n=1$, le terme général de $R(x)$, de sorte qu'en modifiant ainsi la définition de $R(x)$, on a la formule

$$J = P_0 R(x) + P_1 \frac{x-1}{1} R(x-1) + \ldots.$$

Il n'y a donc pas à s'embarrasser des questions de convergence et tout devient fort simple grâce à vous, à l'idée qui vous appartient d'une décomposition de l'intégrale plus générale que la mienne; mais n'est-ce point singulier qu'on parvienne par une telle voie à l'extension de la fonction $\zeta(s)$ de Riemann!

. . . .

En vous priant de me donner à l'occasion quelques explications sur votre procédé pour parvenir à la relation qui m'intéresse beaucoup $\Gamma(n+a)=[n+(a-1)\Theta]^a\,\Gamma(n)$ et vous demandant d'attendre que j'aie plus de liberté pour revenir à l'application aux séries $\Theta\left(\frac{2Kx}{\pi}\right)$ et $\Theta_1\left(\frac{2Kx}{\pi}\right)$, de la méthode de Laplace, je vous renouvelle, mon cher ami, l'assurance de ma bien sincère affection.

153. — *STIELTJES A HERMITE.*

Toulouse, dimanche matin ([1]) (23 novembre 1888?).

Cher Monsieur,

Je suis on ne peut plus touché de l'extrême bonté que vous montrez à mon égard. Mais M. Lipschitz étant le premier inventeur, je veux voir d'abord le travail qu'il va faire insérer dans le *Journal de M. Kronecker;* s'il n'y parle pas de l'application à votre fonction $R(x)$, je pourrais peut-être plus tard donner une Note où j'appellerai l'attention sur cette application.

En faisant dans la relation

$$(1)\qquad \Gamma(a+n)=[n+(a-1)\theta]^a\,\Gamma(n),\qquad 0<\theta<1.$$

$a=\frac{1}{2}$ et remplaçant n par $n+1$

$$\Gamma\left(n+\frac{3}{2}\right)=\sqrt{n+1-\varepsilon}\,\Gamma(n+1),\qquad 0<\varepsilon<\frac{1}{2}.$$

Je vois que ce n'est pas votre formule mais prenons $a=\frac{1}{2}$ et remplaçons n par $n+\frac{1}{2}$, il vient

$$\Gamma(n+1)=\sqrt{n+\varepsilon}\,\Gamma\left(n+\frac{1}{2}\right),\qquad 0<\varepsilon<\frac{1}{2},$$

ou

$$1=\sqrt{n+\varepsilon}\,\frac{1.3\ldots(2n-1)}{2.4\ldots2n}\sqrt{\pi},$$

ce qui est bien votre résultat qui est ainsi compris dans la formule (1).

([1]) *Note de l'éditeur.* — Cette lettre non datée ne paraît pouvoir se rapporter à une date autre que le 23 novembre 1888.

En posant $1 + x = e^u$ dans la formule

$$\frac{\Gamma(a)\Gamma(n)}{\Gamma(a+n)} = \int_0^\infty \frac{x^{a-1}}{(1+x)^{a+n}}\,dx,$$

on peut écrire sous deux formes différentes

$$\frac{\Gamma(a)\Gamma(n)}{\Gamma(a+n)} = \int_0^\infty \left(\frac{e^y-1}{y}\right)^{a-1} y^{a-1}e^{-(n+a-1)y}\,dy$$
$$= \int_0^\infty \left(\frac{1-e^{-y}}{y}\right)^{a-1} y^{a-1}e^{-ny}\,dy.$$

Ayant

$$\frac{1-e^{-y}}{y} = e^{-\Theta y}, \qquad 0 < \Theta < 1, \qquad e^{-y} < \frac{1-e^{-y}}{y} < 1,$$

on voit, d'après la seconde forme, que $\frac{\Gamma(a)\Gamma(n)}{\Gamma(a+n)}$ est compris entre les deux limites

$$\int_0^\infty y^{a-1}e^{-(n+a-1)y}\,dy = \frac{\Gamma(a)}{(n+a-1)^a},$$
$$\int_0^\infty y^{a-1}e^{-ny}\,dy = \frac{\Gamma(a)}{n^a},$$

ce qui donne la formule (1).

Mais voici une autre conséquence. D'après ce qui précède on a ces deux formules

$$(2) \qquad \frac{\Gamma(a)\Gamma(n)}{\Gamma(a+n)} = \int_0^\infty \left(\frac{1-e^{-y}}{y}\right)^{a-1} y^{a-1}e^{-ny}\,dy,$$

$$(3) \qquad \frac{\Gamma(a)\Gamma(n-a+1)}{\Gamma(n+1)} = \int_0^\infty \left(\frac{e^y-1}{y}\right)^{a-1} y^{a-1}e^{-ny}\,dy.$$

Développons

$$\left(\frac{e^y-1}{y}\right)^{a-1} = 1 + c_1y + c_2y^2 + c_3y^3 + \ldots;$$

on aura en même temps

$$\left(\frac{1-e^{-y}}{y}\right)^{a-1} = 1 - c_1y + c_2y^2 - c_3y^3 + \ldots,$$

et, à l'aide de ces séries, on obtient

$$(4)\quad \frac{\Gamma(n-a+1)}{\Gamma(n+1)} = \frac{1}{n^a}\left[1+\frac{a}{n}c_1+\frac{a(a+1)}{n^2}c_2+\frac{a(a+1)(a+2)}{n^3}c_3+\ldots\right],$$

$$(5)\quad \frac{\Gamma(n)}{\Gamma(n+a)} = \frac{1}{n^a}\left[1-\frac{a}{n}c_1+\frac{a(a+1)}{n^2}c_2-\frac{a(a+1)(a+2)}{n^3}c_3+\ldots\right],$$

$c_1, c_2, \ldots$ sont évidemment des polynomes en a.

Lorsque a est un entier négatif $a = -m$, il est clair que la série (5) est finie et ainsi la formule est valable *quel que soit n*. Et, du reste, la relation

$$(n-1)(n-2)\ldots(n-m) = n^m\left(1+\frac{P_1}{n}+\frac{P_2}{n^2}+\ldots\right)$$

permet de calculer la série indéfinie des polynomes P de m ou de a. Lorsque a est un entier positif $a = +m$, la formule (5) se réduit à

$$\frac{1}{n(n+1)\ldots(n+m-1)} = \frac{1}{n^m}\left(1+\frac{P_1}{n}+\frac{P_2}{n^2}+\ldots\right);$$

et la série est convergente tant que $\operatorname{mod} n > m-1$.

Mais pour toute autre valeur de a la série (5) est divergente quel que soit le module de n. Cela est évident ici, car la série

$$1+c_1 y+c_2 y^2+c_3 y^3+\ldots$$

n'est convergente que pour $\operatorname{mod} y < 2\pi$; or, on a multiplié les coefficients c par ces facteurs

$$a,\quad a(a+1),\quad a(a+1)(a+2),\quad \ldots.$$

Les anciens analystes, après avoir établi la formule (5) pour $n = -m$

$$(n-1)(n-2)\ldots(n-m) = n^m\left(1+\frac{P_1}{n}-\frac{P_2}{n^2}+\ldots\right),$$

ont quelquefois pris le second membre, dans le cas que m n'est plus entier, comme *définition* d'une généralisation de la factorielle

$$(n-1)(n-2)\ldots(n-m).$$

sans faire attention à la divergence de la série, ce qui explique les résultats erronés auxquels ils ont été conduits quelquefois. M. Weierstrass a fait voir d'une autre manière que la série (5) est toujours divergente (*Abhandlungen aus der Functionenlehre*, p. 241-244).

Il fait voir d'abord que si la série était convergente elle devrait représenter nécessairement la fonction $\frac{\Gamma(n)}{\Gamma(n+a)}$ pour *toutes les valeurs de n* dont le module surpasse une certaine limite. Mais cela est évidemment impossible, car en posant

$n = \mathrm{R}e^{i\varphi}$ (ceci n'est pas le raisonnement de M. Weierstrass),

et faisant croître φ de o à 2π, le premier membre revient à sa valeur primitive, tandis que le second membre est multiplié par $e^{-ia2\pi}$. Du reste aussi, en posant $n = -m$, m entier positif suffisamment grand, on rencontre des contradictions.

Mais quoique ces formules (4) et (5) soient divergentes, ce sont cependant les séries asymptotiques des premiers membres, et elles peuvent servir aussi au calcul numérique lorsque n est grand et positif.

J'ai vainement cherché (il y a quelques années) à établir une théorie satisfaisante de ces séries divergentes. Voici encore une remarque à leur égard. Je remplace n par $-n$ dans le premier membre de (5)

$$\frac{\Gamma(-n)}{\Gamma(-n+a)} = \frac{\Gamma(-n)\Gamma(n+1)}{\Gamma(-n+a)\Gamma(n-a+1)} \times \frac{\Gamma(n-a+1)}{\Gamma(n+1)}$$
$$= \frac{\sin\pi(n-a)}{\sin\pi n} \times \frac{\Gamma(n-a+1)}{\Gamma(n+1)},$$

donc, d'après (4)

$$(5') \qquad \frac{\Gamma(-n)}{\Gamma(-n+a)} = \frac{1}{n^a}\left[1 + \frac{a}{n}c_1 + \frac{a(a+1)}{n^2}c_2 + \ldots\right] \times \frac{\sin\pi(n-a)}{\sin\pi n}.$$

On peut donc changer dans la formule (5) n en $-n$ à condition de remplacer $(-n)^a$ par $n^a \times \frac{\sin\pi n}{\sin\pi(n-a)}$. On trouve un résultat analogue lorsqu'on change n en $-n$ dans la formule (4). Existe-t-il une formule plus générale qui embrasse les formules (5) et (5') en même temps? Question qui paraît extrêmement difficile. J'incline à croire que, pour pénétrer un peu dans ces mystères, il faudra revenir d'abord à l'étude de la série de

Stirling.

$$(6) \qquad \log \Gamma(a) = \left(a - \frac{1}{2}\right)\log a - a + \log\sqrt{2\pi} + \Phi(a),$$

$$\Phi(a) = \frac{B_1}{1.2.a} - \frac{B_2}{3.4.a^3} + \ldots.$$

M. Lipschitz a considéré le cas a imaginaire, mais partie réelle de $a > 0$; dans ma thèse j'ai trouvé qu'aussi lorsque a est purement imaginaire la formule reste applicable, mais j'ai observé depuis longtemps que même lorsque la partie réelle de a est *négative* la formule peut donner une grande approximation.

Supposons une coupure de o à $-\infty$, la fonction $\operatorname{Log}\Gamma(a)$ est

o

uniforme alors et j'espère qu'un jour on fera une théorie de la série de Stirling qui montre qu'on peut l'employer dans tout le plan, seulement lorsque a s'approche de la coupure, le terme complémentaire doit changer brusquement. La grande difficulté ici, c'est de trouver une expression de

$$\Phi(a) = \frac{1}{\pi}\int_0^\infty \log\frac{e^{2\pi t}}{e^{2\pi t}-1}\,\frac{a\,dt}{a^2+t^2},$$

ou de

$$\Phi'(a) = -\int_0^\infty \frac{2t\,dt}{(t^2-a^2)(1-e^{-2\pi t})},$$

qui donne la continuation de cette fonction à gauche de l'axe des y. Vous avez remarqué depuis longtemps dans le *Journal de Crelle* (2) la ligne de discontinuité de ces intégrales, qui est cause que, quoique ces intégrales aient un sens pour partie réelle $a < 0$, on n'obtient pas ainsi la continuation (qu'on sait possible) de la fonction.

Je ne suis pas sans espoir d'obtenir cette continuation à gauche de l'axe des y, mais même après ce premier succès il restera à voir si l'expression obtenue se prête à la discussion de la série de Stirling. Mais voilà la fin des vacances, mes cours vont recommencer mardi et demain j'ai encore les bacheliers ès lettres.

(1) *Note des éditeurs.* — T. 92, p. 151; 1882.

Veuillez toujours me croire, mon cher Monsieur, votre affectueusement dévoué.

P. S. — On pourrait faire usage de la formule (4) pour discuter la variation de $\frac{1}{\Gamma(x)}$, x variant entre $-n$ et $-n+1$, n entier positif. Soit $x = -n + a$

$$\frac{1}{\Gamma(-n+a)} = \frac{(-1)^n \sin\pi a}{\pi}\Gamma(n+1-a),$$

$$\frac{1}{\Gamma(-n+a)} = \frac{(-1)^n \Gamma(n+1)}{\pi}\sin\pi a \times n^{-a}\left(1+\frac{a}{n}c_1+\ldots\right).$$

En première approximation, on aura à discuter

$$n^{-a}\sin\pi a,$$

a variant de 0 à 1. Annulant la dérivée, il vient

$$\pi\cot\pi a = \operatorname{Log} n \qquad \text{ou} \qquad \frac{1}{a} = \operatorname{Log} n.$$

C'est précisément le résultat auquel vous êtes arrivé dans votre lettre à M. Schwarz. (*Crelle*, t. 90, p. 337.) Mais votre méthode me semble plus élégante et rigoureuse.

Il me semble curieux qu'on peut passer de la définition

$$(\alpha) \qquad \Gamma(a) = \int_0^\infty u^{a-1}e^{-u}\,du,$$

supposant partie réelle $a > 0$, à une autre définition valable dans tout le plan ainsi qu'il suit. Soit n un nombre positif qui croît indéfiniment, on a

$$\Gamma(a) = \lim \int_0^{e^n} u^{a-1}e^{-u}\,du,$$

ou bien développant en série

$$(\beta) \quad \Gamma(a) = \lim e^{na}\left[\frac{1}{a} - \frac{e^n}{a+1} + \frac{e^{2n}}{1.2.(a+2)} - \frac{e^{3n}}{1.2.3.(a+3)} + \ldots\right]_{n=\infty},$$

mais (β) donne maintenant la définition de $\Gamma(a)$ dans tout le plan. En effet, en adoptant (β) comme définition, il vient à l'aide de

$$\frac{a}{a-1} = 1 - \frac{1}{a+1}, \qquad \frac{a}{a+2} = 1 - \frac{2}{a+2}, \qquad \ldots,$$

$$a\,\Gamma(a) = \lim e^{(na-e^n)} + \lim e^{n(a+1)}\left[\frac{1}{a+1} - \frac{e^n}{a+2} + \frac{e^{2n}}{1.2.(a+3)} - \ldots\right]$$

c'est-à-dire

$$a\,\Gamma(a) = \Gamma(a+1).$$

Cette transformation montre que la définition (β) donne une valeur finie pour $\Gamma(a)$, si c'est le cas pour $\Gamma(a-1)$, mais tant que partie réelle $a > 0$, il est clair que (α) et (β) sont équivalentes.... Mais je crois que cette remarque peut être à peine considérée comme nouvelle.

Votre méthode directe pour déterminer le rang du terme maximum

$$\frac{(a+nb)^x}{e^{a+nb}},$$

est certainement préférable. Il est probable que l'on a imaginé la méthode moins directe d'égaler deux termes consécutifs, pour traiter certains cas où la méthode directe s'appliquerait difficilement. Mais ce n'est pas une raison pour faire usage de cette manière détournée dans les cas où la méthode directe s'applique sans difficulté. Surtout dans le cas actuel où le résultat est si simple.

154. — *HERMITE A STIELTJES.*

24 novembre 1888.

Mon cher Ami,

Votre dernière lettre si substantielle, si instructive m'a rendu grand service.

Je donnerai dans mes leçons votre calcul qui est extrêmement simple pour établir la relation

$$\Gamma(a+n) = [n+(a-1)\Theta]^a\,\Gamma(n),$$

que j'aurais bien dû voir même comprendre, comme cas particulier, celle que j'avais envisagée. Et aussi votre procédé élégant pour établir l'égalité $\Gamma(a+1) = a\,\Gamma(a)$ au moyen de l'expression limite pour λ infini de $\Gamma(a)$ par la quantité

$$\lambda^a\left[1 - \frac{\lambda}{a+1} + \frac{\lambda^2}{1.2.(a+2)} - \ldots\right].$$

Maintenant, voici une circonstance dont je dois vous faire part et que vous ne pouviez point soupçonner. M. Bourguet a eu, comme vous, l'idée de rechercher l'extension à tout le plan de l'intégrale

$$\frac{1}{\pi}\int_0^\infty \log\frac{1}{1-e^{-2\pi t}}\,\frac{a\,dt}{a^2+t^2}.$$

et m'a donné communication d'un travail étendu dans lequel il expose sa méthode et ses résultats...... Son travail me semble d'une grande importance, et je suis autorisé par lui à vous en donner communication, si vous le désirez. En même temps, j'ai mission de vous informer qu'il désire se le réserver, et qu'il vous prierait dans ce cas de garder la communication pour vous seul. C'est pendant les vacances et en cherchant la solution d'une question que je lui avais indiquée qu'il a fait la découverte. Ma question était d'obtenir l'expression qu'on connaît d'avance, de la différence

$$\int_0^\infty \log\frac{1}{1-e^{-2\pi t}}\,\frac{(a+1)\,dt}{(a+1)^2+t^2}-\int_0^\infty \log\frac{1}{1-e^{-2\pi t}}\,\frac{a\,dt}{a^2+t^2},$$

et vous verrez avec grand intérêt dans son travail, de quelle manière il la traite et comment ensuite il arrive à l'extension de l'intégrale, de l'autre côté de l'axe des ordonnées. En attendant que vous me fassiez connaître, si je dois vous l'envoyer, je viens, mon cher ami, vous demander pour moi, aide et protection en vous priant de me tirer d'une angoisse analytique extrême. Votre belle formule

$$\frac{\mathrm{R}(x-1)}{\Gamma(x)}=\frac{1}{b}+2\sum\frac{\cos\left(\operatorname{arc\,tang}\frac{2n\pi}{b}-\frac{2na\pi}{b}\right)}{\left(1+\frac{4n^2\pi^2}{b^2}\right)^{\frac{x}{2}}}\,\frac{1}{b},$$

conduit bien naturellement à supposer b infini, en posant $\frac{1}{b}=d\xi$, ce qui donne

$$\frac{\mathrm{R}(x-1)}{\Gamma(x)}=\int_{-\infty}^{+\infty}\frac{\cos(\operatorname{arc\,tang}2\pi\xi-2\pi a\xi)}{(1+4\pi^2\xi^2)^{\frac{x}{2}}}\,d\xi,$$

ou encore

$$\frac{\mathrm{R}(x-1)}{\Gamma(x)}=\frac{1}{2\pi}\int_{-\infty}^{+\infty}\frac{\cos(\operatorname{arc\,tang}\xi-a\xi)}{(1+\xi^2)^{\frac{x}{2}}}\,d\xi$$

$$=\frac{1}{\pi}\int_0^\infty\frac{\cos(\operatorname{arc\,tang}\xi-a\xi)}{(1+\xi^2)^{\frac{x}{2}}}\,d\xi.$$

Or, il me semble que pour b infini, on a

$$R(x) = \frac{a^x}{e^a},$$

tandis qu'on reconnaît, si l'on écrit

$$\int_0^\infty \frac{\cos(\operatorname{arc\,tang}\xi - a\xi)}{(1+\xi^2)^{\frac{x}{2}}}\,d\xi = \int_0^\infty \frac{\cos a\xi\,d\xi}{(1+\xi^2)^{\frac{x+1}{2}}} + \int_0^\infty \frac{\xi \sin a\xi\,d\xi}{(1+\xi^2)^{\frac{x-1}{2}}},$$

que c'est absolument impossible.

Effectivement, pour $x+1$ égal à un nombre pair $2n$ et pour $n = 1, 2, 3, \ldots$, on se trouve en complet désaccord avec la formule de M. Catalan, *Journal de Liouville*, t. V, p. 114,

$$\frac{2}{\pi}\int_0^\infty \frac{\cos a\xi\,d\xi}{(1+\xi^2)^{n+1}} = \frac{e^{-a}}{[2^n\,\Gamma(n+1)]^2}[\Gamma(2n+1) + n_1\,\Gamma(2n-1)2a + \ldots],$$

(j'y change n en $n+1$). J'avais accueilli l'espoir d'aborder autrement que M. Bourguet, dont l'analyse est d'ailleurs si remarquable, l'étude des coefficients du développement de $\frac{1}{\Gamma(x)}$ suivant les puissances croissantes de la variable, j'espère encore avoir fait quelque grosse méprise que vous reconnaîtrez, de sorte que votre formule ne laissera pas échapper la conséquence que j'avais espéré en tirer.

En vous renouvelant, mon cher ami, l'assurance de ma bien sincère affection.

155. — *STIELTJES A HERMITE.*

Toulouse, 26 novembre 1888.

CHER MONSIEUR,

Quoique très occupé, je veux répondre immédiatement à votre lettre, mais je dois d'avance implorer votre indulgence si sur certains points je ne peux pas mettre les points sur les i.

En premier lieu, vous me ferez *le plus grand plaisir* en me communiquant le travail de M. Bourguet et je ne manquerai pas après l'avoir vu d'adresser mes remercîments à l'auteur. Je suis curieux de savoir si les formules nouvelles se prêtent à la discussion de la série de Stirling; c'est, comme vous le savez, le but que j'avais en vue.

Vous dites que M. Bourguet n'est pas géomètre de profession, mais je crois qu'aucun géomètre de profession ne serait fâché d'avoir fait ce qu'il a fait, par exemple la belle démonstration d'une formule de M. Weierstrass qu'il doit avoir donné dans son examen de doctorat et que vous avez fait connaître dans votre lettre à M. Mittag-Leffler (*Crelle*, t. 91, p. 61).

Maintenant, Monsieur, j'ai encore à vous faire mes excuses; je crois bien qu'après avoir posé

$$\mathrm{R}(x) = \frac{a^x}{e^a} + \frac{(a+b)^x}{e^{a+b}} + \ldots,$$

j'ai écrit

$$\frac{b\,\mathrm{R}(x-1)}{\Gamma(x)} = 1 + 2\sum_{1}^{\infty} \frac{\cos\left(\operatorname{arc\,tang}\dfrac{2n\pi}{b} - \dfrac{2an\pi}{b}\right)}{\left(1+\dfrac{4n^2\pi^2}{b^2}\right)^{\frac{x}{2}}},$$

au lieu de

$$\frac{b\,\mathrm{R}(x-1)}{\Gamma(x)} = 1 + 2\sum_{1}^{\infty} \frac{\cos\left(x\operatorname{arc\,tang}\dfrac{2n\pi}{b} - \dfrac{2an\pi}{b}\right)}{\left(1+\dfrac{4n^2\pi^2}{b^2}\right)^{\frac{x}{2}}}$$

$$0 < a \leqq b,$$

Partie réelle $x > 1$.

C'est cette erreur qui vous a causé tant d'ennuis; en reprenant avec la formule exacte vos calculs il vient

$$(\mathrm{I}) \qquad \int_0^{\infty} \frac{\cos(x\operatorname{arc\,tang}\xi - a\xi)}{(1+\xi^2)^{\frac{x}{2}}}\,d\xi = \pi\frac{a^{x-1}e^{-a}}{\Gamma(x)},$$

$\mathrm{R}(x-1)$ étant égal à $a^{x-1}e^{-a}$ pour $b = +\infty$.

La formule (I) qu'on obtient ainsi me semble très remarquable et j'ai éprouvé un vif plaisir, en la trouvant ainsi d'après vos indications; moi-même je n'avais pas songé à cela. D'après la déduction il semble qu'on doit supposer

Partie réelle $x > 1$, $\quad a > 0$.

Cependant il me semble que l'intégrale a un sens, en supposant seulement

Partie réelle $x > 0$,

et que (I) doit subsister sous cette condition. Cela me semble bien certain si par exemple x est supposé réel. Mais voilà déjà un point que je ne peux pas préciser en ce moment, faute de loisir.

Mais j'ai observé que la formule (I) a un rapport très étroit avec un autre résultat dû à Cauchy. Dans le *Bulletin* de Darboux, p. 35, 36, 1881, il y a un résumé d'un article de M. Schlömilch (t. XXIV, de son *Zeitschrift*, p. 103-106; 1879). J'en ai pris note. D'abord on emprunte à Cauchy ce résultat

$$\text{(II)} \qquad \int_{-\infty}^{+\infty} \frac{e^{iaz}}{(b+iz)^k}\,dz = \begin{cases} 0 & a \text{ négatif}, \\ \dfrac{2\pi}{\Gamma(k)}\,a^{k-1}e^{-ab} & a \text{ positif}, \end{cases}$$

en prenant $a = b = 1$. M. Schlömilch déduit du résultat

$$\text{(III)} \qquad \frac{2\pi e^{-1}}{\Gamma(1+\rho)} = \int_{-\infty}^{+\infty} \frac{e^{iz}}{(1+iz)^{1+\rho}}\,dz$$

le développement

$$\frac{1}{\Gamma(1+\rho)} = k_0 + k_1\rho + k_2\rho^2 + k_3\rho^3 + \ldots,$$

$$k_n = \frac{(-1)^n e}{2\pi 1.2\ldots n} \int_{-\infty}^{+\infty} \frac{e^{iz}}{1+iz}\,[\operatorname{Log}(1+iz)]^n\,dz.$$

Or, si l'on prend $b = 1$ et qu'on suppose k réel, la formule (II) de Cauchy doit donner évidemment la formule (I) et encore cette généralisation obtenue par l'introduction de b n'est pas bien essentielle... il suffirait de remplacer ξ par $\frac{\xi}{b}$ et a par ab pour déduire de (I)

$$\int_0^\infty \frac{\cos\left(x \operatorname{arc\,tang}\frac{\xi}{b} - a\xi\right)}{(b^2+\xi^2)^{\frac{x}{2}}}\,d\xi = \pi\,\frac{a^{x-1}e^{-ab}}{\Gamma(x)},$$

et c'est là précisément ce qu'on déduit aussi de la formule de Cauchy.

Vous voyez donc que M. Schlömilch a fait déjà, à peu près, l'application au développement de $\frac{1}{\Gamma(x)}$ que vous aviez en vue.

mais il est instructif de retrouver la formule de Cauchy de cette façon.

Voici maintenant une démonstration de cette formule de Cauchy qui se présente à moi en ce moment même. Partant de

$$\frac{1}{\Gamma(x)} = \frac{1}{2\pi i}\int_{-\infty,-\infty} z^{-x} e^{z}\, dz.$$

remplaçons z par az

$$\frac{a^{x-1}}{\Gamma(x)} = \frac{1}{2\pi i}\int_{-\infty,-\infty} z^{-x} e^{az}\, dz,$$

ou bien remplaçant z par iz

$$\frac{a^{x-1}}{\Gamma(x)} = \frac{1}{2\pi}\int \frac{e^{aiz}\, dz}{(iz)^{x}},$$

le contour d'intégration étant

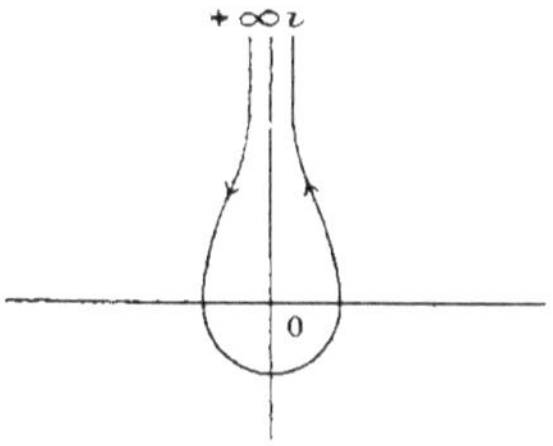

Soit $z = u - bi$, b étant réel positif

$$\frac{a^{x-1} e^{-ab}}{\Gamma(x)} = \frac{1}{2\pi}\int \frac{e^{aiu}\, du}{(b+iu)^{x}},$$

le contour d'intégration étant maintenant un lacet entourant les points b_i et $+\infty_i$.

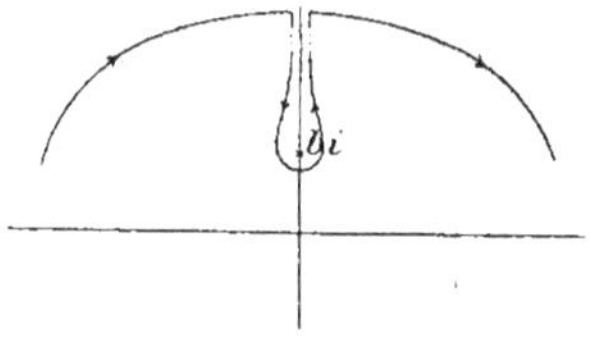

Mais si partie réelle $x > 1$ l'intégrale est nulle et l'étendant par des valeurs infinies de u telles que le coefficient de i n'est pas négatif. Dès lors, on peut transformer le contour d'intégration de manière à obtenir le résultat de Cauchy

$$\frac{a^{x-1}e^{-ab}}{\Gamma(x)} = \frac{1}{2\pi}\int_{-\infty}^{+\infty} \frac{e^{aiu}\,du}{(b-iu)^x}.$$

Mais cette transformation me semble bien exiger

Partie réelle $x > 1$,

tandis que la formule (1) semble vraie, en supposant

Partie réelle $x > 0$.

seulement je n'ai pas approfondi ce point.

J'avoue que je voudrais bien voir la démonstration que Cauchy lui-même a donnée, il me semble probable qu'il a été bien près d'obtenir la formule

$$\frac{1}{\Gamma(x)} = \frac{1}{2\pi i}\int z^{-x}e^{z}\,dz,$$

s'il ne l'a pas obtenue effectivement.

Mais d'abord, je ne sais pas l'endroit où il doit avoir obtenu cette belle formule, et ensuite je n'ai pas à ma disposition ici toutes ses œuvres. Les anciennes éditions sont épuisées et j'attends avec impatience la nouvelle publication de ses œuvres complètes.

J'ai aussi quelques doutes sur l'expression de k_n par M. Schlömilch; l'intégrale a-t-elle un sens?

Il y a ici encore quelques points obscurs pour moi et peut-être ne sera-t-il pas inutile de reprendre votre idée et d'étudier l'application de la formule (1) au développement de $\frac{1}{\Gamma(x)}$.

En vous renouvelant, Monsieur, l'expression de mes sentiments respectueux, je suis toujours votre très dévoué.

P. S. — Je n'ai pas le loisir en ce moment pour rechercher si aussi M. Lipschitz dans son Mémoire n'a pas obtenu cette formule (1)?

156. — HERMITE A STIELTJES.

Paris, 1er décembre 1888.

MON CHER AMI,

M. Bourguet m'a chargé de vous communiquer le Mémoire qu'il m'a confié sur la théorie de l'intégrale eulérienne; vous le recevrez par envoi recommandé et j'ai l'espérance que vous le trouverez digne de votre intérêt.

Vous aviez effectivement écrit dans votre lettre du 16 novembre que j'ai sous les yeux

$$\frac{b\,\mathrm{R}(x-1)}{\Gamma(x)} = 1 + 2\sum \frac{\cos\left(\operatorname{arc\,tang}\frac{2n\pi}{b} - \frac{2n\pi a}{b}\right)}{\left(1+\frac{4n^2\pi^2}{b^2}\right)^{\frac{x}{2}}},$$

au lieu de

$$\frac{b\,\mathrm{R}(x-1)}{\Gamma(x)} = 1 + 2\sum \frac{\cos\left(x\operatorname{arc\,tang}\frac{2n\pi}{b} - \frac{2n\pi a}{b}\right)}{\left(1+\frac{4n^2\pi^2}{b^2}\right)^{\frac{x}{2}}},$$

toutes les difficultés disparaissent maintenant, mais la conséquence que je tire de la formule exacte en supposant b infini

$$\frac{\pi a^{x-1}e^{-a}}{\Gamma(x)} = \int_0^\infty \frac{\cos(x\operatorname{arc\,tang}\xi - a\xi)}{(1+\xi^2)^{\frac{x}{2}}}\,d\xi,$$

ne fait que reproduire la formule de Cauchy que vous m'avez indiquée, en y faisant $b=1$, $k=x$

$$\int_{-\infty}^{+\infty} \frac{e^{iaz}\,dz}{(1+iz)^x} = \frac{2\pi a^{x-1}e^{-a}}{\Gamma(x)}.$$

On a, en effet,

$$\log(1+iz) = \frac{1}{2}\operatorname{Log}(1+z^2) + i\operatorname{arc\,tang} z,$$

ce qui permet d'écrire

$$\frac{1}{(1+iz)^x} = \frac{e^{ix\operatorname{arc\,tang} z}}{(1+z^2)^{\frac{x}{2}}},$$

et, par conséquent,

$$\int_{-\infty}^{+\infty} \frac{e^{iaz}\,dz}{(1+iz)^x}$$
$$= \int_{-\infty}^{+\infty} \frac{\cos(az - x \operatorname{arc\,tang} z)}{(1+z^2)^{\frac{x}{2}}}\,dz + i\int_{-\infty}^{+\infty} \frac{\sin(az - x \operatorname{arc\,tang} z)}{(1+z^2)^{\frac{x}{2}}}\,dz,$$

et vous voyez que, dans le second membre, la seconde intégrale est nulle.

La première forme est même préférable, par exemple, pou en conclure immédiatement, au moyen d'une intégration par parties, l'équation

$$\Gamma(x+1) = x\,\Gamma(x).$$

M. Lerch m'a fait part d'une méthode simple et élégante, pour exprimer $Q(a)$ au moyen de la série généralisée de Riemann

$$\mathfrak{R}(a) = \sum \frac{(\omega + nu)^a}{e^{\omega + nu}} \qquad (n = 1, 2, \ldots),$$

que je vais vous indiquer, pensant qu'elle vous plaira comme à moi. M. Lerch prend comme point de départ cette relation

$$\Gamma(a)\,Q(1-a) = \int_0^\infty e^{-\omega(x+1)}\,x^{a-1}\,\frac{dx}{x+1},$$
$$\left[Q(a) = \int_\omega^\infty e^{-x}\,x^{a-1}\,dx\right],$$

et la transforme ainsi

$$\Gamma(a)\,Q(1-a) = \int_0^\infty \frac{e^{-\omega(x+1)}}{e^{u(x+1)}-1}\,\frac{e^{u(x+1)}-1}{x+1}\,x^{a-1}\,dx,$$

où u désigne une constante arbitraire. Puis il écrit

$$\frac{1}{e^{u(x+1)}-1} = \sum e^{-nu(x+1)},$$
$$\frac{e^{u(x+1)}-1}{x+1} = \int_0^u e^{t(x+1)}\,dt = \sum \Phi(n)\,\frac{x^{n-1}}{1.2\ldots(n-1)}$$
$$(n = 1, 2, 3, \ldots),$$

en posant

$$\Phi(n) = \int_0^u t^{n-1} e^t\,dt.$$

On a ainsi

$$\Gamma(a)Q(1-a)=\sum\frac{\Phi(n)}{1.2\ldots(n-1)}\int_0^\infty\frac{e^{-\omega(x+1)}x^{a+n-2}}{e^{u(x+1)}-1}dx;$$

or, on trouve facilement que

$$\int_0^\infty\frac{e^{-\omega(x+1)}x^{a-1}\,dx}{e^{u(x+1)}-1}=\Gamma(a)\mathfrak{R}(-a);$$

la relation précédente devient donc

$$\begin{aligned}\Gamma(a)Q(1-a)&=\sum\frac{\Phi(n)}{1.2\ldots(n-1)}\Gamma(a+n-1)\mathfrak{R}(-a+n+1)\\&=\Gamma(a)\sum(a+n-2)_{n-1}\Phi(n)\mathfrak{R}(-a-n+1).\end{aligned}$$

Et, en changeant a en $1-a$, on en conclut

$$Q(a)=\sum(-1)^{n-1}(a-1)_{n-1}\Phi(n)\mathfrak{R}(a-n)\qquad(n=1,2,3,\ldots).$$

Ce résultat diffère un peu de celui que j'ai obtenu, en partant de la décomposition que j'ai employée

$$\int_\omega^\infty x^{a-1}e^{-x}\,dx=\sum\int_{\omega+nu}^{\omega+(n+1)u}x^{a-1}e^{-x}\,dx,$$

en transformant les intégrales par la substitution $x=\omega+nu+t$, mais on le trouvera si l'on pose $x=\omega+(n+1)u-t$, comme vous le verrez immédiatement.

....

Mes sentiments affectueux et bien dévoués.

157. — *STIELTJES A HERMITE.*

Toulouse, 3 décembre 1888.

Cher Monsieur,

En lisant le travail si intéressant de M. Bourguet, il m'a semblé que le point principal de son analyse revient à ceci

$$\mu(a)=\frac{2}{\pi}\int_0^\infty\frac{dx}{1+x^2}\log\left(\frac{1}{1-e^{-2\pi ax}}\right),$$

$$\mu(a)=\sum_1^\infty u_n,\qquad u_n=\frac{2}{n\pi}\int_0^\infty\frac{e^{-2n\pi ax}}{1+x^2}dx.$$

Or, par la considération de l'intégrale $\int \frac{e^z}{z}\,dz$ je trouve qu'on a

$$\int_0^\infty \frac{ue^{-ku}}{1+u^2}\,du = \int_0^\infty \frac{\cos u}{k+u}\,du$$

$$\int_0^\infty \frac{e^{-ku}}{1+u^2}\,du = \int_0^\infty \frac{\sin u}{k+u}\,du$$

(u réel toujours):

on doit supposer ici partie réelle $k > 0$, mais les seconds membres donnent la continuation dans tout le plan, excepté la coupure de o à $-\infty$. On a donc

$$u_n = \frac{2}{n\pi}\int_0^\infty \frac{\sin x\,dx}{x+2n\pi a},$$

$$\mu(a) = 4a\sum_1^\infty \frac{1}{2n\pi a}\int_0^\infty \frac{\sin x\,dx}{x+2n\pi a}.$$

En écrivant pour un moment

$$2\pi a = b,$$

j'ai

$$\frac{1}{b(b+x)} + \frac{1}{2b(2b+x)} + \frac{1}{3b(3b+x)} + \ldots$$

$$= \frac{1}{x}\left[\left(\frac{1}{b} - \frac{1}{b+x}\right) + \left(\frac{1}{2b} - \frac{1}{2b+x}\right) + \ldots\right]$$

$$= \frac{1}{bx}\left[\left(\frac{1}{1} - \frac{1}{1+\frac{x}{b}}\right) + \left(\frac{1}{2} - \frac{1}{2+\frac{x}{b}}\right) + \ldots\right]$$

$$= \frac{1}{bx}\left[\psi\left(1+\frac{x}{b}\right) + C\right],$$

en désignant par $\psi(x)$ la dérivée de $\operatorname{Log}\Gamma(x)$ et par

$$C = +0,577\ldots$$

la constante eulérienne.

D'après cela

$$(\alpha) \qquad \mu(a) = \frac{2}{\pi}\int_0^\infty \frac{\sin x}{x}\left[\psi\left(1+\frac{x}{2\pi a}\right) + C\right]dx.$$

Il semble que par une inadvertance il s'est glissé quelque erreur dans la formule en haut de la page 13 du manuscrit de M. Bourguet.

En effet, on devrait avoir

$$\log\Gamma(a) = \log\frac{\pi(1-a)}{a\sin\pi a} + \varepsilon,$$

ε étant inférieur à 0,01 et $0 < a < 1$. Mais cela est inexact, en ajoutant $\log a$, on aurait

$$\log \Gamma(1+a) = \log \frac{\pi(1-a)}{\sin \pi a} + \varepsilon.$$

Cela n'est pas vrai, comme on le voit en posant $a = 0$ ou $a = \frac{1}{2}$

$$\log\left(\frac{1}{2}\sqrt{\pi}\right) = \log\left(\frac{1}{2}\pi\right) + \varepsilon.$$

Mais ce ne sont là que quelques remarques qui se sont présentées d'elles-mêmes en parcourant le manuscrit et qui certainement n'auraient pas échappé à l'auteur s'il revient sur son sujet.

En vous écrivant la dernière fois, je n'avais pas eu le loisir d'examiner à tête reposée quelques difficultés que j'ai signalées moi-même dans ma lettre. Mais comme je vous avais par ma faute causé l'embarras d'une formule manifestement fausse, je croyais de mon devoir de vous en indiquer la cause le plus tôt possible. J'espère dans quelques jours pouvoir vous écrire sur les points obscurs de ma dernière lettre.

Je vous renvoie ci-joint le manuscrit de M. Bourguet et, dans la supposition que vous lui donnerez communication de cette lettre, je lui exprime aussi tous mes remerciements.

En posant

$$\varphi(x) = \int_x^\infty \frac{\sin u}{u}\,du,$$

une intégration par parties donnerait en partant de (α)

$$(\beta) \qquad \mu(a) = \frac{1}{\pi^2 a}\int_0^\infty \varphi(x)\psi'\left(1+\frac{x}{2\pi a}\right)dx$$

où

$$\psi'(1+x) = \frac{1}{(1+x)^2} + \frac{1}{(2+x)^2} + \frac{1}{(3+x)^2} + \ldots,$$

mais la formule (β) suppose que

$$\varphi(x)\left[\psi\left(1+\frac{x}{2\pi a}\right) + C\right]$$

s'annule pour $x = 0$ et pour $x = +\infty$. Pour $x = 0$ cela a lieu quel que soit a, mais je ne sais pas en ce moment si pour $x = \infty$

cela est encore vrai, *quel que soit* a; naturellement $\varphi(x) = 0$, mais $\psi\left(1 + \frac{x}{2\pi a}\right)$ devient infini.

La manière dont $\varphi(x)$ s'approche de zéro pour $x = \infty$ résulte de la formule

$$\varphi(x) = \sin x \int_0^\infty \frac{ue^{-xu}}{1+u^2}\,du + \cos x \int_0^\infty \frac{e^{-xu}\,du}{1+u^2}$$

où

$$\int_0^\infty \frac{ue^{-xu}}{1+u^2}\,du < \int_0^\infty ue^{-xu}\,du = \frac{1}{x^2},$$

$$\int_0^\infty \frac{e^{-xu}}{1+u^2}\,du < \int_0^\infty e^{-xu}\,du = \frac{1}{x},$$

$$\varphi(x) = \frac{\cos x}{x} \dots \text{ terme principal.}$$

Lorsque a réel > 0, $\psi\left(1 + \frac{x}{2\pi a}\right)$ devient infini comme $\log x$; ainsi, dans ce cas, il n'y a pas de doute. Mais vous voyez qu'il reste encore là bien des recherches à faire.

Veuillez bien agréer, cher Monsieur, l'expression de mes sentiments respectueux et très dévoués.

P. S. — La formule (β) étant exacte pour a réel et positif, il resterait à voir seulement si l'intégrale conserve un sens pour d'autres valeurs de a. Ce sera là peut-être plus facile qu'à étudier $\psi\left(1 + \frac{x}{2\pi a}\right)$ pour $x = \infty$.

Pour $a = +\infty$, $a\,\mu(a) = \frac{1}{\pi^2}\frac{\pi^2}{6}\int_0^\infty \varphi(x)\,dx = \frac{1}{6}\int_0^\infty \varphi(x)\,dx = \frac{1}{6}$, ce qui est exact.

158. — *STIELTJES A HERMITE.*

Toulouse, le 3 décembre 1888 (lundi soir).

Cher Monsieur,

C'est seulement en ce moment que me parvient votre lettre qui a dépassé Toulouse et revient ici par Cette et Carcassonne.

. . . .

Il me semble bien curieux que votre méthode si naturelle pour obtenir l'expression de $Q(a)$ à l'aide de $\mathfrak{R}(a)$ conduit au même résultat que l'artifice de M. Lerch qui consiste à introduire le facteur $\frac{e^{u(x+1)}-1}{e^{u(x+1)}-1}$ dans l'expression transformée de Q.

Voici maintenant un résultat sur la série de Stirling dont j'avais déjà un pressentiment ce matin. La formule

$$(\alpha) \qquad \mu(a) = \frac{1}{\pi^2 a}\int_0^\infty \varphi(x)\psi'\left(1+\frac{x}{2\pi a}\right)dx,$$

$$\varphi(x) = \int_x^\infty \frac{\sin u}{u}\,du,$$

$$\psi'(x) = \frac{1}{x^2} + \frac{1}{(x+1)^2} + \frac{1}{(x+2)^2} + \dots$$

étant vraie lorsque a est réel et positif, je remarque que l'intégrale a un sens, quelle que soit la valeur de a (on doit exclure seulement la coupure de o à $-\infty$). En effet, x étant très grand, on a à peu près $\varphi(x) = \frac{\cos x}{x}$ et, comme on a $\psi'(u+1) = \psi'(u) - \frac{1}{u^2}$, il suffira de montrer que

$$\int_0^\omega \frac{\cos x}{x}\psi'\left(\frac{x}{2\pi a}\right)dx$$

a un sens pour $\omega = +\infty$.

Or, x variant de o à $+\infty$, l'argument $\frac{x}{2\pi a}$ décrit une droite et en posant

$$\frac{x}{2\pi a} = \mathrm{R}e^{i\varphi},$$

R croît de o à $+\infty$, φ restant constant. D'ailleurs φ est compris entre les limites $\pm\pi$. Or, il n'est pas difficile à montrer qu'on a alors

$$\operatorname{mod}\psi'(\mathrm{R}e^{i\varphi}) < \frac{\mathfrak{M}}{\mathrm{R}},$$

$\mathfrak{M}$ étant une constante (qui dépend de φ seulement de telle façon que $\mathfrak{M}$ croît au delà de toute limite lorsque φ s'approche de $\pm\pi$, mais ici φ est *constant*).

Par là, on voit que

$$\int_0^\omega \frac{\cos x}{x}\psi'\left(\frac{x}{2\pi a}\right)dx < \text{const.}\int_0^\omega \frac{dx}{x^2},$$

donc l'intégrale a un sens. Il ne semble pas douteux, d'après cela, que la formule (α) représente $\mu(a)$ dans tout le plan.

Voici maintenant comment on peut en déduire la série de Stirling. Je remarque d'abord que

$$\varphi(x) = \cos x \int_0^\infty \frac{e^{-xu}}{1+u^2}\,du + \sin x \int_0^\infty \frac{ue^{-xu}}{1+u^2}\,du$$

donne

$$\varphi(x) = \cos x\left(\frac{1}{x} - \frac{1.2}{x^3} + \frac{1.2.3.4}{x^5} - \ldots\right) + \sin x\left(\frac{1}{x^2} - \frac{1.2.3}{x^4} + \ldots\right).$$

Je pose maintenant

$$\varphi_1(x) = \int_x^\infty \varphi(x)\,dx,$$

$$\varphi_2(x) = \int_x^\infty \varphi_1(x)\,dx,$$

$$\varphi_3(x) = \int_x^\infty \varphi_2(x)\,dx,$$

$$\ldots\ldots\ldots\ldots\ldots\ldots$$

J'obtiens ainsi une série de fonctions finies qui s'annulent pour $x=\infty$, et l'on trouve facilement

$$\begin{aligned}
\varphi_1(x) &= \quad\cos x - x\varphi(x),\\
2\varphi_2(x) &= -\sin x - x\varphi_1(x),\\
3\varphi_3(x) &= -\cos x - x\varphi_2(x),\\
4\varphi_4(x) &= \quad\sin x - x\varphi_3(x),\\
5\varphi_5(x) &= \quad\cos x - x\varphi_4(x),\\
&\ldots\ldots\ldots\ldots\ldots\ldots;
\end{aligned}$$

$$\begin{aligned}
\varphi_1(x) &= -\sin x\left(\frac{1}{x} - \frac{1.2.3}{x^3} + \ldots\right) + \cos x\left(\frac{1.2}{x^2} - \frac{1.2.3.4}{x^4} + \ldots\right),\\
\varphi_2(x) &= -\frac{\cos x}{1.2}\left(\frac{1.2}{x} - \frac{1.2.3.4}{x^3} + \ldots\right) - \frac{\sin x}{1.2}\left(\frac{1.2.3}{x^2} - \frac{1.2\ldots5}{x^4} + \ldots\right),\\
\varphi_3(x) &= \frac{\sin x}{1.2.3}\left(\frac{1.2.3}{x} - \frac{1.2\ldots5}{x^3} + \ldots\right) - \frac{\cos x}{1.2.3}\left(\frac{1.2.3.4}{x^2} - \frac{1.2\ldots6}{x^4} + \ldots\right),\\
\varphi_4(x) &= \frac{\cos x}{1.2.3.4}\left(\frac{1.2.3.4}{x} - \frac{1.2\ldots6}{x^3} + \ldots\right) + \frac{\sin x}{1.2.3.4}\left(\frac{1.2\ldots5}{x^2} - \frac{1.2\ldots7}{x^4} + \ldots\right),\\
&\ldots\ldots\ldots\ldots\ldots\ldots\ldots\ldots\ldots\ldots;
\end{aligned}$$

la loi étant évidente. En effet, les dérivées de $\varphi_1(x)$ et de $\cos x - x\varphi(x)$ sont identiques et ces fonctions s'annulent pour $x=\infty$. On raisonne de la même manière pour $\varphi_2(x)$, $\varphi_3(x)$, $\ldots$

On voit maintenant aussi que

$$\varphi(0) = \frac{\pi}{2}, \qquad \begin{aligned} \varphi_1(0) &= +1, \\ \varphi_2(0) &= 0, \\ \varphi_3(0) &= -\frac{1}{3}, \\ \varphi_4(0) &= 0, \\ \varphi_5(0) &= +\frac{1}{5}, \\ &\ldots\ldots\ldots\ldots \end{aligned}$$

Cela étant, une intégration par parties donnant

$$\int \varphi(x)\,\psi'\left(1+\frac{x}{2\pi a}\right)dx$$
$$= -\varphi_1\psi' - \frac{\varphi_2\psi''}{2\pi a} - \frac{\varphi_3\psi'''}{(2\pi a)^2} - \ldots - \frac{\varphi_{2n}\psi^{(2n)}}{(2\pi a)^{2n-1}} + \frac{1}{(2\pi a)^{2n}}\int \varphi_{2n}\,\psi^{(2n+1)}\,dx,$$

et ayant de plus

$$\begin{aligned} \psi' &= \sum x^{-2}, \\ \psi'' &= -2\sum x^{-3}, \\ \psi''' &= 2.3\sum x^{-4}, \\ &\ldots\ldots\ldots\ldots\ldots, \end{aligned}$$

on trouve que tous les termes intégrés s'annulent pour $x = +\infty$, ainsi

$$\int_0^\infty \varphi(x)\,\psi'\left(1+\frac{x}{2\pi a}\right)dx = \psi'(1) - \frac{\psi'''(1)}{3(2\pi a)^2} + \frac{\psi^{(5)}(1)}{5(2\pi a)^4} - \ldots$$
$$\pm \frac{\psi^{(2n-1)}(1)}{(2n-1)(2\pi a)^{2n-2}} + \ldots$$
$$+ \frac{1}{(2\pi a)^{2n}}\int_0^\infty \varphi_{2n}(x)\,\psi^{(2n+1)}\left(1+\frac{x}{2\pi a}\right)dx.$$

En exprimant enfin $\psi'(1)$, $\psi'''(1)$, ... à l'aide des nombres de Bernoulli et substituant dans l'expression de $\log\Gamma(a)$, j'obtiens toute réduction faite

$$\log\Gamma(a) = \left(a-\frac{1}{2}\right)\log a - a + \frac{1}{2}\log(2\pi)$$
$$+ \frac{B_1}{1.2.a} - \frac{B_2}{3.4.a^3} + \frac{B_3}{5.6.a^5} - \ldots + (-1)^{n-1}\frac{B_n}{(2n-1)\,2na^{2n-1}} + R_n,$$
$$R_n = \frac{1}{\pi(2\pi a)^{2n+1}}\int_0^\infty \varphi_{2n}(x)\,\psi^{(2n+1)}\left(1+\frac{x}{2\pi a}\right)dx,$$

ou bien

$$R_n = \frac{1.2.3\ldots(2n+1)}{\pi(2\pi a)^{2n+1}} \int_0^\infty \varphi_{2n}(x) \sum_1^\infty {}_k \frac{1}{\left(k + \frac{x}{2\pi a}\right)^{2n+2}} dx.$$

Quant à la fonction $\varphi_{2n}(x)$, on a pour x très grand

$$(-1)^n \varphi_{2n}(x) = \cos x \left[\frac{1}{x} - \frac{(2n+1)(2n+2)}{x^3} + \frac{(2n+1)(2n+2)(2n+3)(2n+4)}{x^5} - \ldots\right] + \sin x \left[\frac{2n+1}{x^2} - \frac{(2n+1)(2n+2)(2n+3)}{x^4} + \ldots\right].$$

Voilà donc, grâce au travail de M. Bourguet, une déduction de la formule de Stirling telle que je l'avais rêvée. Il ne reste qu'à discuter l'expression de R_n.

Votre sincèrement dévoué.

P. S. — Soit b réel positif, il sera intéressant de calculer la différence

$$\mu(-b+\varepsilon i) - \mu(-b-\varepsilon i),$$

pour ε positif très petit. On connaît cette différence d'avance. C'est une fonction *discontinue* de b qui change brusquement pour $b = 1, 2, 3, 4, \ldots$.

159. — *STIELTJES A HERMITE.*

Toulouse, 11 décembre 1888.

CHER MONSIEUR,

. . . .

La manière dont M. Kronecker envisage le théorème fondamental de Cauchy

$$\int_{(C)} f(z)\,dz = 0,$$

Monatsberitchte, p. 688; 1880, p. 785; 1885) me semble bien intéressante. Pour lui, ce théorème est un corollaire d'un autre théorème qu'on peut énoncer ainsi qu'il suit :

Soit $f(x, y)$ une fonction de deux variables réelles. Supposons que $f(x, y)$ soit continue et finie ainsi que ses dérivées du premier et du second ordre dans un certain domaine D. Alors, si l'on sait que les dérivées

$$\frac{\partial f}{\partial x}, \quad \frac{\partial f}{\partial y},$$

sont *uniformes* dans le domaine D, on peut en conclure que $f(x, y)$

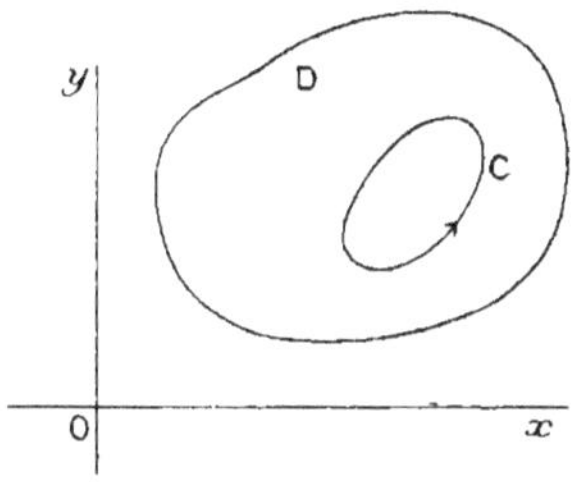

elle aussi est *uniforme* dans le domaine D.

On dira qu'une fonction $f(x, y)$ est *uniforme* dans le domaine D lorsqu'on a

$$\int_{(C)} d f(x, y) = 0,$$

l'intégrale étant prise sur une courbe fermée quelconque tracée dans ce domaine.

En effet, considérons une courbe fermée C; d'après les hypothèses, l'intégrale double

$$\int\int \frac{\partial^2 f}{\partial x\, \partial y}\, dx\, dy,$$

prise sur toute l'aire de C, a une valeur finie, qu'on peut calculer soit en intégrant d'abord par rapport à x, soit en intégrant d'abord par rapport à y.

Dans le premier cas, on obtient

$$\int\int \frac{\partial^2 f}{\partial x\, \partial y}\, dx\, dy = \int_{(C)} \frac{\partial f}{\partial y}\, dy;$$

dans le second

$$\int\int \frac{\partial^2 f}{\partial x\, \partial y}\, dx\, dy = -\int_{(C)} \frac{\partial f}{\partial x}\, dx,$$

les intégrales simples étant prises sur le contour de C dans le sens direct. On en déduit

$$\int_{(C)} \left(\frac{\partial f}{\partial x} dx + \frac{\partial f}{\partial y} dy\right) = \int_{(C)} df(x, y) = 0, \qquad \text{C. Q. F. D.}$$

Le théorème de Cauchy s'en déduit immédiatement. En effet, soit

$$f(z) = P + Qi,$$

$$\int_{(C)} f(z)\, dz = \int_{(C)} (P\, dx - Q\, dy) + i \int_{(C)} (Q\, dx + P\, dy).$$

Mais $P\,dx - Q\,dy$ est une différentielle exacte et l'on peut écrire

$$\int_{(C)} (P\, dx - Q\, dy) = \int df(x, y).$$

Mais maintenant le théorème précédent s'applique, car

$$\frac{\partial f(x, y)}{\partial x} = P, \qquad \frac{\partial f(x, y)}{\partial y} = -Q$$

sont, d'après les hypothèses, des fonctions *uniformes* et finies ainsi que leurs dérivées; donc $f(x, y)$ l'est aussi et

$$\int_{(C)} (P\, dx - Q\, dy) = \int_{(C)} df(x, y) = 0;$$

de même, on aura

$$\int_{(C)} (Q\, dx + P\, dy) = \int_{(C)} d\varphi(x, y) = 0.$$

Voici une déduction de la décomposition en fractions simples de $\frac{1}{e^z - 1}$ que j'ai expliquée pour mes élèves, comme application des théorèmes généraux de la théorie des fonctions.

Je considère la série

$$f(z) = \sum_{-\infty}^{+\infty} \frac{1}{(\log z + 2n\pi i)^2},$$

qui est évidemment convergente. On constate d'abord que $f(z)$ est *uniforme*. Ensuite, il est facile à voir que si z tend vers zéro, il en est de même de $f(z)$. Et à cause de $f(z) = f\left(\frac{1}{z}\right)$ on voit aussi que $z = \infty$ est un zéro de la fonction. D'après cela, il est clair que $f(z)$ ne peut devenir infinie que lorsqu'un des termes de la série devient infini, ce qui suppose $z = 1$. Et l'on a

$$f(1+h) = \frac{1}{[\log(1+h)]^2} + \sum \frac{1}{[\log(1+h) + 2n\pi i]^2},$$
$$(n = \pm 1, \pm 2, \ldots)$$

ou

$$f(1+h) = \frac{1}{h^2} + \frac{1}{h} + \ldots,$$

quantité finie pour $h = 0$.

Donc la fonction $f(z)$ admet comme pôle double le point $z = 1$ et n'en admet pas d'autres. Mais pour une fonction de cette nature le nombre des pôles doit égaler le nombre des zéros et ainsi les zéros $z = 0$ et $z = \infty$ sont des zéros *simples*. De tout ce qui précède on conclut

$$f(z) = \frac{\mathcal{A} z}{(z-1)^2},$$

mais on a encore $\mathcal{A} = 1$, à cause de $f(1+h) = \frac{1}{h^2} + \ldots$.

Ainsi, on a finalement

$$\frac{z}{(z-1)^2} = \sum_{-\infty}^{+\infty} \frac{1}{(\log z + 2n\pi i)^2}$$

ou bien

$$\frac{e^z}{(e^z-1)^2} = \sum_{-\infty}^{+\infty} \frac{1}{(z + 2n\pi i)^2},$$

d'où par intégration

$$\frac{1}{e^z - 1} - \frac{1}{e^a - 1} = \sum_{-\infty}^{+\infty} \left(\frac{1}{z + 2n\pi i} - \frac{1}{a + 2n\pi i} \right),$$

ou bien isolant le terme répondant à $n = 0$

$$\frac{1}{e^z - 1} = \frac{1}{e^a - 1} - \frac{1}{a} + \frac{1}{z} + \sum \left(\frac{1}{z + 2n\pi i} - \frac{1}{a + 2n\pi i} \right),$$

et pour $a = 0$

$$\frac{1}{e^z - 1} = -\frac{1}{2} + \frac{1}{z} + \sum \left(\frac{1}{z + 2n\pi i} - \frac{1}{2n\pi i} \right) \qquad (n = \pm 1, \pm 2, \ldots),$$
$$= -\frac{1}{2} + \frac{1}{z} + \sum_{1}^{\infty} \frac{2z}{z^2 + 4n^2\pi^2}.$$

Je remarque qu'on pourrait obtenir de la même façon la décomposition en fractions simples des fonctions elliptiques. Soit, par exemple, la formule (votre Cours, p. 229, 3ᵉ édition)

$$(1)\qquad k^2\,\mathrm{sn}^2 x = \sum\left[\frac{1}{(x-p_1)^2} - \frac{1}{p_1^2}\right].$$

En posant

$$\mathrm{F}(z) = \int_0^z \frac{dz}{2\sqrt{z(1-z)(1-k^2 z)}},$$

on a

$$z = \mathrm{sn}^2[\mathrm{F}(z)],$$

et ainsi la formule (1) peut s'écrire

$$k^2 z = \sum\left\{\frac{1}{[\mathrm{F}(z)-p_1]^2} - \frac{1}{p_1^2}\right\},$$

ou, en prenant la dérivée, il vient

$$(2)\qquad -k^2\sqrt{z(1-z)(1-k^2 z)} = \sum\frac{1}{[\mathrm{F}(z)-p_1]^3}.$$

Or, on pourrait établir cette formule directement en étudiant la série qui figure au second membre.

En posant

$$\varphi(z) = \sum\frac{1}{[\mathrm{F}(z)-p_1]^3},$$

on constate directement que $\varphi(z)$ change de signe lorsque z décrit un contour fermé enveloppant les points 0, 1, $\frac{1}{k^2}\cdot$ Mais $\varphi(z)^2$ est une fonction uniforme. Il est facile encore à constater qu'elle s'annule pour $z=0$, 1, $\frac{1}{k^2}\cdot$ Et ensuite on voit qu'elle n'admet pas de pôle autre que le point $z=\infty$. Lorsque z s'approche de $z=\infty$, un terme et *un seul* de la série devient infini et il est donc facile à voir comment se comporte $\varphi(z)$ ou $\varphi(z)^2$ dans le voisinage de $z=\infty$. On établit de cette façon la formule (2) d'où l'on déduira ensuite facilement (1).

Cette méthode suppose seulement qu'on ait étudié la nature de l'intégrale $\mathrm{F}(z)$ ou si l'on veut la fonction inverse $\mathrm{sn}^2 z$. On doit avoir poussé cette étude assez loin pour connaître *toutes* les racines de l'équation

$$\sin^2 z = \mathrm{sn}^2 a.$$

En somme, cette méthode ne peut être considérée que comme une vérification, mais elle me semble instructive néanmoins. Aussi au fond je n'ai appliqué qu'une idée de Riemann. Pour obtenir l'inversion d'une intégrale elliptique, il étudie d'abord cette intégrale, ensuite il étudie les fonctions Θ. En substituant alors l'intégrale dans la fonction Θ comme argument, il obtient une fonction qu'il reconnaît être une simple fonction algébrique. Vous savez qu'il a appliqué ce procédé synthétique à des problèmes bien plus généraux. Mais, en somme, la marche indiquée plus haut est parfaitement analogue. La seule différence c'est que je considère une série double au lieu d'une fonction Θ.

Votre bien sincèrement dévoué.

160. — *HERMITE A STIELTJES.*

Paris, 13 décembre 1888.

Mon cher Ami,

. . . .

Votre dernière lettre du 11 m'a ravi et enchanté; je partage entièrement votre sentiment sur les fonctions de deux variables, et sur la manière dont il convient de caractériser qu'elles sont uniformes dans un domaine, par la condition $\int_{(C)} d\,f(x,y) = 0$. Mais vous excluez les variables, comment donc procéder alors?

Votre analyse concernant la fonction $f(z) = \sum \frac{1}{(\log z + 2ni\pi)^2}$ est délicieuse, exquise, et je ne manquerai pas de la donner à la Sorbonne. Elle me donne beaucoup à penser, et ce que je vais vous en dire se sera certainement déjà présenté à votre esprit. Les déterminations de l'intégrale $F(z) = \int_0^z \frac{dz}{\sqrt{(1-z^2)(1-k^2z^2)}}$, qui proviennent de tous les contours possibles d'intégration, sont comprises dans les deux formules

$$\begin{aligned} &F + 4mK + 2niK',\\ -&F + (4m+2)K + 2niK', \end{aligned}$$

de sorte que la fonction

$$\varphi(z) = \sum \frac{1}{(F + 4mK + 2niK')^3} + \sum \frac{1}{[-F + (4m+2)K + 2niK']^3}$$

est certainement uniforme. Mais, en procédant de même avec l'intégrale de seconde espèce $\int_0^z \frac{k^2 z^2\, dz}{\sqrt{(1-z^2)(1-k^2z^2)}}$, on peut semblablement parvenir à une fonction uniforme; cela étant, à quoi tient-il que la première soit une quantité si simple, et que la seconde soit archi-transcendante. L'équation qui s'offre sous votre point de vue $\int_0^z \frac{k^2 z\, dz}{\sqrt{(1-z^2)(1-k^2z^2)}} = 0$ doit offrir une infinité de solutions, peut-être y aurait-il lieu de s'en occuper avec soin. Mais vos idées me paraissent surtout intéressantes et importantes si on les applique à l'intégrale abélienne de première classe

$$F = \int_0^z \frac{(\alpha + \beta z)\, dz}{\sqrt{R(z)}},$$

où

$$R(z) = z(1-z)(1-kz)(1-\lambda z)(1-\mu z);$$

soient : (1), (k), (λ), (μ) les diverses intégrales $\int_0^1 \frac{(\alpha+\beta z)\, dz}{\sqrt{R(z)}}$, $\int_0^k \frac{(\alpha+\beta z)\, dz}{\sqrt{R(z)}}$, ... la fonction uniforme analogue à $\varphi(z)$ sera

$$\begin{aligned}\Phi(z) = & \sum [\ \ \ F + 2m(1) + 2m'(k) + 2m''(\lambda) + 2m'''(\mu)]^{-\rho},\\ & + \sum [-F + (2m+1)(1) + 2m'(k) + 2m''(\lambda) + 2m'''(\mu)]^{-\rho},\end{aligned}$$

et, si l'on pouvait étudier l'équation $F = 0$, il semble qu'on se trouverait sur la voie d'une nouvelle transcendante qui se rapprocherait autant que possible des fonctions elliptiques, comme ne contenant qu'une seule variable.

Mais j'ai d'autres devoirs pressants qui me détournent en ce moment du calcul; je compte m'y remettre après le jour de l'an, lorsque j'aurai retrouvé ma liberté qui maintenant me fait absolument défaut. Et puis, les premiers froids m'ont enrhumé, grippé, ce qui ne constitue pas des conditions favorables pour le travail.

En vous renouvelant, mon cher Ami, l'expression du vif plaisir que j'éprouve à recevoir communication de vos idées si intéressantes pour moi, et que je saisis au premier coup d'œil sans aucun effort, et avec l'assurance de mes sentiments de la plus sincère affection.

161. — *HERMITE A STIELTJES.*

Paris, 21 décembre 1888.

Mon cher Ami,

La formule de Gauss pour l'évaluation approchée des intégrales définies m'a conduit à une question dont je me permets de vous entretenir, dans l'espérance que peut-être elle vous suggérera quelques remarques dont je serais heureux de profiter, cette fois comme tant d'autres. Je considère deux fonctions que je suppose pouvoir être représentées par ces développements

$$F(x) = A_0 + A_1 x + A_2 x^2 + \ldots,$$
$$f(x) = a_0 + a_1 x + a_2 x^2 + \ldots,$$

et je demande de déterminer $2n$ constantes à savoir

$$\begin{matrix} R, & S, & \ldots & U, \\ r, & s, & \ldots, & u, \end{matrix}$$

de manière qu'on ait, en négligeant x^{2n} et les puissances supérieures,

$$F(x) = R f(rx) + S f(sx) + \ldots + U f(ux).$$

Vous voyez que c'est une généralisation de la relation de Gauss, qu'on obtiendra si l'on suppose

$$f(x) = F'(x).$$

Le problème est déterminé, puisque l'identification donne $2n$ équations

$$(A) \quad \begin{cases} A_0 = a_0 \,(R + S + \ldots + U), \\ A_1 = a_1 \,(Rr + Ss + \ldots + Uu), \\ A_2 = a_2 \,(Rr^2 + Ss^2 + \ldots + Uu^2), \\ \ldots\ldots\ldots\ldots\ldots\ldots\ldots\ldots, \\ A_{2n-1} = a_{2n-1}(Rr^{2n-1} + Ss^{2n-1} + \ldots + Uu^{2n-1}); \end{cases}$$

maintenant voici la solution.

J'envisage la fonction suivante :

$$\varphi(x) = \frac{A}{a_0 x} + \frac{A_1}{a_1 x^2} + \frac{A_2}{a_2 x^3} + \ldots.$$

et je forme la réduite d'ordre n de son développement en fraction continue $\frac{U}{V}$. On aura donc en développant suivant les puissances descendantes de la variable, la relation

$$(B) \qquad \varphi(x) = \frac{U}{V} + \frac{\varepsilon}{x^{2n+1}} + \frac{\varepsilon'}{x^{2n+2}} + \ldots$$

Cela étant, je décompose en fractions simples la fonction rationnelle $\frac{U}{V}$, et j'obtiens immédiatement la solution cherchée. En admettant, en effet, que $V = 0$ n'ait que des racines simples et posant

$$\frac{U}{V} = \frac{R}{x-r} + \frac{S}{x-s} + \ldots + \frac{U}{x-u},$$

la relation (B), donne les équations (A) en égalant, dans les deux membres, les coefficients des termes en $\frac{1}{x}, \frac{1}{x^2}, \ldots, \frac{1}{x^{2n}}$.

Une conséquence de ce résultat est à remarquer, c'est lorsqu'il arrive que $\varphi(x)$ est une fonction rationnelle; en prenant alors, pour la réduite $\frac{U}{V}$, la fonction elle-même, on a exactement et sans rien négliger

$$F(x) = R f(rx) + S f(sx) + \ldots + U f(ux).$$

En d'autres termes, si la série $\alpha_0 + \alpha_1 x + \alpha_2 x^2 + \ldots$ est le développement d'une fonction rationnelle, la fonction

$$A_0 + A_1 x + A_2 x^2 + \ldots$$

s'exprime linéairement au moyen de la suivante :

$$\frac{A_0}{\alpha_0} + \frac{A_1}{\alpha_1} x + \frac{A_2}{\alpha_2} x^2 + \ldots.$$

M. *** dont je viens de recevoir une lettre très intéressante, me met dans un grand embarras au sujet de l'expression de $Q(a)$ par la série $\sum (\omega + mu)^x e^{-\omega - mu}$ $(m = 0, 1, 2, \ldots)$. J'ai encore recours, mon cher Ami, à votre bonne obligeance, en vous priant en grâce de lire le *post-scriptum* de sa lettre que je vous envoie, et de m'en dire votre avis. . . .

Excusez-moi si j'abuse de votre bonté et veuillez agréer la nouvelle assurance de ma bien sincère affection.

162. — *STIELTJES A HERMITE.*

Toulouse, le 23 décembre 1888.

CHER MONSIEUR,

Je vous remercie vivement pour la communication de votre généralisation du problème de la quadrature de Gauss. En posant avec vous

$$F(x) = \sum_0^\infty A_n x^n,$$

$$f(x) = \sum_0^\infty a_n x^n \qquad \operatorname{mod} x < R,$$

$$\varphi(x) = \sum_0^\infty \frac{A_n}{a_n} x^{-n-1} \qquad \operatorname{mod} \frac{1}{x} < R_1,$$

je remarque qu'en supposant

$$\rho < \operatorname{mod} z < R,$$

ρ étant un nombre quelconque inférieur à R, et

$$\operatorname{mod} x < \rho R_1,$$

les développements

$$f(z) = a_0 + a_1 z + a_2 z^2 + \ldots,$$
$$\varphi\left(\frac{x}{z}\right) = \frac{A_0}{a_0}\frac{x}{z} + \frac{A_1}{a_1}\frac{x^2}{z^2} + \ldots,$$

sont convergents tous les deux, en sorte qu'on obtient en intégrant sur un cercle d'un rayon compris entre ρ et R

$$\frac{1}{2\pi i}\int f(z)\,\varphi\left(\frac{x}{z}\right) dz = A_0 x + A_1 x^2 + \ldots = x\,F(x).$$

On obtient ainsi une valeur finie de $F(x)$ tant que $\operatorname{mod} x < \rho R_1$ et comme ρ peut s'approcher indéfiniment de R, j'en conclus que le rayon de convergence de la série $F(x)$ est RR_1, ce qui est bien connu. En supposant, avec vous,

$$\varphi(x) = \frac{U}{V} + \frac{\varepsilon}{x^{2n+1}} + \frac{\varepsilon'}{x^{2n+2}} + \ldots,$$
$$\frac{U}{V} = \frac{R}{x-r} + \frac{S}{x-s} + \ldots,$$

on a

$$x\,F(x) = \frac{1}{2\pi i}\int f(z)\left(\frac{Rx}{z-rx} + \frac{Sx}{z-sx} + \ldots\right)dz$$
$$+ \frac{1}{2\pi i}\int f(z)\left(\frac{\varepsilon x^{2n+1}}{z^{2n+1}} + \frac{\varepsilon' x^{2n+2}}{z^{2n+2}} + \ldots\right)dz,$$

c'est-à-dire

$$F(x) = R\,f(rx) + S\,f(sx) + \ldots$$
$$+ \varepsilon a_{2n} x^{2n} + \varepsilon' a_{2n+1} x^{2n+1} + \ldots.$$

Mais ce n'est là qu'une modification de votre analyse et je ne sais pas si elle permettra de pousser plus loin cette étude.

Les polynomes U et V dépendent seulement des $2n$ premiers coefficients du développement de $\varphi(x)$, mais on peut changer arbitrairement ces coefficients sans affecter le rayon de convergence R_1, et aussi, paraît-il, sans affecter d'une manière notable la nature de cette fonction $\varphi(x)$. Il semble donc qu'on ne peut rien dire en général sur ces racines de $V = 0$.

Voici ce que je trouve en examinant la note de M. ***.

La série

$$\text{(I)} \qquad Q(1-a) = \sum_{1}^{\infty} \binom{a+\nu-2}{\nu-1} \Phi_\nu \Psi(1-a-\nu)$$

est convergente toujours en supposant

$$u > 0, \qquad \omega > 0,$$

et elle représente toujours $Q(1-a)$.

Quant à

$$\text{(II)} \qquad Q(1-a) = \sum_{1}^{\infty} (-1)^{\nu-1} \binom{a+\nu-2}{\nu-1} P_\nu\, S(1-a-\nu),$$

comme M. *** le remarque, elle est convergente seulement pour

$$u < \omega,$$

et elle représente alors $Q(1-a)$.

La *convergence* de la série (I) est très facile à établir. En effet, il est clair que

$$\Phi_\nu < e^u \int_0^u t^{\nu-1}\,dt,$$

$$\Phi_\nu < e^u \frac{u^\nu}{\nu},$$

et lorsque x est négatif il est clair que

$$\Psi(x) < (\omega + u)^x \sum_1^\infty e^{-\omega - mu} = \frac{(\omega + u)^x}{e^\omega (e^u - 1)};$$

ainsi, le module d'un terme éloigné est inférieur à

$$\binom{a+\nu-2}{\nu-1} e^u \frac{u^\nu}{\nu} \frac{1}{e^\omega(e^u - 1)} \frac{1}{(\omega + u)^{\nu+a-1}},$$

la série est donc convergente comme une progression géométrique de raison $\frac{u}{\omega + u}$ à peu près. Pour se convaincre qu'elle représente toujours $Q(1-a)$ il suffit de remarquer que si (I) est vraie pour un système de valeurs u, ω, elle l'est encore en remplaçant ω par $\omega + u$. En effet, par ce changement le premier membre diminue de

$$\int_\omega^{\omega+u} e^{-x} x^{-a}\, dx = \int_0^u e^{y-\omega-u} (\omega + u - y)^{-a}\, dy,$$

il n'y a pas ici ombre de doute sur la légitimité du développement

$$\begin{aligned}(\omega + u - y)^{-a} &= (\omega + u)^{-a}\left(1 + \frac{a}{1} \frac{y}{\omega + u} + \ldots\right)\\ &= \sum_1^\infty \binom{a+\nu-2}{\nu-1} y^{\nu-1} (\omega + u)^{-a-\nu+1},\end{aligned}$$

ce qui donne, enfin,

$$\int_\omega^{\omega+u} e^{-x} x^{-a}\, dx = \sum_1^\infty \binom{a+\nu-2}{\nu-1} \Phi_\nu (\omega + u)^{1-a-\nu} e^{-\omega-u},$$

pour la quantité dont diminue le premier membre de (I) en changeant ω en $\omega + u$. Mais il est clair que c'est là précisément aussi la quantité dont diminue le second membre. Donc la formule (I) est toujours vraie, mais en somme je n'ai fait que suivre la voie que vous m'avez indiquée. Si M. *** indique $\omega + u > 1$ comme condition de convergence, c'est qu'il doit n'avoir pas fait attention à la variation des nombres $\Phi_\nu < e^u \frac{u^\nu}{\nu}$. Du reste, il est clair, d'après ce qui précède, que la série converge à peu près comme une série géométrique de raison $\frac{u}{\omega + u}$, cela provient de la série $1 + \frac{a}{1} \frac{y}{\omega + u} + \ldots$ où y a pour limite supérieure u.

Après avoir établi

$$\int_{\omega}^{\omega+u} e^{-x} x^{-a}\,dx = \sum_{1}^{\infty} \binom{a+\nu-2}{\nu-1} \Phi_\nu (a+u)^{1-a-\nu} e^{-\omega-u},$$

il n'y a qu'à remplacer avec vous ω par $\omega+u$, $\omega+2u$, ... et de faire la sommation. Si l'on suppose, comme M. ***, $a>0$, tous les termes sont positifs, la convergence est absolue et l'on peut prendre les termes dans un ordre quelconque. On obtient ainsi en toute rigueur (I), mais le résultat subsiste quel que soit a. De même, on voit que (II) est convergente pour $u<\omega$, la convergence est comparable à celle de $\sum\left(\frac{u}{\omega}\right)^\nu \cdots$.

Quant aux expressions de R_n, R'_n, il n'y a pas de difficulté à obtenir de telles expressions, en écrivant, par exemple,

$$(\omega+u-y)^{-a} = (\omega+u)^{-a}\left(1+\frac{a}{1}\,\frac{y}{\omega+u}+\ldots-R_n\right)$$

avec un reste. Il est clair qu'on obtiendra ainsi une expression qui montre la convergence de la série, R_n doit renfermer un facteur $\left(\frac{u}{\omega+u}\right)^n$ L'expression de M. *** laisse à désirer sous ce rapport. Peut-être a-t-il suivi sa méthode de déduction, et je remarque, en effet, qu'elle présente des facilités pour obtenir R_n, mais, en faisant ce calcul d'une manière convenable, on doit arriver au même résultat que tout à l'heure.

J'ai rédigé provisoirement mes réflexions sur la fonction Γ et la série de Stirling pour les reprendre plus tard plus facilement. J'ose prendre la liberté de vous les envoyer avec la prière de vouloir bien les donner à M. Bourguet lorsque vous le verrez. Si vous avez le loisir d'y jeter un coup d'œil, je crois que la déduction de la formule

$$\log\Gamma(x) = \left(x-\frac{1}{2}\right)\log x - x + \frac{1}{2}\log 2\pi + \frac{1}{\pi}\int_0^\infty \frac{x\,du}{x^2+u^2}\log\left(\frac{1}{1-e^{-2\pi u}}\right)$$

à l'aide du théorème de Cauchy

$$f(x) = \frac{1}{2i\pi}\int \frac{f(z)}{z-x}\,dx,$$

page 14, vous fera plaisir. On peut donc se dispenser de petits artifices dont on a besoin jusqu'à présent pour arriver à ce résultat. Il reste à noter que, tandis que la véritable origine analytique de l'intégrale

$$\int_0^\infty \frac{x\,du}{x^2+u^2}\log\left(\frac{1}{1-e^{-2\pi u}}\right)$$

se trouve ainsi dévoilée, celle de l'intégrale

$$\int_{-\infty}^0 e^{ax}\frac{\varphi(x)}{x^2}\,dx,$$

(votre cours), page 124, reste obscure.

Je suis un peu souffrant depuis quelques jours, c'est un mal d'oreille.... Mais c'est la première fois que cela s'est déclaré chez moi. Cela me donne un grand mal de tête et m'empêche de dormir.

La fin de l'année est si proche, que je vous offre déjà mes meilleurs souhaits pour l'année prochaine.

Votre sincèrement dévoué.

P. S. — Je ne veux pas encore trop me plaindre de mon mal, car c'est dans une insomnie que j'ai vu l'origine de l'intégrale de Binet. Mais enfin, cela ne doit pas durer.

163. — *STIELTJES A HERMITE.*

Toulouse, 25 décembre, soir, 1888.

CHER MONSIEUR,

Je viens de faire une observation si curieuse que je ne peux m'empêcher de vous en faire part. C'est une application de mes formules

(I) $$f(x) = \frac{2}{\pi}\int_0^\infty \frac{x\,\mathrm{A}}{x^2+u^2}\,du,$$

condition

$$\int_{(C)} \frac{|f(z)|\,dz}{|z^2|} = 0,$$

(II) $$f(x) = -\frac{2}{\pi}\int_0^\infty \frac{u\,\mathrm{B}}{x^2+u^2}\,du,$$

condition

$$\int_{(C)} \frac{|f(z)|\,dz}{|z|} = 0,$$

où

$$f(ui) = \mathrm{A} + \mathrm{B}i, \qquad f(-ui) = \mathrm{A} - \mathrm{B}i.$$

D'après la seconde, j'ai

$$(1) \qquad f(a+x) = -\frac{2}{\pi}\int_0^\infty \frac{u\mathrm{B}}{x^2+u^2}\,du \qquad \begin{aligned} f(a+ui) &= \mathrm{A}+\mathrm{B}i,\\ f(a-ui) &= \mathrm{A}-\mathrm{B}i: \end{aligned}$$

donc

$$(2) \qquad f(a+1)+f(a+2)+\ldots = -\frac{2}{\pi}\int_0^\infty \left(\frac{\pi}{e^{2\pi u}-1}+\frac{\pi}{2}-\frac{1}{2u}\right)\mathrm{B}\,du,$$

mais de (1) je tire en multipliant par dx et intégrant, si dans le second membre il est permis de changer l'ordre des intégrations,

$$(3) \qquad \int_0^\infty f(a+x)\,dx = -\int_0^\infty \mathrm{B}\,du,$$

et, si l'équation (1) qui suppose partie réelle $x > 0$ est encore vraie pour $x = 0$,

$$(4) \qquad f(a) = -\frac{2}{\pi}\int_0^\infty \frac{\mathrm{B}}{u}\,du,$$

et ainsi (2) peut s'écrire

$$f(a+1)+f(a+2)+\ldots = \int_0^\infty f(a+x) - \frac{1}{2}f(a) - 2\int_0^\infty \frac{\mathrm{B}\,du}{e^{2\pi u}-1}.$$

C'est là une formule d'Abel, *Œuvres*, t. I, p. 38 en bas. Mais la méthode précédente jette une nouvelle lumière sur ce sujet, la méthode d'Abel manque de rigueur tout à fait.

Il faudra voir aussi à rattacher aux théories de Cauchy la formule sommatoire d'Euler et de Maclaurin. Ce sera possible probablement. Lorsque M. Malmsten a publié son Mémoire sur ce sujet de nouveau dans les *Acta*, la rédaction dans une Note faisait entrevoir l'espoir d'une *extension* de la formule aux variables imaginaires [1].

D'après ce qui précède, je crois qu'il sera possible de démontrer la formule à l'aide des méthodes de Cauchy, mais je ne crois pas que l'extension aux valeurs imaginaires existe. En effet, plus haut, il fallait supposer

$$f(a+ui) = \mathrm{A}+\mathrm{B}i,$$
$$f(a-ui) = \mathrm{A}-\mathrm{B}i,$$

---

[1] Voir *Acta Mathematica*, t. V, p. 1.

en sorte qu'on a réellement à faire avec les fonctions d'une variable réelle. Aussi le théorème (I) par exemple ne s'applique pas lorsqu'on prend pour $f(x)$ une constante purement imaginaire. Le second membre serait nul.

On peut envisager (I) sous un nouveau point de vue en prenant pour A une fonction réelle arbitraire de u telle que

$$\lim \frac{A}{u_k} = 0 \qquad (u = \infty;\ k < 1).$$

Alors l'intégrale existe et *définit* une fonction d'une variable imaginaire x, dont la partie réelle se réduit à A sur l'axe des y.

Veuillez bien agréer, Monsieur, la nouvelle assurance de mon entier dévouement.

164. — *HERMITE A STIELTJES.*

Paris, 28 décembre 1888.

MON CHER AMI,

Veuillez agréer mes souhaits de bonne année que je vous adresse de tout cœur, et en même temps mes vœux.

. . . .

A mes souhaits de bonne année je joins mes remercîments pour vos dernières lettres et surtout pour le résumé de vos études sur la fonction Γ, que je vous demande l'autorisation de conserver quelques jours avant de l'envoyer à M. Bourguet, à qui je l'ai annoncé. J'ai le plus grand intérêt à le lire et à l'étudier, mais il me faut du temps, ayant mille choses à faire en ce moment. Vous savez sans doute que M. Bourguet conteste votre conclusion que la série de Stirling est applicable dans toute l'étendue du plan, même lorsque la partie réelle de la variable est négative. D'après lui, la série n'est valable qu'à droite de l'axe des ordonnées et voici le motif qu'il m'en donne. Supposons la relation

$$J(a) = \frac{B_1}{1.2.a} - \ldots + (-1)^{n-1} \frac{B_n}{2n(2n-1)a^{2n-1}} + R,$$

et désignons par R′ ce que devient R lorsqu'on change a en $-a$; on aurait évidemment

$$J(a) + J(-a) = R + R',$$

quantité qui dépend de l'entier n, ce qui se trouve en contradiction avec la propriété suivante, que M. Bourguet a découverte :

$$J(a) + J(-a) = -2\log(1 - e^{2\pi a i}).$$

En attendant que vous ayez le dénouement de la difficulté, je fais encore appel à votre bonne obligeance en vous priant de m'expliquer ce point de votre lettre du 23 décembre, où vous dites qu'en supposant que R soit le rayon de convergence des séries

$$F(x) = \sum A_n x^n, \qquad f(x) = \sum a_n x^n,$$

et que la série

$$\varphi(x) = \sum \frac{A_n}{a_n} x^{-n-1}$$

soit aussi convergente pour mod $\frac{1}{x} < R_1$, on peut en conclure, *ce qui est bien connu,* que RR_1 est le module de convergence de $F(x)$. Comment donc, mon cher ami, parvenez-vous à cette conclusion? Comment le rayon de convergence de $F(x)$, que nous supposons égal à R, devient-il ensuite RR_1 ; comment, enfin, cette conséquence est-elle bien connue?

Excusez-moi, je vous prie, de ne pas apercevoir ce qui est clair et évident pour vous, et plaignez-moi de ne pas avoir une suffisante liberté pour me consacrer plus entièrement à l'Analyse.

Les résultats de M. ***, sur la convergence des séries qui représentent $Q(1-a)$, me causent beaucoup de surprise, et me paraissent très dignes d'attention; grâce à vous, je vais pouvoir les étudier à fond et m'en rendre bien compte.

Encore un mot sur la formule de Gudermann; dans une de mes leçons de cette année, je la tire de l'expression

$$J(a) = \frac{1}{2}\int_{-\infty}^{0} e^{ax} \frac{e^x(2-x) - 2 - x}{(1-e^x)x^2}\, dx,$$

en remplaçant

$$\frac{1}{1-e^x} \quad \text{par} \quad \sum e^{kx} + \frac{e^{nx}}{1-e^x} \qquad (k = 0, 1, 2, \ldots, n-1).$$

La décomposition de la quantité $e^{(a+k)x}\frac{e^x(2-x) - 2 - x}{x^2}$ en éléments simples donne l'intégrale définie, immédiatement, et on trouve ainsi

$$J(a) = \sum \left[\left(a + k + \frac{1}{2} \right) \log \left(1 + \frac{1}{a+k} \right) - 1 \right] + J(a+n)$$
$$(k = 0, 1, 2, \ldots, n-1).$$

Avec la nouvelle assurance de mon affection cordiale et bien dévouée.

165. — *STIELTJES A HERMITE.*

Toulouse, 29 décembre 1888.

CHER MONSIEUR,

En vous remerciant pour votre souhait de bonne année... je peux vous dire aussi que mon mal ne paraît pas bien grave à mon médecin. Cela doit être un abcès dans l'oreille qui se guérira avec un peu de patience et de repos, mais c'est très douloureux; heureusement, je constate déjà un mieux sensible.

Je suis très honoré que vous voulez garder un peu mon manuscrit pour l'étudier et naturellement vous pouvez le garder pour cela.

Maintenant, je répondrai encore succinctement à vos questions. Dans la lettre du 23, je dois avoir écrit

$$F(x) = \sum A_n x^n,$$
$$f(x) = \sum a_n x^n, \qquad \bmod x < R,$$
$$\varphi(x) = \sum \frac{A_n}{a_n} x^{-n-1}, \qquad \bmod \frac{1}{x} < R_1.$$

Ainsi je ne fais pas de supposition sur le rayon de convergence de $F(x)$; mais il *suit de mon raisonnement* que ce rayon est RR_1. Ce théorème, en effet, doit être connu; si l'on a

$$\sum a_n x^n, \qquad \text{rayon de convergence } R,$$
$$\sum b_n x^n, \qquad \text{» \quad » } \quad R_1.$$

Alors le rayon de convergence de

$$\sum a_n b_n x^n$$

est *au moins* RR_1. Je crois que ce théorème se trouve énoncé explicitement dans un Mémoire de M. Pincherle dans le *Journal de Brioschi*. Mais la chose... est bien facile à démontrer. Soient r un nombre positif un peu inférieur à R, r_1... un peu inférieur à R_1, les séries

$$\sum a_n r^n, \quad \sum b_n r_1^n$$

sont convergentes et même absolument convergentes.

Aussi on a quel que soit n

$$|a_n r^n| < P, \qquad |b_n r_1^n| < Q,$$

P, Q étant des nombres finis, d'où

$$|a_n b_n (rr_1)^n| < PQ,$$

ce qui montre que $\sum a_n b_n x^n$ est convergente tant que x reste inférieur à rr_1..., mais rr_1 peut s'approcher indéfiniment de RR_1.

La remarque de M. Bourguet

$$J(a) + J(-a) = -\log(1 - e^{2\pi a i})$$

est parfaitement vraie; toutefois, il faut supposer essentiellement que le coefficient de i dans a

$$a = p + qi,$$

est positif, $q > 0$; ainsi

$$1 - 2^{2\pi a i} = 1 - e^{-2\pi q}(\cos 2p\pi + i \sin 2p\pi).$$

Lorsque a croît indéfiniment, il en est de même de q (autrement un des points a ou $-a$ resterait toujours dans le voisinage de la coupure, cas que j'exclus expressément). Et alors vous voyez bien que $J(a) + J(-a)$ tend vers zéro. Il n'y a pas de contradiction avec mon résultat, dont je crois du reste que la démonstration est inattaquable.

Veuillez bien agréer, Monsieur, la nouvelle assurance de mon dévouement.

166. — *HERMITE A STIELTJES* (1).

Mon cher Ami,

L'élégance et la simplicité de votre analyse cachent certainement un grand travail et il est difficile d'imaginer par quel enchaînement d'idées vous avez été amené à la considération de la quantité m et à la suite des fonctions que vous nommez $f_1(x)$, $f_2(x)$, ..., Vos résultats sont excellents et, à l'encontre de tant d'autres qui avec un grand appareil de formules n'obtiennent presque rien, vous tirez de considérations extrêmement simples et faciles des choses entièrement neuves et du plus grand intérêt. En attendant que j'aie quelques remarques à tirer de mes réflexions sur ce que vous m'avez communiqué, permettez-moi de vous demander où vous comptez publier ce que vous venez d'obtenir. M. Darboux serait très content d'en enrichir les *Annales de l'École Normale*, et M. Camille Jordan vous bénirait de lui fournir de la matière pour son journal qui en a manqué dans ces derniers temps. Je devais lui fournir un article sur la valeur asymptotique de $Q(a)$, mais mille occupations m'ont détourné de le rédiger, et ensuite je me suis trouvé dans une disposition peu favorable pour le travail, ayant éprouvé comme une sorte d'aversion pour l'Analyse qui me rendait tout effort comme impossible. Après m'être plongé dans la lecture, j'en reviens peu à peu, et nombre de recherches que j'avais commencées surgissent de leur sommeil et me redonnent quelque peu courage. Je relis votre correspondance et, au moment ou j'ai reçu votre dernière lettre, j'allais vous écrire et vous chercher querelle au sujet de la condition que vous m'avez formulée pour qu'une fonction $f(x, y)$ soit uniforme dans un domaine D, et qui consiste en ce qu'on a

$$\int_{(C)} df(x, y) = 0,$$

l'intégrale étant prise sur une courbe fermée quelconque tracée dans ce domaine. Je vous avoue ne jamais m'être posé la question

(1) Il manque sûrement une lettre de Stieltjes antérieure à cette lettre non datée d'Hermite. (*Note des éditeurs.*)

en restant comme vous dans le champ des valeurs réelles des variables, la circonstance des déterminations multiples me paraissant résulter en toute nécessité des valeurs imaginaires des variables décrivant des contours fermés. Je vous demande donc, pour préciser et bien fixer mes idées, un exemple dans lequel $\frac{\partial f}{\partial x}$ et $\frac{\partial f}{\partial y}$ soient uniformes dans le domaine D pour les valeurs réelles, c'est-à-dire, suivant moi, continues et à détermination unique, la fonction $f(x, y)$ ayant, au contraire, des déterminations multiples. Je demande, en plus, de voir de quelle manière ces déterminations diverses résulteront de ce que votre condition $\int_{(C)} df(x, y) = 0$ ne sera pas remplie. En allant plus loin et m'accusant d'avance d'avoir la vue trop courte, je réclame à cor et à cri une fonction échappant à votre condition et dans laquelle $\frac{\partial f}{\partial x}$ et $\frac{\partial f}{\partial y}$ soient toujours continues et finies à l'intérieur de D. Ma requête a pour origine et pour cause ma tendance à faire résulter les notions analytiques de l'observation des faits de l'analyse, croyant que l'observation est la source féconde de l'invention dans le monde des réalités subjectives, tout comme dans le domaine des réalités sensibles. Je m'arrête, mon cher ami, je vous ferais bondir si j'osais vous avouer que je n'admets aucune solution de continuité, aucune coupure, entre les Mathématiques et la Physique, et que les nombres entiers me semblent exister en dehors de nous et en s'imposant avec la même nécessité, la même fatalité que le sodium, le potassium, etc.

Avec tous mes vœux pour la guérison complète de votre mal d'oreilles, et en vous renouvelant l'assurance de ma sincère et bien cordiale affection.

167. — *STIELTJES A HERMITE.*

Toulouse, le 14 février 1889.

Cher Monsieur,

Le théorème sur les fonctions de deux variables *réelles*, d'où M. Kronecker déduit comme corollaire le théorème de Cauchy, s'énonce ainsi :

Soit $f(x, y)$ une fonction réelle des variables x, y telle que dans un domaine D *à contour simple* (j'ai peut-être omis cette condition qui est nécessaire) les dérivées partielles

$$\frac{\partial f}{\partial x}, \quad \frac{\partial f}{\partial y}$$

soient *finies* et *uniformes* et admettent encore des dérivées finies (qui sont alors uniformes aussi naturellement), alors la FONCTION $f(x, y)$ ELLE-MÊME EST AUSSI NÉCESSAIREMENT UNIFORME.

En effet, il s'agit de démontrer

$$\int d f(x, y) = 0,$$

pour un contour fermé C à l'intérieur de D. Mais C forme la limite entière d'une certaine aire qui fait partie de D, et pour cette aire-là

$$\int\int \frac{\partial^2 f}{\partial x \, \partial y} dx \, dy$$

a une valeur finie, qu'on peut évaluer de deux manières en intégrant d'abord par rapport à x ou à y; on trouve ainsi

$$\int \frac{\partial f}{\partial y} dy \quad \text{ou} \quad -\int \frac{\partial f}{\partial x} dx \qquad \text{(sur le contour C)},$$

et ces résultats étant égaux

$$\int \frac{\partial f}{\partial x} dx + \frac{\partial f}{\partial y} dy = \int d f(x, y) = 0, \qquad \text{C. Q. F. D.}$$

D'après ce théorème même *il n'existe pas* une fonction $f(x, y)$ non uniforme dans D et dont les dérivées partielles seraient uniformes.

Mais considérons un domaine D qui *n'est pas à contour simple*. Si je considère un point $P(x, y)$ dont les coordonnées polaires sont r et θ, on ne peut se refuser à admettre comme fonctions de x, y les expressions

$$f(x, y) = \theta,$$
$$\mathfrak{F}(x, y) = r \cos \frac{1}{2} \theta.$$

La première est finie dans D..., mais elle n'est pas uniforme, si P décrit le contour fermé PQRP, $f(x, y)$ augmente de 2π. Cependant, comme les diverses déterminations de $f(x, y)$ ne

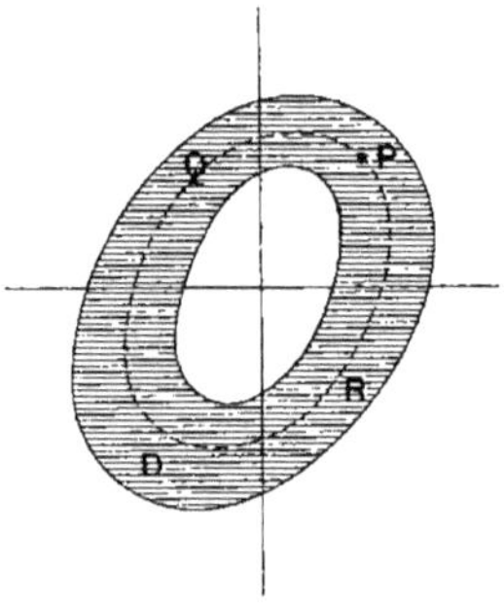

diffèrent que par des constantes, vous voyez que les dérivées partielles $\frac{\partial f}{\partial x}$, $\frac{\partial f}{\partial y}$ *sont uniformes* dans D.

La fonction $\mathfrak{F}$... est une fonction non uniforme d'une autre nature, ... elle admet deux valeurs qui se distinguent par le signe seulement, etc.

Du reste, si les analystes n'ont peut-être pas fait beaucoup attention à ces fonctions réelles de deux variables non uniformes, mais dont les dérivées partielles peuvent être uniformes (cependant cela seulement dans un domaine D qui n'est *pas* à contour simple), les physiciens (M. Helmholtz) en étudiant le mouvement des liquides ont été amenés aussi à reconnaître l'existence de ces fonctions dans le cas de trois variables x, y, z [1].

Voici la généralisation du théorème de M. Kronecker pour le cas de l'espace.

Si une fonction $f(x, y, z)$ admet des dérivées

$$\frac{\partial f}{\partial x}, \quad \frac{\partial f}{\partial y}, \quad \frac{\partial f}{\partial z},$$

qui sont uniformes dans un domaine D et admettent encore des dérivées finies (du second ordre de f), alors la fonction f elle-même est nécessairement uniforme dans D.

---

(1) Voir le Mémoire d'Helmholtz inséré au t. 55 du *Journal de Crelle*.

Pour préciser :

On dit que f est uniforme dans D lorsque

$$\int d f(x, y, z) = 0,$$

l'intégrale étant prise sur une courbe fermée à l'intérieur de D.

Mais ce théorème n'est vrai que si l'on suppose que le domaine D est de telle nature que chaque courbe fermée tracée dans D peut, par un changement continu et sans sortir du domaine D, se réduire à un cercle infiniment petit. Cela a lieu, par exemple, si D est l'intérieur d'une sphère ou encore l'espace compris entre deux sphères concentriques.

Mais cela n'a plus lieu si D est l'espace à l'intérieur d'un tore. Dans un tel cas, M. Helmholtz a remarqué l'existence de fonctions non uniformes, mais dont les déterminations ne diffèrent que par des constantes, en sorte que les dérivées partielles sont uniformes, tout à fait comme la fonction $f(x, y) = \theta$ de tout à l'heure.

Du reste, le même exemple peut servir; en posant

$$f(x, y, z) = \theta,$$

θ étant la longitude du point (x, y, z), c'est-à-dire l'angle du plan passant par l'axe du tore et du point (x, y, z) avec une de ses positions particulières.

Il est à remarquer que si l'on prenait la même fonction

$$f(x, y, z) = \theta,$$

dans le cas de l'espace compris entre deux sphères, cette fonction ne satisfait plus aux conditions, car l'axe qui sert à déterminer les longitudes passe alors en partie par le domaine D et en ces points θ devient indéterminé γ, ce qui n'arrive pas pour le tore. Et, en effet, comme je l'ai dit pour l'espace compris entre deux sphères concentriques, le théorème a lieu et l'uniformité de $\frac{\partial f}{\partial x}, \frac{\partial f}{\partial y}, \frac{\partial f}{\partial z}$ entraîne l'uniformité de f.

γ et les dérivées partielles cessent d'être *finies et continues*.

J'ai pu perfectionner beaucoup ma méthode d'approximation de l'intégrale

$$\int_a^b \frac{f(x)}{\varphi(x)}\,dx\ (^1).$$

En effet, ma première méthode conduit à une expression approchée avec le terme complémentaire

$$R_n = \frac{1}{m^2 m_1^2 \ldots m_{n-1}^2} \int_a^b \frac{f_n(x)}{\varphi(x)}\,dx$$

où

$$f_n(x) = f(x)[m - \varphi(x)]^2[(m_1 - \varphi(x)]^2 \ldots [m_{n-1} - \varphi(x)]^2.$$

Je remarque que cette expression peut se mettre sous la forme

$$(1) \qquad R_n = \int_a^b \frac{f(x)}{\varphi(x)} (1 + x_1\varphi + x_2\varphi^2 + \ldots + x_n\varphi^n)^2\,dx.$$

Dans ma nouvelle méthode, je considère directement cette expression qui est une forme quadratique de $x_1, x_2, \ldots, x_n$. Je détermine $x_1, \ldots, x_n$ par la condition que R_n soit *minimum*. En posant

$$\mathfrak{M}_n = 1 + x_1\varphi + \ldots + x_n\varphi^n,$$

les conditions sont

$$(2) \qquad \int_a^b f(x)\mathfrak{M}_n\varphi^{k-1}\,dx \qquad (k = 1, 2, \ldots, n),$$

ou plus explicitement

$$(3) \qquad \begin{cases} c_0 + c_1 x + \ldots + c_n \quad x_n = 0, \\ c_1 + c_2 x_1 + \ldots + c_{n+1} \quad x_n = 0, \\ \ldots\ldots\ldots\ldots\ldots\ldots\ldots\ldots, \\ c_{n-1} + c_n x_1 + \ldots + c_{2n-1} x_n = 0, \end{cases} \qquad c_k = \int_a^b f(x)\varphi^k\,dx,$$

Le déterminant de ce système linéaire est positif et différent de zéro, c'est en même temps le déterminant de la forme quadratique définie et positive

$$\int_a^b f(x)\varphi(x)(x_1 + x_2\varphi + \ldots + x_n\varphi^{n-1})^2\,dx.$$

---

(1) Ce passage se rapporte à la lettre de Stieltjes qui manque, signalée plus haut. (*Note des éditeurs.*)

Les x_i étant ainsi déterminés, on a

$$\mathrm{R}_n = \int_a^b \frac{f(x)}{\varphi(x)} \mathfrak{M}_n (1 + x_1\varphi + x_2\varphi^2 + \ldots + x_n\varphi^n)\, dx,$$

mais les termes avec $x_1, \ldots, x_n$ disparaissent en vertu des relations (2); donc

$$\mathrm{R}_n = \int_a^b \frac{f(x)}{\varphi(x)} \mathfrak{M}_n\, dx,$$

$$\mathrm{R}_n = \int_a^b \frac{f(x)}{\varphi(x)} (1 + x_1\varphi + \ldots + x_n\varphi^n)\, dx,$$

$$\mathrm{R}_n = \int_a^b \frac{f(x)}{\varphi(x)}\, dx + x_1 c_0 + x_2 c_1 + \ldots + x_n c_{n-1}.$$

Soit donc

(4) $$\mathrm{K}_n = -(x_1 c_0 + \ldots + x_n c_{n-1}),$$

on aura

$$\int_a^b \frac{f(x)}{\varphi(x)}\, dx = \mathrm{K}_n + \mathrm{R}_n;$$

les équations (3) et (4) donnent

$$\mathrm{K}_n = -\begin{vmatrix} 0 & c_0 & \ldots & c_{n-1} \\ c_0 & c_1 & \ldots & c_n \\ c_1 & c_2 & \ldots & \ldots \\ \ldots & \ldots & \ldots & \ldots \\ c_{n-1} & c_n & \ldots & c_{2n-1} \end{vmatrix} : \begin{vmatrix} c_1 & c_2 & \ldots & c_n \\ c_2 & c_3 & \ldots & \ldots \\ \ldots & \ldots & \ldots & \ldots \\ c_n & \ldots & \ldots & c_{2n-1} \end{vmatrix},$$

ce sera l'expression approchée par défaut. On doit avoir évidemment $\mathrm{K}_n > \mathrm{K}_{n-1}$; et, en effet, en considérant la différence $\mathrm{K}_n - \mathrm{K}_{n-1}$, on arrive (à l'aide des relations entre les mineurs d'un déterminant symétrique) à mettre K_n sous la forme

$$\mathrm{K}_n = \frac{\mathrm{A}_1^2}{\mathrm{B}_1} + \frac{\mathrm{A}_2^2}{\mathrm{B}_1\mathrm{B}_2} + \ldots + \frac{\mathrm{A}_n^2}{\mathrm{B}_{n-1}\mathrm{B}_n},$$

$$\mathrm{A}_n = \begin{vmatrix} c_0 & c_1 & \ldots & c_{n-1} \\ c_1 & c_2 & \ldots & c_n \\ \ldots & \ldots & \ldots & \ldots \\ c_{n-1} & \ldots & \ldots & c_{2n-2} \end{vmatrix}, \qquad \mathrm{B}_n = \begin{vmatrix} c_1 & c_2 & \ldots & c_n \\ c_2 & c_3 & \ldots & c_{n+1} \\ \ldots & \ldots & \ldots & \ldots \\ c_n & \ldots & \ldots & c_{2n-1} \end{vmatrix}.$$

Soit

$$\mathcal{S} = 1 + k_1\varphi + k_2\varphi^2 + \ldots + k_n\varphi^n, \qquad \mathrm{R} = \int_a^b \frac{f(x)}{\varphi(x)} \mathcal{S}^2\, dx,$$

les coefficients $k_1, \ldots, k_n$ étant arbitraires, on a

$$\int_a^b \frac{f(x)}{\varphi(x)} (\mathcal{S} - \mathfrak{M}_n)^2 \, dx = \mathrm{R} + \mathrm{R}_n - 2\int_a^b \frac{f(x)}{\varphi(x)} \mathfrak{M}_n \mathcal{S} \, dx,$$

mais

$$\int_a^b \frac{f(x)}{\varphi(x)} \mathfrak{M}_n \mathcal{S} \, dx = \int_a^b \frac{f(x)}{\varphi(x)} \mathfrak{M}_n (1 + k_1 \varphi + \ldots + k_n \varphi^n) \, dx$$

$$= \int_a^b \frac{f(x)}{\varphi(x)} \mathfrak{M}_n \, dx = \mathrm{R}_n;$$

donc

$$\mathrm{R} - \mathrm{R}_n = \int_a^b \frac{f(x)}{\varphi(x)} (\mathcal{S} - \mathfrak{M}_n)^2 \, dx > 0,$$

montrant que R_n est réellement *minimum*.

D'après cela, si je considère

$$\mathrm{R}_n = \int_a^b \frac{f(x)}{\varphi(x)} (1 + x_1 \varphi + \ldots + x_n \varphi^n)^2 \, dx,$$

et

$$\mathrm{R}_{n-1} = \int_a^b \frac{f(x)}{\varphi(x)} (1 + y_1 \varphi + \ldots + y_{n-1} \varphi^{n-1})^2 \, dx,$$

il est clair que

$$\mathrm{R}_n < \int_a^b \frac{f(x)}{\varphi(x)} (1 + y_1 \varphi + \ldots + y_{n-1} \varphi^{n-1})^2 (1 - \mathrm{C}\varphi)^2 \, dx,$$

C étant une constante quelconque. Mais si m et M sont les valeurs extrêmes de φ, et si je prends

$$\mathrm{C} = \frac{2}{\mathrm{M} + m},$$

le facteur $(1 - \mathrm{C}\varphi)^2$ ne varie qu'entre 0 et $\left(\frac{\mathrm{M} - m}{\mathrm{M} + m}\right)^2$, donc

$$\mathrm{R}_n < \left(\frac{\mathrm{M} - m}{\mathrm{M} + m}\right)^2 \mathrm{R}_{n-1};$$

de même

$$\mathrm{R}_1 < \left(\frac{\mathrm{M} - m}{\mathrm{M} + m}\right)^2 \int_a^b \frac{f(x)}{\varphi(x)} \, dx,$$

donc

$$\lim \mathrm{R}_n = 0.$$

Un cas particulier intéressant est

$$\varphi(x) = z - x,$$

z constante. Alors vous voyez directement par les conditions (2) que $\mathfrak{M}_n$ ne diffère que par un facteur constant du dénominateur $\varphi_n(x)$ de la fraction continue pour

$$\int_a^b \frac{f(u)}{x-u}\,du,$$

donc

$$\mathfrak{M}_n = \frac{\varphi_n(x)}{\varphi_n(z)},$$

puisque, pour $z - x = 0$, $\mathfrak{M}_n$ doit se réduire à l'unité. D'autre part, la valeur de K_n est

$$K_n = \int_a^b \frac{f(x)}{\varphi(x)}\,dx - R_n = \int_a^b \frac{f(x)}{\varphi(x)}(1 - \mathfrak{M}_n)\,dx,$$

c'est-à-dire

$$K_n = \frac{1}{\varphi_n(z)}\int_a^b f(x)\,\frac{\varphi_n(z) - \varphi_n(x)}{z-x}\,dx,$$

c'est-à-dire que K_n est simplement la réduite d'ordre n de la fraction continue de

$$\int_a^b \frac{f(x)}{z-x}\,dx.$$

On voit par là que le terme complémentaire de la réduite d'ordre n est R_n minimum de

$$\int_a^b \frac{f(x)}{z-x}[1 + x_1(z-x) + \ldots + x_n(z-x)^n]^2\,dx.$$

Tant que les limites a et b sont finies, la démonstration de

$$\lim R_n = 0$$

s'applique et montre que la fraction continue est convergente vers la valeur de l'intégrale. Le résultat relatif au terme complémentaire de la fraction continue est nouveau peut-être, il l'est en tout cas pour moi.

Mais vous voyez qu'il serait intéressant de prouver $\lim \mathrm{R}_n = 0$, même dans le cas que $\frac{m}{\mathrm{M}} = 0$. On prouverait alors en même temps la convergence de la fraction continue dans le cas où la limite $b = \infty$. C'est ce que, jusqu'à présent, on n'a pu faire, en général, quoique pour certains cas particuliers comme $f(x) = x^{k-1}e^{-x}$ la convergence peut se démontrer par d'autres considérations.

Ayant trouvé par ce qui précède un nouveau point de vue... je veux un peu réfléchir là-dessus avant de publier ces recherches que je mettrai volontiers à la disposition de M. Camille Jordan.

J'espère que votre aversion pour l'Analyse passera. Sans doute un tel état d'esprit, qui ne m'est pas inconnu, est ordinairement le résultat d'une trop grande fatigue.

Je vous renouvelle, cher Monsieur, l'expression de mes sentiments tout dévoués.

168. — *HERMITE A STIELTJES.*

Paris, 16 février 1889.

Mon cher Ami,

Votre nouveau point de vue pour obtenir l'approximation de l'intégrale $\int_a^b \frac{f(x)}{\varphi(x)}dx$ constitue un très heureux et très grand progrès, votre analyse devient ainsi plus lumineuse et je ne puis assez vous dire avec quel plaisir j'ai vu l'application que vous faites au cas de $\varphi(x) = z - x$, en établissant d'emblée que $\mathfrak{M}_n = \frac{\varphi_n(x)}{\varphi_n(z)}$, $\varphi_n(x)$ étant le dénominateur de la $n^{\text{ième}}$ réduite du développement de l'intégrale en fraction continue. Personne, certainement, n'a obtenu ce résultat extrêmement remarquable, que le terme complémentaire de cette réduite est le minimum de l'expression

$$\int_a^b \frac{f(x)}{z-x}[1 + x_1(z-x) + \ldots + x_n(z-x)^n]^2\,dx;$$

je ne sache pas non plus qu'on ait démontré que la limite soit nulle pour n infini. Quand vous aurez rédigé le Mémoire que vous préparez sur cette question, ne pensez-vous pas en détacher cette conclusion dans une Note pour les *Comptes rendus?*

Grâce à vous, les ténèbres de mon esprit commencent à se dissiper au sujet des fonctions de deux variables et de la façon dont il faut les définir en tant qu'uniformes, lorsqu'on envisage seulement les valeurs réelles. Les exemples que vous me donnez en considérant l'angle polaire θ, et la quantité $r\cos\frac{\theta}{2}$, comme dépendant de x et y sont extrêmement lumineux, et vous me faites voir aussi très clairement comment la question se complique lorsqu'on considère certains domaines à l'égard des fonctions de trois variables.

En vous priant de me rectifier si je fais erreur, je vous demanderai encore si l'on peut dire que la condition nécessaire et suffisante pour que $f(x,y)$ soit uniforme, dans un domaine D à contour simple, c'est que la fonction reprenne la même valeur lorsque les variables étant supposées représenter les coordonnées d'un point de D, ce point revient à sa position initiale après avoir décrit un contour fermé quelconque contenu à l'intérieur de D. Puis, peut-on en conclure que cette condition, remplie à l'égard de $f(x,y)$, est remplie nécessairement pour toutes les dérivées partielles? Ou bien doit-on prendre pour définition d'une fonction uniforme l'équation $\int d\,f(x,y) = 0$ pour un contour fermé C à l'intérieur de D, en admettant que la fonction soit continue et finie à l'intérieur de D?

C'est ce que vous faites à l'égard des fonctions de trois variables, mais je resterai dans le cas de deux variables seulement, et alors il me semble bien qu'une fonction doit être considérée comme uniforme alors même qu'on admettrait, à l'intérieur de D, des lignes pour tous les points desquelles $f(x,y)$ serait infinie, et des points isolés qui lui feraient prendre une valeur indéterminée $\frac{0}{0}$. La circonstance qu'il existe de telles lignes et de tels points n'empêche aucunement que la fonction reprenne la même valeur lorsque les variables décrivent des contours fermés qui les rencontrent ou les comprennent, mais il faut absolument renoncer à l'équation $\int d\,f(x,y) = 0$ dans ce cas.

J'espère que vous comprenez bien que j'incline à trouver préférable une définition qui s'applique au quotient de deux fonctions entières; en tout cas, je serais heureux de recevoir vos avis sur un sujet de si grande importance et auquel je n'ai, pour ainsi dire, jamais songé jusqu'ici.

En vous renouvelant, mon cher ami, l'assurance de mes meilleurs sentiments.

169. — *STIELTJES A HERMITE.*

Toulouse, 19 février 1889.

Cher Monsieur,

Il me semble qu'il existe peut-être un léger malentendu entre nous concernant la définition de l'uniformité d'une fonction réelle de deux variables.

Dans les conditions où l'on se place de l'existence (en général) des dérivées partielles, la valeur de

$$\int df(x, y),$$

étendue le long d'une courbe AB, ne peut être que

$$f(x_2, y_2) - f(x_1, p_1)$$

et par là il est clair de dire que

$$\int df(x, y) = 0,$$

sur un contour fermé C, ou bien dire que $f(x, y)$ revient à sa valeur initiale si l'on parcourt la courbe C est exactement la même chose, et cela indépendamment des singularités qui peuvent exister ou non à l'intérieur du contour.

Et il semble aussi clair que si $f(x, y)$ est uniforme dans un certain domaine, cela entraîne nécessairement l'uniformité des dérivées partielles. Mais, si l'on voulait insister sur une explication là-dessus, je crois que l'on pourrait raisonner ainsi qu'il suit : Je considère $f(x, y)$ et $\frac{\partial f(x, y)}{\partial x}$.

Faisons parcourir au point (x, y) la courbe ABCDA dont la partie DAB est rectiligne et parallèle à l'axe des X.

On part de A avec des valeurs finies de

$$\text{au point A } (x_0, y_0) \left\{ \begin{array}{l} f(x, y) = \mathrm{P} \\ \text{et de} \\ \dfrac{\partial f(x, y)}{\partial x} = \mathrm{Q}. \end{array} \right.$$

Or la valeur de Q est

$$\mathrm{Q} = \lim \frac{f(x_0 + h, y_0) - f(x_0, y_0)}{h}.$$

A proprement parler, il faudrait prendre h positif, mais, d'après

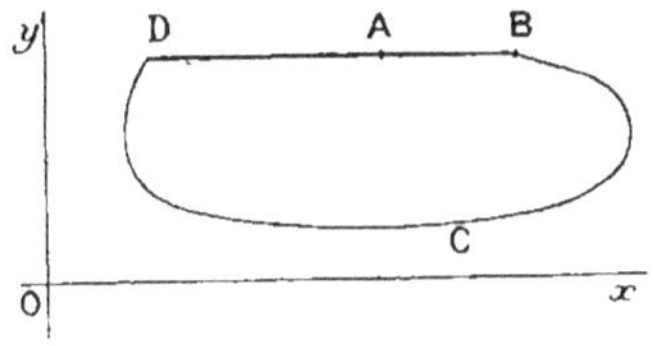

l'existence même d'une dérivée partielle, on doit obtenir la même valeur de Q, même en prenant h négatif.

Or, si l'on a parcouru le contour ABCDA, on revient encore en A avec la même valeur P d'après l'hypothèse de l'uniformité. Si donc on applique maintenant de nouveau la définition de la dérivée partielle pour savoir ce qu'est devenue cette dérivée, on obtient encore

$$\lim \frac{f(x_0 + h, y_0) - f(x_0, y_0)}{h},$$

identique avec la définition de Q. Sommairement, comme dans l'hypothèse de l'uniformité, $f(x, y)$ n'a qu'une seule branche, il en est de même de toutes ses dérivées partielles, par le fait même qu'une fonction bien déterminée n'admet pas plusieurs dérivées, ou autrement : la définition des dérivées ne laisse pas place à une ambiguïté.

Ainsi, il peut très bien arriver qu'une fonction soit uniforme et admette cependant des singularités. C'est ce qui arrive, par exemple, à l'origine ($x = 0$, $y = 0$) pour les dérivées partielles de cette fonction

$$f(x, y) = \Theta, \quad \text{par exemple} \quad \frac{x}{x^2 + y^2}.$$

Ces dérivées sont uniformes, mais discontinues à l'origine.... Ces exemples montrent que le théorème de M. Kronecker n'est pas une banalité.

Je vous avouerai que je n'ai d'abord rien compris au premier passage où M. Kronecker énonce son théorème. En effet, l'essence du théorème est d'affirmer l'uniformité de la fonction comme conséquence de l'uniformité de ses dérivées partielles (sous certaines conditions restrictives). Or, par inadvertance, M. Kronecker a d'abord énoncé son théorème en comprenant, parmi les conditions à imposer à $f(x, y)$ l'*uniformité* de cette fonction !! Et comme il est très succinct, je me suis inutilement efforcé à pénétrer dans le vrai sens de ces quelques lignes. C'est seulement après la lecture de sa seconde Note (*Berliner Monatsb.*, 1885, p. 785) que j'ai compris son idée. Il y redresse aussi l'inadvertance qui s'était glissée dans son premier énoncé de 1880.

Il n'en reste pas moins vrai qu'on doit appliquer avec beaucoup de circonspection certains théorèmes généraux sur les fonctions de deux variables. J'en ai rencontré cet exemple. Soit

$$f(z) = \frac{1 - z}{1 + z}.$$

Vous verrez directement que sur le cercle de rayon 1 autour de l'origine $f(z)$ est purement imaginaire :

$$f(e^{i\theta}) = -i \operatorname{tang} \frac{1}{2} \theta.$$

Si donc je considère la partie réelle de $f(z)$

$$\varphi(x, y) = \frac{1 - x^2 - y^2}{(1 + x)^2 + y^2},$$

j'ai là une fonction qui satisfait à

$$\frac{\partial^2 \varphi}{\partial x^2} + \frac{\partial^2 \varphi}{\partial y^2} = 0$$

et qui s'annule sur le cercle C. Or, d'après un théorème général, une telle fonction φ ne peut s'annuler sur un cercle (ou contour fermé quelconque) sans s'annuler aussi à l'intérieur du contour. Le théorème semble ici en défaut, mais la raison est celle-ci : la fonction $\varphi(x, y)$ présente, au point $x = -1$, $y = 0$ sur le cercle une indétermination et l'on ne peut pas dire, à proprement parler, qu'elle s'y annule. On peut s'approcher de ce point de telle façon que φ tende vers une limite quelconque. Mais vous voyez qu'il suffit de bien peu de chose pour mettre le théorème hors d'usage. Il en est de même pour le théorème de Gauss, que si sur une surface fermée dans l'espace on a

$$\varphi(x, y, z) = \text{const.},$$

la fonction φ satisfaisant à l'équation de Laplace

$$\frac{\partial^2 \varphi}{\partial x^2} + \frac{\partial^2 \varphi}{\partial y^2} + \frac{\partial^2 \varphi}{\partial z^2} = 0,$$

on a aussi, à l'intérieur de cette surface,

$$\varphi = \text{const.}$$

Une simple indétermination sur la surface suffit pour détruire le théorème.

Permettez-moi de vous demander, en terminant, un renseignement. Dans le *Journal de Crelle*, t. 40, p. 296, vous vous exprimez ainsi :

« Ce qui précède indique suffisamment une infinité d'autres conséquences analogues, qui toutes viennent dépendre de la recherche difficile, d'une limite précise du *minimum* d'une forme définie quelconque. Là-dessus je ne puis former qu'une conjecture. Mes premières recherches, dans le cas d'une forme à n variables de déterminant D, m'avaient donné la limite $\left(\frac{4}{3}\right)^{\frac{n-1}{2}} \sqrt[n]{D}$; je suis porté à présumer, mais sans pouvoir le démontrer, que le coefficient numérique $\left(\frac{4}{3}\right)^{\frac{n-1}{2}}$ doit être remplacé par $\frac{2}{\sqrt[n]{n+1}}$. »

Je demande : a-t-on été plus loin depuis et votre limite présumée $\frac{2}{\sqrt[n]{n+1}}$, l'a-t-on déjà établie rigoureusement?

Dernièrement, j'avais à considérer une question où il m'importait d'avoir la limite exacte, aussi petite que possible. J'ai cherché un peu partout, mais je n'ai pas trouvé. Vous pourrez certainement me dire ce qui en est.

Veuillez bien accepter, cher Monsieur, la nouvelle assurance de mon entier dévouement.

P. S. — Je vous enverrai sous peu, d'après votre permission, une Note pour les *Comptes rendus* sur la fraction continue pour $\int_a^b \frac{f(x)}{z-x}\,dx$.

170. — *HERMITE A STIELTJES.*

Paris, 21 février 1889.

Mon cher Ami,

Je n'ai pas chez moi la collection des *Mathematische Annalen*, ce qui m'empêche de répondre avec une entière précision à votre demande, je dois me borner à vous renvoyer aux Tables de matières où vous trouverez l'indication d'articles de M. Korkine et de M. Zolotareff sur la recherche d'une limite précise du minimum d'une forme quadratique définie. On a établi, je crois me le rappeler, que ma limite présumée $\frac{2}{\sqrt[n]{n+1}}$ est inexacte, et l'on a démontré (MM. Korkine et Zolotareff) que, pour une forme réduite à quatre indéterminées, le produit $AA_1A_2A_3$ des coefficients des carrés satisfait à la condition $AA_1A_2A_3 \overline{\overline{<}} 4D$. A cette occasion, j'ai été en correspondance avec les auteurs, et je leur ai communiqué une nouvelle méthode pour établir, à l'égard des formes ternaires, la condition $AA_1A_2 \overline{\overline{<}} 2D$, mais leurs principes me semblent plus féconds et d'une plus grande portée que le mien.

Je vais réfléchir sur les choses excellentes de votre lettre concernant l'uniformité des fonctions de deux variables; le cas d'exception offert par $\varphi(x,y)=\frac{1-x^2-y^2}{(1+x)^2+y^2}$ mérite extrêmement d'être signalé; j'en parlerai à Picard, à moins que vous ne désiriez vous réserver la remarque que vous avez faite.

En vous renouvelant, mon cher ami, l'assurance de mon affection bien dévouée.

171. — *HERMITE A STIELTJES.*

Paris, 3 mars 1889.

MON CHER AMI,

En revenant d'un bien triste voyage en Lorraine, où j'ai été appelé par la mort d'un de mes parents, j'ai trouvé, dans le dernier cahier du *Journal de M. Jordan,* votre beau travail sur le développement de

$$[R^2 - 2Rr\cos u\cos u'\cos(x-x') + \sin u \sin u' \sin(y-y') + r^2]^{-1}$$

que je lis avec le plus grand intérêt. Pour que vous n'en doutiez point, permettez-moi de vous dire comment j'abrégerais un peu la recherche de la formule (16), au moyen de l'identité élémentaire

$$\cos x + \cos y = 2\cos\frac{x+y}{2}\cos\frac{x-y}{2}.$$

On a d'abord

$$\left(2\cos\frac{x+y}{2}\right)^n = \sum 2(n)_{\frac{n-r}{2}}\cos\frac{r(x+y)}{2},$$

ou encore, en changeant r en $n-2r$,

$$\left(2\cos\frac{x+y}{2}\right)^n = \sum 2(n)_r\cos\frac{(n-2r)(x+y)}{2},$$

puis semblablement

$$\left(2\cos\frac{x-y}{2}\right)^n = \sum 2(n)_s\cos\frac{(n-2s)(x-y)}{2}.$$

Soit, pour un moment, $a = n-2r$, $b = n-2s$, il viendra en multipliant

$$2^n(\cos x + \cos y)^n = \sum 4(n)_r(n)_s\cos\frac{a(x+y)}{2}\cos\frac{b(x-y)}{2}.$$

Cela étant, je change y en $-y$, et j'ajoute membre à membre en divisant par 2. On trouve facilement

$$\cos\frac{a(x+y)}{2}\cos\frac{b(x-y)}{2} + \cos\frac{a(x-y)}{2}\cos\frac{b(x+y)}{2}$$
$$= \cos\frac{a+b}{2}x\cos\frac{a-b}{2}y + \cos\frac{a-b}{2}x\cos\frac{a+b}{2}y.$$

On a ensuite

$$\frac{a+b}{2} = n - r - s, \qquad \frac{a-b}{2} = s - r,$$

de sorte qu'il vient, pour le développement cherché,

$$2^n(\cos x + \cos y)^n = \Sigma 2(n)_r(n)_s[\cos(n-r-s)x\cos(s-r)y + \cos(n-r-s)y\cos(s-r)x],$$

où les entiers r et s parcourent la série 0, 1, 2, ... jusqu'à l'entier contenu dans $\frac{n}{2}$.

Je ne puis assez vous dire combien j'ai vu avec plaisir l'extrême élégance et la simplicité de votre analyse, dans une recherche difficile et profonde, qui conduit si aisément à un résultat important et très caché.

J'ai peu travaillé pendant ces dernières semaines, Mme Hermite ayant été malade d'une bronchite qui a donné quelque inquiétude, mais dont elle est maintenant guérie, et je pense pouvoir me remettre à l'œuvre.

En vous priant de m'autoriser à annoncer à M. Jordan les recherches que vous m'avez communiquées sur les fractions continues, auxquelles j'attache un grand prix, je vous renouvelle, mon cher ami, l'assurance de mes sentiments affectueux et bien dévoués.

172. — *STIELTJES A HERMITE.*

Toulouse, 6 mars 1889.

Cher Monsieur,

Je vous remercie vivement pour votre bonne lettre; veuillez bien être assuré de la part que je prends au deuil qui vient de vous frapper. Je vous prie aussi de vouloir bien me rappeler au souvenir de Madame Hermite. Votre méthode d'établir le développement de $2^n(\cos x + \cos y)^n$ est certainement ce qu'il y a de plus simple. Je me rappelle que M. Tisserand, dans un de ses

Mémoires, se sert aussi de la décomposition

$$\cos x + \cos y = 2 \cos \frac{x+y}{2} \cos \frac{x-y}{2} \cdots,$$

mais sa méthode est beaucoup moins simple parce qu'il n'a pas eu l'idée heureuse de changer y en $-y$ et de prendre la demi-somme. Mais cette transformation

$$\cos \frac{a(x+y)}{2} \cos \frac{b(x-y)}{2} + \cos \frac{a(x-y)}{2} \cos \frac{b(x+y)}{2}$$
$$= \cos \frac{(a+b)x}{2} \cos \frac{(a-b)y}{2} + \cos \frac{(a-b)x}{2} \cos \frac{(a+b)y}{2}$$

est jolie et un peu cachée.

Je pense toujours aux fractions continues. Soit $f(u)$ une fonction qui ne devient pas négative et telle que

$$c_k = \int_0^\infty u^k f(u)\, du \qquad (k = 0, 1, 2, 3, \ldots),$$

ait une valeur finie. Alors pour $x > 0$

$$(1) \qquad \int_0^\infty \frac{f(u)}{x+u} du = \frac{c_0}{x} - \frac{c_1}{x^2} + \ldots \pm \frac{c_{n-1}}{x^n} \mp \int_0^\infty \frac{u^n f(u)}{x^n(x+u)} du.$$

On a

$$\frac{c_1}{c_0} < \frac{c_2}{c_1} < \ldots < \frac{c_{n+1}}{c_n} < \frac{c_{n+2}}{c_{n+1}} < \ldots,$$

et ce rapport $\frac{c_{n+1}}{c_n}$ croît au delà de toute limite. La série (1) est donc divergente, si l'on voulait la continuer indéfiniment; cependant... elle permet de calculer l'intégrale

$$I = \int_0^\infty \frac{f(u)\, du}{x+u},$$

avec une certaine approximation qui dépend de la valeur de x.

Mais je transforme la série

$$\frac{c_0}{x} - \frac{c_1}{x^2} + \frac{c_2}{x^3} - \ldots,$$

en fraction continue

$$(2)\qquad \cfrac{c_0}{x+\cfrac{a_1}{1+\cfrac{b_1}{x+\cfrac{a_2}{1+\cfrac{b_2}{x+\cfrac{a_3}{1+\cfrac{b_3}{x+\ldots}}}}}}},$$

alors tous les a_i, b_i sont positifs.

Les réduites d'ordre impair diminuent, une telle réduite est toujours supérieure à I.

Les réduites d'ordre pair vont en croissant, une telle réduite est toujours inférieure à I.

Donc les réduites d'ordre impair tendent vers une limite A, les réduites d'ordre pair vers une limite B et

$$A \geqq I \geqq B.$$

La fraction continue est convergente seulement lorsque

$$A = I = B$$

(même si elle n'est pas convergente elle permet de calculer I avec une certaine approximation comme la série divergente).

Soit R_n le minimum de

$$\int_0^\infty f(u)(1 + x_1 u + x_2 u^2 + \ldots + x_n u^n)^2\, du,$$

alors

$$R_1 < R_2 < R_3 < \ldots,$$

donc

$$\lim R_n = \lambda, \qquad n = \infty,$$

et λ est positif ou nul.

« Pour que la fraction continue (2) soit *convergente* il faut et il suffit qu'on ait

$$\lambda = 0. \text{ »}$$

Dans le cas

$$f(u) = u^{a-1} e^{-bu},$$

on peut calculer facilement

$$R_n = \frac{\Gamma(a)}{b^a} \frac{1.2.3\ldots n}{(a+1)(a+2)\ldots(a+n)},$$

donc, dans ce cas

$$\lambda = 0 \quad \text{et} \quad \text{fraction continue } \textit{convergente},$$

ainsi pour $b = 1$

$$\int_0^{\infty} \frac{u^{a-1} e^{-u}}{x+u} du = \cfrac{\Gamma(a)}{x + \cfrac{a}{1 + \cfrac{1}{x + \cfrac{a+1}{1 + \cfrac{2}{x + \cfrac{a+2}{1 + \cfrac{3}{x + \dots}}}}}}},$$

pour $a = 1$ c'est le résultat de Laguerre dans le *Bulletin de la Société Mathématique de France*. Mais Laguerre a considéré seulement les réduites d'ordre pair qui donnent des limites inférieures.

λ étant égal à o dans le cas $f(u) = u^{a-1} e^{-bu}$, il est clair qu'on aura encore $\lambda = 0$ dans le cas

$$f(u) = u^{a-1} e^{-bu} \varphi(u),$$

pourvu que $\varphi(u)$ reste inférieure à un nombre fixe, et la fraction continue est encore convergente.

Mais la question difficile qui m'occupe encore est celle-ci : n'a-t-on pas *toujours* $\lambda = 0$?

J'incline à le croire en ce moment et je chercherai à établir ce point. Voici encore un résultat

$$\log \Gamma(x) = \left(x - \frac{1}{2}\right) \log x - x + \frac{1}{2} \log 2\pi + J(x),$$

$$J(x) = \frac{B_1}{1.2.x} - \frac{B_2}{3.4.x^3} + \dots.$$

On peut développer $J(x)$ en fraction continue convergente

$$a_1 = 1 : 12,$$
$$a_2 = 1 : 30,$$
$$a_3 = 53 : 210,$$
$$a_4 = 195 : 371,$$
$$a_5 = 22\,999 : 22\,737,$$
$$\dots\dots\dots,$$

$$J(x) = \cfrac{a_1}{x + \cfrac{a_2}{x + \cfrac{a_3}{x + \cfrac{a_4}{x + \cfrac{a_5}{x + \dots}}}}},$$

les a_i tous positifs

et cette fraction continue remplace avec grand avantage la série de Stirling. Pour $x = 1$, $J(1) = 0,081061$.

La série.		La fraction continue.	
Val. app.	Corr.	Val. app.	Corr.
0,083 333	— 0,002 272	0,083 333	— 0,002 272,
0,080 556	+ 0,000 505	0,080 645	+ 0,000 416,
0,081 349	— 0,000 288	0,081 173	— 0,000 112,
0,080 754	+ 0,000 307	0,081 016	+ 0,000 045,
		0,081 081	— 0,000 020.

Si une fraction continue telle que (2) où tous les a_i, b_i sont positifs est convergente pour $x = p > 0$, alors elle est toujours convergente tant que $x > 0$. Mais je dois réfléchir encore beaucoup sur la question difficile que j'ai indiquée tout à l'heure.

Votre tout dévoué.

173. — *STIELTJES A HERMITE.*

Toulouse, le 13 mars 1889.

Cher Monsieur,

En développant la série divergente

$$J(x) = \frac{B_1}{1.2.x} - \frac{B_2}{3.4.x^3} + \frac{B_3}{5.6.x^5} - \ldots,$$

en fraction continue convergente

$$a_1 = 1 : 12, \quad a_2 = 1 : 30, \quad a_3 = 53 : 210, \quad a_4 = 195 : 371, \quad a_5 = 22\,999 : 22\,737, \quad \ldots\ldots,$$

$$J(x) = \cfrac{a_1}{x + \cfrac{a_2}{x + \cfrac{a_3}{x + \ldots}}},$$

la loi des coefficients a_1, a_2, ... semble extrêmement compliquée. Mais j'ai fait la remarque que la théorie de la fonction Γ fournit aussi des exemples de développements en fraction continue de ce genre, où la loi des coefficients est extrêmement simple. Soit

$$\psi(a) = \frac{d}{da}[\log \Gamma(a)],$$

et considérons les expressions

$$\mathcal{A} = \psi\left(\frac{a+1}{2}\right) - \psi\left(\frac{a+1}{4}\right) - \log 2,$$

$$\mathcal{B} = 1 - a\left[\psi\left(\frac{a+2}{2}\right) - \psi\left(\frac{a+2}{4}\right) - \log 2\right].$$

Les développements divergents sont

$$\mathcal{A} = \frac{1}{a} - \frac{1}{a^3} + \frac{5}{a^5} - \frac{61}{a^7} + \frac{1385}{a^9} - \ldots,$$

$$\mathcal{B} = \frac{1}{a} - \frac{2}{a^3} + \frac{16}{a^5} - \frac{272}{a^7} + \frac{7936}{a^9} - \ldots.$$

Ces coefficients

$$1, \quad 1, \quad 5, \quad 61, \quad 1835,$$

dans le développement de $\mathcal{A}$, sont ceux que l'on rencontre dans la série

$$\operatorname{séc} x = 1 + \frac{1}{2!}x^2 + \frac{5}{4!}x^4 + \frac{61}{6!}x^6 + \frac{1385}{8!}x^8 + \ldots,$$

et les coefficients

$$1, \quad 2, \quad 16, \quad 272, \quad 7936, \quad \ldots$$

sont ceux de la série

$$\operatorname{tang} x = x + \frac{2}{3!}x^3 + \frac{16}{5!}x^5 + \frac{272}{7!}x^7 + \frac{7936}{9!}x^9 + \ldots.$$

En développant en fraction continue, on obtient les expressions extrêmement simples (et *convergentes*)

$$\mathcal{A} = \cfrac{1}{a + \cfrac{1^2}{a + \cfrac{2^2}{a + \cfrac{3^2}{a + \cfrac{4^2}{a + \ldots}}}}},$$

$$\mathcal{B} = \cfrac{1}{a + \cfrac{1.2}{a + \cfrac{2.3}{a + \cfrac{3.4}{a + \cfrac{5.6}{a + \ldots}}}}} = \cfrac{1}{a + \cfrac{1}{\frac{1}{2}a + \cfrac{1}{\frac{1}{3}a + \ldots}}},$$

Il me semble fort probable que dans le développement en fraction continue de $J(x)$ on a aussi, comme dans les fractions continues que je viens de décrire,

$$\lim \frac{a_n}{n^2} = \text{const.}\left(= \frac{1}{16}?\right) \qquad (n = \infty).$$

On peut directement constater la convergence des fractions continues $\mathcal{A}$ et $\mathcal{B}$ à l'aide de ce théorème (dû à Stern et à Seidel). Une fraction continue

$$\cfrac{1}{\alpha_1 + \cfrac{1}{\alpha_2 + \cfrac{1}{\alpha_3 + \cfrac{1}{\alpha_4 + \dots}}}},$$

où les α sont > 0, est *convergente* lorsque la série

$$\alpha_1 + \alpha_2 + \alpha_3 + \alpha_4 + \dots,$$

est *divergente*. Soit, en effet, $P_n : Q_n$ la $n^{\text{ième}}$ réduite, on a

$$\begin{aligned} Q_1 &= \alpha_1, \\ Q_2 &= \alpha_1\alpha_2 + 1, \\ Q_3 &= \alpha_1\alpha_2\alpha_3 + \alpha_1 + \alpha_3, \\ &\dots\dots\dots\dots, \\ Q_n &= \alpha_n Q_{n-1} + Q_{n-2}, \end{aligned}$$

donc

$$\begin{gathered} Q_1 < Q_3 < Q_5 < Q_7 < \dots, \\ Q_2 < Q_4 < Q_6 < Q_8 < \dots. \end{gathered}$$

Or, on voit facilement que

$$(\alpha) \qquad \left\{ \begin{aligned} Q_{2n-1} &> \alpha_1 + \alpha_3 + \dots + \alpha_{2n-1}, \\ Q_{2n} &> \alpha_1(\alpha_2 + \alpha_4 + \dots + \alpha_{2n}), \end{aligned} \right.$$

car Q_{2n-1} se compose des termes $\alpha_1, \alpha_3, \dots, \alpha_{2n-1}$ et d'autres encore. De même, pour Q_{2n}. Or, la fraction continue est

$$\frac{P_n}{Q_n} = \frac{1}{Q_1} - \frac{1}{Q_1 Q_2} + \frac{1}{Q_2 Q_3} - \dots \pm \frac{1}{Q_{n-1} Q_n},$$

mais si la série

$$\alpha_1 + \alpha_2 + \alpha_3 + \dots$$

est *divergente*, il est clair d'après (α) que l'une au moins des quantités Q_{2n-1} Q_{2n}, ... croît *indéfiniment* et l'autre croît aussi. Donc la convergence est manifeste. Au contraire, si la série

$$\alpha_1 + \alpha_2 + \alpha_3 + \ldots$$

était convergente, le produit $(1+\alpha_1)(1+\alpha_2)(1+\alpha_3)\ldots$ le serait aussi et, à cause de

$$Q_n < (1+\alpha_1)(1+\alpha_2)\ldots(1+\alpha_n),$$

on aurait

$$\lim Q_{2n-1} = \mathrm{A}, \qquad \lim Q_{2n} = \mathrm{B},$$

A et B étant des nombres finis. Il est clair alors que les limites de

$$\frac{P_{2n}}{Q_{2n}} \quad \text{et de} \quad \frac{P_{2n-1}}{Q_{2n-1}}$$

diffèrent entre elles (eux), la différence est $\frac{1}{\mathrm{AB}}$.

A l'aide de ce théorème on reconnaît sans peine la convergence des fractions continues ($\mathcal{A}$) et ($\mathcal{B}$).

Veuillez bien agréer, cher Monsieur, la nouvelle assurance de mon entier dévouement.

P. S. — On peut écrire aussi

$$\mathcal{A} = \frac{1}{2} \left[\psi\left(\frac{a+3}{4}\right) - \psi\left(\frac{a+1}{4}\right)\right],$$

$$\mathcal{B} = 1 - \frac{a}{2}\left[\psi\left(\frac{a+4}{4}\right) - \psi\left(\frac{a+2}{4}\right)\right],$$

$$a = 1, \qquad \psi(1) = -\mathrm{C}, \qquad \psi\left(\frac{1}{2}\right) = -\mathrm{C} - 2\log 2,$$

$$\mathcal{A} = \log 2,$$

$$\log 2 = \cfrac{1}{1 + \cfrac{1}{1 + \cfrac{4}{1 + \cfrac{2}{1 + \cfrac{16}{1 + \ldots}}}}},$$

la $n^{\text{ième}}$ réduite de la fraction continue pour $\log 2$ est

$$1 - \frac{1}{2} + \frac{1}{3} - \frac{1}{4} + \ldots \pm \frac{1}{n} \; (!)$$

174. — *HERMITE A STIELTJES.*

Paris, 14 mars 1889.

Mon cher Ami,

J'avais fait grise mine au développement de

$$J(x) = \frac{B_1}{1.2.x} - \frac{B_2}{3.4.x^3} + \ldots$$

en fraction continue, à cause des nombres énormes qui figurent dans $a_1, a_2, a_3, \ldots$, mais vos nouveaux résultats m'enchantent. Il me semble que l'on a

$$\mathcal{A} = \int_0^{\infty} \text{séc}\, ix\, e^{-ax}\, dx \qquad \text{et} \qquad \mathcal{B} = \frac{1}{2}\int_0^{\infty} \frac{\text{tang}\, ix}{x}\, e^{-ax}\, dx;$$

ne doit-on pas supposer $a \geqq 1$ dans les fractions continues, pour qu'elles convergent?

Où et quand publierez-vous l'analyse qui vous a donné ces formules si intéressantes et si nouvelles?

On m'a demandé un article pour les Mémoires de Bologne et j'ai eu l'idée de le composer avec des applications de la méthode de Laplace, à la fonction $R(x) = \frac{a^x}{e^a} + \frac{(a+b)^x}{e^{a+b}} + \ldots$; aux coefficients du développement suivant les puissances de x, de $\text{sn}\, x$, de $\Theta_1(x)$ et $H_1(x)$, en dernier lieu à l'expression que Laplace a traitée lui-même

$$\frac{e^i}{2.3\ldots(i-1)2^{i-1}}\left[i^{i-2} + \frac{i(i-2)^{i-2}}{1} + \frac{i(i-1)(i-4)^{i-2}}{1.2} + \ldots\right],$$

pour avoir l'occasion d'abréger et de simplifier un peu sa merveilleuse analyse. A l'égard de $R(x)$, je donne votre formule

$$\frac{b\, R(x-1)}{\Gamma(x)} = 1 + 2\sum \frac{\cos\left(x \operatorname{arc\,tang} \frac{2n\pi}{b} - \frac{2an\pi}{b}\right)}{\left(1 + \frac{4n^2\pi^2}{b^2}\right)^{\frac{x}{2}}},$$

comme vérification, en disant qu'elle a été obtenue sous une forme peu différente par M. Lipschitz et M. Lerch; mais j'aimerais bien que vous me disiez s'il ne serait point juste de vous citer, en disant que vous me l'avez communiquée.

Je vérifie aussi l'expression asymptotique du coefficient de x^{2n+1}, dans le développement de $\operatorname{sn} x$, qui est $\frac{2(-1)^n}{K(K')^{2n+1}}$, par cette remarque bien facile.

Les pôles de $\operatorname{sn} x$ étant $p = 2aK + (2b+1)iK'$, le théorème de M. Mittag-Leffler donne

$$K \operatorname{sn} x = G(x) + \sum (-1)^a \left(\frac{1}{x-p} + \frac{1}{p} + \frac{x}{p^2}\right) = A$$

où il est aisé de voir que $G''(x) = 0$. Effectivement les dérivées secondes de deux membres sont des fonctions doublement périodiques, donc $G''(x)$ est une constante, et cette constante est nécessairement zéro, ces dérivées étant des fonctions impaires.

Cette relation donne, pour le coefficient de x^{2n+1}, l'expression $\sum \frac{(-1)^a}{p^{2n+2}}$, la somme se rapportant à tous les entiers a et b. Or, il y a deux pôles $p = iK'$ et $p = -iK'$ dont les modules sont égaux et moindres que ceux des autres pôles, de sorte que, pour n très grand, on a sensiblement, puisque $a = 1$, $\frac{2(-1)^n}{K'^{2n+1}}$; pour la valeur de la somme A.

Mais tout moyen de vérification m'échappe pour $H_1(x)$ et $\Theta_1(x)$; voici le calcul pour la première de ces fonctions.

La série

$$H_1(x) = \sum 2 \sqrt[4]{q^{n^2}} \cos \frac{n\pi x}{2K} \qquad (n = 1, 3, 5, \ldots),$$

donne pour le coefficient de $\frac{(-1)^m x^{2m}}{1.2\ldots 2m}$, l'expression

$$2\left(\frac{\pi}{2K}\right)^{2m} \sum n^{2m} \sqrt[4]{q^{n^2}},$$

où les termes vont en croissant jusqu'à un maximum, pour décroître ensuite indéfiniment. Je pose

$$f(n) = n^{2m} \sqrt[4]{q^{n^2}},$$

d'où

$$\log f(n) = 2m \log n - \frac{n^2 \pi K'}{4K},$$

puis

$$D_n \log f(n) = \frac{2m}{n} - \frac{2n\pi K'}{4K} \qquad \text{et} \qquad D_n^2 \log f(n) = -\frac{2m}{n^2} - \frac{\pi K'}{4K},$$

la valeur de n qui donne le maximum est donc

$$n^2 = \frac{4mK}{\pi K'},$$

et j'en conclus

$$\log f(n) = \log\left(\frac{4mK}{\pi K'}\right)^m - m, \qquad D_n^2 \log f(n) = -\frac{\pi K'}{K},$$

d'où

$$\log f(n+t) = \log\left(\frac{4mK}{\pi K'}\right)^m - m - \frac{\pi K' t^2}{2K},$$

ayant ainsi

$$f(n+t) = \left(\frac{4mK}{\pi K'}\right)^m e^{-m} e^{-\frac{\pi K' t^2}{2K}},$$

l'expression asymptotique cherchée est

$$\frac{2(-1)^m}{1.2\ldots 2m}\left(\frac{4mK}{\pi K'}\right)^m e^{-m}\sqrt{\frac{2K}{K'}}\left(\frac{\pi}{2K}\right)^{2m},$$

puis, plus simplement,

$$\frac{2(-1)^m}{1.2\ldots 2m}\left(\frac{m\pi}{KK'}\right)^m e^{-m}\sqrt{\frac{2K}{K'}},$$

remplaçant $1.2\ldots 2m$ par sa valeur, je trouve enfin

$$2(-1)^m\left(\frac{e\pi}{4mKK'}\right)^m\sqrt{\frac{K}{m\pi K'}}.$$

Vous voyez que c'est assez simple, et surtout la racine $m^{\text{ième}}$, qui est, à fort peu près, $\frac{e\pi}{4mKK'}$; il me reste à chercher si cette loi de décroissement des coefficients s'accorde avec un théorème que Poincaré a donné dans le *Bulletin de la Société philomathique*.

Je ne puis assez, mon cher ami, vous remercier pour ce que vous m'avez appris sur la convergence des fractions continues; j'ignorais entièrement le théorème de Stern et Seidel qui est excellent et m'a fait le plus grand plaisir. En comptant que vous continuerez de me faire connaître ce que vous découvrez chaque jour, je vous renouvelle l'assurance de mon affection bien sincère et bien dévouée.

175. — *STIELTJES A HERMITE.*

Toulouse, 15 mars 1889.

Cher Monsieur,

Après réflexion, je crois qu'il vaut mieux que mon nom ne soit pas nommé à l'égard de cette formule

$$\frac{b\,\mathrm{R}(x-1)}{\Gamma(x)} = 1 + \ldots,$$

qui est due, en vérité, à M. Lipschitz. Cette formule montre de la manière la plus simple que

$$\lim \frac{b\,\mathrm{R}(x-1)}{\Gamma(x)} = 1 \qquad \text{pour} \qquad x = \infty.$$

Mais voici une autre formule qui met en évidence plutôt la différence $\mathrm{R}(x) - \frac{1}{b}\Gamma(x+1)$ ou $\mathrm{R}(x) - \frac{1}{b}\mathrm{Q}(x+1)$

$$(\mathrm{I}) \quad \sum_0^\infty \frac{(a+nb)^x}{e^{a+nb}} = \frac{1}{b}\int_a^\infty u^x e^{-u}\,du + \frac{1}{2}a^x e^{-a}$$
$$- 2\int_0^\infty \frac{du}{e^{2\pi u}-1}\, e^{-a}\left(\sqrt{a^2+b^2u^2}\right)^x \sin\left(x \operatorname{arc\,tang}\frac{bu}{a} - bu\right)$$
$$(a>0,\ b>0,\ x>0).$$

Elle se simplifie notablement dans le cas $a = 0$,

$$(\mathrm{II}) \quad \sum_0^\infty \frac{(nb)^x}{e^{nb}} = \frac{1}{b}\Gamma(x+1) - 2\int_0^\infty \frac{du}{e^{2\pi u}-1}(bu)^x \sin\left(\frac{\pi}{2}x - bu\right).$$

Il faut ici supposer toujours $x > 0$; pour $x = 0$, il faut ajouter au second membre $\frac{1}{2}$. La formule (I) est encore exacte pour $x = 0$, et cela explique, jusqu'à un certain point, pourquoi, dans (II), il faut ajouter $\frac{1}{2}$ lorsque $x = 0$. En effet, en posant dans (I) $x = 0$, le terme

$$\frac{1}{2}a^x e^{-a},$$

donne $\frac{1}{2}e^{-a}$, ce qui devient $\frac{1}{2}$ pour $a = 0$. Mais si l'on pose d'abord

$a=0$, comme on l'a fait pour obtenir (II), ce terme $\frac{1}{2}a^x e^{-a}$ disparaît complètement.

Ne comptez-vous pas traiter aussi dans votre Mémoire le cas des développements de

$$\frac{1}{\sin am x} \quad \text{et de} \quad \frac{1}{\sin am^2 x}?$$

Ces cas semblent intéressants parce qu'on sait, *a priori*, que la convergence a lieu tant que x reste inférieur à la plus petite des deux quantités $2K$ et $2K'$ et il est curieux de voir comment l'analyse opère ce choix entre K et K'. Vous avez indiqué la solution de cette circonstance, qui peut paraître d'abord un peu singulière, dans votre lettre à M. Königsberger (*Crelle*, t. 81, p. 222), mais ne songez-vous point à établir les résultats que vous y avez donnés?

Les fractions continues que je vous ai communiquées pour les fonctions

$$2\int_0^\infty \frac{e^{-ax}}{e^x+e^{-x}}\,dx = \int_0^\infty \frac{a\,du}{a^2+u^2}\left(\frac{2}{e^{\frac{\pi u}{2}}+e^{-\frac{\pi u}{2}}}\right) = \cfrac{1}{a+\cfrac{1^2}{a+\cfrac{2^2}{a+\dots}}},$$

$$a\int_0^\infty \frac{e^x-e^{-x}}{e^x+e^{-x}}\,e^{-ax}\,dx = \int_0^\infty \frac{au\,du}{a^2+u^2}\left(\frac{2}{e^{\frac{\pi u}{2}}-e^{-\frac{\pi u}{2}}}\right) = \cfrac{1}{a+\cfrac{1.2}{a+\cfrac{2.3}{a+\dots}}}$$

je les donnerai dans le Mémoire que je prépare pour M. Jordan. J'y considère, en général, la réduction en fraction continue de

$$(\alpha) \qquad \int_0^\infty \frac{f(u)}{a+u}\,du = \cfrac{c_0}{a+\cfrac{p_1}{1+\cfrac{q_1}{a+\cfrac{p_2}{1+\cfrac{q_2}{a+\dots}}}}} \qquad [f(u)>0],$$

et vous voyez bien qu'elles se rattachent à cette étude, $f(u)$ étant dans les deux cas

$$\frac{u^{-\frac{1}{2}}}{e^{\frac{\pi}{2}\sqrt{u}}+e^{-\frac{\pi}{2}\sqrt{u}}} \quad \text{et} \quad \frac{1}{e^{\frac{\pi}{2}\sqrt{u}}-e^{-\frac{\pi}{2}\sqrt{u}}}.$$

(il y a encore à changer a en a^2 et à multiplier par a). C'est aussi en vertu d'un théorème général que je peux affirmer la *convergence* de la fraction continue obtenue pour

$$J(a) = \frac{B_1}{1.2.a} - \frac{B_2}{3.4.a^3} + \ldots.$$

C'est un exemple qui appartient au choix

$$f(u) = u^{-\frac{1}{2}} \log\left(\frac{1}{1-e^{-2\pi\sqrt{u}}}\right),$$

mais, naturellement, on ne peut pas attendre que la loi des coefficients de la fonction continue soit toujours simple. C'est précisément en cherchant de tels exemples que j'ai trouvé ces résultats. Je remarque que la seconde fraction continue peut s'écrire

$$\cfrac{1}{a + \cfrac{1}{\frac{1}{2}a + \cfrac{1}{\frac{1}{3}a + \cfrac{1}{\frac{1}{4}a + \ldots}}}},$$

et comme la série

$$a + \frac{1}{2}a + \frac{1}{3}a + \frac{1}{4}a + \ldots$$

est *divergente*, elle est convergente tant que $a > 0$, la restriction $a \geqq 1$ serait inutile, il en est de même pour la première fraction continue.

Mais vous voyez bien aussi que cette transformation

$$\frac{1}{a} - \frac{1}{a^3} + \frac{5}{a^5} - \frac{61}{a^7} + \frac{1385}{a^9} - \frac{50521}{a^{11}} + \ldots = \cfrac{1}{a + \cfrac{1^2}{a + \cfrac{2^2}{a + \ldots}}}$$

et

$$\frac{1}{a} - \frac{2}{a^3} + \frac{16}{a^5} - \frac{272}{a^7} + \frac{7936}{a^9} - \frac{353792}{a^{11}} + \ldots = \cfrac{1}{a + \cfrac{1.2}{a + \cfrac{2.3}{a + \ldots}}}$$

donne implicitement une nouvelle manière de définir ces nombres 1, 1, 5, 61, ... et 1, 2, 16, 272, ... (nombres de Bernoulli).

Aussi, l'établissement de ces formules exige de nouvelles recherches sur les nombres de Bernoulli qui me paraissent essentiellement distinctes de tout ce qu'on a fait jusqu'à présent là-dessus. Mais je suis occupé à simplifier mon analyse qui est encore quelque peu informe, et je chercherai aussi s'il n'y a pas de rapport avec les recherches antérieures sur ce sujet. La relation découverte par Seidel il y a quelques années ne paraît pas être liée à la réduction en fraction continue, mais j'ai lu que M. Stern a généralisé les relations de Seidel, et il y a encore d'autres travaux là-dessus dont je dois prendre connaissance.

D'après les valeurs des fractions continues, on doit avoir

$$1-a\left[\frac{1}{a+1}-\frac{1}{(a+1)^3}+\frac{5}{(a+1)^5}-\frac{61}{(a+1)^7}+\frac{1385}{(a+1)^9}-\ldots\right]$$
$$=\frac{1}{a}-\frac{2}{a^3}+\frac{16}{a^5}-\frac{272}{a^7}+\frac{7936}{a^9}+\ldots,$$

ce qui fournit le moyen d'exprimer les nombres eulériens 1, 1, 5, 61, 1385, ... par les nombres 1, 2, 16, 272, ... (nombres de Bernoulli, coefficients de la tangente) ou réciproquement. J'emploie tous mes loisirs à travailler à mon Mémoire pour M. Jordan et j'espère que dans quelques semaines je pourrai le lui remettre.

Veuillez bien agréer, cher monsieur, la nouvelle assurance de mon entier dévouement.

176. — *HERMITE A STIELTJES.*

Paris, 18 mars 1889.

MON CHER AMI,

Permettez-moi de recourir à votre bonne obligeance et vous prier de m'indiquer quelle est, dans le Mémoire de M. Lipschitz, la relation qui revient à celle que vous avez vous-même trouvée : $\frac{b\,\mathrm{R}(x-1)}{\Gamma(x)}=1+\ldots$, afin que je puisse faire une citation bien précise. Et puis, pour M. Lerch, dont le Mémoire traite le même sujet, a-t-il obtenu également le même résultat? M. Lipschitz doit faire une revendication de priorité, toute bienveillante, M. Lerch n'a pas eu connaissance de son travail, s'étant confié à un Mémoire de M. Hurtwitz sur une question analogue et dans lequel les recherches de M. Lipschitz ne se trouvent point mentionnées.

J'ai besoin de réfléchir sur vos équations (I) et (II) pour en bien comprendre la signification; comme vous avez dû battre l'estrade de tous côtés pour rencontrer cette formule!

J'avais songé de moi-même à ces nouveaux points de vue pour l'étude des nombres de Bernoulli et d'Euler, auquel vous vous trouvez amené; tout cela rendra extrêmement intéressant votre prochain Mémoire sur les fractions continues, que j'étudierai avec soin, vous pouvez y compter. Mais, en ce moment, je suis dans le chagrin d'une grande déception au sujet de la méthode de Laplace. En posant

$$\Theta_1(x) = \Sigma(-1)^m A_m x^{2m},$$
$$H_1(x) = \Sigma(-1)^m B_m x^{2m},$$

elle donne, de la manière la plus facile et la plus simple, les valeurs asymptotiques

$$A_m = \left(\frac{e\pi}{4mKK'}\right)^m \sqrt{\frac{K}{2m\pi K'}},$$
$$B_m = \left(\frac{e\pi}{4mKK'}\right)^m \sqrt{\frac{2K}{m\pi K'}},$$

d'où l'on tire, en supposant m très grand,

$$\sqrt[m]{A_m} = \frac{e\pi}{4mKK'},$$
$$\sqrt[m]{B_m} = \sqrt[m]{A_m}.$$

Ces deux fonctions conduisent donc au même résultat pour la loi de décroissement des coefficients que l'exponentielle

$$e^x = \Sigma C_m x^m,$$

puisque

$$C_m = \frac{1}{1.2\ldots m} = \frac{e^m}{m^{m+\frac{1}{2}}\sqrt{2\pi}}, \qquad \text{d'où} \qquad \sqrt[m]{C_m} = \frac{e}{m}.$$

Mais, à l'égard des fonctions semblables,

$$\Theta(x) = \Sigma(-1)^m \mathcal{A}_m x^{2m},$$
$$H(x) = \Sigma(-1)^m \mathcal{B}_m x^{2m+1},$$

les nouveaux coefficients $\mathcal{A}_m$ et $\mathcal{B}_m$ sont représentés par des séries à termes de signes alternatifs; ainsi on a, en désignant par a les nombres impairs et par b les nombres pairs,

$$\mathcal{A}_m = \frac{\left(\frac{\pi}{K}\right)^m}{1.2\ldots 2m}(\Sigma b^{2m} q^{b^2} - \Sigma a^{2m} q^{a^2}).$$

Or, la similitude d'expression des deux termes généraux $b^{2m} q^{b^2}$ et $a^{2m} q^{a^2}$ a pour effet qu'on obtient la même valeur asymptotique pour la première série et pour la seconde. Par conséquent, $\mathcal{A}_m$ a une loi de décroissement plus rapide que A_m et qu'on ne peut obtenir par la méthode de Laplace qui ne donne qu'une première approximation. Cette imperfection a bien été reconnue par Laplace lui-même, dans la *Mécanique céleste;* il se tire d'affaire avec une audace dangereuse dans le cas qu'il traite, mais, pour le mien, tout m'échappe et me manque, même l'audace. Quel dommage! la relation

$$2\,\Theta^2\left(\frac{1+k'}{2}x, \frac{1-k'}{1+k'}\right) = \sqrt{\frac{2K}{\pi}}\,\Theta(x) + \sqrt{\frac{2k'K}{\pi}}\,\Theta_1(x)$$

montre, comme vous voyez, que la loi de décroissement, pour le carré $\Theta^2(x)$, peut se conclure de ce qui concerne $\Theta_1(x)$, mais je dois renoncer faute de moyens, faute de ressources, à toute tentative pour parvenir à $\Theta(x)$ lui-même.

. . . .

Je vous renouvelle l'assurance de mon affection bien dévouée.

177. — *STIELTJES A HERMITE.*

Toulouse, 19 mars 1889.

CHER MONSIEUR,

Vous avez eu la grande bonté de me demander dernièrement de détacher, du travail dont je m'occupe actuellement, une Note pour les *Comptes rendus.*

J'espère que vous ne désapprouverez pas si, au lieu de cette question du terme complémentaire d'un certain développement en fraction continue, j'ai choisi un autre morceau traitant des dérivées de sécx et de tang$x$.

C'est parce que peut-être quelques géomètres, en lisant ma Note, trouveront plus de plaisir à chercher une démonstration des relations que j'ai trouvées, qu'à lire plus tard cette démonstration dans le *Journal de M. Jordan*. Suivant moi, cette démonstration est assez difficile à trouver.

Je vais indiquer comment les théorèmes sur les dérivées de $\operatorname{séc} x$ et de $\operatorname{tang} x$ permettent d'établir mes fractions continues.

En général, lorsqu'on pose

$$\frac{a_0}{x} - \frac{a_1}{x^3} + \frac{a_2}{x^5} - \frac{a_3}{x^7} + \ldots = \cfrac{a_0}{x + \cfrac{p_1}{x + \cfrac{q_1}{x + \cfrac{p_2}{x - \cfrac{q_2}{x + \cfrac{p_3}{x + \cfrac{q_3}{x + \ldots}}}}}}},$$

les p, q s'expriment ainsi

$$p_n = \frac{A_{n-1} B_n}{A_n B_{n-1}}, \qquad q_n = \frac{A_{n+1} B_{n-1}}{A_n B_n},$$

$A_0 = B_0 = 1$,

$$A_n = \begin{vmatrix} a_0 & a_1 & \ldots & a_{n-1} \\ a_1 & a_2 & \ldots & a_n \\ \ldots & \ldots & \ldots & \ldots \\ a_{n-1} & a_n & \ldots & a_{2n-2} \end{vmatrix}, \qquad B_n = \begin{vmatrix} a_1 & a_2 & \ldots & a_n \\ a_2 & a_3 & \ldots & a_{n+1} \\ \ldots & \ldots & \ldots & \ldots \\ a_n & a_{n+1} & \ldots & a_{2n-1} \end{vmatrix}.$$

En supposant donc que les a_i soient les coefficients du développement

$$\operatorname{séc} x = \sum_0^\infty \frac{a_n x^{2n}}{1.2\ldots 2n}$$

ou du développement

$$\operatorname{tang} x = \sum_0^\infty \frac{a_n x^{2n+1}}{1.2\ldots(2n+1)},$$

la difficulté se réduit à calculer les déterminants A_n, B_n. Mais ce sont les déterminants des formes quadratiques

$$\sum_0^{n-1} \sum_0^{n-1} a_{i+k} X_i X_k, \quad \sum_0^{n-1} \sum_0^{n-1} a_{i+k+1} X_i X_k;$$

et les valeurs des déterminants découlent immédiatement *des décompositions en carrés.*

Ainsi, dans le premier cas,

$$A_n = (a_0 b_1 c_2 \ldots)^2 = [0!\,2!\,4!\ldots(2n-2)!]^2,$$
$$B_n = (a_1 b_2 c_3 \ldots)^2 = [1!\,3!\,5!\ldots(2n-1)!]^2,$$

d'où

$$\frac{A_n}{A_{n-1}} = [(2n-2)!]^2, \qquad \frac{B_n}{B_{n-1}} = [(2n-1)!]^2, \qquad \frac{A_{n+1}}{A_n} = [(2n)!]^2,$$

$$p_n = (2n-1)^2, \qquad q_n = (2n)^2,$$

$$\frac{1}{x} - \frac{1}{x^3} + \frac{5}{x^5} - \frac{61}{x^7} + \ldots = \cfrac{1}{x + \cfrac{1^2}{x + \cfrac{2^2}{x - \ldots}}}$$

Dans le second cas, on obtient de la même façon

$$A_n = 1!\,2!\,3!\ldots(2n-1)!$$
$$B_n = 1!\,2!\,3!\ldots(2n)!$$
$$\frac{A_n}{A_{n-1}} = (2n-2)!\,(2n-1)!$$
$$\frac{B_n}{B_{n-1}} = (2n-1)!\,(2n)!$$
$$\frac{A_{n+1}}{A_n} = (2n)!\,(2n+1)!$$

$$p_n = (2n-1)2n, \qquad q_n = 2n(2n+1),$$

$$\frac{1}{x} - \frac{2}{x^3} + \frac{16}{x^5} - \frac{272}{x^7} + \ldots = \cfrac{1}{x - \cfrac{1.2}{x + \cfrac{2.3}{x + \ldots}}}$$

Je crois que l'étude des dénominateurs des réduites de ces fractions continues ne doit pas être négligée, mais, dans mon Mémoire, ces fractions continues ne figurent qu'à titre d'exemples de la théorie générale, et cette étude particulière m'entraînerait trop loin et y serait peu à sa place.

Je ne sais, monsieur, comment je dois vous remercier et

m'excuser de la peine que je vous cause; croyez bien à mon dévoûment sincère (¹).

${}_0 = 1,$	$f \;\;= \text{séc}\,x[1],$
${}_1 = 1,$	$f'' = \text{séc}\,x[1 + 2z],$
${}_2 = 5,$	$f^{(4)} = \text{séc}\,x[5 + 28z + 24z^2],$
${}_3 = 61,$	$f^{(6)} = \text{séc}\,x[61 + 662z + 1\,320z^2 + 720z^3],$
${}_4 = 1\,385,$	$f^{(8)} = \text{séc}\,x[1\,385 + 24\,568z + 83\,664z^2 + 100\,800z^3 + 40\,320z^4],$
${}_5 = 50\,521,$	....
${}_6 = 2\,702\,765,$	$f' \;= \text{séc}\,x\,\text{tang}\,x[1],$
${}_7 = 199\,360\,981,$	$f^{(3)} = \text{séc}\,x\,\text{tang}\,x[5 + 6z],$
${}_8 = 19\,391\,512\,145,$	$f^{(5)} = \text{séc}\,x\,\text{tang}\,x[61 + 180z + 120z^2],$
...............,	$f^{(7)} = \text{séc}\,x\,\text{tang}\,x[1\,385 + 7\,266z + 10\,920z^2 + 5\,040z^3],$
	....

$a_6 = 61^2 + 662^2 + 1\,320^2 + 720^2,$	coef. de $f^{(6)}$,
$a_6 = 5.1\,385 + 28.24\,568 + 24.83\,664,$	coef. de $f^{(4)}$ et de $f^{(8)}$,
$a_6 = 61.1\,385 + 180.7\,266 + 120.10\,920,$	coef. de $f^{(5)}$ et de $f^{(7)}$,
$a_7 = 1\,385^2 + 7\,266^2 + 10\,920^2 + 5\,040^2,$	coef. de $f^{(7)}$.

${}_0 = 1,$	$\varphi \;\;= \text{tang}\,x[1],$
${}_1 = 2,$	$\varphi'' = \text{tang}\,x[2 + 2z],$
${}_2 = 16,$	$\varphi^{(4)} = \text{tang}\,x[16 + 40z + 24z^2],$
${}_3 = 272,$	$\varphi^{(6)} = \text{tang}\,x[272 + 1\,232z + 1\,680z^2 + 720z^3],$
${}_4 = 7\,936,$	$\varphi^{(8)} = \text{tang}\,x[7\,936 + 56\,320z + 129\,024z^2 + 120\,960z^3 + 40\,320z^4],$
${}_5 = 353\,792,$	....,
${}_6 = 22\,368\,256,$	$\varphi' \;= 1 + z,$
${}_7 = 1\,903\,757\,312,$	$\varphi''' = 2 + 8z + 6z^2,$
${}_8 = 209\,865\,342\,976,$	$\varphi^{(5)} = 16 + 136z + 240z^2 + 120z^3,$
................,	$\varphi^{(7)} = 272 + 3\,968z + 12\,096z^2 + 13\,440z^3 + 5\,040z^4.$

(¹) *Note des éditeurs.* — La Note jointe à cette lettre a été communiquée à l'Académie dans la séance du 25 mars 1889 (*Comptes rendus*, t. CVIII, p. 605-607).

Les valeurs numériques des coefficients des $f^{(i)}$ et $\varphi^{(i)}$ de cette Note n'ont pu trouver place dans les *Comptes rendus*. Nous pensons utile de les reproduire à la suite de cette lettre. Elles faisaient partie de la première rédaction de la Note en question (*voir* lettre 179).

$a_4 = 1.16^2 + 3.40^2 + 5.24^2,$ coef. de $\varphi^{(4)}$.

$a_4 = 1.2.272 + 3.2.1232,$ coef. de $\varphi^{(2)}$ et de $\varphi^{(6)}$,

$a_4 = 2.8.136 + 4.6.240,$ coef. de $\varphi^{(3)}$ et de $\varphi^{(5)}$,

$a_5 = 2.136^2 + 4.240^2 + 6.120^2,$ coef. de $\varphi^{(5)}$,

$a_8 = 1.7\,936^2 + 3.56\,320^2 + 5.129\,024^2 + 7.120\,960^2 + 9.40\,320^2,$ coef. de $\varphi^{(8)}$,

$a_7 = 2.3\,968^2 + 4.12\,096^2 + 6.13\,440^2 + 8.5\,040^2,$ coef. de $\varphi^{(7)}$,

$a_7 = 1.272.7\,936 + 3.1\,232.56\,320 + 5.1\,680.129\,024 + 7.720.120\,960,$ coef. de $\varphi^{(6)}$ et de $\varphi^{(8)}$

178. — *STIELTJES A HERMITE.*

Toulouse, 19 mars 1889.

CHER MONSIEUR,

La formule

$$(\alpha)\qquad \frac{b}{\Gamma(x)}\sum_0^\infty \frac{(a+nb)^{x-1}}{e^{a+nb}} = 1 + 2\sum_1^\infty \frac{\cos\left(x \operatorname{arc\,tang}\frac{2n\pi}{b} - \frac{2n\pi a}{b}\right)}{\left(1+\frac{4n^2\pi^2}{b^2}\right)^{\frac{x}{2}}}$$

peut s'écrire

$$\frac{b}{\Gamma(x)}\sum_0^\infty \frac{(a+nb)^{x-1}}{e^{a+nb}} = \sum_{-\infty}^{+\infty} \frac{e^{2n\pi i\frac{a}{b}}}{\left(1+\frac{2n\pi i}{b}\right)^x},$$

ou

$$(\beta)\qquad \frac{1}{\Gamma(x)}\sum_0^\infty \frac{(a+nb)^{x-1}}{e^{a+nb}} = b^{x-1}\sum_{-\infty}^{+\infty} \frac{e^{2n\pi i\frac{a}{b}}}{(b+2n\pi i)^x}.$$

M. Lipschitz part de cette définition

$$\mathrm{F}(v, x, k, \sigma) = \sum_{-\infty}^{+\infty} \frac{e^{2n\pi i v}}{[k+(n+x)i]^\sigma},$$

et remplaçant ici

x	par	0,
k	par	$\frac{b}{2\pi}$,
v	par	$\frac{a}{b}$,
σ	par	x,

vous voyez que le *second* membre de (β) est

$$(\gamma) \qquad \frac{b^{x-1}}{(2\pi)^x} F\left(\frac{a}{b}, 0, \frac{b}{2\pi}, x\right).$$

Or, l'équation (10) de M. Lipschitz donne cette transformation de la définition originelle de F

$$F(v, x, k, \sigma) = \frac{2\pi}{\Gamma(\sigma)} \sum_0^\infty e^{-2\pi(n+v)(k+xi)} (2\pi)^{\sigma-1} (n+v)^{\sigma-1},$$

et en appliquant cette transformation à l'expression (γ), on obtient

$$\frac{1}{\Gamma(x)} \sum_0^\infty e^{-(a+nb)} (a+nb)^{x-1},$$

c'est-à-dire le *premier* membre de (β). Vous voyez que M. Lipschitz part du second membre de (α) ou (β) et retrouve le premier membre. Nous avons parcouru le chemin en sens inverse.

M. Lerch pose d'abord (p. 19)

$$\mathcal{K}(w, x, s) = \sum_0^\infty \frac{e^{2n\pi i x}}{(w+n)^s}$$

(je remplace sa lettre k par n) et il suppose

$$0 < w < 1, \qquad \text{partie imaginaire } x > 0,$$

et

$$\text{partie réelle } s > 1$$

(si mes notes sont exactes). J'avoue que cette condition relative à s m'embarrasse et me semble superflue, la supposition

$$x = p + qi \qquad (q > 0)$$

assurant déjà la convergence, quel que soit s. Aussi, pour retrouver votre $R(x)$, je prendrai s négatif

$$(\delta) \qquad \mathcal{K}\left(\frac{a}{b}, \frac{ib}{2\pi}, 1-x\right) = \frac{e^a}{b^{x-1}} \sum_0^\infty \frac{(a+nb)^{x-1}}{e^{a+nb}}.$$

Or, les équations (4) et (5) de M. Lerch sont

$$(4)\qquad \mathcal{K}(w, x, s) = e^{-s\pi i}\,\Gamma(1-s)\frac{1}{2\pi i}\,\mathrm{K}(w, x, s) \qquad (\text{p. } 21),$$

$$(5)\qquad \mathrm{K}(w, x, s) = -2\pi i e^{-2\pi i w x}\sum_{-\infty}^{+\infty}\frac{e^{-2n\pi i w}}{[2\pi i(x+n)]^{1-s}} \qquad (\text{p. } 22).$$

Donc, substituant

$$\mathcal{K}(w, x, s) = -\Gamma(1-s)e^{-\pi i(s+2wx)}\sum_{-\infty}^{+\infty}\frac{e^{-2n\pi i w}}{[2\pi i(x+n)]^{1-s}}.$$

Appliquant ceci au premier membre de (δ), on obtient

$$-\Gamma(x)e^{-\pi i\left(1-x+\frac{ai}{\pi}\right)}\sum_{-\infty}^{+\infty}\frac{e^{-2n\pi i\frac{a}{b}}}{(2n\pi i-b)^{x}},$$

ou bien, à cause de

$$e^{-\pi i} = -1, \qquad e^{\pi i x} = \frac{1}{(-1)^{x}},$$

$$\Gamma(x)e^{a}\sum_{-\infty}^{+\infty}\frac{e^{-2n\pi i\frac{a}{b}}}{(b-2n\pi i)^{x}},$$

en égalant ceci au second membre de (δ)

$$\sum_{0}^{\infty}\frac{(a+nb)^{x-1}}{e^{a+nb}} = \Gamma(x)b^{x-1}\sum_{-\infty}^{+\infty}\frac{e^{-2n\pi i\frac{a}{b}}}{(b-2n\pi i)^{x}},$$

ce qui est la formule (β).

Je partage votre chagrin de ce que la valeur asymptotique de $\mathcal{A}_m$ dans

$$\Theta(x) = \Sigma(-1)^m\mathcal{A}_m x^{2m}$$

se dérobe, tandis que celle de A_m dans

$$\Theta_1(x) = \Sigma(-1)^m \mathrm{A}_m x^{2m}$$

s'obtient sans difficulté. $\mathcal{A}_m$ étant la différence de deux quantités dont A_m est la somme, et vu le degré d'approximation que donne ordinairement la méthode de Laplace, je crois qu'il est probable que le rapport $\mathcal{A}_m : \mathrm{A}_m$ sera de l'ordre $\frac{1}{m}$ ou, enfin, d'une puissance négative de m à exposant *fini*, en sorte que le rapport $\sqrt[m]{\mathcal{A}_m}$ à $\sqrt[m]{A_m}$ est sensiblement $= 1$.

Il me semble peu probable, en effet, qu'il y ait une compensation plus complète dans les deux parties de $\mathcal{A}_m$. Cependant, il faut avouer que cela n'est qu'une conjecture toujours incertaine, et si j'avais un peu plus de loisir, je serais beaucoup tenté de consacrer quelques efforts pour trouver la vraie valeur asymptotique de $\mathcal{A}_m$. Mais ce sera difficile, je crois, et, pour moi, il est absolument inutile de m'occuper d'une question de ce genre si je n'ai pas le temps nécessaire. Je ne réussis qu'en revenant toujours à la charge et avec la volonté ferme de parvenir au but.

Je me suis aperçu que mes résultats relatifs aux dérivées de $\operatorname{séc} x$ et de $\operatorname{tang} x$ s'appliquent presque sans changement aux dérivées de

$$\operatorname{sin am} x, \quad \operatorname{cos am} x, \quad \Delta \operatorname{am} x$$

Je considérerai seulement

$$f = \operatorname{cos am} x$$

et je pose

$$z = k \operatorname{sin am}^2 x.$$

On trouve

$$\begin{aligned}
f &= \operatorname{cn} x[1],\\
f' &= \operatorname{sn} x \operatorname{dn} x[-1],\\
f'' &= \operatorname{cn} x[-1 + 2kz],\\
f''' &= \operatorname{sn} x \operatorname{dn} x[1 + 4k^2 - 6kz],\\
f^{(4)} &= \operatorname{cn} x[1 + 4k^2 - (20k + 8k^3)z + 24k^2z^2],\\
f^{(5)} &= \operatorname{sn} x \operatorname{dn} x[-1 - 44k^2 - 16k^4 + (60k + 120k^3)z - 120k^2z^2],\\
f^{(6)} &= \operatorname{cn} x[-1 - 44k^2 + 16k^4\\
&\qquad + (182k + 448k^3 + 32k^5)z - (840k^2 + 480k^4)z^2 + 720k^3z^3],\\
&\ldots\ldots\ldots\ldots\ldots\ldots\ldots\ldots\ldots\ldots\ldots\ldots,
\end{aligned}$$

si je considère d'abord les dérivées d'ordre pair

$$\begin{aligned}
f &= \operatorname{cn} x[1] && = \operatorname{cn} x[a_0],\\
f'' &= \operatorname{cn} x[-1 + 2kz], && = \operatorname{cn} x[-a_1 + b_1 z],\\
f^{(4)} &= \operatorname{cn}, && = \operatorname{cn} x[+a_2 - b_2 z + c_2 z^2],\\
& && f^{(6)} = \operatorname{cn} x[-a_3 + b_3 z + c_3 z^2 - d_3 z^3],\\
& && \ldots\ldots\ldots\ldots\ldots\ldots\ldots\ldots,
\end{aligned}$$

j'ai

$$\operatorname{cn} x = a_0 - \frac{a_1}{1.2}x^2 + \frac{a_2}{1.2.3.4}x^4 - \ldots$$

et

$$\begin{aligned}\sum\sum a_{i+k}X_iX_k = (a_0X_0 + a_1X_1 + a_2X_2 + \ldots)^2 \\ + (b_1X_1 + b_2X_2 + \ldots)^2 \\ + (c_2X_2 + \ldots)^2 \\ + \ldots\ldots\ldots\ldots,\end{aligned}$$

absolument comme dans le cas de séc x. De même pour les dérivées d'ordre impair. Ainsi, par exemple,

$$a_3 = (1 + 44k^2 + 16k^4)^2 + (60k + 120k^3)^2 + (120k^2)^2,$$

ou si je pose, pour simplifier, $2k = l$,

$$\begin{aligned}a_5 &= (1 + 11l^2 + l^4)^2 + (30l + 15l^3)^2 + (30l^2)^2,\\ a_6 &= (1 + 11l^2 + l^4)^2 + (91l + 56l^3 + l^5)^2 + (210l^2 + 30l^4)^2 + (90l^3)^2,\\ a_5 &= 1 + 922l^2 + 1923l^4 + 247l^6 + l^8,\\ a_6 &= 1 + 8303l^2 + 54415l^4 + 24040l^6 + 1013l^8 + l^{10}.\end{aligned}$$

Ce sont exactement les valeurs données par Briot et Bouquet (p. 461) et qu'ils ont obtenues à l'aide de votre belle méthode. Pour $k = 1$, on retombe sur mes premières formules qu'il était bien nécessaire de découvrir d'abord. Et voici maintenant comment ma première fraction continue se dédouble

$$\int_0^\infty \cos \operatorname{am} z\, e^{-xz}\, dz = \cfrac{1}{x + \cfrac{1}{x + \cfrac{4k^2}{x + \cfrac{9}{x + \cfrac{16k^2}{x + \cfrac{25}{x + \cfrac{36k^2}{x + \ldots}}}}}}},$$

$$\int_0 \Delta \operatorname{am} z\, e^{-xz}\, dz = \cfrac{1}{x + \cfrac{k^2}{x + \cfrac{4}{x + \cfrac{9k^2}{x + \cfrac{16}{x + \cfrac{25k^2}{x + \cfrac{36}{x + \ldots}}}}}}},$$

c'est-à-dire

$$\cos\operatorname{am} z = a_0 - \frac{a_1}{1.2}z^2 + \frac{a_2}{1.2.3.4}z^4 - \ldots,$$

$$\Delta\operatorname{am} z = b_0 - \frac{b_1}{1.2}z^2 + \frac{b_2}{1.2.3.4}z^4 - \ldots,$$

$$\frac{a_0}{x} - \frac{a_1}{x^3} + \frac{a_2}{x^5} - \ldots = \cfrac{1}{x + \cfrac{1}{x + \cfrac{4k^2}{x + \cfrac{9}{x + \ldots}}}}$$

$$\frac{b_0}{x} - \frac{b_1}{x^3} + \frac{b_2}{x^5} - \ldots = \cfrac{1}{x + \cfrac{k^2}{x + \cfrac{4}{x + \cfrac{9k^2}{x + \ldots}}}}$$

Je n'ai pas encore considéré $\sin\operatorname{am} x$, mais je vois bien que ce cas exige une légère modification. Aussi, je n'ai pas encore réduit les intégrales

$$\int_0^\infty \cos\operatorname{am} z\, e^{-xz}\, dz, \quad \int_0^\infty \Delta\operatorname{am} z\, e^{-xz}\, dz$$

à la forme

$$\int_0^\infty \frac{x\, f(z)}{x^2 + z^2}\, dz,$$

ce qui est très essentiel pour moi. Mais tout cela va me donner encore beaucoup de travail. En effet, j'étais assez satisfait de la démonstration de mes théorèmes sur les dérivées de $\operatorname{séc} x$ et de $\operatorname{tang} x$. Mais, si je voulais tenter une pareille démonstration pour $\operatorname{cn} x$, $\operatorname{dn} x$, la chose serait bien possible, mais cependant très pénible. Or, ces relations me semblent si simples que je ne peux douter qu'elles ne soient l'expression de quelque fait analytique également simple. Il faudra trouver cela.

Sachant que vous prenez intérêt à la loi des coefficients a_i, b_i dans les développements des fonctions elliptiques, j'ai cru pouvoir vous communiquer ces résultats. Vous voyez que, dans mes recherches, je me suis rapproché maintenant du sujet qui vous occupe actuellement, les valeurs asymptotiques des coefficients.

En vous remerciant, cher Monsieur, des bonnes paroles de la fin de votre lettre, je peux vous assurer que je tâcherai d'être toujours digne de l'intérêt que vous voulez bien montrer pour votre dévoué.

179. — *HERMITE A STIELTJES.*

Mon cher Ami,

Combien vous êtes bon et complaisant de m'avoir fait profiter si complètement de l'étude attentive que vous avez faite des Mémoires de M. Lipschitz et de M. Lerch; le premier étant écrit en allemand, je n'aurais pu parvenir à y voir ce que vous avez bien voulu m'expliquer avec la plus entière et la plus complète clarté.

J'ai été enchanté des belles formules que vous m'avez envoyées pour les *Comptes rendus;* votre article sera présenté à la prochaine séance de l'Académie et j'espère bien que M. Bertrand ne fera point difficulté pour son insertion. La commission du budget a rogné de 10 000fr, je crois, l'allocation accordée à l'impression des *Comptes rendus,* qui s'élevait à la somme importante de 80 000fr.

. . . .

Vos expressions des dérivées successives de $\operatorname{cn} x$ et les fractions continues que vous avez découvertes pour les intégrales

$$\int_0^\infty \operatorname{cn} z\, e^{-xz}\, dz, \quad \int_0^\infty \operatorname{dn} z\, e^{-xz} dz$$

me ravissent; à coup sûr, personne au monde analytique n'a jamais eu votre idée si heureuse, si ingénieuse de la décomposition en carrés de vos formes quadratiques à un nombre infini de variables. Verriez-vous inconvénient à ce que je mette ces résultats, vraiment surprenants, sous les yeux de M. Darboux avec qui je m'entretiens de vos intérêts? C'est ordinairement le lundi que j'ai occasion de le voir et de causer amicalement avec lui dans le cabinet de M. Bertrand, qui, je saisis l'occasion de vous le dire, partage entièrement nos sentiments à votre égard.

Soient $F(x)$ un polynome de degré n qui n'a point de racines réelles, et $G(x)$ un polynome arbitraire de degré $n-2$; je vous propose comme exercice pour vos élèves à la Faculté de démontrer que l'intégrale

$$J = \int_{-\infty}^{+\infty} \frac{G(x)}{F(x)} dx$$

est un invariant simultané des formes

$$y^n F\left(\frac{x}{y}\right) \quad \text{et} \quad y^{n-2} G\left(\frac{x}{y}\right).$$

Cette minime question vous montre que j'ai repris mes leçons à la Sorbonne; je me propose cette année de donner la méthode de Laplace pour la convergence des séries qui représentent les coordonnées elliptiques, avec quelques petites simplifications dont vous m'avez suggéré la principale. Vous m'avez fait remarquer que la série proposée étant Σu_n, si Laplace pose la condition $u_n = u_{n-1}$, c'est uniquement parce que, dans son cas, l'équation est plus simple que $D_n u_n = 0$ qui est la vraie au fond.

Étant ainsi fixé par vous, je raisonne en employant la dérivée, après avoir préalablement formé l'expression asymptotique de u_n; on abrège de cette manière les calculs, et la méthode prend une apparence plus régulière.

Quelle désolation, quelle humiliation lamentable de ne pouvoir mordre sur $\Theta(x)$ et $H(x)$ qui sont si voisins de $\Theta_1(x)$ et $H_1(x)$!

Avec mes plus vives félicitations, mon cher ami, pour vos nouvelles découvertes et l'assurance de mon affection dévouée (¹).

180. — *STIELTJES A HERMITE.*

Toulouse, 22 mars 1889.

CHER MONSIEUR,

Votre lettre m'a engagé à faire la Note ci-jointe que je vous prie de substituer à celle que je vous avais d'abord envoyée et qui est, en effet, un peu longue. Celle-ci étant plus courte, trouvera plus facilement grâce.

. . . .

(¹) *Note des éditeurs.* — La lettre, non datée, semble s'intercaler naturellement entre celle du 19 et celle du 22 mars 1889.

La formule pour le sinam est

$$\int_0^{\infty} e^{-xz} \operatorname{sin am} z \, dz$$

$$= \cfrac{1}{x^2 + (1 + k^2) - \cfrac{1.2^2.3}{x^2 + 3^2(1+k^2) - \cfrac{3.4^2.5}{x^2 + 5^2(1+k^2) - \ldots}}}$$

Les polynomes qui figurent dans le développement de sinam x sont décidément plus difficiles à obtenir que ceux qui figurent dans les développements de cosam x et de Δ am x. C'est ce que vous avez trouvé aussi.

Je ne vois aucun inconvénient à ce que vous parliez à M. Darboux, ou à qui que ce soit de vos amis, des recherches scientifiques qui m'occupent.

. . . .

Votre exercice sur l'intégrale $\int_{-\infty}^{+\infty} \frac{G(x)}{F(x)} dx$ sera, je le crois, un peu difficile pour mes élèves, mais je verrai ([1]).

Ce qui manque surtout à la vie des facultés de province, ce sont les bons élèves. Les meilleurs que nous avons sont naturellement les boursiers d'agrégation, mais ces pauvres gens ont à subir un concours bien redoutable et l'on ne peut pas trop leur reprocher qu'ils tiennent exclusivement à leur programme et ont peu d'inclination à s'occuper d'autres choses. Quant aux autres, ils se contentent presque exclusivement d'être reçus licenciés, et encore est-il matériellement impossible de traiter toutes les matières du programme dans un cours d'un an, à raison de deux leçons par semaine. Il ne faut pas oublier qu'il n'est pas possible de laisser de côté les premiers éléments comme on peut le faire à Paris, car enfin, ils ne savent pas prendre une dérivée et il faut le leur apprendre.

Aussi, peut-on consacrer, par exemple, deux ou trois leçons au plus aux fonctions d'une variable imaginaire. Et cette année j'avais à expliquer à quelques-uns de mes élèves qui, après avoir obtenu la licence, aspiraient à l'agrégation, le théorème de Cauchy

---

([1]) *Note de M. Stieltjes.* — Je ne suis pas sûr s'il y en aura un qui saura ce que c'est qu'un invariant.

et de Mme de Kowalewski sur les équations aux dérivées partielles! Naturellement, il fallait bien leur donner d'abord quelques leçons complémentaires sur la théorie des fonctions.

Mais voilà bien des jérémiades qui ne changeront rien. Il faudra beaucoup de temps et surtout d'esprit de suite dans la direction de l'enseignement supérieur pour relever le niveau scientifique des facultés de province.

Je veux réfléchir de temps en temps un peu sur la valeur asymptotique du coefficient $\mathcal{A}_m$ dans le développement de $\Theta(x)$. Mais je crois bien qu'il faudra suivre une méthode toute différente de celle de Laplace.

Veuillez bien accepter, cher Monsieur, la nouvelle assurance de mon entier dévouement.

181. — *HERMITE A STIELTJES.*

Paris, 22 mars 1889.

Cher Ami,

Je vais risquer une tentative bien hasardeuse pour avoir la valeur asymptotique des coefficients de $\Theta(x)$ et de $H(x)$, voici mon point de départ.

La méthode de Laplace pour obtenir la valeur approchée de la série

$$S = f(1) + f(2) + \ldots + f(n) + \ldots,$$

dont les termes vont d'abord en augmentant jusqu'à un maximum pour décroître ensuite indéfiniment, a été appliquée par lui au cas où la fonction $f(n)$ se compose d'un produit de facteurs élevés à de grandes puissances, et c'est ce qui arrive dans les exemples que j'ai traités. Remplaçons l'entier n par une variable x, l'analyse de Laplace revient simplement à prendre pour valeur approchée de S l'intégrale $\int_0^\infty f(x)\,dx$, et à déterminer cette intégrale par la méthode donnée dans la théorie des probabilités. La fonction $f(x)$ étant supposée nulle pour $x = 0$, $x = \infty$ et avoir un maximum unique pour $x = \xi$, on pose

$$f(x) = f(\xi)e^{-t^2},$$

de sorte que la nouvelle variable t croît de $-\infty$ à $+\infty$. Dans le cas où $f(x)$ est de la forme $[F(x)]^n$, la valeur de dx s'obtient sous forme d'une série en t, et contenant les puissances successives de $\frac{t}{\sqrt{n}}$, ce qui permet d'atteindre une approximation qui augmente quand n croît. En négligeant $\frac{1}{\sqrt{n}}$, on trouve la formule

$$\int_0^\infty f(x)\,dx = f(\xi)\sqrt{-\frac{2\pi f''(\xi)}{f(\xi)}}.$$

C'est de là simplement que se tire l'application si importante à la convergence des séries qui représentent les coordonnées elliptiques et aussi toutes mes applications. Vous direz que mon audace ne connaît pas de bornes, et je ne vous contredirai certainement point, mais, plutôt que de ne rien faire, je me propose, en partant de l'expression

$$\mathcal{A}_m = \frac{\left(\frac{\pi}{K}\right)^{2m}}{1.2\ldots 2m}(\Sigma a^{2m} q^{a^2} - \Sigma b^{2m} q^{b^2}),$$

d'évaluer chacun des termes par les intégrales

$$\int_0^\infty (2x)^{2m} q^{4x^2}\,dx \qquad \text{et} \qquad \int_0^\infty (2x+1)^{2m} q^{(2x+1)^2}\,dx,$$

traitées comme le fait Laplace. Je prendrai un terme de plus, j'emploierai le terme en $\frac{1}{\sqrt{m}}$ dans le développement de dx, suivant les puissances de t, et puis, va comme je te pousse, advienne que pourra.

Le luxe en côtoyant la misère la rend plus sordide, plus humiliante, je considérerai les séries doubles $\Sigma f(m, n)$, où la fonction de deux indices croît aussi jusqu'à un maximum pour décroître ensuite, qui s'offrent comme coefficients de $x^m y^n$ dans les développements des Θ à deux variables.

Et, comme Laplace dans les probabilités a étendu sa méthode aux intégrales doubles

$$\int_0^\infty \int_0^\infty f(x, y)\,dx\,dy,$$

je prendrai son résultat pour valeur approchée de la série, à l'aventure!

Que pensez-vous, dans votre sens analytique intime, de la tentative?

Votre bien affectueusement dévoué.

182. — *STIELTJES A HERMITE.*

Toulouse, 23 mars 1889.

Cher Monsieur,

Je veux répondre par quelques mots à votre lettre. Probablement, vous avez vu aussi qu'il n'est (pas) besoin d'aucun calcul prolixe pour évaluer les intégrales

$$\int_0^\infty (2x)^{2m} q^{4x^2}\,dx = 2^{2m-1}\int_0^\infty y^{m-\frac{1}{2}} e^{-4ay}\,dy \qquad (x^2 = y),$$

$$\int_0^\infty (2x+1)^{2m} q^{(2x+1)^2}\,dx = 2^{2m-1}\int_{\frac{1}{4}}^\infty y^{m-\frac{1}{2}} e^{-4ay}\,dy \qquad \left(x+\frac{1}{2}\right)^2 = y,$$

$$q = e^{-a},$$

dont la différence est, par conséquent,

$$2^{2m-1}\int_0^{\frac{1}{4}} y^{m-\frac{1}{2}} e^{-4ay}\,dy,$$

cela donnerait donc une destruction bien complète dans la différence

$$\Sigma a^{2m} q^{a^2} - \Sigma b^{2m} q^{b^2},$$

mais il paraît bien difficile de dire si l'on peut s'y fier. Cependant, après y avoir regardé de plus près, je retire formellement l'opinion émise précédemment que la destruction des termes dans la différence se bornerait aux termes principaux et, par conséquent, $\frac{\mathfrak{A}_m}{A_m}$ décroîtrait comme $\frac{1}{m}$ ou $\frac{1}{m^k}$.

J'admets maintenant comme probable un contrebalancement des termes d'une manière plus complète, quoique j'hésite cependant à admettre le résultat

$$2^{2m-1}\int_0^{\frac{1}{4}} y^{m-\frac{1}{2}} e^{-4ay}\,dy.$$

Pour savoir avec quelle approximation on peut poser avec vous

$$\Sigma\, a^{2m} q^{a^2} = \int_0^\infty (2x)^{2m} q^{4x^2}\,dx,$$

il semble naturel, en posant

$$f(x) = (2x)^{2m} q^{4x^2},$$

de recourir à la formule d'Euler

$$\begin{aligned} h[f(a)+f(a+h)+\ldots+f(a+\overline{n-1}\,h)] &= \int_a^b f(x)\,dx - \frac{1}{2}h\,[f(b)-f(a)] \\ &+ \frac{B_1 h^2}{1.2}[f'(b)-f'(a)] \\ &- \frac{B_3 h^4}{1.2.3.4}[f'''(b)-f'''(a)] \\ &+ \ldots\ldots\ldots\ldots\ldots\ldots \\ &(b = a+nh), \end{aligned}$$

en prenant $n=\infty$, $b=\infty$, $a=0$, $h=1$.

Vous voyez que $f(b)$, $f'(b)$, $f'''(b)$ s'annulent, de même que $f'(a)$, $f'''(a)$, ...

Or, j'ai remarqué, dans mainte occasion, que si cela arrive et que l'équation d'Euler semblerait ainsi donner l'égalité complète entre la série et l'intégrale, la vraie différence décroît très rapidement. Comme exemples, je citerai ici le cas de votre fonction $R(x)$, la relation

$$h\left[\frac{1}{2} + e^{-h^2} + e^{-(2h)^2} + e^{-(3h)^2} + \ldots\right] = \sqrt{\pi}\left(\frac{1}{2} + e^{-\frac{\pi^2}{h^2}} + e^{-\frac{4\pi^2}{h^2}} + \ldots\right),$$

et il y en a encore quelques autres, dont voici la plus simple

$$\frac{1}{e^x-1} + \frac{1}{2} = \frac{1}{x} + \sum_1^\infty \frac{2x}{x^2+4n^2\pi^2},$$

ou bien

$$\frac{\pi}{e^{\frac{2\pi}{h}}-1}+\frac{\pi}{2}=\frac{h}{2}+\sum_{1}^{\infty}\frac{h}{1+h^2n^2},$$

c'est-à-dire, pour $f(x)=\frac{1}{1+x^2}$,

$$h\left[\frac{1}{2}f(0)+f(h)+f(2h)+f(3h)+\ldots\right]=\int_0^\infty\frac{dx}{1+x^2}+\frac{\pi}{e^{\frac{2\pi}{h}}-1},$$

$$h\sum_{-\infty}^{+\infty}f(nh)=\int_{-\infty}^{\infty}\frac{dx}{1+x^2}+\frac{2\pi}{e^{\frac{2\pi}{h}}-1},$$

pour $\pm\infty$, $f(x)$ s'annule avec toutes ses dérivées.

Admettons donc qu'on a d'une manière très approchée, en effet,

$$\Sigma\, a^{2m}q^{a^2}=\int_0^\infty(2x)^{2m}q^{4x^2}\,dx.$$

En prenant

$$f(x)=(2x+1)^{2m}q^{(2x+1)^2},$$

la formule d'Euler donnera

$$\Sigma\, b^{2m}q^{b^2}=\int_0^\infty f(x)\,dx+\frac{1}{2}q+\ldots,$$

mais les termes suivants, avec $f'(0)$, $f'''(0)$, ..., renferment des puissances positives de plus en plus élevées de m, et le degré d'approximation nous échappe complètement.

Je crois que, pour avoir une solution rigoureuse de la question, il faudra trouver des transformations analytiques, mais cela ne sera pas aisé du tout. *On ne sait même pas* si $\mathcal{A}_m$ est toujours positif; il se pourrait bien que la vraie valeur approchée renferme un terme périodique qui change de signe comme dans la différence

$$\frac{b\,\mathrm{R}(x-1)}{\Gamma(x)}-1!$$

Je crois que l'application aux séries doubles

$$\Sigma\, f(m,n)$$

que vous proposez donnera des résultats exacts et est légitime.

J'ai plusieurs fois évalué des intégrales doubles d'après la méthode de Laplace et avec un succès complet.

Votre bien sincèrement dévoué.

183. — *HERMITE A STIELTJES.*

Paris, 25 mars 1889.

MON CHER AMI,

M. Darboux, à qui j'ai communiqué vos charmantes formules de développements en fractions continues, en a été aussi enchanté que moi; nous vous prions tous deux de vouloir nous fournir la liste complète avec les indications des recueils, de toutes vos publications mathématiques, nous aurons à en faire usage. M. Bertrand, j'ai le plaisir de vous le dire, n'a fait aucune difficulté à l'insertion dans les *Comptes rendus* de votre dernière Note. Vos remarques sont excellentes et désolantes, je me les étais faites déjà en grande partie et, dans ce que je vais écrire, je n'aurai garde de dissimuler tout ce qu'il y a de hasardeux et d'obscur à prendre pour valeur approchée de la somme

$$\Sigma(2x+1)^{2m} q^{(2x+1)^2}$$

l'intégrale

$$\int_0^\infty (2x+1)^{2m} q^{(2x+1)^2}\, dx.$$

Quel dommage, car le développement suivant les puissances descendantes de m que vous ramenez au calcul de

$$\int_0^{\frac{1}{4}} x^{m-\frac{1}{2}} e^{-x}\, dx$$

s'obtient très facilement sans recourir au procédé de Laplace.

On a, en effet,

$$\int_0^\omega x^{m-1} e^{-x}\, dx = \omega^m e^{-\omega}\left(\frac{1}{m} + \frac{\omega}{m(m+1)} + \frac{\omega^2}{m(m+1)(m+2)} + \ldots\right).$$

Mais voici de bien autres difficultés à l'égard des fonctions Θ

à deux variables. Il s'agit d'obtenir la valeur asymptotique pour m et n très grands de la série double

$$\Sigma\, a^{2m} b^{2n} e^{-(ga^2+2hab+kb^2)} \qquad (a, b = 0, 1, 2, \ldots),$$

question en apparence toute semblable à celle des Θ elliptiques, or il s'en faut du tout au tout; la fonction de deux variables

$$x^{2m} y^{2n} e^{-(gx^2+2hxy+ky^2)},$$

où (g, h, k) est une forme définie positive, passe par deux maxima! Par conséquent, tout s'effondre, il devient impossible d'appliquer la méthode de Laplace qui suppose essentiellement un seul et unique maximum.

Et, en même temps, voyez comment se révèle la singularité pleine de mystères des fonctions de deux variables. Deux maxima comportent un minimum dans leur intervalle, s'il s'agit des fonctions d'une seule variable; rien de pareil pour deux variables; que peut-on entendre, en effet, par un système p et q de valeurs intermédiaires entre a et b, a' et b'!

En vous demandant d'avoir la bonté de me rappeler et de me dire où Dirichlet a donné la formule importante dont vous aviez si habilement tiré une démonstration de l'égalité de M. Lipschitz

$$\frac{b\,\mathrm{R}(x-1)}{\Gamma(x)} = 1 + \ldots,$$

je vous renouvelle, mon cher ami, l'assurance de tout mon dévouement.

184. — *STIELTJES A HERMITE.*

Toulouse, 25 mars 1889.

CHER MONSIEUR,

La *vraie* démonstration de mes propositions concernant la décomposition en carrés de certaines formes quadratiques est si excessivement simple, qu'il est vraiment humiliant de n'y avoir pas songé tout de suite.

Je considère les dérivées d'ordre pair de $f(x) = \text{séc}\,x$, $z = \text{tang}^2 x$

$$(1) \quad \begin{cases} f = \text{séc}\,x(a_0), \\ f'' = \text{séc}\,x(a_1 + b_1 z), \\ f^{(4)} = \text{séc}\,x(a_2 + b_2 z + c_2 z^2), \\ f^{(6)} = \text{séc}\,x(a_3 + b_3 z + c_3 z^2 + d_3 z^3), \end{cases}$$

$$(2) \quad \text{séc}\,x = \sum_0^\infty \frac{a_n x^{2n}}{1.2\ldots(2n)}.$$

D'après le théorème de Taylor

$$\frac{1}{2}[\text{séc}(x+h) + \text{séc}(x-h)] = f + \frac{h^2}{1.2} f'' + \frac{h^4}{1.2.3.4} f^{(4)} + \ldots,$$

ou bien, en substituant les valeurs (1),

$$(3) \quad \begin{aligned} &\frac{1}{2}[\text{séc}(x+h) + \text{séc}(x-h)] \\ &= \quad \text{séc}\,x\left(a_0 + a_1 \frac{h^2}{1.2} + a_2 \frac{h^4}{1.2.3.4} + \ldots\right) \\ &+ z\ \text{séc}\,x\left(\qquad b_1 \frac{h^2}{1.2} + b_2 \frac{h^4}{1.2.3.4} + \ldots\right) \\ &+ z^2\ \text{séc}\,x\left(\qquad\qquad c_2 \frac{h^4}{1.2.3.4} + \ldots\right) \\ &+ \ldots\ldots\ldots\ldots\ldots\ldots\ldots\ldots \end{aligned}$$

Mais on a

$$\begin{aligned} &\frac{1}{2}[\text{séc}(x+h) + \text{séc}(x-h)] \\ &= \frac{\text{séc}\,x\ \text{séc}\,h}{1 - \text{tang}^2 x\ \text{tang}^2 h} = \frac{\text{séc}\,x\ \text{séc}\,h}{1 - z\ \text{tang}^2 h} \\ &= \text{séc}\,x\ \text{séc}\,h(1 + z\ \text{tang}^2 h + z^2\ \text{tang}^4 h + z^3\ \text{tang}^6 h + \ldots), \end{aligned}$$

d'où, par comparaison avec (3),

$$\begin{aligned} \text{séc}\,h &= a_0 + a_1 \frac{h^2}{1.2} + a_2 \frac{h^4}{1.2.3.4} + \ldots, \\ \text{séc}\,h\ \text{tang}^2 h &= \qquad b_1 \frac{h^2}{1.2} + b_2 \frac{h^4}{1.2.3.4} + \ldots, \\ \text{séc}\,h\ \text{tang}^4 h &= \qquad\qquad c_2 \frac{h^4}{1.2.3.4} + \ldots. \end{aligned}$$

D'après cela, en se rappelant que $z = \text{tang}^2 x$, on voit que le second membre de (3) peut s'écrire

$$\left[a_0+a_1\frac{x^2}{1.2}+a_2\frac{x^4}{1.2.3.4}+\ldots\right]\times\left[a_0+a_1\frac{h^2}{1.2}+a_2\frac{h^4}{1.2.3.4}+\ldots\right]$$
$$+\left[\qquad b_1\frac{x^2}{1.2}+b_2\frac{x^4}{1.2.3.4}+\ldots\right]\times\left[\qquad b_1\frac{h^2}{1.2}+b_2\frac{h^4}{1.2.3.4}+\ldots\right]$$
$$+\left[\qquad c_2\frac{x^4}{1.2.3.4}+\ldots\right]\times\left[\qquad c_2\frac{h^4}{1.2.3.4}+\ldots\right]$$
$$+\ldots\ldots\ldots\ldots\ldots\ldots\ldots\ldots\ldots\ldots,$$

tandis que le premier membre est

$$\frac{1}{2}\sum_0^\infty \frac{a_n}{1.2\ldots(2n)}[(x+h)^{2n}+(x-h)^{2n}],$$

soit $i+k=n$, en comparant de part et d'autre le coefficient de $x^{2i}h^{2k}$, on trouve immédiatement

$$(4)\qquad a_n = a_i a_k + b_i b_k + c_i c_k + \ldots$$

et, en particulier,

$$(5)\qquad a_{2i} = a_i^2 + b_i^2 + c_i^2 + \ldots. \qquad \text{C. Q. F. D.}$$

Le théorème sur les dérivées d'ordre impair s'obtient par la considération de

$$\frac{1}{2}[\text{séc}(x+h)-\text{séc}(x-h)]$$

et, avec de légères modifications qui se présentent d'elles-mêmes, le même raisonnement s'applique aux autres cas des fonctions

$$\text{tang}\,x,\quad \text{sn}\,x,\quad \text{cn}\,x,\quad \text{dn}\,x.$$

Je viens de voir que, dans le Tome 79 du *Journal de Crelle*, M. Stern, dans un Mémoire sur les nombres eulériens, a développé aussi les dérivées de sécx, $\left(\frac{2}{e^x+e^{-x}}\right)$, en introduisant des polynomes en $\text{tang}^2 x$, $\left(\frac{e^x-e^{-x}}{e^x+e^{-x}}\right)^2$. Il a considéré les mêmes nombres a_i, b_i, c_i, ... que moi, mais les relations (4) et (5) lui ont échappé. Il se borne à discuter les relations entre les a_i, b_i, c_i, ... qui résultent du calcul de proche en proche des dérivées, d'où il tire diverses conséquences relatives aux nombres eulériens, etc.

Dans le Tome 88 du même journal, il considère aussi les dérivées de $\tang x$; mais ici, au lieu d'introduire des polynomes en $\tang^2 x$, il introduit des polynomes en $\sin^2 x$. C'est là, je suppose, la cause que les résultats qu'il obtient ne présentent pas une analogie complète avec ceux de son premier Mémoire. S'il avait aussi introduit ici des polynomes en $\tang^2 x$, je ne doute pas que l'analogie n'eût été complète.

Mais, réfléchissant sur l'application aux fonctions elliptiques, je me suis aperçu que, si, dans mon cas, on *emploie* le théorème de l'addition, on pourrait, par une légère modification, *déduire* ce théorème par des considérations analogues.

Cependant, après avoir ainsi retrouvé le théorème de l'addition, j'ai vu que cette démonstration est exactement celle qu'Eisenstein a donnée (dans ses Mémoires réunis, avec une Préface de Gauss, p. 155-158).

Au lieu de recourir à la formule d'Euler, j'ai eu l'idée, pour voir avec quelle approximation on a

$$\sum a^{2m} q^{a^2} = \int_0^\infty (2x)^{2m} q^{4x^2}\,dx,$$

$$\sum b^{2m} q^{b^2} = \int_0^\infty (2x+1)^{2m} q^{(2x+1)^2}\,dx,$$

de me servir d'une formule d'Abel (*Œuvres*, t. I, p. 38),

$$\begin{aligned}&\varphi(a)+\varphi(a+1)+\varphi(a+2)+\ldots\\&\quad=\int_a^\infty \varphi(x)\,dx+\frac{1}{2}\varphi(a)-2\int_0^\infty \frac{dt}{e^{2\pi t}-1}\left[\frac{\varphi(a+ti)-\varphi(a-ti)}{2i}\right].\end{aligned}$$

La démonstration d'Abel n'a pas de rigueur, mais, récemment, j'ai retrouvé cette formule et vu qu'elle est applicable sous certaines conditions. Ces conditions, du reste, je ne me les rappelle pas distinctement en ce moment.

Dans le premier cas, il y aurait égalité absolue, mais, dans le second cas, on est amené à une intégrale qui n'a pas de sens. Tout cela me paraît indiquer que le problème de trouver la valeur asymptotique de

$$\sum a^{2m} q^{a^2} - \sum b^{2m} q^{b^2}$$

est extrêmement difficile. Dès que j'aurai un peu de loisir, je me propose de voir si, en attribuant à q une valeur fixe, cette expression ne change pas de signe en donnant à m des valeurs de plus en plus grandes. Cela ne m'étonnerait pas, et serait une nouvelle preuve de la difficulté de cette question.

Je vous renouvelle, cher Monsieur, l'expression de mon entier dévouement.

185. — *HERMITE A STIELTJES.*

Paris, 28 mars 1889.

MON CHER AMI,

Vous avez le don des démonstrations simples et élégantes, et je ne puis assez vous dire avec quel plaisir j'ai vu l'analyse que vous m'avez communiquée dans votre dernière lettre. J'achèterais bien volontiers, au prix d'une humiliation plus grande que celle que vous exprimez, de trouver de telles choses. Vous vous êtes rencontré avec Eisenstein, qui tenait beaucoup à sa démonstration algébrique du théorème de l'addition des fonctions elliptiques, ainsi qu'il me l'a dit lui-même quand j'ai été le voir à Berlin en 1853, et vous n'avez point lieu de regretter une telle circonstance.

Vous vous êtes bien facilement rendu compte, sans doute, de ce que je vous disais, que la fonction

$$x^{2m} y^{2n} e^{-(gx^2+2hxy+ky^2)}$$

a deux maxima, ce à quoi j'étais bien loin de m'attendre, et aucun minimum, ce qui tient à la nature méphistophélique des fonctions de deux variables. Il me faut, par conséquent, renoncer à obtenir la valeur asymptotique que j'avais espéré trouver en opérant sur $\Theta(x, y)$ comme sur $\Theta(x)$. J'ai repoussé aussi comme une tentation dangereuse et périlleuse de chercher l'intégrale définie

$$J = \int_0^\infty \int_0^\infty e^{-(gx^2+2hxy+ky^2)}\, dx\, dy,$$

qui aurait donné facilement, en différentiant par rapport aux constantes, la quantité

$$\int_0^\infty \int_0^\infty x^{2m} y^{2n} e^{-(gx^2+2hxy+ky^2)}\,dx\,dy.$$

Je m'en tiendrai donc aux applications de la méthode de Laplace que j'avais eue en vue tout d'abord.

Permettez-moi de rappeler à votre souvenir la fonction $\zeta(s)$ qui m'a donné occasion de citer vos recherches dans une leçon à la Sorbonne.

M. Jenssen a donné une relation intéressante qui est indiquée dans le *Bulletin* de M. Darboux

$$(s-1)\zeta(s) = 1 + \sum (-1)^\nu c_\nu (s-1)^\nu \qquad (\nu = 1, 2, 3, \ldots),$$

où l'on a

$$c_\nu = \frac{1}{1.2\ldots\nu} \sum \left\{ \frac{\nu(\log n)^{\nu-1}}{n} - [\log(n+1)]^\nu + (\log n)^\nu \right\} \quad (n = 1, 2, 3, \ldots).$$

Elle n'est pas difficile à démontrer, mais je doute qu'elle fournisse l'expression définitive de la fonction de Riemann; en tout cas, elle est utile, l'auteur en ayant tiré les valeurs numériques des premiers coefficients c_ν, résultat auquel j'attache beaucoup de prix. Permettez-moi, lorsque l'occasion s'en présentera pour vous, de vous demander de m'indiquer, au point de vue de l'Arithmétique, la conclusion du Travail de Riemann, qui est en allemand et que je n'ai pu lire. Mais que cela ne vous détourne point de ce que vous faites en ce moment où vous obtenez chaque jour de nouveaux et excellents résultats; il arrivera certainement que vous vous sentirez recherché par l'Arithmétique et naturellement vous reviendrez à la fonction $\zeta(s)$.

En attendant, mon cher ami, la liste de vos publications, je vous renouvelle l'assurance de mon affectueux attachement.

186. — *STIELTJES A HERMITE.*

Toulouse, 29 mars 1889.

CHER MONSIEUR,

La formule de Dirichlet se trouve dans son Mémoire fondamental *Sur la convergence des séries trigonométriques*, dans le Tome 4 du *Journal de Crelle*. M. Lipschitz obtient aussi de cette manière sa transformation et j'emprunte à lui cette citation, que je ne peux vérifier (les trente premiers volumes du *Journal de Crelle* ne se trouvent pas dans notre bibliothèque), mais je n'ai pas le moindre doute quant à son exactitude. Quant aux séries Θ à deux variables et les expressions

$$\sum\sum a^{2m} b^{2n} e^{-(ga^2+2hab+kb^2)} \qquad (a, b = 0, 1, 2, \ldots),$$
$$F(x, y) = x^{2m} y^{2n} e^{-(gx^2+2hxy+ky^2)}$$

n'y a-t-il point de votre part une légère inadvertance? Il me semble que $F(x, y)$ ne passe que par un *seul* maximum, pour les valeurs *positives* de x et y, bien entendu. C'est probablement à cette dernière condition que vous n'avez pas eu égard.

Je considère, pour $x > 0$, $y > 0$, $z > 0$, la fonction

$$F(x, y, z) = x^{2\alpha} y^{2\beta} z^{2\gamma} e^{-(ax^2+by^2+cz^2+2a_1yz+2b_1zx+2c_1xy)},$$

où $ax^2 + \ldots = \varphi$ est une forme définie positive.

Il est clair qu'il y a, au moins, un maximum; il me semble qu'on peut établir ainsi qu'il suit qu'il n'y en a qu'un seul.

Les conditions du maximum ou minimum sont

$$(1) \qquad \begin{cases} \dfrac{1}{2}\dfrac{\partial}{\partial x}\log F = \dfrac{\alpha}{x} - ax - c_1 y - b_1 z = 0, \\ \dfrac{1}{2}\dfrac{\partial}{\partial y}\log F = \dfrac{\beta}{y} - c_1 x - by - a_1 z = 0, \\ \dfrac{1}{2}\dfrac{\partial}{\partial z}\log F = \dfrac{\gamma}{z} - b_1 x - a_1 y - cz = 0. \end{cases}$$

Ce système, nous le savons, admet au moins une solution (en valeurs *positives* toujours). Mais, s'il en admet plusieurs, il est clair que ces solutions répondront toujours à de véritables *maxima*, car la forme quadratique

$$\frac{1}{2}\left(\frac{\partial^2}{\partial x^2}\log F\right) X^2 + \ldots$$

se réduit à

$$-\varphi(X, Y, Z) - \frac{\alpha}{x^2}X^2 - \frac{\beta}{y^2}Y^2 - \frac{\gamma}{z^2}Z^2.$$

Admettons, pour un moment, qu'en dehors de la solution

$$x = x_0, \qquad y = y_0, \qquad z = z_0, \qquad F = M_0,$$

M_0 étant le maximum absolu, il y en ait une

$$x = x_1, \quad y = y_1, \quad z = z_1, \quad F = M_1,$$

où $M_1 < M_0$ est un second maximum.

Considérons les surfaces

$$F(x, y, z) = \text{const.},$$

ou plutôt la partie de l'espace où $F(x, y, z) \geqq \text{const.} = C$. Tant que $C > M_0$, il n'y a pas de partie réelle de la surface. Faisons décroître constamment C. Pour $C = M_0$, nous avons un point isolé $x = x_0$, $y = y_0$, $z = z_0$. Pour $C = M_0 - h$, la surface est fermée et enveloppe le point M_0. A mesure que C décroît ainsi, la partie de l'espace où $F > C$ s'étend ainsi.

Lorsque $C = M_1$, la surface se compose :

1° D'une surface fermée enveloppant M_0;

2° D'un point isolé $M_1(x_1, y_1, z_1)$ en dehors de la surface fermée.

C décroissant toujours, le point M_1 aussi se trouvera enfermé dans une nouvelle surface fermée et, C continuant à décroître, les deux parties séparées de l'espace où $F \geqq C$ vont nécessairement s'unir en un point P. Il est clair que, dans ce point P, point sin-

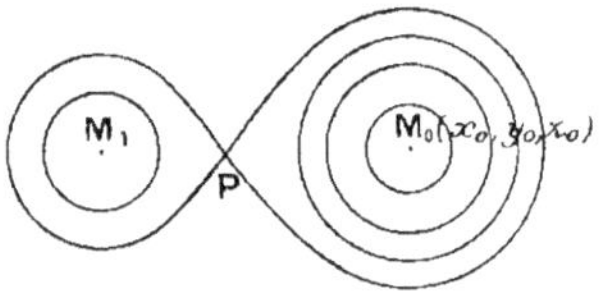

gulier d'une surface $F = \text{const.}$, les équations (1) sont satisfaites. Mais, de plus, ce point P n'est pas un maximum, car, en se déplaçant d'un côté ou de l'autre, on peut faire croître ou décroître F.

Mais, comme nous avons vu que tout point satisfaisant à (1) est nécessairement un *maximum*, il y a ici contradiction, l'hypothèse d'un second maximum est inadmissible. Donc, à moins qu'il n'y ait un vice caché dans ce raisonnement (et j'avoue que je ne le vois pas), on peut affirmer que la fonction F n'admet qu'un seul maximum pour les valeurs positives des variables, et le même raisonnement s'applique à un plus grand nombre de variables. L'on se trouve bien dans les conditions nécessaires pour l'application de la méthode de Laplace.

Il me semble que le raisonnement précédent est exact; cependant, je ne suis pas tout à fait sûr et j'espère que vous me ferez part de vos objections, si vous en avez..., l'opinion de M. Picard me serait aussi très précieuse.

J'espère pouvoir vous envoyer dans quelques jours la liste demandée; si je n'ai pas voulu remettre jusque-là à vous répondre, c'est à cause de ce que vous m'aviez demandé concernant la formule de Dirichlet.

....

Votre sincèrement dévoué.

187. — *HERMITE A STIELTJES.*

Paris, 1er avril 1889.

Mon cher Ami,

J'éprouve bien de la difficulté à suivre les considérations relatives à l'hyperespace, ce sera donc l'avis de Picard et non le mien que vous aurez sur l'idée originale que vous me communiquez pour établir l'existence d'un seul et unique maximum de la fonction

$$\frac{m}{x}+\frac{n}{y}+\frac{n}{z}+\ldots-\varphi(x, y, z, \ldots),$$

lorsqu'on suppose un nombre quelconque de variables. Dans le cas de l'espace réel et relatif à trois variables, votre raisonnement, contre lequel je n'élève aucune objection, me semble extrêmement ingénieux, et je ne vois guère comment on pourrait s'en passer à moins de se jeter dans un océan de calculs.

Pour le cas des équations

$$\frac{m}{x}=ax+by, \qquad \frac{n}{y}=bx+cy,$$

je crois préférable de joindre à l'ellipse

$$m+n=ax^2+2bxy+cy^2,$$

celle-ci qui représente deux droites

$$anx^2+b(n-m)xy-cmy^2=0.$$

On voit, en effet, que les droites sont réelles et que les coefficients angulaires sont de signes contraires; par conséquent, l'une d'elles se trouve dans les deux régions où les coordonnées sont de mêmes signes, c'est celle qui donne, par son intersection avec l'ellipse, la solution unique en quantités positives à laquelle correspond le maximum, tandis que l'autre droite se trouve dans les deux angles des coordonnées où elles sont de signes contraires.

Je me suis aperçu trop tard, hier, que l'intégrale

$$\int_0^\infty \int_0^\infty e^{-(ax^2+2bxy+cy^2)}\,dx\,dy$$

s'obtient immédiatement au moyen du procédé élémentaire qui consiste à poser $x=\rho\cos\varphi$, $y=\rho\sin\varphi$, l'intégration pouvant s'effectuer immédiatement par rapport à ρ. Mais, voici une autre question sur laquelle j'aimerais bien avoir votre avis. C'est une application que je pense donner à mon cours de la formule

$$\int_0^\infty \frac{dt}{\mathrm{A}t^2+\mathrm{B}} = \frac{\pi}{2\sqrt{\mathrm{AB}}}.$$

Soient

$$\mathrm{A} = 1-\alpha x+\alpha\sqrt{x^2-1}, \qquad \mathrm{B} = 1-\alpha x-\alpha\sqrt{x^2-1},$$

on aura

$$\mathrm{AB} = 1-2\alpha x+\alpha^2$$

et de là peut se conclure l'expression de Jacobi des fonctions X_n. Soit, d'abord

$$t = \operatorname{tang}\frac{\varphi}{2},$$

on aura

$$\int_0^\infty \frac{dt}{\mathrm{A}t^2+\mathrm{B}} = \frac{1}{2}\int_0^\pi \frac{d\varphi}{\mathrm{A}\sin^2\frac{\varphi}{2}+\mathrm{B}\cos^2\frac{\varphi}{2}}$$

$$= \int_0^\pi \frac{d\varphi}{(\mathrm{A}+\mathrm{B})-(\mathrm{A}-\mathrm{B})\cos\varphi}$$

et, par conséquent,

$$\frac{\pi}{\sqrt{1-2\alpha x+\alpha^2}} = \int_0^\pi \frac{d\varphi}{1-\alpha\left(x+\sqrt{x^2-1}\cos\varphi\right)}.$$

Voici maintenant mon raisonnement. Supposons x réel et

moindre que l'unité; j'observe que le module de

$$x+\sqrt{x^2-1}\cos\varphi,$$

ayant pour valeur $x^2\sin^2\varphi+\cos^2\varphi$, est aussi inférieur à l'unité. Il est donc permis de développer, suivant les puissances croissantes de α, la fraction sous le signe d'intégration; ce qui donne sur-le-champ

$$X_n=\frac{\alpha}{\pi}\int_0^\pi(x+\sqrt{x^2-1}\cos\varphi)^n\,d\varphi,$$

sous la condition admise et, par suite, quelle que soit la variable.

Soient, en second lieu,

$$A=x-\alpha-\sqrt{x^2-1},\qquad B=x-\alpha+\sqrt{x^2-1},$$

d'où encore

$$AB=1-2\alpha x+\alpha^2;$$

on a maintenant

$$A+B-(A-B)\cos\varphi=2(x-\alpha+\sqrt{x^2-1}\cos\varphi),$$

d'où

$$\frac{\pi}{\sqrt{1-2\alpha x+\alpha^2}}=\int_0^\pi\frac{d\varphi}{x-\alpha+\sqrt{x^2-1}\cos\varphi}.$$

Cela étant, je suppose x réel et supérieur à l'unité. L'expression $x+\sqrt{x^2-1}\cos\varphi$, étant aussi grande qu'on le veut, je puis me servir de la série

$$\frac{1}{x+\sqrt{x^2-1}\cos\varphi-\alpha}=\sum\frac{\alpha^n}{(x+\sqrt{x^2-1}\cos\varphi)^{n+1}}\qquad(n=0,1,2,\ldots)$$

et j'en conclus l'expression de Laplace

$$X_n=\frac{1}{\pi}\int_0^\pi\frac{d\varphi}{(x+\sqrt{x^2-1}\cos\varphi)^{n+1}}.$$

M. Laurent a donné une méthode ingénieuse que M. Jordan a reproduite dans le deuxième volume de son *Cours d'Analyse,* mais qui s'allonge pour une question secondaire, la détermination de signe; sauf l'obligation de prendre successivement $x<1$ et $x>1$ qui me contrarie un peu, la marche que j'ai suivie me semble facile.

C'est au mois de juin que nous ferons usage de la liste de vos publications; il n'y a donc pas urgence, cependant, il peut se présenter telle circonstance où il nous serait utile de l'avoir plus tôt; achevez-la donc, mon cher ami, si vous avez commencé, et envoyez-la moi. En vous renouvelant l'assurance de ma bien sincère affection (¹).

188. — *HERMITE A STIELTJES.*

Paris, 3 avril 1889.

MON CHER AMI,

Votre détermination de l'intégrale

$$\int_0^\infty \int_0^\infty \int_0^\infty e^{-\psi}\, dx\, dy\, dz$$

m'a fait le plus grand plaisir, jamais je n'aurais réussi à découvrir et à introduire l'aire S du triangle sphérique qui vous en donne une expression si élégante; je pense que vous ne vous opposerez pas à ce que votre analyse soit publiée dans le *Bulletin* et je suis assuré d'avance que M. Darboux lui fera le meilleur accueil. Je lui donnerai lundi la liste de vos travaux que vous m'avez envoyée, mais je ne vous réponds pas qu'il ne demandera pas que vous y ajoutiez l'indication des articles des *Comptes rendus;* en tout cas, vous apprendrez dans quelques mois l'usage que nous en aurons fait et qui ne sera pas pour vous être désagréable.

(¹) *Note des éditeurs.* — Il manque une lettre de Stieltjes dans laquelle il donnait une démonstration de la formule due à M. Hermite

$$\int_0^\infty \int_0^\infty e^{-\psi(x,y)}\, dx\, dy = \frac{\arc\cos\left(\dfrac{b}{\sqrt{ac}}\right)}{2\sqrt{ac-b^2}},$$

$$\psi(x,y) = ax^2 + 2bxy + cy^2,$$

démonstration qui a été publiée dans le *Bulletin des Sciences mathématiques*, 2ᵉ série, t. XIII, 1ʳᵉ partie, p. 170-172.

Il manque aussi une lettre de M. Hermite à laquelle la lettre perdue de Stieltjes répondait. Comme le montre la lettre 188, elle contenait une démonstration de la formule écrite plus haut.

J'accepte avec empressement et une grande reconnaissance, comme un témoignage d'amitié auquel je suis bien sensible, votre offre de collaboration pour une seconde édition du premier volume de mon *Cours d'Analyse*. Il y a quelques années, lorsque M. Bouquet est tombé malade, je l'ai remplacé pendant le premier semestre à la Faculté, ce qui m'a donné l'occasion de revenir sur le calcul différentiel en changeant bien des choses de ce premier volume. Ce sera à employer pour une nouvelle édition et, si vous le voulez bien, nous commencerions l'entreprise aux vacances prochaines. Ne vous hâtez pas et prenez votre temps pour le Mémoire de Riemann; en ce moment, j'ai d'autres choses qui m'occupent et, si intéressant qu'il soit pour moi, je préfère attendre à avoir plus de loisir pour m'en occuper.

Une autre fois aussi, je vous parlerai de l'expression de $\zeta(s)$ de M. Jenssen. Ce matin, en donnant les expressions de Jacobi et de Laplace pour les fonctions X_n, j'ai vu que j'avais bien inutilement pensé à la convergence des séries suivant les puissances de α, la convergence n'a rien à faire ni à voir dans la question, puisque α est indéterminé et peut être supposé aussi petit qu'on veut.

Vous pouvez ainsi juger combien je suis sujet à commettre des inadvertances, c'est ce qui me fait attacher tant de prix à votre amicale assistance pour la revision de mon premier volume où elles ne manquent point.

Avec tous mes remercîments, mon cher ami, et en vous renouvelant l'assurance de mon affection la plus dévouée.

189. — *STIELTJES A HERMITE.*

Toulouse, 3 avril 1889.

CHER MONSIEUR,

Ce n'est pas grand'chose que je peux dire sur votre déduction des intégrales qui représentent X_n, mais, puisque vous y tenez, je ferai de mon mieux.

Il me semble qu'après avoir obtenu

$$(1)\qquad \frac{\pi}{\sqrt{1-2\alpha x+\alpha^2}} = \int_0^\pi \frac{d\varphi}{1-\alpha(x+\sqrt{x^2-1}\cos\varphi)},$$

il n'est pas nécessaire de faire aucune supposition concernant la valeur de x et qu'on pourrait raisonner ainsi. Quelle que soit la valeur de x (réelle ou imaginaire), on pourra toujours donner au module de α une valeur tellement petite qu'on ait constamment

$$\operatorname{mod}\alpha(x+\sqrt{x^2-1}\cos\varphi)<1$$

et alors

$$\frac{1}{1-\alpha(x+\sqrt{x^2-1}\cos\varphi)}=\sum_0^\infty \alpha^n(x+\sqrt{x^2-1}\cos\varphi)^n$$

et, par conséquent,

$$X_n=\frac{1}{\pi}\int_0^\pi (x+\sqrt{x^2-1}\cos\varphi)^n\,d\varphi. \tag{2}$$

Mais, à l'égard de cette formule (1), il faut remarquer que, à proprement parler, on doit bien indiquer la valeur du radical ambigu $\sqrt{1-2\alpha x+\alpha^2}$. Quel que soit x, la formule est exacte pour $\alpha=0$ en prenant le radical $+1$, et c'est là la raison qu'on obtient (2) sans faire aucune hypothèse relative à x.

Mais supposons x réel et supérieur à 1,

$$x+\sqrt{x^2-1}\cos\varphi$$

restera toujours positif et si, maintenant, nous supposons aussi α réel, positif et *très grand*, vous voyez directement que l'intégrale est *négative;* ainsi, au lieu de (1), il faudrait écrire

$$-\frac{\pi}{\sqrt{1-2\alpha x+\alpha^2}}=\int_0^\pi \frac{d\varphi}{1-\alpha(x+\sqrt{x^2-1}\cos\varphi)}.$$

On suppose α assez grand pour que, constamment,

$$\operatorname{mod}\alpha(x+\sqrt{x^2-1}\cos\varphi)>1$$

et, développant alors suivant les puissances *descendantes* de α, on obtient

$$X_n=\frac{1}{\pi}\int_0^\pi \frac{d\varphi}{(x+\sqrt{x^2-1}\cos\varphi)^{n+1}}. \tag{3}$$

Mais, si nous avons dû supposer ici $x>1$, cela tient à la circonstance suivante.

Si l'on se place au point de vue le plus général, on a

$$(3') \qquad X_n = \pm \frac{1}{\pi}\int_0^{\pi} \frac{d\varphi}{(x+\sqrt{x^2-1}\cos\varphi)^{n+1}}$$

et il faut prendre le signe supérieur ou inférieur selon que la partie réelle de x est positive ou négative. Dans le cas où la partie réelle de x est nulle, l'intégrale n'a pas de sens. C'est ce que remarque aussi M. Jordan.

Voici comment j'ai cherché à rattacher ce résultat à votre méthode.

D'abord une remarque sur votre point de départ

$$\int_0^{\infty} \frac{dt}{A t^2 + B} = \frac{\pi}{2\sqrt{AB}}.$$

J'observe que

$$f(z) = \int_0^{\infty} \frac{dt}{t^2+z}$$

est une fonction uniforme (dans un tel cas, il serait peut-être plus précis de dire *bien déterminée*) admettant la coupure de o à $-\infty$. En posant donc

$$z = r.e^{i\theta},$$

il faut faire varier r de o à $+\infty$, θ de o à $\pm\pi$, mais θ ne doit jamais franchir ces limites $\pm\pi$. Mais, pour $\theta = 0$, on a

$$f(z) = \frac{\pi}{2\sqrt{z}},$$

$\sqrt{z}$ étant réel et positif. Donc on aura, à cause de la continuité, généralement

$$f(z) = \frac{\pi}{2r^{\frac{1}{2}}(\cos\frac{1}{2}\theta + i\sin\frac{1}{2}\theta)}.$$

En somme, dans la formule

$$f(z) = \frac{\pi}{2\sqrt{z}},$$

l'argument de $\sqrt{z}$ varie entre $\pm\frac{\pi}{2}$, c'est-à-dire la partie réelle de $\sqrt{z}$ est *positive*.

Ainsi, j'écris

$$\int_0^\infty \frac{dt}{At^2+B} = \frac{\pi}{2A\sqrt{\frac{B}{A}}}$$

et il faut prendre ici le radical $\sqrt{\frac{B}{A}}$ avec un tel signe que la partie réelle soit *positive*. De même, dans la formule

$$(4) \qquad \int_0^\pi \frac{d\varphi}{\frac{1}{2}(A+B)-\frac{1}{2}(A-B)\cos\varphi} = \frac{\pi}{A\sqrt{\frac{B}{A}}}.$$

Si, maintenant, je prends avec vous

$$(5) \qquad \begin{cases} A = 1-\alpha\left(x-\sqrt{x^2-1}\right) = 1-\alpha\xi, \\ B = 1-\alpha\left(x+\sqrt{x^2-1}\right) = 1-\frac{\alpha}{\xi}, \end{cases}$$

je vais supposer d'abord x quelconque mais mod α assez petit pour que B et A soient sensiblement $=1$, alors on obtient la formule (1); le radical étant aussi sensiblement 1 et, de là, la formule (2). Mais il est un peu plus difficile d'obtenir (3) ou mieux (3′).

Remarques préliminaires. — Les parties réelles de

$$A = p+qi \qquad \text{et de} \qquad \frac{1}{A} = \frac{p-qi}{p^2+q^2}$$

ont même signe.

Donc, les parties réelles de

$$\xi = x-\sqrt{x^2-1} \qquad \text{et de} \qquad \frac{1}{\xi} = x+\sqrt{x^2-1}$$

ont même signe et ce signe sera aussi celui de la partie réelle de

$$x = \frac{1}{2}\left(\xi+\frac{1}{\xi}\right)$$

et encore (en supposant φ réel) de

$$x+\sqrt{x^2-1}\cos\varphi = \xi\sin^2\frac{1}{2}\varphi+\frac{1}{\xi}\cos^2\frac{1}{2}\varphi.$$

On voit par là que $x+\sqrt{x^2-1}\cos\varphi$ ne peut s'annuler que lorsque x est purement imaginaire.

Cela étant, je reviens aux formules (4) et (5).

Je suppose x quelconque, seulement *pas* sur l'axe des Y, de sorte que sa partie réelle ait un signe déterminé qui sera aussi le signe de la partie réelle de ξ et de $\frac{1}{\xi}$. Ensuite, je suppose le module de α très grand, de sorte qu'on a sensiblement

$$A = -\alpha\xi, \qquad B = -\frac{\alpha}{\xi}$$

et ainsi, dans la formule (4), on a sensiblement

$$\sqrt{\frac{B}{A}} = \sqrt{\frac{1}{\xi^2}}$$

et comme il faut prendre le radical tel que la partie réelle soit positive

$$\sqrt{\frac{B}{A}} = \pm\frac{1}{\xi},$$

où il faut prendre le signe supérieur ou inférieur selon que la partie réelle de x est positive ou négative. Il en sera de même dans toutes les formules suivantes.

Le second membre de (4) est donc sensiblement

$$\frac{\pi}{-\alpha\xi\left(\pm\frac{1}{\xi}\right)} = \frac{\mp\pi}{\alpha};$$

si donc $\sqrt{1-2\alpha x+\alpha^2}$ est pris avec un tel signe que ce radical est sensiblement $=\alpha$ (on suppose mod α très grand), il vient

$$\frac{\mp\pi}{\sqrt{1-2\alpha x+\alpha^2}} = \int_0^\pi \frac{d\varphi}{1-\alpha(x+\sqrt{x^2-1}\cos\varphi)}.$$

Nous avons remarqué déjà que $x+\sqrt{x^2-1}\cos\varphi$ ne s'annule pas; en supposant donc mod α suffisamment grand, on aura constamment

$$\operatorname{mod}\alpha(x+\sqrt{x^2-1}\cos\varphi) > 1.$$

Il est permis alors de développer, suivant les puissances descendantes de α, ..., ce qui conduit directement à la formule (3′)

$$X_n = \pm \frac{1}{\pi} \int_0^{\pi} \frac{d\varphi}{(x + \sqrt{x^2 - 1} \cos\varphi)^{n+1}}.$$

Je vous demande pardon de ces longues et minutieuses considérations dont le fond se trouve aussi dans le Livre de M. Heine; il n'y a que de légères différences de forme. Naturellement, on pourrait aussi considérer votre seconde substitution

$$A = \xi - \alpha, \qquad B = \frac{1}{\xi} - \alpha.$$

Si l'on suppose α très petit (pour développer ensuite comme vous suivant les puissances croissantes de α), on a sensiblement

$$A = \xi, \qquad B = \frac{1}{\xi}, \qquad \sqrt{\frac{B}{A}} = \pm \frac{1}{\xi}$$

(signe + ou —, selon le signe de la partie réelle de x) et le second membre de (4) est sensiblement

$$\frac{\pi}{\xi\left(\pm \frac{1}{\xi}\right)} = \pm \pi,$$

donc, si $\sqrt{1 - 2\alpha x + \alpha^2}$ est sensiblement $= +1$, on a

$$\frac{\pm \pi}{\sqrt{1 - 2\alpha x + \alpha^2}} = \int_0^{\pi} \frac{d\varphi}{x + \sqrt{x^2 - 1} \cos\varphi - \alpha}$$

et développant suivant les puissances croissantes de α (ce qui est permis, puisque $x + \sqrt{x^2 - 1}\cos\varphi$ ne s'annule pas), on retrouve (3′).

Mais je dois terminer cette longue lettre qui aura déjà mis à l'épreuve votre patience.

Veuillez bien toujours me croire votre bien dévoué.

P. S. — A l'appui de la demande que je vous ai faite dans ma dernière lettre, je ferai observer que vous avez dû corriger les épreuves de bien des Notes que vous avez présentées en mon nom à l'Académie et que ce ne serait que juste si je vous rends un service analogue.

190. — *HERMITE A STIELTJES.*

Paris, 4 avril 1889.

Cher Ami,

Ce n'est pas tout à fait une inadvertance mais peut s'en faut; en tout cas, c'est une négligence que de n'avoir pas fait attention que, dans la formule de Laplace,

$$X_n = \frac{1}{\pi}\int_0^{\pi} \frac{d\varphi}{(x + \cos\varphi\sqrt{x^2 - 1})^n},$$

le second membre doit être pris tantôt avec le signe $+$, comme je l'écris, et tantôt avec le signe $-$, ce dont Laplace s'est, je crois, peu inquiété. La méthode tirée de la considération de l'intégrale définie

$$\int_0^{\infty} \frac{dt}{At^2 + B} = \frac{\pi}{2\sqrt{AB}}$$

me semble rendre bien compte de cette circonstance.

Revenant, en effet, à l'expression plus générale

$$J = \int_{-\infty}^{+\infty} \frac{dt}{Gt^2 + 2Ht + K},$$

où G, H, K sont des constantes réelles ou imaginaires et représentons les racines du dénominateur par

$$z_0 = \frac{-H + i\sqrt{GK - H^2}}{A}, \qquad z_1 = \frac{-H - i\sqrt{GK - H^2}}{A}.$$

Si l'on admet que dans z_0 le coefficient de i soit positif, on a la valeur

$$J = \frac{2i\pi}{A(z_0 - z_1)} = \frac{\pi}{\sqrt{GK - H^2}},$$

tandis qu'il faut prendre

$$J = -\frac{\pi}{\sqrt{GK - H^2}}$$

si le coefficient de i dans cette même quantité est négatif. C'est, en effet, la conséquence de l'expression générale de l'intégrale

$\int_{-\infty}^{+\infty} f(t)\,dt$ par $2i\pi\Sigma$, où Σ est la somme des résidus de $f(t)$ pour les seuls pôles qui soient au-dessus de l'axe des abscisses.

En appliquant cette règle au cas particulier de

$$\int_{-\infty}^{+\infty} \frac{dt}{At^2+B} = \frac{\pi}{\sqrt{AB}},$$

où $A = x - \alpha - \sqrt{x^2-1}$, $B = x - \alpha + \sqrt{x^2-1}$; vous voyez qu'il faut prendre, dans le second membre, le signe $+$ ou le signe $-$, suivant que le coefficient de i dans

$$\frac{i\sqrt{1-2\alpha x+\alpha^2}}{x-\alpha-\sqrt{x^2-1}}$$

est positif ou négatif, ou encore suivant que la partie réelle de

$$\frac{\sqrt{1-2\alpha x+\alpha^2}}{x-\alpha-\sqrt{x^2-1}}$$

est positive ou négative.

Cela posé, j'envisage le cas de α infiniment petit, puisque je dois faire le développement, suivant les puissances croissantes de α, de

$$\frac{1}{x+\cos\varphi\sqrt{x^2-1}-\alpha}.$$

Il suffit alors de considérer la partie réelle de $\dfrac{1}{x-\sqrt{x^2-1}}$ ou encore de $x+\sqrt{x^2-1}$. Soit donc

$$x+iy+\sqrt{(x+iy)^2-1} = X+iY.$$

L'équation $X = 0$ donnera la limite de séparation des régions du plan où X est positif de celles où X est négatif. Or, on a

$$X = 2x+\sqrt{(x+iy)^2-1}+\sqrt{(x-iy)^2-1}$$

et l'équation

$$2x+\sqrt{(x+iy)^2-1}+\sqrt{(x-iy)^2-1} = 0$$

se réduit, en faisant disparaître les radicaux, simplement à $x = 0$. C'est la conclusion donnée par M. Jordan; mais qu'il est peu agréable et peu honorable de faire disparaître les radicaux comme font les derniers des écoliers! En tout cas, la remarque est, je crois, à faire dans mon premier ou mon second volume.

En attendant votre avis, croyez toujours, mon cher ami, à mon bien sincère attachement.

M. Sonine, professeur à Varsovie, a trouvé une forme nouvelle du reste pour la formule sommatoire d'Euler et celle de Stirling.

Dans cette dernière, au lieu du terme complémentaire

$$\frac{\theta . B_n}{2n(2n-1)} \frac{1}{x^{2n-1}},$$

il obtient

$$\frac{B_n}{2n(2n-1)} \frac{1}{(x+\theta)^{2n-1}},$$

où $0 < \theta < \frac{1}{2}$.

Vous verrez son article dans les *Comptes rendus* de la prochaine séance.

191. — *STIELTJES A HERMITE.*

Toulouse, 5 avril 1889.

Cher Monsieur,

Je ne peux assez vous exprimer le plaisir que vous me faites en acceptant mon offre de vous aider à la correction des épreuves d'une seconde édition de votre Cours, et je ne pourrai m'occuper plus utilement pendant les vacances, car les terribles chaleurs, à Toulouse, ne permettent point un travail un peu difficile.

C'est vous qui m'avez appris quelque chose sur les intégrales X_n; sachant ce qu'a fait là-dessus M. Heine, je n'ai pas pensé à faire mieux; votre méthode à lever l'ambiguïté du radical dans la formule $\int_0^\infty \frac{dt}{At^2+B}$ me semble bien préférable. La seule chose dans ma lettre qui pourra vous avoir été agréable c'est la méthode simple (de M. Heine) de reconnaître que les parties réelles de

$$x, \quad \xi, \quad \frac{1}{\xi}, \quad x+\sqrt{x^2-1}\cos\varphi$$

ont toujours même signe et s'évanouissent simultanément.

A vrai dire, je ne sais pas si ce que je vous ai écrit sur l'intégrale

$$\int_0^\infty \int_0^\infty \int_0^\infty e^{-\psi}\, dx\, dy\, dz$$

a été rédigé avec assez de soin pour être imprimé. Si vous croyez qu'il soit préférable que je refasse une nouvelle rédaction, je suis tout disposé à la faire.

L'expression du reste de la formule de Stirling de M. Sonine est bien jolie. Il y a quelque temps, j'ai trouvé une démonstration (pour ainsi dire synthétique) de la formule

$$\log\Gamma(a) = \left(a - \frac{1}{2}\right)\log a - a + \frac{1}{2}\log(2\pi) + J(a)$$

qui me semble assez curieuse, étant fondée sur votre notion de coupure d'une intégrale définie et votre formule pour la différence des valeurs d'une intégrale définie aux deux bords de la coupure. Mais, comme cela se rapproche un peu des recherches de M. Bourguet, je ne veux pas publier avant lui.... Aussi, la détermination de la constante $\frac{1}{2}\log(2\pi)$ qui figure dans la formule s'obtient plus royalement dans ma méthode que d'ordinaire.

Ayant rédigé à peu près cela et sachant que vous donnez dans votre cours la théorie de la fonction Γ, je vous offre ce que j'avais écrit là-dessus, ce qui, bien entendu, ne vous oblige nullement à le lire ni à me le renvoyer; vous pourrez détruire ce manuscrit, car je ne songe nullement à le publier.

Je suis toujours entièrement abîmé dans mes fractions continues.

Mais ne faudrait-il pas publier en même temps dans le *Bulletin* votre premier calcul de

$$\int_0^\infty \int_0^\infty e^{-(ax^2+2bxy+cy^2)}\, dx\, dy$$

par un développement en série. C'est là une méthode, peut-être moins simple que de poser $x = \rho\cos\theta$, $y = \rho\sin\theta$, comme vous l'avez remarqué..., mais elle pourrait bien s'appliquer à d'autres cas.... C'est ce que je dois laisser à votre jugement. Je joins seulement la lettre qui contient votre calcul.

En vous renouvelant, Monsieur, l'expression de ma vive gratitude pour avoir bien voulu accepter mon offre, je suis toujours votre très dévoué.

192. — *HERMITE A STIELTJES.*

Paris, 8 avril 1889.

Mon cher Ami,

Je viens de donner à M. Darboux votre détermination de l'intégrale $\int\int\int e^{-\psi}\,dx\,dy\,dz$, dont la rédaction m'avait paru excellente, sans que j'y aie trouvé un mot à changer. Mais, pour plus de sûreté, M. Darboux vous enverra les épreuves à corriger, ce qui vous permettra de faire les changements que vous jugerez à propos. Ai-je besoin de vous exprimer avec quel intérêt j'ai lu la brillante esquisse de la théorie de la fonction $\log\Gamma(a)$ que vous m'avez envoyée! Je dois, la semaine prochaine, partir de Paris pour passer en Lorraine, dans ma famille, le temps des vacances de Pâques; c'est de là que je me propose de vous écrire ce qui pourra m'être suggéré par l'étude attentive de votre théorie si neuve et si originale. C'est aussi pendant ce temps que je voudrais rédiger à tête reposée, comme vous l'avez à Toulouse en province, plus facilement que les malheureux Parisiens, les applications de la méthode de Laplace dont nous nous sommes entretenus. Mais je suis bien malheureux en ce qui concerne $\Theta(x)$ et $H(x)$; il faudra me borner à l'indication bien hasardeuse qui consiste à prendre un terme de plus dans l'approximation de l'intégrale définie qui n'est, hélas, qu'une approximation de la série à évaluer. Ce qui adviendra de ma tentative sur $\Theta(x, y)$, je ne sais, mais je ne vous cache pas que j'ai peu de confiance dans le résultat, à cause de l'expression assez compliquée qu'on trouve pour le maximum de la fonction

$$x^{2m}y^{2n}e^{-(ax^2+2bxy+cy^2)}.$$

Vous serez donc, mon cher ami, pendant les grandes vacances, mon collaborateur et mon associé pour une œuvre dont je serai à profiter seul; j'accepte votre concours et, je vous le répète, de grand cœur; sans vous, le courage m'aurait manqué et je n'aurais pas entrepris cette seconde édition si nécessaire pour qu'après moi je laisse un Ouvrage élémentaire moins incorrect.

En vous renouvelant mes remercîments et l'assurance de mon affectueux attachement.

193. — *HERMITE A STIELTJES.*

Paris, 12 avril 1889.

MON CHER AMI,

Ne soyez point surpris si ma correspondance est un peu interrompue, un nouveau deuil de famille m'oblige de partir en Lorraine.

. . . .

Je ne sais point au juste quand je serai de retour à Paris.

Pour essayer de me distraire, permettez-moi de vous dire comment, à la leçon que je devais faire demain et que je ne ferai pas, je me proposais de donner les deux formes du terme complémentaire de la série de Stirling.

Après avoir obtenu

$$J = \int_{-\infty}^{0} \varphi(x) e^{ax}\, dx,$$

où

$$\varphi(x) = 2 \sum \frac{1}{x^2 + 4n^2\pi^2} \qquad (n = 1, 2, 3, \ldots),$$

ce qui permet d'écrire

$$J = \sum \int_{-\infty}^{0} \frac{2e^{ax}\, dx}{x^2 + 4n^2\pi^2},$$

je pose

$$x = \frac{2n\pi\xi}{a}.$$

Il vient ainsi

$$\int_{-\infty}^{0} \frac{2e^{ax}\, dx}{x^2 + 4n^2\pi^2} = \int_{-\infty}^{0} \frac{ae^{2n\pi\xi}\, d\xi}{n\pi(\xi^2 + a^2)}$$

et, en changeant ξ en $-\xi$

$$= -\frac{1}{\pi} \int_{\infty}^{0} \frac{e^{-2n\pi\xi}\, d\xi}{n(\xi^2 + a^2)}.$$

Cela étant, le développement $\log(1-e^{-2\pi\xi}) = -\sum \frac{e^{-2n\pi\xi}}{n}$ donne immédiatement

$$J = \int_{\infty}^{0} \frac{a \log(1-e^{-2\pi\xi})}{\xi^2+a^2} d\xi.$$

. . . .

Je vous renouvelle l'assurance de mon affectueux attachement.

194. — *STIELTJES A HERMITE.*

Toulouse, 15 avril 1889.

Cher Monsieur,

Je vais vous présenter quelques remarques très élémentaires : c'est votre grande bonté qui me fait espérer que vous les accueillerez avec indulgence.

Il y a quelques mois, vous m'avez fait remarquer que le coefficient du binome $(m)_n$ est divisible par $\frac{m}{d}$, d étant le plus grand commun diviseur de m et n. Donc $(2n)_n$, terme constant dans le développement de $\left(x+\frac{1}{x}\right)^{2n}$, est un nombre pair. Mais je trouve que ce nombre est aussi divisible par $n+1$. Voici quelques exemples :

n.	$(2n)_n$.	$(2n)_n : (n+1)$.
1	2	1
2	6	2
3	20	5
4	70	14
5	252	42
6	924	132
7	3432	429

C'est ainsi qu'il suit que j'ai été amené à cette remarque. Je considère la fraction continue

$$F = \cfrac{1}{x + \cfrac{1}{x + \cfrac{1}{x + \cfrac{1}{x + \cfrac{1}{x + \cfrac{1}{x + \ldots}}}}}}$$

Il est clair que la réduite d'ordre n a cette forme

$$\frac{x^{n-1} + a x^{n-3} + b x^{n-5} + \ldots}{x^n + a' x^{n-2} + b' x^{n-4} + \ldots},$$

$a, b, \ldots; a', b', \ldots$ étant des *entiers*. Donc, par la division, on voit que, dans le développement suivant les puissances descendantes de x

$$F = \frac{A_0}{x} - \frac{A_1}{x^3} + \frac{A_2}{x^5} - \ldots \pm \frac{A_n}{x^{2n+1}} \mp \ldots,$$

tous les A_i sont des *entiers*.

Mais

$$F = \frac{\sqrt{x^2 + 4} - x}{2},$$

d'où l'on tire sans peine.

$$A_0 = 1,$$
$$A_n = \frac{1}{n+1} (2n)_n.$$

Je n'ai pas cherché une démonstration purement arithmétique. J'ai commencé par dire que $(2n)_n$ est pair, mais, pour savoir au juste quelle est la plus haute puissance de 2 qui divise $(2n)_n$, je calcule les nombres

$$n_1 = E\left(\frac{n}{2}\right), \qquad n_2 = E\left(\frac{n_1}{2}\right), \qquad n_3 = E\left(\frac{n_2}{2}\right), \qquad \ldots,$$

et j'ai la règle suivante :

Si, parmi les nombres

$$n, \quad n_1, \quad n_2, \quad n_3, \quad \ldots$$

(dont le dernier est 1) il y en a k qui soient impairs, alors 2^k est la plus haute puissance de 2 qui divise $(2n)_n$.

D'après cette règle, si je suppose $n = 2^k - 1$, j'aurai

$$n_1 = 2^{k-1} - 1, \qquad n_2 = 2^{k-2} - 1, \qquad \ldots, \qquad n_{k-1} = 2^1 - 1;$$

donc, dans ce cas, $2^k = n+1$ est la plus haute puissance de 2 qui divise $(2n)_n$, c'est-à-dire le nombre A_n est impair. J'ajoute que tous les autres nombres A_n sont pairs.

En effet, d'abord si n est pair, A_n l'est aussi parce que $(2n)_n$ est toujours pair. Je n'ai donc qu'à considérer le cas où n est impair mais point de la forme $2^k - 1$.

Ainsi, on aura

$$n = 2^r m - 1,$$

m étant impair et au moins égal à 3. Cela étant, on a

$$\begin{aligned} n_1 &= 2^{r-1} m - 1, \\ n_2 &= 2^{r-2} m - 1, \\ &\dots\dots\dots\dots\dots, \\ n_{r-1} &= 2m - 1, \\ n_r &= m - 1 \quad \text{pair et} \quad \geqq 2. \end{aligned}$$

Donc, dans la série

$$n, \quad n_1, \quad n_2, \quad \dots,$$

il y en a au moins $r+1$ qui sont impairs, savoir les r premiers et le dernier. Donc, si 2^s est la plus haute puissance de 2 qui divise $(2n)_n$, on a

$$s \geqq r+1 \qquad \text{et} \qquad n+1 = 2^r m;$$

donc A_n est *pair*.

Voici une curieuse génération des nombres A_n. Je forme le Tableau suivant :

0	1	2	3	4	5	6	7	8	9	10
1	1	1	2	2	5	5	14	14	42	42
		1	1	3	4	9	14	28	48	90
				1	1	5	6	20	27	75
						1	1	7	8	35
								1	1	9
										1

d'après la règle suivante : Soit la colonne verticale à l'en-tête

n	pair	$n+1$
α		$\alpha+\beta$
β		$\beta+\gamma$
γ	on en déduit	$\gamma+\delta$
$\vdots$		$\vdots$
λ		$\lambda+1$
1		1

et ayant

n	impair	$n+1$
α		α
β		$\beta+\alpha$
γ	on a	$\gamma+\beta$
$\vdots$		$\vdots$
λ		$1+\lambda$
1		1

Vous voyez figurer dans la première ligne horizontale les

nombres A_n, mais ce qui est plus curieux le voici : Prenez la somme des carrés des nombres qui se trouvent dans une colonne verticale, on retrouve la série

$$\begin{array}{ccccccccccc} 1, & 1, & 2, & 5, & 14, & 42, & 132, & 429, & 1430, & 4862, & 16796, \\ = A_0, & A_1, & A_2, & A_3, & A_4, & A_5, & A_6, & A_7, & A_8, & A_9, & A_{10}. \end{array}$$

Mais ce n'est là qu'un cas très particulier d'un autre résultat que j'ai obtenu en considérant ce problème.

Étant donnée une fraction continue

$$F = \cfrac{c_0}{x + \cfrac{c_1}{x + \cfrac{c_2}{x + \cfrac{c_3}{x + \ldots}}}},$$

en déduire le développement

$$F = \frac{A_0}{x} - \frac{A_1}{x^3} + \frac{A_2}{x^5} - \ldots + (-1)^n \frac{A_n}{x^{2n+1}} + \ldots.$$

J'ai été surpris de voir qu'il restât encore à trouver quelque chose sur un sujet aussi élémentaire.

On s'assure aisément que A_n est une fonction entière homogène de degré $n+1$ des quantités $c_0, c_1, \ldots, c_n$, les coefficients étant entiers et positifs.

La solution que je propose est renfermée dans les deux théorèmes suivants :

THÉORÈME I. — *La forme quadratique*

$$\sum_0^\infty \sum_0^\infty A_{i+k} X_i X_k$$

est égale à

$$\begin{aligned} &c_0[\alpha_0 X_0 + \alpha_1 X_1 + \alpha_2 X_2 + \alpha_3 X_3 + \ldots]^2 \\ &+ c_0 c_1 c_2 [\beta_1 X_1 + \beta_2 X_2 + \beta_3 X_3 + \ldots]^2 \\ &+ c_0 c_1 c_2 c_3 c_4 [\gamma_2 X_2 + \gamma_3 X_3 + \ldots]^2 \\ &+ c_0 c_1 c_2 c_3 c_4 c_5 c_6 [\delta_3 X_3 + \ldots]^2 \\ &+ \ldots\ldots\ldots\ldots\ldots\ldots \end{aligned}$$

THÉORÈME II. — *La forme quadratique*

$$\sum_0^\infty \sum_0^\infty A_{i+k+1} X_i X_k$$

est égale à

$$\begin{aligned}
&c_0 c_1 [\alpha_0 X_0 + \alpha_1 X_1 + \alpha_2 X_2 + \alpha_3 X_3 + \ldots]^2 \\
&+ c_0 c_1 c_2 c_3 [\beta_1 X_1 + \beta_2 X_2 + \beta_3 X_3 + \ldots]^2 \\
&\quad + c_0 c_1 c_2 c_3 c_4 c_5 [\gamma_2 X_2 + \gamma_3 X_3 + \ldots]^2 \\
&\quad + \ldots\ldots\ldots\ldots\ldots\ldots\ldots\ldots
\end{aligned}$$

Les coefficients

$$\begin{matrix}
\alpha_0, & \alpha_1, & \alpha_2, & \alpha_3, & \ldots, \\
 & \beta_1, & \beta_2, & \beta_3, & \ldots. \\
 & & \gamma_2, & \gamma_3, & \ldots, \\
 & & & \delta_3, & \ldots
\end{matrix}$$

(qui ne sont pas les mêmes dans les deux théorèmes) peuvent être considérés comme connus, on les calcule à l'aide de relations récurrentes d'une grande simplicité.

En effet, si je forme le Tableau suivant :

(T)

0	1	2	3	4	5	6
1	1	c_1	c_1+c_2	$c_1^2+c_1c_2$	$c_1^2+c_2^2+2c_1c_2+c_2c_3$	$c_1^3+2c_1^2c_2+c_1c_2^2+c_1c_2c_3$
		1	1	$c_1+c_2+c_3$	$c_1+c_2+c_3+c_4$	$c_1^2+c_2^2+3c_1c_2+2c_2c_3+c_3^2+c_3c_4$
				1	1	$c_1+c_2+c_3+c_4+c_5$
						1

d'après la loi suivante :

de

n pair
α
β
γ
$\vdots$
λ
1

on déduit

$n+1$
$\alpha + c_2\beta$
$\beta + c_4\gamma$
$\gamma + c_6\delta$
$\vdots$
$\lambda + c_n$
1

et de

n impair
α
β
γ
$\vdots$
k
λ
1

on déduit

$n+1$
$c_1\alpha$
$c_3\beta + \alpha$
$c_5\gamma + \beta$
$\vdots$
$c_{n-2}\lambda + k$
$c_n . 1 + \lambda$
1

Cela étant, si j'écris à part les colonnes de rangs pair et impair

0	2	4	6	8
α_0	α_1	α_2	α_3	α_4
	β_1	β_2	β_3	β_4
		γ_2	γ_3	γ_4
			δ_3	δ_4
				ε_4

1	3	5	7
α_0	α_1	α_2	α_3
	β_1	β_2	β_3
		γ_2	γ_3
			δ_3

j'ai, dans le premier cas, les coefficients qui figurent dans le théorème I, dans le second cas, les coefficients qui figurent dans le théorème II.

Si, dans les deux théorèmes, je ne considère que les termes avec les carrés des variables, j'aurai

$$
\begin{aligned}
&A_0 = c_0,\\
&A_1 = c_0 c_1,\\
&A_2 = c_0 c_1^2 + c_0 c_1 c_2,\\
&A_3 = c_0 c_1 (c_1 + c_2)^2 + c_0 c_1 c_2 c_3\\
&A_4 = c_0 (c_1^2 + c_1 c_2)^2 + c_0 c_1 c_2 (c_1 + c_2 + c_3)^2 + c_0 c_1 c_2 c_3 c_4,\\
&A_5 = c_0 c_1 (c_1^2 + c_2^2 + 2 c_1 c_2 + c_2 c_3)^2\\
&\qquad + c_0 c_1 c_2 c_3 (c_1 + c_2 + c_3 + c_4)^2 + c_0 c_1 c_2 c_3 c_4 c_5.
\end{aligned}
$$

Vous voyez que si l'on a poussé le Tableau (T) jusqu'à la colonne n on peut écrire immédiatement les valeurs de A_0, $A_1, \ldots, A_n$.

Mais vous voyez bien maintenant comment mes recherches sur les fractions continues m'ont amené, de la manière la plus naturelle, à considérer ces nombres $A_n = \frac{1}{n+1}(2n)_n$ dont j'ai voulu vous entretenir.

En vous renouvelant, cher Monsieur, l'expression de mon attachement bien sincère et très dévoué.

195. — *HERMITE A STIELTJES.*

Flanville, par Noiseville (Lorraine), 17 avril 1889.

MON CHER AMI,

Votre lettre, qui m'intéresse vivement, me parvient en Lorraine où j'ai été appelé par un deuil de famille, comme je vous l'ai écrit avant de partir. Je m'empresse de vous informer que, dans l'un de ses nombreux Mémoires dont je pourrai, s'il est nécessaire, obtenir l'indication en m'adressant à lui-même, M. Catalan a obtenu la propriété du coefficient binomial $(2n)_n$ à laquelle vous avez été conduit. De quelle manière l'a-t-il démontrée, je ne le sais, mais voici la mienne. Considérant, en général, l'expression

$$(m)_n = \frac{m(m-1)\ldots(m-n+1)}{1.2\ldots n},$$

je désigne par δ le plus grand commun diviseur de $m+1$ et n, et je pose la relation

$$\delta = (m+1)A + nB$$

où A et B sont entiers. Cela étant et après l'avoir écrite ainsi

$$\delta = (m-n+1)A + (A+B)n,$$

je multiplie les deux nombres par le facteur

$$\frac{m(m-1)\ldots(m-n+2)}{1.2\ldots n},$$

ce qui donne facilement

$$\frac{m(m-1)\ldots(m-n+2)}{1.2\ldots n}\delta = (m)_n A + (m)_{n-1} B.$$

En représentant par E le second membre qui est entier, on a

donc

$$(m)_n \delta = (m - n + 1) E,$$

et vous voyez ainsi que $(m)_n$ est divisible par $\frac{m-n-1}{\delta}$. Soit $m = 2n$, les entiers $2n+1$ et n sont premiers entre eux, $\delta = 1$ et le coefficient $(2n)_n$ est effectivement divisible par $n+1$; mais votre méthode, tirée d'une identité algébrique, est puisée à la vraie source des plus importantes propriétés des nombres. Je vois avec infiniment de plaisir combien vous avez heureusement profité du rapprochement si original et dont personne n'avait jamais eu l'idée de la décomposition en carrés des formes quadratiques à un nombre infini d'indéterminées avec la théorie des fractions continues algébriques. Le Mémoire auquel vous travaillez sera extrêmement intéressant, on se rappellera peut-être en vous lisant, qu'autrefois, il y a bien des années, les fonctions V, V_1, V_2, ... du théorème de Sturm, qui ont pour origine un développement en fraction continue, ont été aussi rattachées à la décomposition en carrés d'une forme quadratique, mais ces questions sont maintenant si loin de moi, qu'il me faudrait pour y revenir un effort que je n'ai pas le courage de faire. Et puis je vais tâcher de rédiger les applications de la méthode de Laplace dont je dois faire un article pour l'Institut de Bologne. En comptant au besoin sur vous, mon cher ami, pour ce travail si quelque chose survient qui me fasse obstacle, je vous renouvelle, avec mes félicitations pour tout ce que vous venez de rencontrer, l'assurance de mon bien affectueux attachement.

196. — *STIELTJES A HERMITE.*

Toulouse, 22 avril 1889.

CHER MONSIEUR,

Vous avez parfaitement raison, parmi quelques Mémoires de M. Catalan, que je possède grâce à l'obligeance de l'auteur, se trouve un article *Sur les nombres de Segner*. M. Catalan désigne par T_n le nombre de manières dont un polygone convexe de n côtés peut être décomposé en triangles au moyen de ses diagonales. L'on a $T_4 = 2$, $T_5 = 5$. $T_6 = 14$. ..., ce sont précisément les valeurs de A_2, A_3, A_4, ..., et il doit y avoir là-dessus des articles dans les Tomes III et IV (1re série) du *Journal de Liouville*.

Je reviens un instant sur mes formules

$$\text{(I)}\qquad \sum\sum A_{i+k}X_iX_k = c_0(a_{0,0}X_0+a_{0,1}X_1+a_{0,2}X_2+\ldots)^2 + c_0c_1c_2(a_{1,1}X_1+a_{1,2}X_2+\ldots)^2 + c_0c_1c_2c_3c_4(a_{2,2}X_2+\ldots)^2 + \ldots\ldots,$$

$$\text{(II)}\qquad \sum\sum A_{i+k+1}X_iX_k = c_0c_1(b_{0,0}X_0+b_{0,1}X_1+b_{0,2}X_2+\ldots)^2 + c_0c_1c_2c_3(b_{1,1}X_1+b_{1,2}X_2+\ldots)^2 + c_0c_1c_2c_3c_4c_5(b_{2,2}X_2+\ldots)^2 + \ldots\ldots,$$

pour remarquer que leur vérification est, pour ainsi dire, immédiate.

En effet, supposons que, par le développement des seconds membres, on obtienne

$$\sum\sum \alpha_{i,k}X_iX_k \qquad \text{et} \qquad \sum\sum \beta_{i,k}X_iX_k,$$

je dis d'abord que l'on a

$$(1)\qquad \alpha_{i,k+1} = \beta_{i,k}.$$

En effet,

$$\begin{aligned}
\alpha_{i,k+1} &= c_0a_{0,i}a_{0,k+1} + c_0c_1c_2a_{1,i}a_{1,k+1} + \ldots,\\
\beta_{i,k} &= c_0c_1b_{0,i}b_{0,k} + c_0c_1c_2c_3b_{1,i}b_{1,k} + \ldots;
\end{aligned}$$

mais les lois de récurrence sont

$$\begin{aligned}
b_{0,n} &= a_{0,n} + c_2a_{1,n},\\
b_{1,n} &= a_{1,n} + c_4a_{2,n},\\
b_{2,n} &= a_{2,n} + c_6a_{3,n},\\
&\ldots\ldots\ldots,
\end{aligned}$$

et

$$\begin{aligned}
a_{0,n+1} &= \phantom{b_{0,n} +{}} c_1b_{0,n},\\
a_{1,n+1} &= b_{0,n} + c_3b_{1,n},\\
a_{2,n+1} &= b_{1,n} + c_5b_{2,n},\\
a_{3,n+1} &= b_{2,n} + c_7b_{3,n},\\
&\ldots\ldots\ldots
\end{aligned}$$

Exprimons donc les $a_{0,k+1}$ par les $b_{0,k}$ et les $b_{0,i}$ par les $a_{0,i}$, ..., on aura

$$\begin{aligned}\alpha_{i,k+1} = {} & c_0 a_{0,i}(c_1 b_{0,k}) + c_0 c_1 c_2 a_{1,i}(b_{0,k} + c_3 b_{1,k}) \\ & + c_0 c_1 c_2 c_3 c_4 a_{2,i}(b_{1,k} + c_5 b_{2,k}) + \ldots, \\ \beta_{i,k} = {} & c_0 c_1 b_{0,k}(a_{0,i} + c_2 a_{1,i}) + c_0 c_1 c_2 c_3 b_{1,k}(a_{1,i} + c_4 a_{2,i}) \\ & + c_0 c_1 c_2 c_3 c_4 c_5 b_{2,k}(a_{2,i} + c_6 a_{3,i}) + \ldots.\end{aligned}$$

L'identité de ces expressions est manifeste.

Il est clair qu'on a pour la même raison

$$\alpha_{i+1,k} = \beta_{i,k};$$

donc

$$\alpha_{i,k+1} = \alpha_{i+1,k},$$

d'où il est facile de conclure que l'on a généralement

$$\alpha_{i,k} = \alpha_{r,s}$$

lorsque

$$i + k = r + s.$$

On voit par là qu'il existe effectivement une série de quantités

$$A_0, \quad A_1, \quad A_2, \quad A_3, \quad \ldots$$

qui satisfont identiquement aux relations (I) et (II).

Ce point établi, on connaît aussi les valeurs des déterminants

$$P_n = \begin{vmatrix} A_0 & A_1 & \ldots & A_{n-1} \\ \ldots & \ldots & \ldots & \ldots \\ A_{n-1} & \ldots & \ldots & A_{2n-2} \end{vmatrix}, \qquad Q_n = \begin{vmatrix} A_1 & A_2 & \ldots & A_n \\ \ldots & \ldots & \ldots & \ldots \\ A_n & \ldots & \ldots & A_{2n} \end{vmatrix}$$

et l'on en conclut que la série

$$\frac{A_0}{x} - \frac{A_1}{x^2} + \frac{A_2}{x^3} - \frac{A_3}{x^4} + \ldots$$

donne la fraction continue

$$\cfrac{c_0}{x + \cfrac{c_1}{1 + \cfrac{c_2}{x + \cfrac{c_3}{1 + \cfrac{c_4}{x + \cfrac{c_5}{1 + \ldots}}}}}}$$

Vous voyez que cette vérification est bien simple, mais j'ai été conduit à ces formules par l'examen attentif de certains cas particuliers, principalement ceux que j'ai indiqués dans les *Comptes rendus* dernièrement.

Mais je vais montrer maintenant que l'on peut se dispenser de considérer la forme quadratique

$$\sum\sum A_{i+k+1} X_i X_k,$$

à condition d'écrire la fraction continue sous une forme légèrement modifiée.

On a, en effet, aussi

$$\frac{A_0}{x} - \frac{A_1}{x^2} + \frac{A_2}{x^3} - \ldots = \cfrac{c_0}{x + c_1 - \cfrac{c_1 c_2}{x + c_2 + c_3 - \cfrac{c_3 c_4}{x + c_4 + c_5 - \ldots}}};$$

la $n^{\text{ième}}$ réduite, ici, est identique avec la $(2n)^{\text{ième}}$ réduite de la première fraction continue.

D'autre part, d'après l'algorithme, on a

$$\begin{aligned} a_{n,n} &= 1, \\ a_{n,n+1} &= c_1 + c_2 + \ldots + c_{2n+1}, \end{aligned}$$

en sorte qu'on peut énoncer cette proposition :

L'identité

$$\begin{aligned} \sum\sum A_{i+k} X_i X_k = \varepsilon_0 [X + \alpha_1 X_1 + \alpha_2 X_2 + \ldots]^2 \\ + \varepsilon_1 [X_1 + \beta_2 X_2 + \ldots]^2 \\ + \varepsilon_2 [X_2 + \ldots]^2 \\ + \ldots\ldots\ldots\ldots \end{aligned}$$

entraîne cette autre identité

$$\frac{A_0}{x} - \frac{A_1}{x^2} + \frac{A_2}{x^3} - \frac{A_3}{x^4} + \ldots = \cfrac{\varepsilon_0}{x + \alpha_1 - \cfrac{\varepsilon_1 : \varepsilon_0}{x + \beta_2 - \alpha_1 - \cfrac{\varepsilon_2 : \varepsilon_1}{x + \gamma_3 - \beta_2 - \ldots}}}$$

J'ai pensé aussi comme vous qu'il doit exister certains rapports entre mes formules et les recherches sur le théorème de Sturm et sur votre méthode pour trouver le nombre des racines réelles, basée sur la considération de certaines formes quadratiques. Ces deux méthodes, si différentes au premier abord, ne le sont cependant pas pour le fond, je crois. Mais, en ce moment, je n'ai pas toutes les facilités pour étudier ce sujet, la bibliothèque étant fermée pendant les vacances.

Veuillez bien me croire toujours, cher Monsieur, votre profondément dévoué.

197. — *HERMITE A STIELTJES.*

Flanville, 25 avril 1889.

MON CHER AMI,

Il me semble qu'il n'y ait plus rien à ajouter au dernier théorème que vous m'avez communiqué; l'identité

$$\sum A_{i+k} X_i X_k = \varepsilon_0 (X + \alpha_1 X_1 + \ldots)^2 + \varepsilon_1 (X_1 + \beta_2 X_2 + \ldots)^2 + \ldots,$$

d'où vous concluez

$$\frac{A_0}{x} - \frac{A_1}{x^2} + \frac{A_2}{x^3} - \ldots = \cfrac{\varepsilon_0}{x + \alpha_1 - \cfrac{\varepsilon_1 : \varepsilon_0}{x + \beta_2 - \alpha_1 - \ldots}},$$

constitue un résultat définitif et que je juge le couronnement de vos recherches. Ce n'est point du premier coup que vous y êtes parvenu, mais vous n'avez pas à regretter vos efforts; il n'y a certainement rien dans les nombreux travaux dont les fractions continues ont été le sujet, de notre temps, qui approche de votre beau théorème. Le point de vue sous lequel vous vous êtes placé est entièrement nouveau et, quand j'ai, autrefois, touché à la question en m'occupant du théorème de Sturm, c'est d'un autre côté que je me suis dirigé, comme vous allez voir, par la remarque suivante, qui est d'ailleurs sans portée. Vous savez qu'en posant

$$V = (x - a)(x - b) \ldots (x - l),$$

si l'on envisage la forme quadratique

$$F = \frac{1}{x - a}(X + aY + \ldots)^2 + \frac{1}{x - b}(X + bY + \ldots)^2 + \ldots,$$

qui est une fonction symétrique des racines, le nombre des carrés est égal au nombre des racines réelles moindres que x, augmenté du nombre des couples des racines imaginaires. Et si l'on pose

$$F = \sum A_{i,k} X_i X_k \qquad (i, k = 0, 1, 2, \ldots), \qquad A_{i,k} = A_{k,i},$$

les coefficients de ces carrés sont la suite des déterminants

$$\Delta_0 = A_{0,0} = \frac{V'}{V}, \qquad \Delta_1 = \begin{vmatrix} A_{0,0} & A_{1,2} \\ A_{2,1} & A_{1,1} \end{vmatrix}, \qquad \ldots.$$

Généralisons en remplaçant la forme F par celle-ci

$$\frac{A}{x-a}(X + aY + \ldots)^2 + \frac{B}{x-b}(X + bY + \ldots)^2 + \ldots = \Phi$$

et soit

$$\frac{V_1}{V} = \sum \frac{A}{x-a} = \Delta_0,$$

puis

$$\frac{V_2}{V} = \sum \frac{AB(a-b)^2}{(x-a)(x-b)} = \Delta_1,$$

$$\frac{V_3}{V} = \sum \frac{ABC(a-b)^2(a-c)^2(b-c)^2}{(x-a)(x-b)(x-c)} = \Delta_2,$$

. . . .

J'observerai que les quantités Δ_0, Δ_1, Δ_2, ... ne changent point en remplaçant dans Φ l'indéterminée X par

$$X - xY - x^2 Z - \ldots,$$

ce qui donne la transformée

$$\sum \frac{A}{x-a}[X + (a-x)Y + (a^2 - x^2)Z + \ldots]^2 = \Theta.$$

Cela posé, soit

$$\Theta = \sum P_{i,k} X_i X_k,$$

on aura

$$P_{0,0} = \sum \frac{A}{x-a} = \frac{V_1}{V}.$$

Vous voyez ensuite que tous les autres coefficients sont des polynomes entiers en x, et de l'expression sous forme de déterminant

$$\frac{V_i}{V} = \Delta_{i-1} = \begin{vmatrix} \frac{V_1}{V} & P_{0,1} & \dots & P_{0,i+1} \\ P_{1,0} & P_{1,1} & \dots & P_{1,i+1} \\ \dots & \dots & \dots & \dots \\ P_{i+1,0} & P_{i+1,1} & \dots & P_{i+1,i+1} \end{vmatrix}$$

résulte qu'on peut écrire, en désignant par G et H des polynomes entiers,

$$\frac{V_i}{V} = G\frac{V_1}{V} + H,$$

c'est-à-dire

$$V_i = GV_1 + HV.$$

Mais peut-être vaudrait-il mieux employer, au lieu de la forme Θ, cette autre transformée de Φ, pour laquelle les quantités Δ_i sont les mêmes que dans F,

$$\sum \frac{A}{x-a}[X + (x-a)Y + (x-a)^2 Z + \dots]^2.$$

Les coefficients s'expriment alors par les sommes des puissances

$$\sum (x-a)^m = S_0 x^m - m_1 S_1 x^{m-1} + m_2 S_2 x^{m-2} - \dots.$$

Encore un mot au sujet de l'intégrale $\int_{x_0}^{x_1} f(x)\,dx$ et de la méthode de Laplace, qui consiste à poser $f(x) = f(a)e^{-t^2}$ lorsque $f(x)$ n'a qu'un seul maximum pour $x = a$.

En posant $F(x) = \sqrt{\log\frac{f(a)}{f(x)}}$, cette équation devient $F(x) = t$, avec la condition de $x = a$ pour $t = 0$. Ne convient-il pas de remarquer que la valeur de x sous forme de série en t se tire de la formule de Lagrange pour la résolution de l'équation $x = a + t\varphi(x)$, $x = a + \sum \frac{t^n D^{n+1}(\varphi^n x)}{1.2\dots n}$, lorsqu'on fait, après la différentiation, $x = a$? Il suffit, en effet, de poser $\frac{x-a}{\varphi(x)} = F(x)$ pour obtenir la proposée.

En vous informant que je serai de retour à Paris dimanche, je vous renouvelle, mon cher ami, l'assurance de mon bien affectueux attachement.

198. — *STIELTJES A HERMITE.*

Toulouse, 27 avril 1889.

Cher Monsieur,

Il y a certainement des rapprochements à faire entre mon travail et les travaux classiques sur le théorème de Sturm et sur votre méthode. La forme quadratique

$$\begin{aligned} F = {} & \frac{1}{x-a}(X_0 + aX_1 + a^2X_2 + \ldots)^2 \\ & + \frac{1}{x-b}(X_0 + bX_1 + b^2X_2 + \ldots)^2 \\ & + \ldots\ldots\ldots\ldots\ldots\ldots\ldots, \end{aligned}$$

est aussi de cette forme particulière $\sum A_{i+k}X_iX_k$, le coefficient de $X_iX_k\ldots$ dépendant seulement de $i+k$, et je remarque encore que le point de départ de mes recherches est la recherche du minimum d'une intégrale

$$\int_p^q \frac{du}{x-u}[1 + a_1(x-u) + a_2(x-u)^2 + \ldots + a_n(x-u)^n]\,du;$$

c'est peut-être aussi à rapprocher de l'expression F. Mais nous voilà à peu près arrivés à la fin des vacances et, mon travail ayant pris plus d'extension, il me reste encore beaucoup à faire.

Je ne crois pas me tromper (mais je n'ai pas en ce moment la bibliothèque à ma disposition) si je me rappelle que votre remarque sur l'application de la série de Lagrange au développement de x suivant les puissances de t ayant $f(x) = f(a)e^{-t^2}$ se trouve déjà dans l'exposition même de Laplace de sa méthode.

Voici une curieuse identité algébrique que j'ai rencontrée chemin faisant. Parmi mes fractions continues est la suivante :

$$\int_0^\infty \left(\frac{2}{e^z + e^{-z}}\right)^a e^{-xz}\,dz = \cfrac{1}{x + \cfrac{1.a}{x + \cfrac{2(a+1)}{x + \cfrac{3(a+2)}{x + \ldots}}}}$$

pour $a=1,2$, on retombe sur les deux premières que j'ai obtenues, cette formule est même renfermée dans une autre où figurent deux paramètres a et b.

Mais je prends $a=-n$, n étant entier et positif, alors

$$\frac{(n)_0}{x+n}+\frac{(n)_1}{x+n-2}+\frac{(n)_2}{x+n-4}+\ldots+\frac{(n)_n}{x-n}$$
$$=\cfrac{2^n}{x-\cfrac{1.n}{x-\cfrac{2(n-1)}{x-\cfrac{3(n-2)}{x-\ldots-\cfrac{n.1}{x}}}}}.$$

Je ne crois pas que ce soit facile à démontrer d'une autre façon.

Il me faudra encore beaucoup de travail pour coordonner les résultats que j'ai obtenus et surtout pour m'assurer qu'il n'en reste pas d'autres qui m'auraient échappés, de manière à avoir un ensemble à peu près complet.

En vous renouvelant, cher Monsieur, l'assurance de mon entier dévoûment, je suis toujours votre très reconnaissant.

199. — *HERMITE A STIELTJES.*

Paris, 5 mai 1889.

MON CHER AMI,

J'ai donné dernièrement, dans une leçon, pour origine à la série de Gudermann, qui a beaucoup attiré votre attention, l'intégrale

$$J=\int_{-\infty}^{0} e^{at}\,\frac{e^t(t-2)-t-2}{2t^2(e^t-1)}\,dt.$$

En employant l'identité

$$\frac{1}{e^t-1}=1+e^t+\ldots+e^{(n-1)t}+\frac{e^{nt}}{1-e^t};$$

on obtient, en effet, une somme de termes représentés par l'intégrale

$$\int_{-\infty}^{0} e^{(a+k)t}\,\frac{e^t(t-2)-t-2}{2t^2}\,dt=\left(a+k+\frac{1}{2}\right)\log\left(1+\frac{1}{a+k}\right)-1$$

avec un terme complémentaire

$$\int_{-\infty}^{0} e^{(a+n)t}\frac{e^t(t-2)-t-2}{2t^2(e^t-1)}\,dt$$

qui reproduit la quantité J en y changeant a en $a+n$. Comme on a $\mathrm{J}=\frac{\varepsilon}{12a}$, où ε est <1, le terme complémentaire a pour limite supérieure $\frac{1}{12(a+n)}$ et devient nul pour n infini, ce qui démontre la convergence de la série

$$\sum\left[\left(a+k+\frac{1}{2}\right)\log\left(1+\frac{1}{a+k}\right)-1\right] \qquad (k=0,1,2,\ldots).$$

Je suis peu satisfait de ce que dit M. Serret dans le second volume de ses *Leçons*, pour démontrer directement cette convergence. Il me semble nécessaire, en restant dans le cas de a réel et positif, d'employer le développement

$$\log(1+x)=x-\frac{x^2}{2}+\frac{x^3}{3}-\frac{x^4}{4(1+\theta x)^4} \qquad (\theta<1)$$

qui donne pour limite supérieure du logarithme la quantité

$$x-\frac{x^2}{2}+\frac{x^3}{3}.$$

On trouve facilement

$$\begin{aligned}&\left(a+k+\frac{1}{2}\right)\log\left(1+\frac{1}{a+k}\right)-1\\ &\quad=\left(a+k+\frac{1}{2}\right)\left(\frac{1}{a+k}-\frac{1}{2(a+k)^2}+\frac{1}{3(a+k)^3}\right)-1\\ &\quad=\frac{1}{12(a+k)^2}+\frac{1}{6(a+k)^3},\end{aligned}$$

d'où une somme de deux séries convergentes, pour limite supérieure de la série proposée.

Vous m'avez bien surpris en m'apprenant que la forme quadratique

$$\sum\frac{1}{x-a}(\mathrm{X}+a\mathrm{Y}+a^2\mathrm{Z}+\ldots)^2$$

appartient au type $\sum \mathrm{A}_{i+k}\mathrm{X}_i\mathrm{X}_k$, dont vous avez le premier reconnu l'importance; il en est de même évidemment de celle-ci

$$\sum \frac{1}{x-a}[X+(x-a)Y+(x-a)^2Z+\ldots]^2,$$

dont j'ai fait aussi usage. Mais y aurait-il lieu, pour l'Arithmétique, de distinguer ces formes, et intérêt de chercher, ce qui est encore une question d'Algèbre, les substitutions qui conduisent à des transformées de même genre $\sum A'_{i+k} X'_i X'_k$?

En vous renouvelant, mon cher ami, l'assurance de mon bien affectueux attachement.

200. — *STIELTJES A HERMITE.*

Toulouse, 7 mai 1889.

Cher Monsieur,

Me sentant un peu fatigué, et aussi à cause de mes conférences..., j'ai dû interrompre, pour une dizaine de jours, mon travail, mais je compte bien le reprendre bientôt.

Voici une petite remarque, sans aucune portée d'ailleurs, que j'ai faite sur un passage de la *Théorie analytique de la chaleur* dont nous devons une si belle édition à M. Darboux.

Fourier, pour obtenir le développement

$$1 = a\cos x + b\cos 3x + c\cos 5x + d\cos 7x + \ldots,$$

pose $x = 0$ dans cette relation et dans celles qu'on en déduit par des différentiations successives, il obtient ainsi

$$\begin{aligned}
1 &= a + b + c + d + \ldots,\\
0 &= a + 3^2 b + 5^2 c + 7^2 d + \ldots,\\
0 &= a + 3^4 b + 5^4 c + 7^4 d + \ldots,\\
0 &= a + 3^6 b + 5^6 c + 7^6 d + \ldots,\\
&\ldots\ldots\ldots\ldots\ldots\ldots\ldots\ldots\ldots\ldots;
\end{aligned}$$

n de ces équations lui donnent les n premiers coefficients et, posant ensuite $n = \infty$, il obtient

$$1 = \frac{4}{\pi}\left(\cos x - \frac{1}{3}\cos 3x + \frac{1}{5}\cos 5x - \frac{1}{7}\cos 7x + \ldots\right).$$

Il est clair que cela revient à déterminer une expression

$$\varphi_n(x) = a_1 \cos x + a_2 \cos 3x + \ldots + a_n \cos(2n-1)x$$

par la condition que le développement de $\varphi_n(x)$ soit de cette forme

$$\varphi_n(x) = 1 + k_n x^{2n} + k_{n+1} x^{2n+2} + \ldots.$$

Or, je remarque que l'identité

$$(2i \sin x)^{2n-1} = (e^{ix} - e^{-ix})^{2n-1}$$

donne facilement

$$(\sin x)^{2n-1} = A_n \left[\sin x - \frac{n-1}{n+1} \sin 3x + \frac{(n-1)(n-2)}{(n+1)(n+2)} \sin 5x - \ldots \right],$$

$$A_n = \frac{3.5.7\ldots(2n-1)}{4.6.8\ldots(2n)}.$$

On en conclut

$$\int_0^x (\sin x)^{2n-1}\, dx$$
$$= B_n - A_n \left[\cos x - \frac{1}{3}\frac{n-1}{n+1} \cos 3x + \frac{1}{5}\frac{(n-1)(n-2)}{(n+1)(n+2)} \cos 5x - \ldots \right],$$

$$B_n = \int_0^{\frac{\pi}{2}} (\sin x)^{2n-1}\, dx = \frac{2.4.6\ldots(2n-2)}{3.5.7\ldots(2n-1)},$$

et il est clair qu'on aura nécessairement

$$(1) \quad \varphi_n(x) = \frac{A_n}{B_n} \left[\cos 2x - \frac{1}{3}\frac{n-1}{n+1} \cos 3x + \frac{1}{5}\frac{(n-1)(n-2)}{(n+1)(n+2)} \cos 5x - \ldots \right],$$

$$(2) \qquad 1 - \varphi_n(x) = \int_0^x (\sin x)^{2n-1}\, dx : \int_0^{\frac{\pi}{2}} (\sin x)^{2n-1}\, dx.$$

Il est facile de constater l'identité de (1) avec le résultat de Fourier, on a notamment

$$\frac{A_n}{B_n} = \frac{3^2.5^2\ldots(2n-1)^2}{(3^2-1)(5^2-1)\ldots[(2n-1)^2-1]} \quad \text{et} \quad \lim \frac{A_n}{B_n} = \frac{4}{\pi} \quad (n=\infty).$$

A l'aide de (2) il est facile de démontrer qu'on a

$$\lim[1 - \varphi_n(x)] = 0 \qquad (n = \infty)$$

tant qu'on suppose $-\frac{\pi}{2} < x < +\frac{\pi}{2}$. En effet, soit

$$C_n = \int_0^x (\sin x)^{2n-1}\, dx$$

évidemment

$$C_{n+1} < \sin^2 x . C_n \qquad \text{et} \qquad B_{n+1} = \frac{2n}{2n+1} B_n;$$

donc

$$\frac{1-\varphi_{n+1}(x)}{1-\varphi_n(x)} = \frac{C_{n+1}}{B_{n+1}} : \frac{C_n}{B_n} < \left(1+\frac{1}{2n}\right)\sin^2 x.$$

Donc ce rapport $1-\varphi_{n+1}(x) : 1-\varphi_n(x)$ restera inférieur à un nombre fixe λ compris entre $\sin^2 x$ et 1, pour des valeurs suffisamment grandes de n, d'où

$$\lim[1-\varphi_n(x)] = 0 \qquad (n=\infty).$$

En faisant croître n indéfiniment, l'équation (1) donne donc

$$1 = \frac{4}{\pi}\left(\cos x - \frac{1}{3}\cos 3x + \frac{1}{5}\cos 5x - \ldots\right)$$
$$-\frac{\pi}{2} < x < +\frac{\pi}{2}.$$

Pour établir ce résultat en toute rigueur, il faudrait montrer qu'en posant

$$S = \cos x - \frac{1}{3}\cos 3x + \frac{1}{5}\cos 5x - \ldots,$$
$$S' = \cos x - \frac{1}{3}\frac{n-1}{n+1}\cos 3x + \frac{1}{5}\frac{(n-1)(n-2)}{(n+1)(n+2)}\cos 5x - \ldots,$$

on a

$$\lim(S-S') = 0 \qquad (n=\infty).$$

Ce n'est pas difficile, mais peu intéressant. J'ai écrit un petit article sur ce sujet pour les *Nouvelles Annales* (1). On peut obtenir d'une façon analogue le développement

$$\frac{1}{2}x = \frac{1}{2}\sin 2x - \frac{1}{4}\sin 4x + \frac{1}{6}\sin 6x - \ldots$$
$$-\frac{\pi}{2} < x < +\frac{\pi}{2}.$$

---

(1) *Note des éditeurs.* — L'article a paru dans le Tome VIII, page 472, de la 3e série des *Nouvelles Annales de Mathématiques*.

Soit d'abord

$$\psi_n(x) = a_1 \sin 2x + \ldots + a_n \sin 2nx$$

avec la condition

$$\psi_n(x) = x + k_n x^{2n+1} + k_{n+1} x^{2n+3} + \ldots.$$

On obtient $\psi_n(x)$ en remarquant que

$$\psi_n(x) - x$$

ne diffère que par un facteur constant de

$$\int_0^x (\sin x)^{2n}\, dx, \quad \ldots.$$

Veuillez bien agréer, cher Monsieur, la nouvelle assurance de mon sincère dévoûment.

....

201. — *HERMITE A STIELTJES.*

Paris, 10 mai 1889.

MON CHER AMI,

Vous ne pouvez pas douter du plaisir que j'ai eu à lire votre ingénieuse et élégante analyse et vous voudrez bien recevoir mes compliments pour ce que renferme d'entièrement neuf l'équation $\varphi_n(x) = 1 + k_n x^{2n} + \ldots$; n'y a-t-il point là quelque écho éloigné, quelque réminiscence des fractions continues? Maintenant, je viens faire appel à votre charité en appelant votre attention et vos observations sur la façon dont je présente la méthode de Laplace sur le développement des coordonnées elliptiques (*Méc. cél.*, t. V, Supplément). Je raisonnerai de préférence sur l'anomalie excentrique au lieu du rayon vecteur; on a alors la série

$$u = t + e \sin t + \ldots + \frac{e^m}{1.2\ldots m.2^{m-1}} \mathrm{T}_m + \ldots,$$

où

$$\mathrm{T}_m = m^{m-1} \sin mt - m_1 (m-2)^{m-1} \sin(m-2)t$$
$$+ m_2 (m-4)^{m-1} \sin(m-4)t - \ldots;$$

cette quantité T_m a pour maximum

$$U_m = m^{m-1} + m_1(m-2)^{m-1} + m_2(m-4)^{m-1} + \ldots + m_\mu(m-2\mu)^{m-1},$$

μ étant l'entier contenu dans $\frac{m}{2}$ et il s'agit d'obtenir, pour m très grand, la valeur approchée de $\frac{U_m}{1.2\ldots m-1)2^{m-1}}$; c'est-à-dire de la série

$$S = f(0) + f(1) + \ldots + f(r) + \ldots + f(\mu),$$

en posant

$$f(r) = \frac{m_r(m-2r)^{m-1}}{1.2\ldots m.2^{m-1}}.$$

J'introduis dans ce but, au lieu du nombre entier r, une variable x; je fais pour cela

$$f(x) = \frac{\left(\frac{m}{2} - x\right)^{m-1}}{\Gamma(x+1)\,\Gamma(m-x+1)}.$$

De cette manière, une valeur approchée de S est donnée par l'intégrale définie $\int_0^\mu f(x)\,dx$, qu'il s'agit d'évaluer elle-même par approximation.

Admettant, comme le dit Laplace, que les termes de la série S vont d'abord en croissant et qu'ils ont un maximum après lequel ils diminuent; je cherche ce maximum en posant $f'(x) = 0$. Les expressions asymptotiques de $\Gamma(x+1)$ et $\Gamma(m-x+1)$ me donnent d'abord

$$\text{(A)} \quad \frac{f'(x)}{f(x)} = \frac{2(m-1)}{2x-m} - \log x + \log(m-x) - \frac{1}{2x} - \frac{1}{2(x-m)}.$$

Je néglige les deux derniers termes; je remplace $\frac{2(m-1)}{2x-m}$ par $\frac{2m}{2x-m}$ et je trouve, pour déterminer le maximum, l'équation de la *Mécanique céleste*

$$\frac{2m}{2x-m} = \log\frac{x}{m-x}$$

qui admet une seule racine $x = \xi = 0,083\,07\,m$. Cela étant, je dis qu'aux limites $x=0$, $x=\mu$, les quantités

$$\frac{f(0)}{f(\xi)} \quad \text{et} \quad \frac{f(\mu)}{f(\xi)}$$

sont l'une et l'autre très petites. On a, en effet,

$$\frac{f(0)}{f(\xi)} = \left(\frac{m}{m-2\xi}\right)^{m-1} \frac{\Gamma(\xi+1)}{\Gamma(m+1)}$$

et la valeur $\xi = 0{,}083\,07\,m$ montre que le facteur $\frac{\Gamma(\xi+1)}{\Gamma(m+1)}$ décroît, quand m augmente, bien plus rapidement que n'augmente la puissance $\left(\frac{m}{m-2\xi}\right)^{m-1} = (1.2\ldots)^{m-1}$. Quant à $\frac{f(\mu)}{f(\xi)}$ c'est zéro ou $\frac{1}{\Gamma(\mu+1)\Gamma(m-\mu+1)}$, mais cette remarque a peu d'importance, comme vous allez voir. La propriété de la fonction $f(x)$ de n'avoir qu'un maximum entre les limites de l'intégrale conduit naturellement à employer, pour obtenir cette intégrale, la méthode du calcul des probabilités en posant

$$f(x) = f(\xi)e^{-t^2}.$$

Soient $t=-g$ et $t=+h$ les valeurs de t qui correspondent aux limites $x=0$ et $x=\mu$, nous aurons

$$\int_0^{\mu} f(x)\,dx = f(\xi)\int_{-g}^{+h} e^{-t^2}\,dt.$$

Cela étant, si l'on se borne à employer le premier terme seulement de l'expression de dx, qui est $\sqrt{-\frac{2f(\xi)}{f''(\xi)}}\,dt$, ce qui donne la quantité

$$f(\xi)\sqrt{-\frac{2f(\xi)}{f''(\xi)}}\int_{-g}^{+h} e^{-t^2}\,dt,$$

on observera que l'intégrale définie tend, avec une extrême rapidité, vers sa limite $\int_{-\infty}^{+\infty} e^{-t^2}\,dt = \sqrt{\pi}$ et en diffère fort peu, même pour des valeurs médiocrement grandes des limites g et h; de sorte qu'on obtient, pour l'expression approchée,

$$\mathrm{J} = \sqrt{2\pi}\, f(\xi)\sqrt{-\frac{f(\xi)}{f''(\xi)}}.$$

Observez maintenant que l'équation (A) donne, en négligeant les termes en $\frac{1}{\xi^2}$ et $\frac{1}{(\xi-m)^2}$,

$$\frac{f''(\xi)}{f(\xi)} = -\frac{4m}{(2\xi-m)^2} - \frac{1}{\xi} - \frac{1}{(m-\xi)} = -\frac{m^3}{\xi(m-\xi)(2\xi-m)^2};$$

on en conclut

$$J = \sqrt{2\pi}\, f(\xi)\, \frac{(m-2\xi)\sqrt{\xi(m-\xi)}}{m\sqrt{m}} = \frac{(\frac{1}{2}e)^m (m-2\xi)^m}{2\sqrt{2\pi}\sqrt{m^3}\,\xi^\xi (m-\xi)^{m-\xi}} \text{ (1)}.$$

Faites comme Laplace $\xi = m\omega$, cette quantité devient

$$J = \frac{1}{2\sqrt{2\pi}\sqrt{m^3}} \left[\frac{e(1-2\omega)}{2\omega(1-\omega)^{1-\omega}}\right]^m,$$

ou plutôt en représentant par E, comme fait, je crois, M. Tisserand, la base des logarithmes népériens

$$J = \frac{1}{2\sqrt{2\pi}\sqrt{m^3}} \left[\frac{E(1-2\omega)}{2\omega(1-\omega)^{1-\omega}}\right]^m.$$

La règle de convergence $\lim \sqrt[m]{J} < 1$ nous donne donc la conclusion de la *Mécanique céleste*.

. . . .

Tout à vous bien affectueusement.

202. — *STIELTJES A HERMITE.*

Toulouse, 12 mai 1889.

CHER MONSIEUR,

En écrivant ma dernière lettre je n'avais pas encore reçu la vôtre du 5 mai, qui ne m'est parvenue qu'avec un grand retard (c'est que dans un moment de distraction vous l'avez dirigée à Paris au lieu de Toulouse) et ainsi elle a fait un petit tour en passant par Lyon.

J'ai lu avec la plus grande attention votre analyse pour trouver

(1) *Note des éditeurs.* — *Voir*, au sujet de cette formule, la lettre 202.

l'expression approchée du maximum du coefficient de e^m dans le développement de l'anomalie excentrique, et je ne vois pas ce qu'on pourrait y changer. Je crois qu'il y a seulement quelque inadvertance dans les formules suivantes :

$$(a)\quad J=\sqrt{2\pi}\,f(\xi)\frac{(m-2\xi)\sqrt{\xi(m-\xi)}}{m\sqrt{m}}=\frac{(\frac{1}{2}e)^m(m-2\xi)^m}{2\sqrt{2\pi}\sqrt{m^3}\,\xi^\xi(m-\xi)^{m-\xi}};$$

il me semble qu'il faut multiplier l'expression (a) par 4 et écrire

$$\frac{2(\frac{1}{2}e)^m(m-2\xi)^m}{\sqrt{2\pi}\sqrt{m^3}\,\xi^\xi(m-\xi)^{m-\xi}}$$

et, en posant $\xi=m\omega$,

$$J=\frac{2}{\sqrt{2\pi}\sqrt{m^3}}\left[\frac{e(1-2\omega)}{2\omega^\omega(1-\omega)^{1-\omega}}\right]^m\quad\text{ou}\quad\frac{2}{\sqrt{2\pi}\sqrt{m^3}}\left[\frac{E(1-2\omega)}{2\omega^\omega(1-\omega)^{1-\omega}}\right]^m.$$

La condition de convergence est alors, e étant l'excentricité

$$\lim e\sqrt[m]{J}<1,$$

$$e<\frac{2\omega^\omega(1-\omega)^{1-\omega}}{E(1-2\omega)},$$

c'est le résultat de Laplace.

Mais, pour plus de sûreté, je dois vous prier de vouloir bien me contrôler à l'égard de ce facteur 2 que je mets au numérateur au lieu du dénominateur, on se trompe si facilement.

J'aurais encore à vous parler des formes quadratiques du type $\sum\sum T_{i+k}X_iX_k$, mais j'aime mieux attendre encore un peu pour approfondir cette matière.

....

Votre sincèrement dévoué.

203. — *STIELTJES A HERMITE.*

Toulouse, 13 mai 1889.

Cher Monsieur,

Voici un *post-scriptum* à ma dernière lettre. Laplace donne à peu près

$$\omega=0{,}083\,07,\qquad e=0{,}661\,95.$$

Je me rappelle que les auteurs qui se sont ensuite occupés de cette question (Cauchy, Serret) donnent des valeurs légèrement différentes de e; je n'ai pas sous la main leurs nombres, mais M. Schlömilch (t. II de son *Traité*) donne

$$e = 0{,}662\,742 \qquad (x = 1{,}199\,678).$$

Pour faire disparaître ces différences, j'ai entrepris le calcul; les résultats suivants sont aussi approchés que cela est possible avec le nombre des décimales écrites

$$\textit{Équat. transc.}: \text{log nép.}\,\frac{x+1}{x-1} = 2x,$$

$$x = +\,1{,}199\,678\,640\,257\,734$$
$$\omega = +\,0{,}083\,221\,720\,199\,5 \quad = (x-1):2x,$$
$$e = +\,0{,}662\,743\,419\,349\,2 \quad = \sqrt{xx-1}.$$

J'ai cru que si vous donniez les valeurs de ω et de e, mieux vaudrait donner les valeurs exactes.

Votre dévoué.

204. — *HERMITE A STIELTJES.*

Paris, 15 mai 1889.

MONSIEUR,

. . . .

Les notes que vous m'avez confiées sur les intégrales eulériennes contiennent cette équation

$$\log\frac{\Gamma(a+\frac{1}{2})}{\Gamma(a)} = \frac{1}{2}\log a - \frac{(2-2^{-1})B_1}{1.2.a} + \frac{(2-2^{-3})B_2}{3.4.a^3} - \frac{(2-2^{-5})B_3}{5.6.a^5} - \ldots$$

Seriez-vous assez bon pour me dire si elle vous appartient?

Je remarque qu'ayant

$$\log\Gamma(a) = \int_{-\infty}^{0}\left[\frac{e^{ax}-e^{x}}{e^{x}-1} - (a-1)e^{x}\right]\frac{dx}{x},$$

$$\log\Gamma\left(a+\frac{1}{2}\right) = \int_{-\infty}^{0}\left[\frac{e^{\left(a+\frac{1}{2}\right)x}-e^{x}}{e^{x}-1} - \left(a-\frac{1}{2}\right)e^{x}\right]\frac{dx}{x},$$

on en conclut

$$\log\frac{\Gamma(a+\frac{1}{2})}{\Gamma(a)}=\int_{-\infty}^{0}\left[\frac{e^{ax}\left(e^{\frac{x}{2}}-1\right)}{e^{x}-1}-\frac{1}{2}e^{x}\right]\frac{dx}{x}$$
$$=\int_{-\infty}^{0}\left(\frac{e^{ax}}{e^{\frac{1}{2}x}+1}-\frac{1}{2}e^{x}\right)\frac{dx}{x}.$$

Joignant à cette équation la suivante

$$\frac{1}{2}\log a=\int_{-\infty}^{0}\left(\frac{e^{ax}-e^{x}}{2}\right)\frac{dx}{x}$$

et retranchant membre à membre, il vient

$$\log\frac{\Gamma(a+\frac{1}{2})}{\Gamma(a)}-\frac{1}{2}\log a=\int_{-\infty}^{0}\left(\frac{1}{e^{\frac{x}{2}}+1}-\frac{1}{2}\right)\frac{e^{ax}\,dx}{x}$$
$$=\frac{1}{2}\int_{-\infty}^{0}\frac{1-e^{\frac{x}{2}}}{1+e^{\frac{x}{2}}}\,\frac{e^{ax}\,dx}{x},$$

formule dont se conclut votre développement.

Une remarque maintenant; on a

$$\cos x=\prod\left(1-\frac{4x^2}{m^2\pi^2}\right)\qquad(m=1,3,5,\ldots);$$

donc

$$\cos\frac{ix}{2}=\frac{e^{\frac{x}{2}}+e^{-\frac{x}{2}}}{2}=\prod\left(1+\frac{x^2}{m^2\pi^2}\right),$$

puis, en prenant la dérivée logarithmique

$$\frac{1}{2}\,\frac{e^{\frac{x}{2}}-e^{-\frac{x}{2}}}{e^{\frac{x}{2}}+e^{-\frac{x}{2}}}=\sum\frac{2x}{x^2+m^2\pi^2}.$$

Changeons encore x en $\frac{x}{2}$ et l'on aura

$$\frac{1}{2x}\,\frac{e^{\frac{x}{2}}-1}{e^{\frac{x}{2}}+1}=\sum\frac{4}{x^2+4m^2\pi^2},$$

ce qui nous conduit à la nouvelle expression

$$\sum\int_{-\infty}^{0}\frac{4e^{ax}\,dx}{x^2+4m^2\pi^2}.$$

Soit maintenant $x = \frac{2m\pi\xi}{a}$, on trouve ainsi

$$\sum \int_{-\infty}^{0} \frac{a e^{2m\pi\xi}\,d\xi}{m\pi(\xi^2+a^2)} = \frac{1}{\pi}\int_{-\infty}^{0} \frac{S\,a\,d\xi}{\xi^2+a^2},$$

en posant

$$S = \frac{e^{2\pi\xi}}{1} + \frac{e^{6\pi\xi}}{3} + \ldots + \frac{e^{2m\pi\xi}}{m} + \ldots.$$

Or on a

$$S = \frac{1}{2}[\log(1+e^{2\pi\xi}) - \log(1-e^{2\pi\xi})].$$

Votre série a donc le même caractère analytique que celle de Stirling; en l'arrêtant à un terme de rang quelconque, le reste est moindre que le terme suivant; mais vous aurez sans doute déjà vu tout cela.

En vous renouvelant, mon cher ami, l'assurance de mon affectueux attachement.

205. — *STIELTJES A HERMITE.*

Toulouse, 16 mai 1889.

CHER MONSIEUR,

....

Je ne me rappelle pas avoir vu quelque part explicitement la formule

$$\log\frac{\Gamma(a+\frac{1}{2})}{\Gamma(a)} = \frac{1}{2}\log a - \ldots;$$

cependant on ne peut pas, à proprement dire, la considérer comme nouvelle, puisqu'elle résulte immédiatement, en retranchant les formules (59) et (58) du Mémoire de Gauss *Sur la série hypergéométrique* (*Œuvres*, t. III, p. 152), car

$$\log\prod\left(z-\frac{1}{2}\right) = \log\Gamma\left(z+\frac{1}{2}\right), \qquad \log\prod(z) = \log\Gamma(z) + \log z.$$

Mais je considère cette formule sous un autre point de vue. Soit b un entier positif, on a

$$\begin{aligned}\log\Gamma(a+b) - \log\Gamma(a) &= \log a(a+1)\ldots(a+b-1)\\ &= b\log a + \sum_{1}^{b-1}\log\left(1+\frac{k}{a}\right);\end{aligned}$$

donc en développant suivant les puissances descendantes de a, et en introduisant les fonctions de Bernoulli (j'adopte la notation de M. Jordan, t. II, p. 102),

$$1^n + 2^n + \ldots + (b-1)^n = 1.2.3\ldots n\,\varphi_n(b);$$

$$(\mathrm{A})\quad \log\frac{\Gamma(a+b)}{\Gamma(a)} = b\log a + \frac{\varphi_1(b)}{a} - \frac{\varphi_2(b)}{a^2} + \frac{1.2.\varphi_3(b)}{a^3} - \frac{1.2.3.\varphi_4(b)}{a^4} + \ldots.$$

J'ai supposé ici b entier et positif, mais en ayant recours aux intégrales définies qui représentent $\log\Gamma(a+b)$ et $\log\Gamma(a)$ vous verrez aisément que le développement ... est valable sans cette restriction. Toujours est-il remarquable que, lorsque b est entier (positif ou négatif), la série est *convergente* lorsque a est suffisamment grand; ainsi la déduction précédente montre bien que pour b entier positif la série est convergente tant que $a > b-1$. Lorsque b n'est pas entier la série est *divergente* quelle que soit la valeur de a, comme cela arrive, par exemple, pour $b=\frac{1}{2}$ ... ce qui donne précisément le cas particulier mentionné plus haut. Vous voyez que cette supposition, b entier positif, fournit un moyen simple pour retrouver la formule.

On a généralement

$$\varphi_n(1-b) = (-1)^{n-1}\varphi_n(b),$$

donc

$$(\mathrm{B})\quad \log\frac{\Gamma(a+1-b)}{\Gamma(a)} = (1-b)\log a + \frac{\varphi_1(b)}{a} + \frac{\varphi_2(b)}{a^2} + \frac{1.2.\varphi_3(b)}{a^3} + \ldots,$$

ce qu'on pourrait trouver aussi directement en supposant encore b entier et positif.

La combinaison de (A) et (B) ... donne

$$(\mathrm{C})\quad \frac{1}{2}\log\frac{\Gamma(a+b)\Gamma(a+1-b)}{\Gamma(a)\Gamma(a)} = \frac{1}{2}\log a + \frac{\varphi_1(b)}{a} + \frac{1.2.\varphi_3(b)}{a^3} + \frac{1.2.3.4.\varphi_5(b)}{a^5} + \ldots,$$

$$(\mathrm{D})\quad \frac{1}{2}\log\frac{\Gamma(a+b)}{\Gamma(a+1-b)} = \left(b-\frac{1}{2}\right)\log a - \frac{\varphi_2(b)}{a^2} - \frac{1.2.3.\varphi_4(b)}{a^4} + \ldots$$

Supposons maintenant $0 < b < 1$ .... D'après les propriétés connues des fonctions ψ vous verrez que dans ces séries (C) et (D) les termes sont alternativement $+$ et $-$ et elles ont même caractère que la série de Stirling; en s'arrêtant à un terme quelconque l'erreur est moindre que le dernier terme.

Si vous introduisez les intégrales définies pour $\log\Gamma$, vous trouverez, en développant, les formules par intégrales définies des fonctions de Bernoulli dont vous avez traité dans le *Journal de Crelle* (¹).

Les séries (C) et (D) ne donnent pas de fractions continues simples, mais les séries obtenues en prenant les dérivées par rapport à a donnent des fractions continues élégantes. Pour les écrire sous leur forme la plus simple, je remplace a par $\frac{a}{2}$, b par $\frac{1+b}{2}$, donc $1-b$ par $\frac{1-b}{2}$. Alors on a

$$\psi(x) = \frac{d}{dx}\log\Gamma(x):$$

$$(\text{D}') \quad \psi\left(\frac{a+1+b}{2}\right) - \psi\left(\frac{a+1-b}{2}\right) = \cfrac{2b}{a + \cfrac{1^2(1^2-b^2)}{3a + \cfrac{2^2(2^2-b^2)}{5a + \cfrac{3^2(3^2-b^2)}{7a + \dots}}}}$$

$$(\text{C}') \quad \psi\left(\frac{a+1+b}{2}\right) + \psi\left(\frac{a+1-b}{2}\right) - 2\psi\left(\frac{a}{2}\right)$$

$$= \frac{2}{a} + \cfrac{1-b^2}{a^2 + \cfrac{1-b^2}{2 + \cfrac{9-b^2}{3a^2 + \cfrac{4(9-b^2)}{4 + \cfrac{4(25-b^2)}{5a^2 + \dots}}}}}$$

$$+ \cfrac{n^2[(2n-1)^2-b^2]}{2n + \cfrac{n^2[(2n+1)^2-b^2]}{(2n+1)a^2 + \dots}},$$

Si dans (D′) on suppose b entier, ou dans (C′) b entier impair, on retombe sur de simples identités algébriques, car d'une part les fractions continues se terminent brusquement, et d'autre part les

(¹) Ce que je dis ici se rapporte aux formules *analogues à la formule de Schaar* dont je vais parler à la fin de ma lettre.

premiers membres, en vertu de

$$\psi(x+1) = \psi(x) + \frac{1}{x},$$

sont aussi des fractions rationnelles. Cette circonstance me fait soupçonner que ces fractions continues représentent *toujours*, en supposant a et b réels, les premiers membres, mais je ne l'ai démontré rigoureusement qu'en supposant $-1 < b + 1$. Mais ce qui résulte surtout de mon travail c'est la parfaite justesse de votre idée de faire dépendre les propriétés des fonctions de Bernoulli de leurs expressions par les intégrales définies.

Je dois ajouter que pour discuter ... les séries ..., il semble indiqué de recourir à des formules intégrales *analogues à la formule de Schaar* dans le cas de la série de Stirling. C'est ce qu'on peut faire dans le cas de $\log \frac{\Gamma(a+\frac{1}{2})}{\Gamma(a)}$, ainsi par exemple

$$\psi\left(x+\frac{1}{2}+b\right) - \psi\left(x+\frac{1}{2}-b\right)$$
$$= 4\int_0^\infty \frac{x\,du}{x^2+u^2}\,\frac{e^{-2\pi u}\sin(2b\pi)}{1+2e^{-2\pi u}\cos(2b\pi)+e^{-4\pi u}}.$$

Dans le cas de la fonction $\log\Gamma$ il doit y avoir sous le signe $\int$, je crois, un log, mais le temps me manque en ce moment pour chercher la formule, voulant vous faire parvenir cette lettre aussitôt que possible, à cause des Mémoires indiqués de Mme de K. sur lesquels vous voudrez demander peut-être l'avis de quelques personnes plus compétentes.

Veuillez aussi, pour cette raison, m'excuser .... Je vois bien que j'ai écrit une lettre un peu embrouillée. Croyez-moi toujours votre très dévoué.

206. — *HERMITE A STIELTJES.*

Paris, 16 mai 1889.

Mon cher Ami,

M'autorisez-vous à donner dans ma leçon sur les intégrales eulériennes, que je rédige en ce moment pour ma nouvelle édition.

votre beau résultat que j'énonce ainsi. « En posant

$$J(a) = \frac{1}{\pi}\int_0^{-\infty} \frac{a \log(1 - e^{2\pi\xi})\, d\xi}{a^2 + \xi^2},$$

« M. Stieltjes a démontré que pour une valeur imaginaire quel-
« conque $a = Re^{i\theta}$, où l'angle θ est compris entre les limites $-\pi$
« et $+\pi$, on a

$$\operatorname{mod} J(a) < \frac{2R - 1}{b\left[(2R-1)^2 \cos^2\frac{\theta}{2} - 1\right]}. \text{ »}$$

Je vous ferai remarquer que, pour a réel $= R$, votre formule donne

$$J(a) < \frac{1}{12a} + \frac{1}{24(a^2 - a)},$$

tandis qu'on a la limitation un peu plus étroite

$$J(a) < \frac{1}{12a}.$$

Vaut-il la peine de dire que

$$\begin{aligned} 2 \log \frac{\Gamma(a + \frac{1}{2})}{\Gamma(a)} = \log a &- \log\left(1 + \frac{1}{2a}\right) \\ &+ \log\left(1 + \frac{1}{2a+1}\right) \\ &- \log\left(1 + \frac{1}{2a+2}\right) \\ &+ \ldots\ldots\ldots\ldots\ldots \\ &- \log\left(1 + \frac{1}{2a+2n+1}\right) + \frac{\varepsilon}{2a+2n+1} \end{aligned}$$

où ε est positif et < 1.

....

Encore tous mes remercîments, mon cher ami, et l'assurance de ma bien sincère affection.

207. — *STIELTJES A HERMITE.*

Toulouse, 17 mai 1889.

Cher Monsieur,

En réfléchissant sur ce que j'ai griffonné hier soir, je sens le besoin de m'expliquer plus clairement afin de vous épargner la peine de débrouiller cette lettre trop confuse. Je reprends donc la formule

$$\frac{1}{2}\log\frac{\Gamma(a+b)\Gamma(a+1-b)}{\Gamma(a)\Gamma(a)} = \frac{1}{2}\log a + \frac{\varphi_1(b)}{a} + \frac{1.2.\varphi_3(b)}{a^3} + \ldots,$$

en exprimant les fonctions $\log\Gamma$ par la formule

$$\log\Gamma(a) = \int_0^\infty \left[(a-1)e^{-x} - \frac{e^{-x}-e^{-ax}}{1-e^{-x}}\right]\frac{dx}{x}$$

et

$$\log a = \int_0^\infty (e^{-x}-e^{-ax})\frac{dx}{x},$$

on trouve en posant

$$\frac{1}{2}\log\frac{\Gamma(a+b)\Gamma(a+1-b)}{\Gamma(a)\Gamma(a)} - \frac{1}{2}\log a = J,$$

$$J = \int_0^\infty \frac{e^{-ax}\,dx}{2x}\left(\frac{e^{\left(b-\frac{1}{2}\right)x} + e^{-\left(b-\frac{1}{2}\right)x} - e^{\frac{1}{2}x} - e^{-\frac{1}{2}x}}{e^{\frac{1}{2}x} - e^{-\frac{1}{2}x}}\right).$$

Maintenant, je vais supposer

$$0 \leqq b \leqq 1,$$

sous cette condition

$$\frac{e^{\left(b-\frac{1}{2}\right)x} + e^{-\left(b-\frac{1}{2}\right)x}}{e^{\frac{1}{2}x} - e^{-\frac{1}{2}x}} = \frac{2}{x} + \sum_1^\infty \frac{(-1)^k 4x\cos(2b-1)k\pi}{x^2+4k^2\pi^2}$$

$$(0 \leqq b \leqq 1);$$

$$\frac{e^{\frac{1}{2}x} + e^{-\frac{1}{2}x}}{e^{\frac{1}{2}x} - e^{-\frac{1}{2}x}} = \frac{2}{x} + \sum_1^\infty \frac{4x}{x^2+4k^2\pi^2},$$

ce qui donne

$$J = \int_0^\infty 2e^{-ax}\,dx \sum_1^\infty \frac{(-1)^k\cos(2b-1)k\pi - 1}{x^2+4k^2\pi^2},$$

ou pour

$$x = 2k\pi y,$$

$$J = \int_0^\infty \frac{dy}{1+y^2}\sum_1^\infty \frac{(-1)^k\cos(2b-1)k\pi - 1}{k\pi}e^{-2ak\pi y}.$$

Or

$$\frac{1}{2}\log(1+2r\cos\alpha+r^2) = r\cos\alpha - \frac{1}{2}r^2\cos 2\alpha + \frac{1}{3}r^3\cos 3\alpha + \ldots.$$

En posant

$$r = e^{-2a\pi y}, \qquad \alpha = (2b-1)\pi,$$

on trouvera facilement après quelques réductions

$$J = -\frac{1}{2\pi}\int_0^{\infty}\frac{dy}{1+y^2}\log\left[\frac{1-2e^{-2a\pi y}\cos(2b\pi)-e^{-4a\pi y}}{(1-e^{-2a\pi y})^2}\right]$$
$$(0 \leqq b \leqq 1).$$

Il suffit de remarquer que la fonction

$$\frac{1-2e^{-2a\pi y}\cos(2b\pi)+e^{-4a\pi y}}{(1-e^{-2a\pi y})^2},$$

est toujours $\geqq 1$, donc son logarithme $\geqq 0$, pour voir que la série obtenue par le développement de J a le même caractère que la série de Stirling; posant $ay = x$,

$$J = -\frac{1}{2\pi}\int_0^{\infty}\frac{a\,dx}{a^2+x^2}\log\left[\frac{1-2e^{-2\pi x}\cos(2b\pi)+e^{-4\pi x}}{(1-e^{-2\pi x})^2}\right]$$

en développant

$$\frac{a}{a^2+x^2} = \frac{1}{a} - \frac{x^2}{a^3} + \frac{x^4}{a^5} + \ldots + (-1)^n\frac{x^{2n}}{a^{2n+1}},$$

on obtient par comparaison avec la série

$$\frac{\varphi_1(b)}{a} + \frac{1.2.\varphi_3(b)}{a_3} + \ldots,$$

$$1.2\ldots(2n)\varphi_{2n+1}(b)$$
$$= \frac{(-1)^{n-1}}{2\pi}\int_0^{\infty} x^{2n}\log\left[\frac{1-2e^{-2\pi x}\cos(2b\pi)-e^{-4\pi x}}{(1-e^{-2\pi x})^2}\right]dx$$
$$(0 \leqq b \leqq 1),$$

d'où vous voyez que $\varphi_{2n+1}(b)$ a un signe constant dans l'intervalle $(0, 1)$ et que sa valeur absolue croît de 0 à $\frac{1}{2}$, décroît de $\frac{1}{2}$ à 1, en repassant par les mêmes valeurs. Cette valeur de $\varphi_{2n+1}(b)$ doit revenir au fond à celle que vous avez donnée dans le *Journal de Crelle*, t. **79**. Pour $b = \frac{1}{2}$ on retombe sur la formule qui se trouve dans votre dernière lettre.

La formule de décomposition dont j'ai fait usage est une conséquence de

$$\frac{e^{az}}{e^z-1}=\frac{1}{z}+\sum_1^\infty \frac{2z\cos(2ak\pi)-4k\pi\sin 2ak\pi}{z^2+4k^2\pi^2} \qquad (0<a<1).$$

Voici un système complet de formules

$$\frac{e^{bx}+e^{-bx}}{e^x-e^{-x}}=\frac{1}{x}+\sum_1^\infty \frac{(-1)^k 2x\cos bk\pi}{x^2+k^2\pi^2} \qquad (-1\leqq b\leqq+1),$$

$$\frac{e^{bx}-e^{-bx}}{e^x-e^{-x}}=\sum_1^\infty (-1)^{k-1}\frac{2k\pi\sin bk\pi}{x^2+k^2\pi^2} \qquad (-1<b<+1),$$

$$\frac{e^{bx}+e^{-bx}}{e^x+e^{-x}}=\sum_1^\infty (-1)^{k-1}\frac{(2k-1)\pi\cos(k-\frac{1}{2})b\pi}{x^2+(k-\frac{1}{2})^2\pi^2} \qquad (-1<b<+1),$$

$$\frac{e^{bx}-e^{-bx}}{e^x+e^{-x}}=\sum_1^\infty (-1)^{k-1}\frac{2x\sin(k-\frac{1}{2})b\pi}{x^2+(k-\frac{1}{2})^2\pi^2} \qquad (-1\leqq b\leqq+1).$$

Il y a naturellement une formule analogue pour le développement de

$$\log\frac{\Gamma(a+b)}{\Gamma(a+1-b)}.$$

Votre très dévoué.

P. S. — Je viens de recevoir votre lettre et je m'empresse de répondre. Vous me faites beaucoup d'honneur en voulant insérer mon résultat dans votre *Cours*, seulement j'ai obtenu la limitation plus simple

$$a=\mathrm{R}e^{i\theta} \qquad (-\pi<\theta<+\pi),$$

$$\operatorname{mod}\mathrm{J}(a)<\frac{1}{12\mathrm{R}\cos^2\frac{1}{2}\theta},$$

ce qui, pour le cas a réel positif, donne

$$\mathrm{J}(a)<\frac{1}{12a}.$$

C'est donc cette limitation

$$\operatorname{mod}\mathrm{J}(a)<\frac{1}{12\mathrm{R}\cos^2\frac{1}{2}\theta}$$

que je vous prierai de mentionner.

Voici la démonstration

$$J(a) = \int_0^\infty \frac{P(x)\,dx}{x+a},$$

$$P(x+1) = P(x), \qquad P(x) = \frac{1}{2} - x \qquad (0 < x < 1),$$

$$J(a) = \sum_0^\infty \int_n^{n+1} \frac{P(x)}{x+a}\,dx = \sum_0^\infty \int_n^{n+1} \frac{n+\frac{1}{2}-x}{x+a}\,dx,$$

ce qui donne la série de Gudermann

$$J(a) = \sum_0^\infty \left[(a+n+\tfrac{1}{2})\log\left(\frac{a+n+1}{a+n}\right) - 1\right],$$

mais aussi

$$\int_n^{n+1} \frac{n+\frac{1}{2}-x}{x+a}\,dx = \int_n^{n+\frac{1}{2}} \frac{n+\frac{1}{2}-x}{x+a}\,dx - \int_{n+\frac{1}{2}}^{n+1} \frac{x-n-\frac{1}{2}}{x+a}\,dx.$$

En posant dans la première intégrale $x = n+y$, dans la seconde $x = n+1-y$, il vient

$$\int_n^{n+1} \frac{n+\frac{1}{2}-x}{a+x}\,dx = \int_0^{\frac{1}{2}} \frac{\frac{1}{2}(1-2y)^2\,dy}{(n+y+a)(n+1-y+a)},$$

$$J(a) = \sum_0^\infty \int_0^{\frac{1}{2}} \frac{\frac{1}{2}(1-2y)^2\,dy}{(n+y+a)(n+1-y+a)}.$$

On a

$$(n+y+a)(n+1-y+a) = (n+a)(n+a+1) + y(1-y);$$

donc, dans le cas a réel positif,

$$J(a) < \int_0^{\frac{1}{2}} \frac{1}{2}(1-2y)^2\,dy \sum_0^\infty \frac{1}{(n+a)(n+a+1)},$$

c'est-à-dire

$$J(a) < \frac{1}{12a}.$$

Mais soit

$$a = Re^{i\theta} \qquad (-\pi < \theta < +\pi),$$

$n+y$ et $n+1-y$ sont toujours réels et positifs; or, lorsque b est réel et positif,

$$\operatorname{mod}(b+a) = \sqrt{(b+R)^2\cos^2\tfrac{1}{2}\theta + (b-R)^2\sin^2\tfrac{1}{2}\theta},$$
$$\operatorname{mod}(b+a) > (b+R)\cos\tfrac{1}{2}\theta.$$

Ayant ensuite

$$\operatorname{mod} J(a) < \sum_0^\infty \int_0^{\frac{1}{2}} \frac{\frac{1}{2}(1-2y)^2\,dy}{\operatorname{mod}(n+y+a)(n+1-y+a)},$$

il vient

$$\operatorname{mod} J(a) < \frac{1}{\cos^2\frac{1}{2}\theta} \sum_0^\infty \int_0^{\frac{1}{2}} \frac{\frac{1}{2}(1-2y)^2\,dy}{(n+y+R)(n+1-y+R)},$$

c'est-à-dire

$$\operatorname{mod} J(a) < \frac{1}{\cos^2\frac{1}{2}\theta} J(R)$$

et *a fortiori*

$$\operatorname{mod} J(a) < \frac{1}{12 R \cos^2\frac{1}{2}\theta}.$$

Il va sans dire que cette limitation se rapporte à la *continuation analytique* de

$$\frac{1}{\pi} \int_0^\infty \frac{a \log(1-e^{+2\pi\xi})}{a^2+\xi^2}\,d\xi,$$

dans le cas où P.R.a serait négative.

208. — *HERMITE A STIELTJES.*

Paris, 20 mai 1889.

MON CHER AMI,

Je suis on ne peut plus satisfait de votre méthode extrêmement ingénieuse et élégante, pour obtenir la limite

$$\operatorname{mod} J(a) < \frac{1}{12 R \cos^2\frac{1}{2}\theta},$$

et je la reproduirai textuellement dans la leçon sur les intégrales eulériennes de ma nouvelle édition, leçon que j'ai refondue entièrement.

Les formules que vous m'avez aussi communiquées pour le développement de

$$\frac{1}{2}\log\frac{\Gamma(a+b)\Gamma(a+b-1)}{\Gamma^2(a)} - \frac{1}{2}\log a$$

sont très intéressantes, et vous pensez quelle attention je donne à votre expression :

$$1.2\ldots 2n\varphi_{2n+1}(b) = \frac{(-1)^{n-1}}{2\pi}\int_{-\infty}^{0} x^{2n}\log\frac{1-e^{2\pi x}\cos 2b\pi - e^{4\pi x}}{(1-e^{2\pi x})^2}\,dx,$$

qu'il me faudra bien étudier et rapprocher de mes anciens résultats sur les fonctions de Jacob Bernoulli. Me proposant de faire avec mon cours lithographié de la Faculté, le deuxième Volume de mon cours imprimé de l'École Polytechnique, je réserve ce travail pour un autre moment, car maintenant j'ai vraiment plus d'ouvrage que je n'en peux faire.

. . . .

209. — *STIELTJES A HERMITE.*

Toulouse, 21 mai 1889.

CHER MONSIEUR,

. . . .

En parlant sur le Mémoire concernant les anneaux de Saturne j'ai ajouté à la fin une remarque qui n'est pas à sa place là. Il s'agit en effet de ce que Mme de K. a fait, non de ce qu'elle n'a pas fait. Donc, en vérité, la remarque que sa méthode ne suffit pas à une démonstration *rigoureuse* de la forme annulaire d'équilibre est hors de propos.....; tel qu'il est, ce Mémoire est très intéressant et peu de géomètres et d'astronomes auraient pu le faire. Cependant il aurait eu, à mes yeux, un mérite beaucoup plus grand encore si l'auteur avait eu l'idée qui a conduit plus tard M. Poincaré à une démonstration rigoureuse de l'existence d'une forme d'équilibre annulaire. Mais il faut qu'il y ait de l'or et de la monnaie, aussi ce Mémoire est loin d'être le plus important que la Science doit à Mme de K. J'ai remarqué, il y a bien longtemps, que l'idée de M. Poincaré se trouve aussi, sous une autre forme et appliquée à une question toute différente, dans un Mémoire de Riemann sur le mouvement d'une masse fluide de forme ellipsoïdale.

. . . .

Je comprends à merveille que vous êtes surchargé de travail. Moi aussi, je ne peux pas travailler beaucoup en ce moment car mes conférences pour les boursiers d'agrégation me donnent beaucoup à faire et c'est un travail dont je ne suis pas bien sûr qu'il portera des fruits. Le programme de cette année, la théorie des équations aux dérivées partielles, est bien vaste et bien difficile pour des jeunes gens qui, en somme, ne peuvent pas encore avoir l'esprit assez mûr pour ces choses-là.

Il faudra bien que M. Gylden se console, et je crois qu'on pourra toujours reconnaître que ses méthodes constituent un progrès sur les anciens procédés de Laplace et de Le Verrier. Je sais, du reste, par M. Callandreau qu'un astronome allemand qui a étudié à Stockholm les méthodes de M. Gylden avait acquis la conviction de la divergence des séries.

Croyez-moi toujours votre sincèrement dévoué.

P.-S.
$$\sum_1^\infty \frac{1}{n}\sin nx = \frac{\pi - x}{2}, \qquad 0 < x < 2\pi;$$
$$x = \delta = \text{infiniment petit};$$
$$\delta\sum_1^\infty \frac{1}{n\delta}\sin n\delta = \frac{\pi - \delta}{2} = \int_0^\infty \frac{\sin x}{x}\,dx = \frac{\pi}{2}.$$

210. — *HERMITE A STIELTJES.*

Paris, 21 mai 1889.

MON CHER AMI,

....

Je viens encore vous dire tout le plaisir que m'a fait votre analyse relative à la limitation du module de $J(a)$. J'abrégerai un peu en remarquant que le terme général de la série de Gudermann, $\left(a + n + \frac{1}{2}\right)\log\left(1 + \frac{1}{a+n}\right) - 1$, est donné par l'intégrale, $\int_0^1 \frac{\frac{1}{2} - x}{n + a + x}\,dx$.

Je continuerai, comme vous le faites si heureusement, en écrivant

$$\int_0^1 \frac{\frac{1}{2} - x}{n + a + x}\,dx = \int_0^{\frac{1}{2}} \frac{\frac{1}{2} - x}{n + a + x}\,dx + \int_{\frac{1}{2}}^1 \frac{\frac{1}{2} - x}{n + a + x}\,dx,$$

puis, si l'on fait $x = 1 - y$ dans la dernière intégrale,

$$\int_0^{\frac{1}{2}} \frac{\frac{1}{2} - x}{n + a + x}\, dx = \int_0^{\frac{1}{2}} \left(\frac{\frac{1}{2} - x}{n + a + x} - \frac{\frac{1}{2} - x}{n + a + 1 - x} \right) dx$$

$$= \int_0^{1} \frac{(\frac{1}{2} - x)(1 - 2x)\, dx}{(n + a + x)(n + a + 1 - x)},$$

ce qui est votre expression.

Maintenant, permettez-moi d'appeler votre attention sur la formule

$$J(a) = \sum \int_0^{\frac{1}{2}} \left(\frac{\frac{1}{2} - x}{n + a + x} - \frac{\frac{1}{2} - x}{n + a + 1 - x} \right) dx$$

qui me semble très intéressante. N'y aurait-il pas lieu d'exprimer par $D_x \log\Gamma(a + x)$ et $D_x \log\Gamma(a - x)$ la série

$$\left(\frac{1}{2} - x\right) \sum \left(\frac{1}{n + a + x} - \frac{1}{n + a + 1 - x} \right)?$$

Une circonstance bien douloureuse me préoccupe et contrarie mon travail; j'ai dernièrement appris que M. Halphen était sérieusement malade d'un rhumatisme articulaire, et vendredi dernier j'ai été le voir chez lui à Versailles. Je l'ai trouvé extrêmement changé, pâle, amaigri, la voix faible; il m'a accueilli avec une émotion singulière; nous avons longtemps causé, et de choses intimes. ... En le quittant, j'ai remarqué qu'il avait la main brûlante, je me suis senti inquiet; hélas! hier j'ai appris qu'il était atteint d'une pneumonie double, que sa vie était en danger....................

....

J'irai demain après ma Leçon avec la crainte d'un affreux malheur; il a six enfants dont le dernier est âgé seulement de deux ans! Vous avez dû lire son *Traité des fonctions elliptiques;* c'est l'immense travail qu'a demandé cet Ouvrage qui lui aura coûté la vie, il aurait dû mettre cinq ou six ans à le faire. Le troisième et dernier Volume qu'il a entrepris, étant déjà malade, l'a mis à bout de forces; il succombe à la tâche; je vous écrirai ce que j'apprendrai demain.

Encore une fois, mes bien sincères remercîments, et la nouvelle assurance de mes sentiments d'amitié dévouée.

211. — *STIELTJES A HERMITE.*

Toulouse, 24 mai 1889.

Cher Monsieur,

Les mauvaises nouvelles que vous m'avez données de la santé de M. Halphen m'ont fait beaucoup de peine; je viens d'apprendre, hélas! que vos inquiétudes n'étaient que trop fondées et que M. Halphen est mort âgé de 45 ans seulement. C'est une perte immense et irréparable. J'admire énormément ses deux premiers volumes sur les fonctions elliptiques; quant au troisième il fallait avoir une audace bien rare pour songer seulement à l'entreprendre et l'on ne trouvera pas un autre géomètre qui pourra le remplacer pour cette tâche. Mais vraiment cet exemple me confirme dans mon idée que vous, savants de Paris, vous travaillez trop. . . . .

. . . .

. . . . . Cela suppose une puissance de travail dont je ne peux pas bien me rendre compte. Je connais trop vos sentiments pour savoir que vous êtes profondément affligé; le sort de sa malheureuse femme est bien cruel.

. . . .

. . . La seule consolation pour nous c'est de savoir qu'il laisse une œuvre durable et qu'il a donné le plus noble exemple de travail et de probité. Je m'associe pleinement à votre tristesse.

Votre dévoué.

212. — *STIELTJES A HERMITE.*

Toulouse, 28 mai 1889.

Cher Monsieur,

Un travail urgent (rédaction d'un rapport annuel sur l'état de l'Observatoire de Toulouse) m'a fait remettre pour quelques jours de répondre à quelques questions qui se trouvent dans vos deux dernières lettres. Comme vous le remarquez, on peut écrire, au lieu de

$$J(a) = \int_0^{\frac{1}{2}} \sum \left(\frac{\frac{1}{2} - x}{n + a + x} - \frac{\frac{1}{2} - x}{n + a + 1 - x} \right) dx,$$

ainsi :

$$J(a) = \int_0^{\frac{1}{2}} \left(\frac{1}{2} - x \right) [\psi(a + 1 - x) - \psi(a + x)]\, dx,$$

$$\psi(x) = \frac{d}{dx} \log \Gamma(x).$$

Déjà, en 1886, j'avais rencontré pour $J(a)$ des intégrales avec la fonction ψ sous le signe $\int$, par exemple, aussi

$$J(a) = \frac{1}{\pi} \int_0^{\infty} \frac{\sin x}{x} \left[\psi\left(1 + \frac{x}{2\pi a} \right) + C \right] dx,$$

$C = 0,5772\ldots$ et ces intégrales sont valables dans tout le plan excepté la coupure de 0 à $-\infty$. Mais je n'avais pas réussi alors à en déduire la formule de Stirling, ce qui n'est pas difficile pourtant et j'avais complètement perdu de vue ces expressions, jusqu'à ce que le travail de M. Bourguet m'y ait ramené.

Voici une remarque d'où l'on peut déduire directement la formule

$$\text{(A)} \quad \frac{1}{2} \log \frac{\Gamma(a + b)\Gamma(a + 1 - b)}{\Gamma(a)\Gamma(a)}$$
$$= \frac{1}{2} \log a - \frac{1}{2\pi} \int_0^{\infty} \frac{a\, dy}{a^2 + y^2} \log \left[\frac{1 - 2e^{-2\pi y} \cos 2by + e^{-4\pi y}}{(1 - e^{-2\pi y})^2} \right]$$
$$(0 \leqq b \leqq 1),$$

soit b une constante réelle et posons

$$f(x) = \Gamma(x + b)\Gamma(x + 1 - b).$$

Je dis que lorsque u est *réel* on peut exprimer $\operatorname{mod} f(ui)$ par les fonctions élémentaires. En effet

$$\operatorname{mod} f(ui) = \sqrt{\Gamma(b + ui)\Gamma(1 - b + ui)\Gamma(b - ui)\Gamma(1 - b - ui)},$$

mais

$$\Gamma(b + ui)\Gamma(1 - b - ui) = \frac{\pi}{\sin \pi(b + ui)},$$

$$\Gamma(b - ui)\Gamma(1 - b + ui) = \frac{\pi}{\sin \pi(b - ui)},$$

d'où

$$\operatorname{mod} f(ui) = \frac{\pi}{\sqrt{\sin\pi(b+ui)\sin\pi(b-ui)}};$$

or

$$4\sin\pi(b+ui)\sin\pi(b-ui) = 2(\cos 2\pi ui - \cos 2b\pi) = e^{2\pi u} + e^{-2\pi u} - 2\cos 2b\pi,$$

$$\operatorname{mod} f(ui) = \frac{2\pi}{\sqrt{e^{2\pi u} + e^{-2\pi u} - 2\cos 2b\pi}}.$$

Vous voyez donc qu'en posant

$$\mathfrak{F}(x) = \frac{1}{2}\log\left[\frac{\Gamma(x+b)\Gamma(x+1-b)}{\Gamma(x)\Gamma(x)}\right] - \frac{1}{2}\log x,$$

on peut exprimer directement la partie réelle de $\mathfrak{F}(yi)$ en supposant y réel et l'on trouve alors

$$-\frac{1}{4}\log\frac{1-2e^{-2\pi y}\cos 2by + e^{-4\pi y}}{(1-e^{-2\pi y})^2},$$

où vous voyez la fonction sous le signe $\int$ dans la formule (A). Et l'on peut en conclure directement cette formule (A) à l'aide d'une formule déduite de l'intégrale de Cauchy

$$f(x) = \frac{1}{2\pi i}\int\frac{f(z)}{z-x}\,dz,$$

que j'ai donnée dans le cahier de mes Notes, sur la fonction Γ, pour en déduire la formule de Binet

$$\mathrm{J}(x) = \frac{1}{\pi}\int_0^\infty \frac{x\,dy}{x^2+y^2}\log\left(\frac{1}{1-e^{-2\pi y}}\right).$$

On peut obtenir d'une façon analogue la formule

$$\text{(B)}\quad \frac{1}{2}\log\frac{\Gamma(a+b)}{\Gamma(a+1-b)} = -\left(b-\frac{1}{2}\right)\log a - \frac{1}{\pi}\int_0^\infty \frac{y\,dy}{a^2+y^2}\operatorname{arc\,tang}\left[\frac{e^{-2\pi y}\sin(2b\pi)}{1-e^{-2\pi y}\cos 2b\pi}\right] \quad (0 \leqq b \leqq 1),$$

en remarquant que la partie imaginaire de $\log\frac{\Gamma(b-iu)}{\Gamma(1-b+ui)}$ s'obtient facilement. Les formules (A) et (B) conduisent à des expressions des polynomes de Bernoulli qu'on peut transformer *par une inté-*

gration par parties dans celles que Raab et vous ont données. Le développement de (B) donne

$$\frac{1}{2}\log\frac{\Gamma(a+b)}{\Gamma(a+1-b)} = \left(b-\frac{1}{2}\right)\log a - \frac{\varphi_2(b)}{a^2} - \frac{1.2.3.\varphi_4(b)}{a^4} - \ldots,$$

la série divergente ayant les mêmes propriétés que la série de Stirling quant au terme complémentaire.

Je dois vous remercier encore beaucoup de donner ma limitation de $\operatorname{mod} J(a)$ dans votre Cours. Je crois, en effet, que cette limitation a quelque importance aussi pour la théorie de la fonction Γ en général. Comme je l'ai montré dans le cahier de mes Notes, on peut en déduire rigoureusement la formule de Binet en se servant de la formule de Cauchy rappelée tout à l'heure, et j'avoue que j'attache quelque intérêt à cette déduction. Veuillez bien me croire toujours

Votre très dévoué.

213. — *HERMITE A STIELTJES.*

Paris, 31 mai 1889.

Mon cher Ami,

Les formules (A) et (B) sont aussi belles qu'elles sont nouvelles; vous les mettrez certainement dans un travail d'ensemble qui réunira tous les résultats auxquels vous êtes parvenu sur la fonction $\Gamma(a)$ et fera un excellent Mémoire.

J'ai été obligé de m'arracher de ce sujet pour me jeter tête baissée dans les fonctions elliptiques que j'enseigne maintenant, et, comme il m'est difficile de réfléchir en même temps à deux choses différentes, je m'éviterai, si vous le permettez, l'effort à faire pour vaincre la force d'inertie, en vous demandant s'il ne convient point de donner à l'intégrale

$$J(a) = \int_{-\infty}^{0} \frac{e^x(x-2)-x-2}{2x^2(e^x-1)}\,e^{ax}\,dx$$

une coupure en faisant $ax = t$, ce qui donne

$$J(a) = \int_{-\infty}^{0} \frac{e^{\frac{t}{a}}(t-2a)-t-2a}{2t^2\left(e^{\frac{t}{a}}-1\right)}\,e^t\,dt.$$

la condition $e^{\frac{t}{a}} = 1$ conduisant à $\frac{t}{a} = 2ni\pi$ ou $a = \frac{2ni\pi}{t}$, vous voyez que, n prenant des valeurs positives et négatives, lorsque t varie de zéro à $-\infty$, on obtient pour coupure tout l'axe des ordonnées.

C'est donc le même résultat qu'avec l'autre expression si différente

$$(1) \qquad J(a) = \frac{1}{\pi}\int_0^{\infty} \frac{a \log(1 - e^{2\pi t})\,dt}{a^2 + t^2}.$$

Puis-je dire ensuite que votre limitation

$$\operatorname{mod} J(a) < \frac{1}{12 R \cos^2 \frac{1}{2}\theta}$$

est valable dans tout le plan, nonobstant cette coupure, qui se retrouve dans l'expression

$$J(a) = \int_0^{\frac{1}{2}} \left(\frac{1}{2} - x\right) \sum \left(\frac{1}{n + a + x} - \frac{1}{n + a + 1 - x}\right) dx\,?$$

C'est ce que, sans trop réfléchir, je conclus en lisant dans votre avant-dernière lettre : « Il va sans dire que cette limitation se rapporte à la continuation analytique de (1) lorsque la partie réelle de a serait négative. »

Dois-je comprendre que vous faites cette extension, ainsi qu'il paraît naturel, au moyen de la relation

$$J(-a) = -J(a)$$

à laquelle conduisent les deux expressions de $J(a)$?

Samedi dernier, après ma leçon, j'ai été à Versailles voir Halphen, pour la dernière fois, sur son lit de mort. J'ai eu avec Mme Halphen, qui contenait son désespoir en retenant ses larmes, un entretien dont je ne pourrai jamais perdre le souvenir. La présence à côté d'elle de madame sa mère, qui est de Nancy, et m'a parlé de ma famille qu'elle a connue, a fait un peu diversion; j'ai tenté, en parlant du mérite éclatant de son mari, de donner la seule consolation qui fût en mon pouvoir, et un intime ami, M. Collet, qui a corrigé les épreuves du *Traité des fonctions elliptiques*, m'a écrit que ma visite n'avait pas été entièrement inutile, mais que c'est peu de chose! *Sunt lacrymæ rerum et mentem mortalia tangunt.*

En vous renouvelant, mon cher ami, l'assurance de toute mon affection.

214. — *HERMITE A STIELTJES.*

31 mai 1889.

Je m'aperçois à l'instant que

$$J(a) = \int_0^{\frac{1}{2}} \left(\frac{1}{2} - x\right) \sum \left(\frac{1}{n + a + x} - \frac{1}{n + a + 1 - x}\right) dx$$

a pour coupure la partie négative de l'axe des abscisses, comme vous le dites, et non point, comme je viens par inadvertance de vous l'écrire, l'axe des ordonnées.

Il y a là matière sérieuse à réflexion; la formule ci-dessus ne donne aucunement, comme les intégrales définies,

$$J(-a) = -J(a).$$

Comment donc, en définitive, obtenir l'extension à tout le plan de $J(a)$?

215. — *STIELTJES A HERMITE.*

Toulouse, le 2 juin 1889.

Cher Monsieur,

Vous trouverez un peu plus loin un petit résumé des formules nouvelles de la théorie de la fonction Γ, qui vous sera utile peut-être lorsque vous reviendrez sur cette théorie; pour le moment, il suffira de remarquer que la formule

$$\log \Gamma(a) = \left(a - \frac{1}{2}\right)\log a - a + \frac{1}{2}\log 2\pi + J(a)$$

définit évidemment $J(a)$ comme fonction *non uniforme* de a. Mais supposons une coupure de 0 à $-\infty$ et prenons $J(a)$ réel lorsque a est réel et positif. Alors, grâce à cette restriction de la marche de la variable, $J(a)$ est (artificiellement) uniforme et a une valeur déterminée dans tout le plan (excepté, il est vrai, les points de la coupure où, à vrai dire, il y a deux valeurs selon que l'on arrive en ce point par un chemin tracé dans la partie supérieure

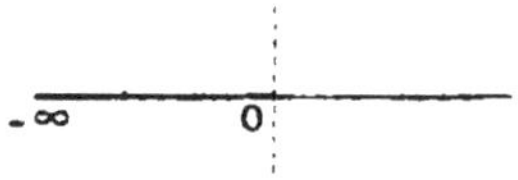

ou inférieure du plan). C'est *cette fonction* $J(a)$ qui est donnée par

$$(\alpha) \qquad J(a) = \int_0^{\frac{1}{2}} \left(\frac{1}{2} - x\right) \sum \left(\frac{1}{n + a + x} - \frac{1}{n + a + 1 - x}\right) dx$$

et à laquelle se rapporte la limitation

$$\operatorname{mod} J(Re^{i\theta}) < \frac{1}{12 R \cos^2 \frac{1}{2}\theta}.$$

Quant à la formule

$$(1) \qquad J(a) = \frac{1}{\pi} \int_0^{-\infty} \frac{a \log(1 - e^{2\pi t})}{a^2 + t^2} dt,$$

elle n'est exacte qu'en supposant P. R. $a > 0$ et, pour éviter toute équivoque, il vaudrait peut-être mieux écrire

$$(1') \qquad J(\pm a) = \frac{1}{\pi} \int_0^{-\infty} \pm \frac{a \log(1 - e^{2\pi t})}{a^2 + t^2} dt,$$

où il faut prendre le signe + ou − selon que la partie réelle de a est positive ou négative.

Si l'on adoptait (1) comme définition, on aurait

$$J(a) = -J(-a).$$

Mais, comme vous l'avez remarqué, l'axe imaginaire est une coupure et des deux côtés on a, en vérité, deux fonctions différentes dont l'une n'est pas la *continuation analytique* de l'autre. Ici, comme d'ordinaire, par continuation analytique il faut entendre cette continuation *parfaitement déterminée* qui se fait, d'après M. Weierstrass, par la série de Taylor ou, d'après Riemann, par l'équation

$$a = x + yi, \qquad i \frac{\partial f(a)}{\partial x} = \frac{\partial f(a)}{\partial y}.$$

Toute autre méthode conduit à l'arbitraire. Donc il ne convient pas d'adopter (1) comme définition générale, il faut la borner au cas P. R. $a > 0$ ou, ce qui revient au même, la remplacer par (1'). La continuation analytique (d'après Weierstrass) de la fonction qui est définie pour

$$\text{P. R. } a > 0$$

par l'intégrale

$$\frac{1}{\pi}\int_0^{+\infty} \frac{a\log(1-e^{2\pi t})}{a^2+t^2}\,dt$$

est précisément la fonction $J(a)$ telle que je l'ai définie en commençant, et qui est donnée par (α).

Il serait facile de continuer analytiquement cette fonction $J(a)$ en *traversant la coupure;* pour cela, il suffit de calculer la différence des valeurs de $J(a)$ sur les bords de la coupure. Mais alors elle cesse d'être uniforme.

J'ai vu avec plaisir votre transformation

$$J(a) = \int_{\infty}^{0} \frac{e^x(x-2)-x-2}{2x^2(e^x-1)}\,e^{ax}\,dx \qquad (\text{P. R. } a > 0)$$

en

$$J(a) = \int_{-\infty}^{0} \frac{e^{\frac{t}{a}}(t-2a)-t-2a}{2t^2\left(e^{\frac{t}{a}}-1\right)}\,e^t\,dt.$$

Dans la première, on doit supposer P. R. $a > 0$ pour que l'intégrale soit convergente; il est curieux de voir que, dans la seconde, cette restriction s'annonce par l'existence d'une coupure.

Sait-on, Monsieur, si le Tome III du *Traité* de Halphen est irréparablement perdu ou s'il avait préparé du moins une partie pour l'impression déjà ?

A-t-on déjà démontré que la constante eulérienne

$$C = 0,577\,215\,664\,9\ldots$$

est un nombre incommensurable ? Je pense de temps en temps à cela, mais je n'ai pas encore trouvé une expression de C qui pourrait conduire à une démonstration, cependant, je dois examiner encore quelques expressions obtenues récemment et qui me semblent donner une faible espérance. Mais peut-être que je perds ma peine à pure perte et la chose est-elle déjà démontrée.

Mais ma principale occupation est d'achever et de perfectionner mon travail sur les fractions continues; pour n'y pas renfermer trop de choses un peu disparates, je le scinderai en deux parties : l'une plutôt algébrique, tandis que, dans la seconde, je m'occupe de la question de convergence surtout. Ces fractions continues représentent ordinairement des fonctions dans tout le plan, excepté une coupure comme $J(a)$.

Je pense passer les vacances près de ma famille en Hollande, c'est plus de quatre ans que je n'ai pas vu ma famille et ma femme éprouve aussi un grand désir à revoir ses parents. Cela n'entravera en aucune façon notre travail, la Haye est même plus près de Paris que Toulouse (onze heures en chemin de fer au lieu de seize heures). Je pourrai même travailler là-bas plus à mon aise qu'ici où les grandes chaleurs sont vraiment accablantes, et les enfants aussi en souffrent beaucoup. Vous me savez être toujours votre très dévoué.

P.-S. — Les intégrales définies dans la théorie de la fonction $\Gamma(a)$, qu'on a considérées jusqu'ici presque exclusivement, ne sont valables que sous la condition

$$\text{P. R. } a > 0.$$

Il n'y a qu'une exception apparente pour la formule de Binet

$$J(a) = \frac{1}{\pi}\int_0^{-\infty} \frac{a \log(1 - e^{2\pi t})\, dt}{a^2 + t^2},$$

mais vous avez remarqué que, à vrai dire, ce n'est là qu'une illusion. L'intégrale représente des deux côtés de la coupure deux fonctions différentes, l'une n'est pas la continuation analytique de l'autre.

C'est M. Bourguet qui a d'abord obtenu des intégrales définies qui permettent de franchir l'axe des y. Il obtient une formule que j'écris, après un léger changement de variable,

$$J(a) = \sum_1^{\infty} \int_0^{\infty} \frac{du}{u + a}\left(\frac{\sin 2n\pi u}{n\pi}\right), \tag{1}$$

elle représente la fonction $J(a)$ dans tout le plan avec la coupure de 0 à $-\infty$; c'est la fonction $J(a)$ telle qu'elle a été définie plus haut. Une autre forme de cette formule de M. Bourguet est celle-ci

$$(2) \qquad J(a) = \int_0^{\infty} \frac{P(u)}{u+a}\,du;$$

ici

$$P(u) = \sum_1^{\infty} \frac{\sin 2n\pi u}{n\pi}$$

est évidemment une fonction périodique

$$P(u+1) = P(u)$$

et, dans l'intervalle (0, 1), on a

$$P(u) = \frac{1}{2} - u.$$

Cette seconde forme (2) se décompose immédiatement dans la formule de Gudermann

$$J(a) = \int_0^1 \frac{P(u)}{u+a}\,du + \int_1^2 \frac{P(u)}{u+a}\,du + \ldots,$$

$$(3) \qquad J(a) = \sum_0^{\infty} \left[\left(a+n+\frac{1}{2}\right) \log\left(\frac{a+n+1}{a+n}\right) - 1 \right].$$

C'est cette seconde forme (2) qui me paraît la plus importante et la plus fondamentale; il en résulte aussi directement la différence des valeurs de J(a) aux bords de la coupure, d'après votre formule.

La formule de Gudermann (3), déduite de (2), permet naturellement de continuer la fonction J(a) en *traversant la coupure* et met ainsi aussi en évidence le vrai caractère de J(a) et montre qu'elle admet une infinité de valeurs selon le chemin de la variable, si l'on fait abstraction de la coupure.

Peut-être que je me déciderai à rédiger et à publier ce que j'ai fait sur ce sujet.

....

J'ai besoin de ces formules pour faire voir que la série de Stirling est applicable dans tout le plan. Cela a toujours été mon but principal et qui m'est propre.

....

La démonstration de la limitation

$$\operatorname{mod} J(a) < \frac{1}{12R\cos^2\frac{1}{2}\theta}$$

est le premier pas et le plus important dans cette direction.

216. — *HERMITE A STIELTJES.*

4 juin 1889.

Mon cher Ami,

Un mot seulement, à la hâte, pour vous remercier de votre dernière lettre qui jette une vive lumière sur tous les points que vous touchez. Je ne puis assez vous dire quel travail et quelle peine vous m'épargnez et comme vous avez le don de me sortir de mes anxiétés et angoisses analytiques.

Pensant avec vous aux fractions continues, avez-vous remarqué que dans

$$J(a) = \int_{-\infty}^{0} \frac{e^x(x-2)-x-2}{2x^2(e^x-1)} e^{ax}\,dx$$

$\frac{x+2}{x-2}$ est la première réduite du développement de e^x? Peut-être y aurait-il lieu d'étudier

$$\int_{-\infty}^{0} \frac{Pe^x - Q}{x^{2n}(e^x-1)} e^{ax}\,dx$$

où $\frac{Q}{P}$ serait la réduite d'ordre n.

A l'égard de la constante d'Euler, je crois pouvoir vous assurer qu'aucun œil humain jusqu'ici n'a même sondé le mystère de son irrationalité. Ce serait donc une grande et belle découverte de démontrer que C est incommensurable, mais d'où a pu donc venir un rayon de lumière sur une question si cachée, si profonde? J'apprends avec grand plaisir que vous passerez les vacances, avec votre famille, en Hollande, et que vous me permettrez de vous y faire parvenir les difficultés et les peines, les pressantes invocations à votre bonne assistance que vous accueillez avec une bonté que je sens bien vivement.

. . . .

En vous renouvelant l'assurance de mon affection bien sincère et bien dévouée.

217. — *HERMITE A STIELTJES.*

Paris, lundi ([1]).

Mon cher Ami,

Pendant la séance de l'Académie, permettez-moi de vous envoyer un mot en courant pour vous dire que je suis sorti des fonctions elliptiques et revenu à la fonction $\Gamma(a)$.

J'ai entièrement refondu mes leçons; j'ai cru devoir exposer les propriétés fondamentales, d'abord comme tous les auteurs en partant de la définition ordinaire, puis une seconde fois en partant de la définition de Gauss et traitant alors de $\Gamma(a)$ comme fonction analytique. Enfin, je consacre une dernière partie à l'étude des diverses intégrales définies qui se présentent dans la théorie, $\frac{\Gamma'(a)}{\Gamma(a)}$, $\log\Gamma(a)$, $J(a)$, pour donner votre belle analyse qui conduit à la limitation de $\operatorname{mod} J(a)$ pour $a = Re^{i\theta}$, et enfin $\int_0^1 x^{b-1}(1-x)^{b-1}\,dx$, pour en tirer les applications que vous connaissez du théorème de M. Mittag-Leffler.

Dans ma leçon sur les coupures, je parlerai de la coupure de $J(a)$ et de la substitution d'une autre coupure à celle-là, par le fait de la transformation que vous avez obtenue de cette intégrale. C'est là un résultat qui m'intéresse vivement et qui m'a surpris; je crois bon d'appeler l'attention sur cette circonstance si remarquable que vous avez rencontrée.

A bientôt, mon cher ami, une lettre moins décousue et en vous renouvelant l'assurance de mes meilleurs sentiments.

218. — *STIELTJES A HERMITE.*

Toulouse, 12 juin 1889.

Cher Monsieur,

Vous considérez, sans doute, comme l'un des résultats les plus importants de la théorie de la fonction Γ ce théorème dû à

([1]) *Note des éditeurs.* — Cette lettre n'est pas datée et nous avons beaucoup hésité à la mettre à la place qu'elle occupe, en la rapportant au lundi 10 juin 1889.

M. Weierstrass, que $\frac{1}{\Gamma(a)}$ est une fonction holomorphe dans tout le plan.

Actuellement, ce théorème s'obtient presque immédiatement si l'on prend pour point de départ le produit infini de Gauss et d'Euler. Mais, comment faut-il l'obtenir en prenant pour définition l'intégrale définie

$$\Gamma(a) = \int_0^\infty x^{a-1} e^{-x}\, dx\,?$$

Si, avec M. Prym, on pose d'abord

$$P(a) = \int_0^1 x^{a-1} e^{-x}\, dx, \qquad Q(a) = \int_1^\infty x^{a-1} e^{-x}\, dx,$$

on obtient

$$\Gamma(a) = \frac{1}{a} - \frac{1}{a+1} + \frac{1}{1.2(a+2)} - \frac{1}{1.2.3(a+3)} - \dots$$
$$+ c_0 + c_1 a + c_2 a^2 + c_3 a^3 + \dots,$$

et l'on en conclut que $\Gamma(a)$ est une fonction uniforme qui admet seulement les pôles simples $0, -1, -2, \dots$. C'est là certainement déjà un résultat notable, mais cela ne suffit pas encore pour obtenir le théorème de M. Weierstrass.

Dans ce but, il faudrait démontrer encore *que* $\Gamma(a)$ *ne s'annule pour aucune valeur finie de* a. Ce point établi on pourrait conclure immédiatement que $1 : \Gamma(a)$ est une fonction entière, mais comment le faire?

Il est vrai qu'on peut tirer ce résultat, que $\Gamma(a)$ ne s'annule pas, de la relation

$$(1) \qquad \Gamma(a)\Gamma(1-a) = \frac{\pi}{\sin \pi a}$$

et, comme l'a fait remarquer M. Bourguet, cette formule montre aussi directement que

$$\frac{1}{\Gamma(1-a)} = \frac{\sin \pi a}{\pi}\Gamma(a)$$

est une fonction entière. Mais en prenant pour point de départ l'intégrale définie, la démonstration de cette relation (1) est assez difficile.

J'ai été amené ainsi à chercher si l'on ne pourrait pas tirer directement de la définition

$$\Gamma(a) = \int_0^\infty e^{-x} x^{a-1}\, dx,$$

la conclusion que $\Gamma(a)$ ne s'annule pas, tant que a reste fini.

Je remarque d'abord que si l'on avait

$$\Gamma(a) = 0 \qquad \text{pour} \qquad a = \alpha + \beta i,$$

on aurait aussi

$$\Gamma(a+1) = 0, \qquad \Gamma(a+2) = 0, \qquad \ldots,$$

et, évidemment, β ne peut pas être nul. Ensuite ayant

$$\int_0^\infty x^{a-1} e^{-x}\, dx = 0,$$

on aura aussi

$$\int_0^\infty x^{a-1} e^{-kx}\, dx = 0,$$

k étant un nombre positif quelconque, donc pour $a = \alpha + \beta i$

$$\int_0^\infty x^{\alpha-1} \cos(\beta \log x) e^{-kx}\, dx = 0,$$

$$\int_0^\infty x^{\alpha-1} \sin(\beta \log x) e^{-kx}\, dx = 0,$$

et ces relations doivent rester vraies en remplaçant α par $\alpha + n$, n étant un entier positif quelconque. Je pose maintenant

$$\varphi(x) = \prod_0^\infty \left(1 - x e^{-\frac{n\pi}{\beta}}\right).$$

C'est là une fonction entière qu'on peut développer

$$\varphi(x) = \sum_0^\infty c_n x^n$$

et l'on devra avoir maintenant

$$\int_0^\infty x^{\alpha-1} \varphi(x) \sin(\beta \log x) e^{-kx}\, dx = 0,$$

car en remplaçant $\varphi(x)$ par $\sum_0^\infty c_n x^n$ tous les termes sont nuls. De même, il faudrait avoir

$$\int_0^\infty x^{\alpha+n-1}\varphi(x)\sin(\beta\log x)e^{-kx}\,dx = 0,$$

n étant un entier positif quelconque. Mais cela peut s'écrire

$$\text{(A)}\qquad \int_0^1 x^{\alpha+n-1}\varphi(x)\sin(\beta\log x)e^{-kx}\,dx + \int_1^\infty x^{\alpha+n-1}\varphi(x)\sin(\beta\log x)e^{-kx}\,dx = 0.$$

Or, la première intégrale a une valeur absolue inférieure à

$$\int_0^1 x^{\alpha+n-1}\,dx = \frac{1}{\alpha+n}$$

et tend, par conséquent, vers zéro lorsque n croît sans limite. Et dans la seconde intégrale

$$\int_1^\infty x^{\alpha+n-1}\varphi(x)\sin(\beta\log x)e^{-kx}\,dx,$$

le produit

$$\varphi(x)\sin(\beta\log x)$$

a un signe constant (—), car $\varphi(x)$ change de signe en même temps que $\sin(\beta\log x)$. Donc, évidemment, cette seconde intégrale a une valeur négative dont la valeur absolue *croît* en même temps que n. Vous voyez que l'équation (A) implique contradiction, donc $\Gamma(a)$ ne s'annule pas et $\frac{1}{\Gamma(a)}$ est une fonction entière.

J'ai dû introduire la constante positive k pour parer à une objection qu'on pourrait faire à ce raisonnement. En effet, ce raisonnement serait en défaut si l'intégrale

$$\int_0^\infty x^{\alpha-1}\varphi(x)\sin(\beta\log x)e^{-kx}\,dx$$

n'avait pas de sens. Mais je remarque que la valeur absolue de $\varphi(x)$ est inférieure à

$$(1+x)\left(1+xe^{-\frac{\pi}{\beta}}\right)\left(1+xe^{-\frac{2\pi}{\beta}}\right)\left(1+xe^{-\frac{3\pi}{\beta}}\right)\cdots$$

et *a fortiori* à

$$e^x e^{xe^{-\frac{\pi}{\beta}}} e^{xe^{-\frac{2\pi}{\beta}}} \ldots = e^{lx} \qquad \text{où} \qquad l = 1 + e^{-\frac{\pi}{\beta}} + e^{-\frac{2\pi}{\beta}} + \ldots = \frac{1}{1 - e^{-\frac{\pi}{\beta}}}.$$

Il est clair par là qu'en prenant $k > l$ les intégrales que j'ai considérées ont bien un sens.

J'ajoute qu'évidemment dans les développements

$$e^{lx} = \sum_0^\infty e_n x^n, \qquad \varphi(x) = \sum_0^\infty c_n x^n,$$

e_n est supérieur à la valeur absolue de c_n.

Je me fonderai sur cette remarque pour détruire une autre objection qu'on pourrait faire et qui consiste en ceci. Il est bien vrai que

$$\int_0^\infty x^{\alpha-1}\varphi(x)\sin(\beta\log x)e^{-kx}\,dx$$

a un sens, mais est-il bien sûr que cette intégrale soit égale à

$$\sum_0^\infty \int_0^\infty x^{\alpha-1} c_n x^n \sin(\beta\log x)\,e^{-kx}\,dx,$$

et, par conséquent, nulle comme je l'ai supposé?

Pour écarter le doute, je pose

$$\varphi(x) = c_0 + c_1 x + \ldots + c_{n-1}x^{n-1} + \mathrm{R}_n,$$

et j'obtiens

$$\begin{aligned}
&\int_0^\infty x^{\alpha-1}\varphi(x)\sin(\beta\log x)\,e^{-kx}\,dx \\
&= \int_0^\infty x^{\alpha-1}\mathrm{R}_n\sin(\beta\log x)e^{-kx}\,dx \\
&= \lim_{n=\infty}\int_0^\infty x^{\alpha-1}\mathrm{R}_n\sin(\beta\log x)e^{-kx}\,dx.
\end{aligned}$$

Or, en posant

$$\mathrm{S}_n = e_n x^n + e_{n+1}x^{n+1} + \ldots,$$

la valeur absolue de R_n est inférieure à S_n, donc la valeur absolue de

$$\int_0^\infty x^{\alpha-1}\mathrm{R}_n\sin(\beta\log x)e^{-kx}\,dx$$

est inférieure à

$$\int_0^\infty x^{\alpha-1} S_n e^{-kx} dx.$$

Mais on a

$$\int_0^\infty x^{\alpha-1} S_n e^{-kx} dx = \int_0^\infty x^{\alpha-1} \left[e^{lx} - 1 - lx - \ldots - \frac{l^{n-1} x^{n-1}}{1.2\ldots(n-1)} \right] e^{-kx} dx,$$

c'est-à-dire

$$\int_0^\infty x^{\alpha-1} S_n e^{-kx} dx = \Gamma(\alpha) \left[\frac{1}{(k-l)^\alpha} - \frac{1}{k^\alpha} - \frac{\alpha}{1} \frac{l}{k^{\alpha+1}} - \frac{\alpha(\alpha+1)}{1.2} \frac{l^2}{k^{\alpha+2}} - \ldots \right.$$
$$\left. - \frac{\alpha(\alpha+1)\ldots(\alpha+n-1)}{1.2\ldots(n-1)} \frac{l^{n-1}}{k^{\alpha+n-1}} \right].$$

Or, on a ce développement convergent

$$\frac{1}{(k-l)^\alpha} = \frac{1}{k^\alpha} + \frac{\alpha}{1} \frac{l}{k^{\alpha+1}} + \frac{\alpha(\alpha+1)}{1.2} \frac{l^2}{k^{\alpha+2}} + \ldots,$$

donc

$$\lim_{n=\infty} \left(\int_0^\infty x^{\alpha-1} S_n e^{-kx} dx \right) = 0,$$

et à plus forte raison

$$\lim_{n=\infty} \int_0^\infty x^{\alpha-1} R_n \sin(\beta \log x) e^{-kx} dx = 0.$$

Il me semble qu'après ces explications, ma démonstration est à l'abri de toute objection.

Je vous parlerai une autre fois du nombre C; certain résultat rencontré dans mes réflexions sur les fractions continues me donne quelque espoir. Mais je dois d'abord rédiger un Mémoire pour nos *Annales,* conçu depuis bien longtemps, mais que j'ai laissé tomber dans l'oubli. Et, ensuite, il me faudra terminer mes fractions continues. Je regrette beaucoup que faute de loisir je n'aie pu examiner encore, d'après votre idée, l'intégrale

$$\int_{-\infty}^0 \frac{P e^x - Q}{e^{2x}(e^x - 1)} e^{ax} dx.$$

$\frac{Q}{P}$ étant la réduite d'ordre n de e^x. La vie est bien courte pour tout ce qu'on voudrait faire. Veuillez me croire toujours votre bien dévoué.

219. — *STIELTJES A HERMITE.*

Toulouse, 13 juin 1889.

CHER MONSIEUR,

En vous écrivant hier, j'ai oublié de dire que le fait que $\Gamma(a)$ ne s'annule jamais, peut se tirer non seulement de la relation

$$\Gamma(a)\Gamma(1-a) = \pi : \sin(\pi a),$$

mais encore de l'expression de $\log\Gamma(a)$ par une intégrale définie. On voit que $\log\Gamma(a)$ a une valeur finie tant que la partie réelle de a est positive. Mais il ne me semble pourtant pas inutile d'avoir une démonstration directe, malheureusement elle est un peu délicate; je crains qu'on ne puisse la simplifier beaucoup.

J'ai réfléchi autrefois sur la fonction holomorphe

$$Q(x) = \int_1^{\infty} u^{x-1} e^{-u}\,du,$$

et je voulais savoir si elle admet des zéros ou non. Dans le dernier cas, on pourrait la mettre sous la forme $e^{\mathcal{G}(x)}$, $\mathcal{G}(x)$ étant encore holomorphe. Mais je viens de m'apercevoir que l'équation

$$Q(x) = 0$$

admet certainement des racines. Ces racines sont imaginaires, du reste, car tant que x est réel $Q(x)$ est réel et positif.

Pour le démontrer, je vais supposer que $Q(x) = 0$ n'admet pas de racine, vous verrez que cette hypothèse conduit à une absurdité.

L'équation

$$Q(x) = \frac{1}{e} + (x-1)Q(x-1)$$

montre que $Q(1) = \frac{1}{e}$, mais aussi que, dans notre hypothèse, l'équation

$$Q(x) = \frac{1}{e}$$

n'admet qu'une *seule racine* $x = 1$. En effet, si l'on avait encore

$$Q(a) = \frac{1}{e} \quad (a \text{ différant de } 1),$$

on en conclurait

$$Q(a-1)=0 \qquad \text{contre l'hypothèse.}$$

Cela étant, je considère la fonction

$$\mathcal{G}(x)=Q(1+e^x).$$

C'est encore là une fonction holomorphe, et, d'après ce qui précède, les équations

$$\mathcal{G}(x)=0,$$

$$\mathcal{G}(x)=\frac{1}{e}$$

n'auraient aucune solution. $\mathcal{G}(x)$ serait donc une constante d'après le théorème de M. Picard, mais, cela n'étant pas vrai, il est certain que l'équation $Q(x)=0$ admet des racines.

Si le nombre des racines de

$$Q(x)=0$$

était fini ($x=x_1, \ldots, x_n$), l'équation

$$Q(x)=\frac{1}{e}$$

aurait seulement les $n+1$ racines

$$1, \quad 1+x_1, \quad 1+x_2, \quad \ldots, \quad 1+x_n.$$

Or, est-il possible, $\mathcal{G}(x)$ étant une fonction entière, que les équations $\mathcal{G}(x)=a$, $\mathcal{G}(x)=b$ aient toutes les deux seulement un nombre fini de solutions? J'en doute, et alors on pourrait conclure que $Q(x)=0$ a un nombre infini de racines (¹). Mais il y a là évidemment matière à beaucoup de réflexions.

Je n'ai jamais trouvé à la Bibliothèque le volume des *Annales*

(¹) M. Picard (*Annales de l'École Normale*, 2ᵉ série, t. IX, 1880) a démontré le théorème suivant :

Si les équations

$$F(z)=a \quad F(z)=b \qquad (a\neq b)$$

ont chacune un nombre limité de racines, la fonction entière F(z) *se réduit à un polynome.*

qui contient le Mémoire de M. Picard, mais je ne peux pas rester ainsi sans le connaître.

Votre très dévoué.

220. — *HERMITE A STIELTJES.*

Paris, 15 juin 1889.

MON CHER AMI,

Vos recherches sur $Q(x)$ m'intéressent extrêmement et j'ai précédemment suivi avec le plus grand plaisir les diverses étapes de votre démonstration que la fonction $\Gamma(a)$ n'a point de racines.

Mais comment se peut-il que vous n'ayez pas à la bibliothèque le volume des *Annales* qui contient le théorème de Picard ! Je vais lui demander s'il pourrait vous envoyer un exemplaire de son travail.

....

Permettez-moi de vous demander votre avis sur cette manière de présenter l'application du théorème de M. Mittag-Leffler aux fonctions doublement périodiques.

La formule générale pour les fonctions $f(x)$ étant

$$f(x) = G(x) + \sum \left[G_n\left(\frac{1}{x - a_n}\right) - F_n(x) \right],$$

il convient, pour cette application, d'envisager en particulier, en les réunissant dans un même groupe, les pôles qui se trouvent à l'intérieur d'un parallélogramme formé avec les périodes a et b et au sommet arbitraire. Je les nommerai *pôles principaux* pour abréger, et en désignant l'un quelconque par p, tous les pôles de $f(x)$ seront représentés par $p + ma + nb$. Cela posé, soit $\varphi(x)$ la fonction rationnelle ayant pour uniques discontinuités les pôles principaux, et telle que $f(x) - \varphi(x)$ soit finie pour toutes les valeurs $x = p$. Il est clair qu'on pourra écrire

$$f(x) = G(x) + \sum [\varphi(x + ma + nb) - F_{m,n}(x)],$$

$F_{m,n}$ étant un polynome auxiliaire tel que la somme étendue à tous les entiers m, n représente une série convergente. Je remarquerai que la somme des résidus relatifs aux pôles principaux étant nulle, on a, en développant suivant les puissances descendantes de x,

$$\varphi(x) = \frac{G}{x^2} + \frac{H}{x^3} + \ldots.$$

Je conclus de là que la valeur asymptotique de la dérivée $\varphi'(x)$ étant $-\frac{2G}{x^3}$, la somme

$$\sum \varphi'(x + ma + nb)$$

représente une fonction analytique et, en plus, cette fonction est doublement périodique, aux périodes a et b, d'après sa composition.

On a, par conséquent,

$$f'(x) = C + \sum \varphi'(x + ma + nb),$$

C étant une constante, et il vient en intégrant

$$f(x) - f(\xi) = C(x - \xi) + \sum [\varphi(x + ma + nb) - \varphi(\xi + ma + nb)].$$

Vous voyez que l'intégration a conduit, pour le second membre, à une série convergente. Écrivez, en effet,

$$\begin{aligned}\varphi(x + ma + nb) &= \varphi(x - \xi + \xi + ma + nb)\\ &= \varphi(\xi + ma + nb)\\ &\quad + \lambda(x - \xi)\varphi'[\xi + ma + nb + \theta(x - \xi)]:\end{aligned}$$

vous voyez que le terme général s'exprime par la dérivée, donc, etc.

En particulier, pour $f(x) = k^2 \operatorname{sn}^2 x$, on peut prendre $a = 2K$, $b = 2iK'$, $p = iK'$, $\varphi(x) = \frac{1}{(x-p)^2}$.

On reconnaît ensuite très facilement que la série

$$\sum \left[\frac{1}{(x + p + 2mK + 2m'iK')^2} - \frac{1}{(\xi + p + 2mK + 2m'iK')^2}\right]$$

ne change pas en changeant le signe de x et ξ; il suffit pour cela de remplacer m par $-m$ et m' par $-1-m'$ dans le terme général; donc $C = 0$ et l'on a

$$\begin{aligned}&k^2(\operatorname{sn}^2 x - \operatorname{sn}^2 \xi)\\ &= \sum \left\{\frac{1}{[x + 2mK + (2m'+1)iK']^2} - \frac{1}{[\xi + 2mK + (2m'+1)iK']^2}\right\}.\end{aligned}$$

C'est de là que je tire les expressions de $\Theta(x)$, $\Theta_1(x)$, $H(x)$ et $H_1(x)$ sous forme d'un produit de facteurs primaires.

. . . .

En vous renouvelant, mon cher ami, l'assurance de mon affection bien dévouée.

221. — *STIELTJES A HERMITE.*

Toulouse, 16 juin 1889.

CHER MONSIEUR,

Que je vous plains de l'ingrate besogne qu'on vous demande! Mais parlons plutôt d'Analyse. Il me semble que votre analyse pour la décomposition des fonctions doublement périodiques ne laisse plus rien à désirer. L'expression asymptotique de $\varphi(x)$ étant $\frac{G}{x^2}$, il est évident que la série

$$\sum \varphi(x+ma+nb)-\varphi(\xi+ma+nb)$$

est convergente, de même que

$$\sum \varphi'(x+ma+nb).$$

Après bien des recherches, le tome des *Annales de l'École Normale* de 1880 se retrouvera bien. On sait du moins à qui on l'a prêté, il y a quelques années déjà, mais je ne l'ai pas encore.

Je suis surtout bien aise d'apprendre par votre lettre que M. Picard a déjà démontré que le nombre total des racines de $\mathcal{G}(x)=a$, $\mathcal{G}(x)=b$ ne peut être fini, ce que je ne savais pas. Mais, dans le cas que M. Picard aurait encore un exemplaire de son Mémoire pour me l'envoyer, je lui serais, en effet, infiniment obligé et vous voudrez bien lui exprimer toute ma gratitude. Voici une remarque que vous avez faite peut-être déjà. Dans votre *Cours de la Sorbonne* (3e édit., p. 68), la formule

$$S=\sum\frac{(m+1)(m+2)\ldots(m-n-1)}{(n+1)(n+2)\ldots(2n-m-1)}x^m,$$

$$e^x\prod(x)-\prod_1(x)=\frac{x^{2n+1}}{1.2\ldots n}S$$

vous sert à démontrer que e^x est incommensurable lorsque x est entier. Ne vaut-il pas la peine de remarquer qu'on démontre aussi de cette manière que, tant que x est commensurable, e^x ne l'est pas. Ainsi, $\log x$ est incommensurable pour $x = \frac{p}{q}$. En effet, supposons $x = \frac{p}{q}$, $e^x = \frac{B}{A}$ $\left(\text{on pourra supposer } x = \frac{p}{q} > 0\right)$, on aura

$$Bq^{n-1}\prod\left(\frac{p}{q}\right) - Aq^{n-1}\prod_1\left(\frac{p}{q}\right) = \frac{p^{2n+1}A}{1.2\ldots n\,q^{n+2}}S;$$

le premier membre est un entier, le second membre est toujours positif et tend vers 0 pour $n = \infty$, donc contradiction.

Mon adresse à la Haye sera 101 Balistraat, mais je ne peux pas encore déterminer l'époque où je partirai, car la Faculté ne s'est pas encore réunie pour parler de la session du baccalauréat. En tout cas, ce sera probablement dans les premiers jours d'août seulement.

En réfléchissant sur la constante eulérienne C, il me semble presque qu'on pourrait arriver à démontrer l'incommensurabilité en partant de

$$C = \int_0^{\infty}\left(\frac{1}{1+x} - e^{-x}\right)\frac{dx}{x}$$

et des propriétés des intégrales définies de la forme

$$\int_0^{\infty}\left(\frac{Ae^{-\alpha x}}{x^m} + \frac{Be^{-\beta x}}{x^m} + \ldots\right)dx.$$

Mais c'est une recherche qui demandera beaucoup d'efforts et que je réserve pour les vacances. Quoi qu'il en soit, si cette route est obstruée..., je perds aussi la confiance dans mon idée première.

A l'égard de cette question des zéros de $Q(x)$, j'ai toujours été frappé par un passage de la correspondance de Gauss et de Bessel. Gauss dit que si la fonction entière $\int_0^x \frac{e^x - 1}{x}dx$ admet une racine, elle en admet nécessairement une infinité et, plus tard, il a calculé effectivement l'une des racines. Il affirme aussi la décomposition en facteurs primaires (la fonction de genre zéro ou un, il associe les facteurs provenant des racines conjuguées). Tout cela a-t-il été bien démontré? A présent, cela paraît encore bien mystérieux.

Je prépare un petit Mémoire pour nos *Annales* où je rencontre la formule

$$\Gamma(a)\cos\pi a = \frac{1}{a} + \frac{1}{1.a+1} + \frac{1}{1.2.a+2} + \ldots - \mathcal{G}(a)$$

analogue à

$$\Gamma(a) = \frac{1}{a} - \frac{1}{1.a+1} + \frac{1}{1.2\,a+2} - \ldots + Q(a).$$

$\mathcal{G}(a)$ est une fonction entière qui peut s'exprimer par

$$\frac{1}{\Gamma(1-a)}\ \text{v. p.} \int_0^\infty \frac{x^{-a}e^{1-x}}{1-x}\,dx$$

tant que la partie réelle de a est inférieure à l'unité. Ayant

$$\mathcal{G}(a+1) = e - a\,\mathcal{G}(a),$$

il s ensuit encore que $\mathcal{G}(a)$ a une infinité de zéros, mais ici on voit immédiatement qu'il y a une infinité de racines réelles

$$\begin{aligned}
\mathcal{G}(1) &= e,\\
\mathcal{G}(2) &= 0,\\
\mathcal{G}(3) &= e,\\
\mathcal{G}(4) &= -2e,\\
\mathcal{G}(5) &= +9e,\\
&\ldots\ldots\ldots\ldots
\end{aligned}$$

Je pourrai mentionner alors en passant la propriété de $Q(x)$ d'avoir un nombre infini de zéros aussi.

Croyez-moi toujours votre bien dévoué.

222. — *STIELTJES A HERMITE.*

Toulouse, 19 juin 1889.

Cher Monsieur,

N'est-ce pas abuser de votre bonté de vous demander de vouloir bien présenter à l'Académie, pour les *Comptes rendus,* la petite note ci-jointe.

Vous savez que j'ai travaillé longtemps sur cette matière, mais j'en ai assez en ce moment et j'éprouve le besoin de penser à d'autres choses. C'est pour ne pas courir le risque de perdre toute ma peine que j'ai rédigé cette Note [1].

Mille remercîments pour le Mémoire de M. Picard, c'est sur les théorèmes de M. Picard que je veux réfléchir. Je crois que, pour son premier théorème, la démonstration fondée sur la fonction $\frac{K'}{K}$ est la plus naturelle, mais je veux tâcher cependant à obtenir une autre démonstration, avec l'espoir qu'elle se prêterait plus facilement à la généralisation donnée par le théorème du Chapitre II.

Votre très sincèrement dévoué.

223. — *HERMITE A STIELTJES.*

Paris, 29 juin 1889.

MON CHER AMI,

La Note que j'ai présentée à l'Académie est excellente; peut-être pourrait-on rapprocher de votre résultat cette propriété du développement d'une fonction quelconque $F(x)$, au moyen des dénominateurs Q_n des réduites $F(x) = \sum A_n Q_n$, qu'en posant

$$\Phi(x) = A_0 Q_0 + A_1 Q_1 + \ldots + A_n Q_n,$$

l'intégrale $\int_a^b [F(x) - \Phi(x)]^2 f(x)\,dx$ est un minimum, c'est-à-dire qu'elle a une valeur plus grande si l'on remplace $\Phi(x)$ par tout autre polynome du $n^{\text{ième}}$ degré.

Mais il me faut absolument renoncer à l'Analyse; en ce moment je commence la lecture des ouvrages élémentaires de Lacroix, Arithmétique, Géométrie, Algèbre, pour tâcher d'en tirer quelque chose à dire dans mon rapport.

Il paraît qu'on ne pourra pas imprimer plus de 80 pages du troisième volume de l'Ouvrage d'Halphen, quelle perte pour l'Analyse !

En vous renouvelant, mon cher ami, l'assurance de mes meilleurs sentiments.

---

[1] *Note des éditeurs.* — La Note citée a pour titre : *Sur un développement en fraction continue* (*Comptes rendus*, t. CVIII, p. 1297-1298; 24 juin 1889).

224. — *STIELTJES A HERMITE.*

Toulouse, 1er juillet 1889.

Cher Monsieur,

En vous remerciant vivement, je ne peux m'empêcher de dire quelques mots sur un résultat que je viens d'obtenir. Je sais que vous êtes profondément engagé dans d'autres lectures, mais je plaide les circonstances atténuantes parce qu'il s'agit d'un sujet qui vous a occupé et intéressé beaucoup il y a quelques mois. Du reste, vous pouvez remettre à plus tard la lecture de ce que je vais écrire, mais je peux vous assurer que c'est presque aussi élémentaire que les livres de Lacroix, etc.

Il s'agit de l'expression asymptotique des coefficients de x^n dans le développement de $\Theta(x)$ et de $\Theta_1(x)$.

Pour simplifier un peu l'écriture, je pose

$$\mathcal{A}_n = e^{-a} + 4^n e^{-4a} + 9^n e^{-9a} + \ldots + k^{2n} e^{-k^2 a} + \ldots,$$
$$\mathcal{B}_n = e^{-a} - 4^n e^{-4a} + 9^n e^{-9a} - \ldots \pm k^{2n} e^{-k^2 a} \mp \ldots.$$

J'obtiens comme il suit les valeurs asymptotiques de $\mathcal{A}_n$ et $\mathcal{B}_n$. Le logarithme du terme

$$k^{2n} e^{-k^2 a}$$

étant

$$2n \log k - k^2 a,$$

le maximum de ce terme, en considérant k comme variable continue, a lieu pour

$$\frac{2n}{k} - 2ka = 0, \qquad k = \sqrt{\frac{n}{a}}$$

et la valeur du maximum est

$$\left(\frac{n}{a}\right)^n e^{-n}.$$

Soient maintenant $k = k_1 + \varepsilon$, $0 \leqq \varepsilon < 1$, k_1 étant entier et positif. Je calcule la valeur du terme $k_1^{2n} e^{-k_1^2 a}$ dont le logarithme est

$$\begin{aligned}
&2n \log(k - \varepsilon) - a(k - \varepsilon)^2 \\
&= 2n \log k - k^2 a - 2a\varepsilon^2 - \frac{2n}{k^3}\left(\frac{\varepsilon^3}{3} + \frac{\varepsilon^4}{4k} + \frac{\varepsilon^5}{5k^2} + \ldots\right),
\end{aligned}$$

$\frac{2n}{k^3}$ étant infiniment petit, j'ai asymptotiquement

$$k_1^{2n} e^{-k_1^2 a} = \left(\frac{n}{a}\right)^n e^{-n} e^{-2a\varepsilon^2}.$$

De là je conclus

$$\begin{aligned}\mathcal{A}_n = \left(\frac{n}{a}\right)^n e^{-n}\big[e^{-2a\varepsilon^2} &+ e^{-2a(\varepsilon+1)^2} + e^{-2a(\varepsilon+2)^2} + \ldots \\ &+ e^{-2a(\varepsilon-1)^2} + e^{-2a(\varepsilon-2)^2} + \ldots\big],\\ \mathcal{B}_n = (-1)^{k_1-1}\left(\frac{n}{a}\right)^n e^{-n}\big[e^{-2a\varepsilon^2} &- e^{-2a(\varepsilon+1)^2} + e^{-2a(\varepsilon+2)^2} + \ldots \\ &- e^{-2a(\varepsilon-1)^2} + e^{-2a(\varepsilon-2)^2} + \ldots\big].\end{aligned}$$

En effet, j'ai remplacé ainsi les premiers termes (ceux dans le voisinage du maximum) par leur valeur asymptotique, quant à ceux d'un rang éloigné de ceux-là, ils sont à peu près négligeables.

Or si je pose

$$\begin{aligned}f(z) = e^{-kz^2} &+ e^{-k(z+1)^2} + e^{-k(z+2)^2} + e^{-k(z+3)^2} + \ldots \\ &+ e^{-k(z-1)^2} + e^{-k(z-2)^2} + e^{-k(z-3)^2} + \ldots,\\ g(z) = e^{-kz^2} &- e^{-k(z+1)^2} + e^{-k(z+2)^2} - e^{-k(z+3)^2} + \ldots \\ &- e^{-k(z-1)^2} + e^{-k(z-2)^2} - e^{-k(z-3)^2} + \ldots,\end{aligned}$$

$$2f\left(\frac{z}{2}, 4k\right) - f(z, k) = g(z, k).$$

On a, d'après la théorie des fonctions elliptiques,

$$f(z) = \sqrt{\frac{\pi}{k}}\left(1 + 2e^{-\frac{\pi^2}{k}}\cos 2\pi z + 2e^{-\frac{4\pi^2}{k}}\cos 4\pi z + \ldots\right),$$

$$g(z) = 2\sqrt{\frac{\pi}{k}}\left(e^{-\frac{\pi^2}{4k}}\cos \pi z + e^{-9\frac{\pi^2}{4k}}\cos 3\pi z + \ldots\right);$$

donc

$$\begin{aligned}\mathcal{A}_n = \left(\frac{n}{a}\right)^n e^{-n}\sqrt{\frac{\pi}{2a}}\Big(1 + 2e^{-\frac{\pi^2}{2a}}\cos 2\pi\varepsilon &+ 2e^{-4\frac{\pi^2}{2a}}\cos 4\pi\varepsilon \\ &+ 2e^{-9\frac{\pi^2}{2a}}\cos 6\pi\varepsilon + \ldots\Big),\end{aligned}$$

$$\begin{aligned}\mathcal{B}_n = (-1)^{k_1-1}\left(\frac{n}{a}\right)^n e^{-n}\sqrt{\frac{2\pi}{a}}\Big(e^{-\frac{\pi^2}{8a}}\cos \pi\varepsilon &+ e^{-9\frac{\pi^2}{8a}}\cos 3\pi\varepsilon \\ &+ e^{-25\frac{\pi^2}{8a}}\cos 5\pi\varepsilon + \ldots\Big),\end{aligned}$$

c'est-à-dire

$$\mathcal{A}_n = \left(\frac{n}{a}\right)^n e^{-n}\sqrt{\frac{\pi}{2a}}\left[1 + 2e^{-\frac{\pi^2}{2a}}\cos\left(2\pi\sqrt{\frac{n}{a}}\right) + 2e^{-4\frac{\pi^2}{2a}}\cos\left(4\pi\sqrt{\frac{n}{a}}\right) - \ldots\right],$$

$$\mathcal{B}_n = -\left(\frac{n}{a}\right)^n e^{-n}\sqrt{\frac{2\pi}{a}}\left[e^{-\frac{\pi^2}{8a}}\cos\left(\pi\sqrt{\frac{n}{a}}\right) + e^{-9\frac{\pi^2}{8a}}\cos\left(3\pi\sqrt{\frac{n}{a}}\right) + \ldots\right].$$

La méthode de Laplace aurait donné pour $\mathcal{A}_n$, *je crois*, seulement le terme

$$\left(\frac{n}{a}\right)^n e^{-n}\sqrt{\frac{\pi}{2a}}$$

et donne ainsi un résultat qui ne me semble pas exact, mais simplement approché. J'ai vérifié la valeur de $\mathcal{B}_n$, dans un certain nombre de cas, n variant de 7 à 15 et à 27, l'accord est parfait, mais l'Analyse est si simple que cela ne valait presque pas la peine.

Votre très dévoué.

225. — *HERMITE A STIELTJES.*

Paris, 2 juillet 1889.

Mon cher Ami,

Votre analyse est un petit chef-d'œuvre; elle donne, je crois bien, le seul et unique exemple où la méthode de Laplace soit complètement éclairée et complétée. Que je voudrais donc bien pouvoir projeter quelque lumière sur la relation suivante, dans laquelle je la résume, lorsque la fonction $f(x)$ est supposée n'avoir entre a et b qu'un maximum pour $x = \xi$

$$f(a) + f(a+1) + \ldots + f(b) = \sqrt{2\pi}f(\xi)\sqrt{-\frac{f(\xi)}{f''(\xi)}}.$$

Vous me permettrez de publier toute votre lettre dans l'article destiné à Bologne, et dont j'ai dû interrompre la rédaction à mon grand regret. Après avoir appliqué la formule précédente au développement des coordonnées elliptiques, puis aux fonctions elliptiques $\operatorname{sn}x$, $\operatorname{cn}x$, $\operatorname{dn}x$, elle viendra bien à propos pour offrir une analyse approfondie à propos de $\Theta(x)$, $\mathrm{H}(x)$, etc.

A mes félicitations, je joins, mon cher ami, celles de Darboux, au sujet de votre article sur les fractions continues.

. . . .

226. — *HERMITE A STIELTJES.*

Paris, 22 juillet 1889.

MON CHER AMI,

Permettez-moi de vous demander si vous voudriez vous joindre à moi pour corriger les épreuves de la partie, malheureusement bien courte, du troisième Volume du *Traité des fonctions elliptiques* d'Halphen que sa famille se propose de publier. M. Aron, le beau-père de Halphen, a demandé à M. Camille Jordan de se charger de ce soin. M. Camille Jordan s'est empressé d'accepter, mais en réclamant mon adjonction pour ce qui concerne la multiplication complexe, et moi, mon cher ami, je sollicite la vôtre, pensant que les notations d'Halphen vous sont connues et familières et qu'il ne vous déplaira [pas] de concourir à une publication que les géomètres accueilleront avec reconnaissance.

Et je suis toujours à rédiger le rapport sur l'enseignement mathématique de la Sorbonne qui arrive à sa fin. Je ne sais encore s'il sera imprimé, mais dans ce cas et quand vous le verrez, je réclame votre indulgence, il n'est pas brillant.

En vous renouvelant, mon cher ami, l'assurance de mes sentiments bien dévoués.

FIN DU TOME PREMIER.

PARIS. — IMPRIMERIE GAUTHIER-VILLARS,
28427 Quai des Grands-Augustins, 55.

www.ingramcontent.com/pod-product-compliance
Lightning Source LLC
Chambersburg PA
CBHW031606210326
41599CB00021B/3075
* 9 7 8 2 0 1 4 4 7 3 6 6 7 *